近空间飞行器鲁棒受限飞行控制技术

陈　谋　杨青运　周砚龙　于　靖　著

国防工业出版社
·北京·

内容简介

本书共分十二章，分别包括绪论、近空间飞行器（NSV）的建模与分析、具有输入饱和的 NSV 姿态控制、基于神经网络饱和补偿的 NSV 姿态滑模控制、具有输入饱和的 NSV 姿态回馈递推控制、基于递归小波神经网络干扰观测器的输入饱和 NSV 姿态控制、具有输入饱和的 NSV 姿态自适应动态面控制、具有输入饱和的 NSV 姿态保性能跟踪控制、考虑输入非线性的 NSV 自适应神经网络保性能姿态控制、基于神经网络的 NSV 动态受限控制分配、具有输入饱和的 NSV 姿态容错控制以及具有输入饱和与执行器故障的 NSV 姿态容错控制。

本书可作为自动化、探测制导与控制技术等专业高年级本科生的参考书，也可供电子信息与控制领域各类专业的研究生、博士生、高等学校教师、广大航空航天类科技工作者和工程技术人员参考。

图书在版编目（CIP）数据

近空间飞行器鲁棒受限飞行控制技术/陈谋等著.
—北京：国防工业出版社，2017.1
ISBN 978-7-118-10878-1

Ⅰ.①近… Ⅱ.①陈… ②杨… ③周… ④于…
Ⅲ.①飞行器—鲁棒控制—飞行控制 Ⅳ.①V249.122

中国版本图书馆 CIP 数据核字（2017）第 012657 号

※

国防工业出版社 出版发行
（北京市海淀区紫竹院南路 23 号 邮政编码 100048）
三河市天利华印刷装订有限公司
新华书店经售
*
开本 787×1092 1/16 **印张** 11¼ **字数** 250 千字
2017 年 1 月第 1 版第 1 次印刷 **印数** 1—2500 册 **定价** 36.00 元

国防书店：（010）88540777 发行邮购：（010）88540776
发行传真：（010）88540755 发行业务：（010）88540717

前 言

近空间飞行器(Near Space Vehicle,NSV)集传统飞机、空天飞行器、卫星等多种飞行器优点于一体,具有如下突出优势:反应能力快速,便于任务的执行;不易被发现,安全可靠、生存能力强;续航时间长,便于数据情报的长期收集;飞行高度高,覆盖范围广,可以探测更多的信息。正因为如此,世界各国对 NSV 投入了越来越多的研究费用和精力。为适应全球范围内航空航天高科技的发展趋势,满足国家安全和国民经济发展的需要,我国在 NSV 领域也开展了相应研究。国家自然科学基金委先后开展了“空天飞行器若干重大基础问题”和“NSV 的关键基础科学问题”两项重大研究计划。总的来说,设计一个安全有效的 NSV 控制系统具有极大的研究价值,引起了国内外广大学者的积极探索和研究。

输入饱和作为一种常见的非线性存在于大多数实际系统中,给控制系统的设计与稳定性分析带来了巨大的困难。输入饱和问题一般是由执行机构本身物理局限性造成的,例如有限的舵面偏转角、阀的开度、电机的扭矩等。一般情况下,输入饱和对于控制系统设计来说是不可随意忽略的,否则可能会给实际控制系统带来不利的影响,如降低控制系统的性能指标(引起滞后、调节时间延长、超调量变大、振荡加剧等),甚至可能导致系统产生不稳定现象,造成重大事故。对于 NSV 来说,输入饱和问题同样存在。当 NSV 做大机动飞行时,由于姿态角或角速度指令较大,同时 NSV 还要遭受到各种干扰和系统故障的影响,这些因素容易使得 NSV 飞行所需的控制力和力矩过大,超出执行器所能承受的范围,造成控制设计期望值与执行器实际输出不一致,从而产生输入饱和现象。若控制系统不能及时地从饱和状态中退出,则可能会导致飞行器失稳,引发坠机危险。因此,研究输入饱和限制下的 NSV 控制系统具有重要的理论和实际意义,是现代控制领域研究的热点与难点之一,受到了广大学者的普遍关注。

本书作为一本涉及具有输入饱和的 NSV 鲁棒自适应非线性控制方法最新研究成果的著作,可以作为控制科学与控制工程领域,以及其他相关领域的各专业高年级本科生的参考书,也可以供电子信息与控制领域各类专业的硕士研究生、博士研究生、高等学校教师、广大航空航天类科技工作者和工程技术人员参考。

本书获得江苏省自然科学基金杰出青年基金项目(SBK20130033)、国家自然科学基金面上项目(61174102)和教育部新世纪优秀人才支持计划项目(NCET-11-0830)的资助,在此深表感谢!

本书在撰写过程中,得到了广大师长和朋友的热忱帮助,特别是南京航空航天大学自动化学院姜长生教授和吴庆宪教授所在研究团队的大力支持和帮助。同时本书撰写时也参阅和引用了国内外有关 NSV 建模与控制以及不确定系统受限控制的相关著作和文献的内容,特别是王玉惠副教授、朱亮博士、周丽博士、方炜博士、都延丽博士、张军博士、蒲明博士、王宇飞博士、傅健博士、张强博士、杨青运博士、周砚龙硕士、于靖硕士的相关研究成果,作者在此表示衷心的感谢。

由于作者学识浅薄、水平有限,书中难免有错误和不当之处,欢迎读者批评指正,同时表示感谢。

注释表

符号	定　义	单位
$C_{\mathrm{D}}, C_{\mathrm{L}}, C_{\mathrm{Y}}$	阻力、升力和侧力系数	n. d.
$C_{\mathrm{D},\alpha}$	基本阻力系数	n. d.
$C_{\mathrm{D},\delta_{\mathrm{a}}}, C_{\mathrm{D},\delta_{\mathrm{e}}}, C_{\mathrm{D},\delta_{\mathrm{r}}}$	副翼舵、升降舵和方向舵引起的阻力增量系数	$(0)^{-1}$
$C_{\mathrm{L},\alpha}$	基本升力系数	n. d.
$C_{\mathrm{L},\delta_{\mathrm{a}}}, C_{\mathrm{L},\delta_{\mathrm{e}}}$	副翼舵和升降舵引起的升力增量系数	$(0)^{-1}$
$C_{\mathrm{Y},\beta}$	基本侧力系数	rad^{-1}
$C_{\mathrm{Y},\delta_{\mathrm{a}}}, C_{\mathrm{Y},\delta_{\mathrm{e}}}, C_{\mathrm{Y},\delta_{\mathrm{r}}}$	副翼舵、升降舵和方向舵引起的侧力增量系数	$(0)^{-1}$
$C_l, C_{\mathrm{m}}, C_{\mathrm{n}}$	滚转、俯仰和偏航力矩系数	n. d.
$C_{l,\beta}$	基本滚转力矩系数	rad^{-1}
$C_{l,p}, C_{l,r}$	滚转角速率和偏航角速率引起的滚转力矩增量系数	n. d.
$C_{l,\delta_{\mathrm{a}}}, C_{l,\delta_{\mathrm{e}}}, C_{l,\delta_{\mathrm{r}}}$	副翼舵、升降舵和方向舵引起的滚转力矩增量系数	$(0)\mathrm{d}^{-1}$
$C_{\mathrm{m},\alpha}$	基本俯仰力矩系数	n. d.
$C_{\mathrm{m},q}$	俯仰角速率引起的俯仰力矩增量系数	n. d.
$C_{\mathrm{m},\delta_{\mathrm{a}}}, C_{\mathrm{m},\delta_{\mathrm{e}}}, C_{\mathrm{m},\delta_{\mathrm{r}}}$	副翼舵、升降舵和方向舵引起的俯仰力矩增量系数	$(0)^{-1}$
$C_{\mathrm{n},\beta}$	基本偏航力矩系数	rad^{-1}
$C_{\mathrm{n},p}, C_{\mathrm{n},\mathrm{r}}$	滚转角速率和偏航角速率引起的偏航力矩增量系数	n. d.
$C_{\mathrm{n},\delta_{\mathrm{a}}}, C_{\mathrm{n},\delta_{\mathrm{e}}}, C_{\mathrm{n},\delta_{\mathrm{r}}}$	副翼舵、升降舵和方向舵引起的偏航力矩增量系数	$(0)^{-1}$
$\boldsymbol{D}, \boldsymbol{L}, \boldsymbol{Y}$	阻力、升力和侧力	N
H	飞行器飞行高度	m
I_x, I_y, I_z	绕三个轴的转动惯量	$\mathrm{kg \cdot m^2}$
I_{xy}, I_{yz}, I_{zx}	惯性积	$\mathrm{kg \cdot m^2}$
M	飞行器质量	kg
Ma	飞行马赫数	n. d.
S	机翼参考面积	m^2
$\boldsymbol{T}, T_x, T_y, T_z$	发动机推力及其在机体坐标系上的分量	N
b	翼展长度	m
c	平均气动弦长	m

（续）

符号	定　义	单位
g	重力加速度	m/s^2
l_c, m_c, n_c	空气动力矩在机体坐标系上的分量	N · m
l_T, m_T, n_T	推力矩在机体坐标系上的分量	N · m
$l_{aero}, m_{aero}, n_{aero}$	非控制力矩在机体坐标系上的分量	N · m
$\hat{q}$	动压	$kg/(m \cdot s^2)$
x_g, y_g, z_g	飞行器质心在地面坐标系上的位置	m
$\delta_a, \delta_e, \delta_r$	副翼舵、升降舵和方向舵偏转角	(°)
$\delta_x, \delta_y, \delta_z$	推力矢量舵面偏转角	(°)
ρ	大气密度	kg/m^3
γ	航迹倾斜角	rad
χ	航迹方位角	rad
$\boldsymbol{\Omega} = [\alpha, \beta, \mu]^T$	当前姿态角，分别为迎角、侧滑角和滚转角	rad
$\boldsymbol{\omega} = [p, q, r]^T$	当前姿态角速度，分别为滚转、俯仰和偏航角速度	rad/s
注：*n. d.* 为无量纲缩写		

缩略词

缩略词	英文全称
NS	Near Space
NASA	National Aeronautics and Space Administration
FAI	Federation Aeronautique International
NSV	Near Space Vehicle
FBL	Feed Back Linearization
DI	Dynamic Inverse
SMC	Sliding Mode Control
BC	Backstepping Control
NPC	Nonlinear Predictive Control
RC	Robust Control
AC	Adaptive Control
DO	Disturbance Observer
SISO	Single – Input and Single – Output
MIMO	Multi – Input and Multi – Output
CNF	Composite Nonlinear Feedback
NDO	Nonlinear Disturbance Observer
RBFNNs	Radial Basis Function Neural Networks
HOSMD	High Order Sliding Mode Differentiator
RWNN	Recurrent Wavelet Neural Network
RWNNDO	Recurrent Wavelet Neural Network Disturbance Observer
FTC	Fault Tolerant Control

目　录

第1章 绪论

1.1 NSV鲁棒受限控制问题的提出及研究意义

近空间飞行器(Near Space Vehicle,NSV)是21世纪争夺制空/天权,进行空天作战的关键杀手锏武器,具有生存突防能力强、机动性好、费用低、应用范围广等特点。同时,它能快速、远程投放军事力量,也能在大范围内进行清晰的侦察、战场监视和有效预警,同时还可以执行通信中继任务、对敌进行信息干扰、为己方飞行器导航等。因为NSV速度快、突防能力强、飞行高度高,目前世界上还没有能直接对抗它的有效武器,所以NSV在战场信息控制和快速远程打击等方面具有很强的威慑作用,是航空飞行器和航天飞行器无法媲美的。各国都着力探索近空间领域可用的军事及民用价值[1],特别是美国、俄罗斯、日本、印度、欧盟等具有经济、军事技术实力的国家均高度重视NSV的研制,积极开展相关研究工作,企图尽早占领这一战略制高点,获取未来军事对抗的优势和主导权。这一切对我国的空天安全和国防构成了直接的严重威胁,迫使我国必须加速研制NSV的步伐,加大研制力量的投入。

按照飞行速度,NSV大致可分为低速NSV和高速NSV[2,3]。NSV具有持续工作时间长、反应能力快速、机动能力强、探测难度大和生存突防能力强的优点,然而研究此类飞行器并非易事[4,5]。总的来说,NSV飞行控制系统的设计面临如下一些挑战。

首先,为执行各类任务,NSV需要设计者提供一个具有高精确性和高灵敏性的控制系统。由于近空间层位于地球表面以上20~100km的空间,该空间空气稀薄,NSV承受的空气阻力相对较小,可以突破马赫数为10的速度界限,其气动参数会随着时间和速度的变化不断变化,而这些变化无法通过实验来完全掌握。因此,对NSV的控制快速性、系统灵敏性、稳定性、可靠性方面都有更高的指标要求[6,7]。

其次,为了设计出具有高精度和强鲁棒镇定能力的控制系统,需要在NSV控制系统设计时充分考虑系统结构不确定性和外部未知扰动。尽管很多重要参数都可以从样机试验和高速风洞等模拟中获得,但真实飞行环境事先无法完全预知,因而参数和结构不确定性是实验飞行模型与真正模型间差别的主要来源。另外为了提高NSV控制系统的有效性,还需进一步考虑空域中外界气流无规律扰动、NSV飞行环境的迥异以及突发情况导致的飞行控制系统性能下降问题。

最后,NSV控制系统存在很强非线性特性,各通道和状态之间相互耦合,需要针对NSV发展非线性控制器才能满足其高性能需求。为获得预期的控制效果,需在设计控制系统时考虑舵面输入饱和、控制律奇异、执行器和传感器失效等问题。

目前,美国作为世界军事大国早在20世纪80年代就开始探索近空间巨大的军事战略价值,先后由美国国防部(United States Department of Defense,USDOD)及国家航空航天局(National Aeronautics and Space Administration,NASA)组织开展了Hyper-X计划、超高速飞行器(Super High Speed Vehicle,SHSV)计划、“猎鹰”(FALCON)计划等多项研究。在不断的实践中美国总结了丰富的高价值理论与实验数据,为其他国家在NSV的后续研究中指明了方向也提供了重要参考和有力的实际支撑。其中被世人所赞叹的研究成果便是由洛克希德·马丁公司负责研制的X系列NSV验证机,即X-33[6]和X-43[7],如图1.1所示。其中美国航空航天总署秘密研制的X-43A试飞速度已经超过马赫数为10的界限,成为了航空史上的第三次飞跃,其他两次飞跃分别为1903年莱特兄弟研制“飞行者一号”飞机以及1947年美国人查克·耶格尔的杰作“贝尔”X-1型飞机第一次突破声速。美国同时进行的NSV计划还有“全球鹰”(Global Hawk)、“攀登者”(Scaler)、“海象”(Walrus)、“高空飞艇”(High Altitude Airship,HAA)等。其中“海象”可在负重500t的条件下连续飞行7天,航程可达20000km;“全球鹰”现已服役,用于侦查和打击敌方目标。在动力系统技术方面,配备普惠公司制造的SJY61发动机的X-51NSV,其速度可达6.5~7个马赫数;耐热材料技术方面,高分子聚合物材料或有/无机化合物在实验条件下耐热温度已超过1500℃。在美国的影响下,由于战略需求各军事大国纷纷开始NSV研究计划,且取得了一些成绩。在军事领域唯一可与美国抗衡的俄罗斯,在其经济状况不佳的年代也没有放弃对近空间的争夺,相继开展了一系列关于NSV的研究,相关技术得到了相应发展。

(a) X-33飞行器　　(b) X-43飞行器

图1.1　X-33飞行器与X-43飞行器

俄罗斯在航空发动机及推力矢量技术方面完全处于领先地位,早在20世纪60年代俄罗斯就致力于超燃冲压发动机研究,此项技术已经应用于NSV,可保证NSV飞行速度达6~7个马赫数。20世纪80年代初,俄罗斯就开展了名为“冷”的高超声速计划,将SA-5地空导弹系统的冲压发动机,用于飞行器的推力系统,实验获得了马赫数3.5~6.45的飞行速度。为了满足战略意图与使用环境多样性,俄罗斯在实施“冷”计划的同时开展了名为“鹰”(IGLA)的高超声速技术发展计划。为安全成功地开展此计划,俄罗斯在空气动力学、航空声学、热动力学、气动力学及材料技术领域配备了大量实验设备,风洞甚至超过了马赫数20的声速,采用的运载器为配备3台超燃冲压发动机的SS219“匕首”(Stiletto)洲际地对地战略弹道导弹,试验航程为6000~8000km,实验速度达到的马赫数12~14。另一个高超声速计划,彩虹计划-D2试飞器在1997年的航展上进行过公开展出,但公开的资料非常少,德国航空航天公司、德国航空航天研究院、慕尼黑发动机涡轮联合公司也参加了该计划的研究。机体采用高强度钛合金和铝合金薄壁结构焊接,增强了结构强度与耐高温性能。其他军事发达国家也竞相发展NSV,法国航空航天研究院(ONEERA)同样开展了“普罗米修斯”(Promethee)计划,意在研究碳氢燃料双模态超燃冲压发动机。日本、印度、英国、澳大利亚等国家也在NSV和超燃冲压发动机研究方面积极与美国及德国合作,我国这方面的研究已落后于发达国家。

我国航空航天事业发展史很短,落后于许多军事发达国家,但是我们从无到有,努力发展了几十年,形成了完善和独立自主的航天科技工业体系,在某些领域甚至已跻身世界前列。经过多年积极规划和尝试,我国已经设计了多款NSV,如中国航空工业集团(Aviation Industry Corporation of China,AVIC)设计的“华夏号”飞行器,为提高升阻比机体布局设计为乘波体形式,为兼顾耐热性能又对乘波布局进一步优化。机体两旁装有可分离式机翼,可以减少机翼阻力,增大临界迎角,使飞行器具有较高升阻比且能延长滑翔滞空时间。在低空低速阶段,采用涡喷发动机可保持高度在0~40km和空速马赫数0~3;当速度达到马赫数3~10时,采用超燃冲压发动机,继续为NSV提供更大推力;当速度达到马赫数10进入近空间高超声速阶段时则使用固体火箭发动机。此外中航工业成都飞机设计研究所及航天一院所研究的NSV方案,也为我国今后NSV的研究打下了坚实的基础。

与世界航空航天强国如美国、俄罗斯、德国等相比,我国NSV研究还处于初始实验摸索阶段。要达到世界水平还需要攻克许多难题,如材料耐热问题、燃料使用效能问题、发动机技术及高精度稳定飞行控制问题。国家自然科学基金委员会从2008年起启动了近空间高超声速远程机动飞行器的关键基础科学问题重大研究计划。2012年起,重点支持项目包括关于近空间高速飞行器动稳定性研究,气动热与非烧蚀防热材料耦合机制与建模研究,高超声速飞行器结构多学科设计、分析与优化的理论和方法,高温环境下的结构多场耦合动力学。这些基础与先进性研究都为我国未来研究、开发和利用近空间及人才培养作好了充分准备。

在高超声速NSV控制系统中,控制输入信号由于执行机构中的电子元器件本身存在物理局限性,因此可能导致高超声速NSV控制系统出现输入饱和非线性的问题。在实际NSV飞行控制系统中,如果不对控制输入出现的饱和非线性进行有效处理,可能使得飞行任务失败,甚至造成灾难性的后果。因此有必要针对高超声速NSV存在系统不确定、外部干扰和输入饱和的情况,提出有效的抗饱和非线性鲁棒控制方法,这是保证高超声速NSV安全飞行控制的关键所在。

众所周知,当高超声速NSV正在执行某特定任务时,将不可避免地受到各种不确定突变的影响,如外部时变强气流、系统故障等。在这种情况下,其相应的舵面须提供足够大的偏转角,以便完成所给定的任务。但高超声速NSV配置的执行机构仅可提供有限的控制力和力矩,从而出现执行器输入饱和非线性特性。在这种情况下,高超声速NSV姿态运动模型可描述为一类特殊的具有外部未知复合干扰和执行器输入饱和的不确定多输入多输出非线性系统。倘若在控制器设计过程中忽略输入饱和对系统的影响,则会降低闭环控制系统的性能,甚至导致NSV坠毁。

在上述背景条件下,针对存在输入饱和、系统不确定和未知外部干扰的 NSV,设计一个稳定且安全的飞行控制系统具有重大的研究价值,本书主要总结了近几年来通过研究取得的有关 NSV 鲁棒受限控制技术成果。

1.2 先进飞行控制方法研究现状

1.2.1 非线性飞行控制方法研究现状

由于 NSV 具有严重的非线性和强耦合性,若采用线性控制方法对其进行控制器设计,很难获得满意的控制效果,所以基于非线性控制方法对 NSV 进行控制系统设计成为了一种必然选择。下面针对几种较为重要的非线性控制方法及其在飞行控制系统设计中的应用进行相应的介绍和总结。

1. 反馈线性化控制

反馈线性化(Feedback Linearization,FBL)作为一种比较成熟的非线性系统控制方法已得到了广泛的应用,它是联系线性控制与非线性控制的桥梁。FBL 基本思想是通过微分同胚变换或非线性反馈将原先的非线性系统转换为线性系统。相对于平衡点处泰勒级数展开的局部线性化方法,反馈线性化方法保留高阶项,是精确无误差的线性化。动态逆(Dynamic Inverse,DI)是一种特殊的反馈线性化方法,其本质是通过全状态反馈将原系统变为具有线性关系的伪线性系统,在此基础上利用线性系统控制理论来完成控制器的设计。然而,反馈线性化方法是基于被控对象的精确模型,若建模结果与实际对象相差较大,则可能会导致系统控制性能下降,从而影响反馈线性化方法的实用性。因此,可将其与鲁棒自适应方法相结合以此来提高系统的抗干扰能力。

反馈线性化方法在飞行控制中的应用比较早,先后被应用于战斗机、直升机、无人机、卫星、导弹、高超声速飞行器的控制系统设计中。文献[8]针对航天器的大迎角纵向控制问题,利用反馈线性化方法设计了控制器,保证了飞行器在参数变化情况下仍具有较好的控制性能;文献[9]基于反馈线性化为 X-33 姿态系统设计了控制器;文献[10]考虑了导弹建模时所产生的误差,基于神经网络设计了动态逆鲁棒控制器。

2. 滑模控制

滑模控制(Sliding Mode Control,SMC)作为一类特殊的非线性控制方法,是控制理论的一个重要分支,其基本思想是根据系统状态有目的地改变控制信号,将系统运动轨迹引导至预先设定的滑模面上,在以后的时间内迫使系统沿着该模态运动。由于滑模面上除平衡点以外的其他点都具有向平衡点收敛的特性,所以滑模面实际上可以说是状态空间平衡点的某一吸引区。同时,考虑到预先设计的滑动模态本身与系统的信息和参数变化无关,这使得滑模控制方法对系统不确定和外部干扰具有较好的鲁棒性。虽然滑模控制设计简单、易于实现、鲁棒性好,但存在抖振这一主要缺点,它是由控制器中所含的不连续函数、物理系统及切换方式不可避免的惯性等造成的。抖振问题的存在会造成系统控制性能品质下降,所以抑制抖振已成为滑模控制的一个重要研究方向,目前较为有效处理抖振问题的方法[11-14]有边界正则化方法、趋近律方法、滤波方法、模糊方法等。

滑模控制已经被广泛地应用于飞行控制系统设计中。文献[14]基于滑模控制方法针对一类具有回滞输入的飞行器设计了鲁棒控制器,并取得了满意的控制效果;Shtessel[15,16]等成功地为X-33型可重复使用的航天运载飞行器设计了滑模控制器,并研究了系统在具有不确定、外部干扰和发动机失效情况下的控制问题;文献[17]针对NSV基于动态滑模控制技术提出了一种自适应二阶动态终端滑模控制方案,有效地解决了控制器的抖振问题。

3. 回馈递推控制

回馈递推控制(Backstepping Control,BC)是由Kanellakopoulos[18]等于20世纪90年代初提出的一种非线性控制方法,其基本思想是将复杂的高维非线性系统分解为若干个子系统,且子系统的维数之和一般不超过原系统的维数,然后再从含有系统输出的子系统开始,选择合适的Lyapunov函数和相对应的虚拟控制律以保证子系统的稳定性,一直递推到含有控制输入的子系统为止,最终设计出系统真正的控制律。回馈递推方法的主要优点如下:第一,不要求系统中的不确定满足匹配条件[19];第二,能够处理系统中非线性不满足增长性约束条件的一类问题[20];第三,控制器设计过程规范且系统;第四,简化了Lyapunov函数选择的复杂程度,便于闭环系统稳定性的分析。但是,回馈递推方法中存在"计算膨胀"这一问题,它是由虚拟控制律多次求导所造成的。为此,Swaroop[21]等提出了动态面回馈递推方法,其核心是在每一步虚拟控制律设计中引入一阶低通滤波器,令所设计出的虚拟控制律通过该滤波器,避免每一步中对虚拟控制律的求导,且系统的稳定性也得到了严格的证明,从而解决了传统回馈递推方法中的"计算膨胀"问题,简化了控制系统的设计过程。

回馈递推控制在飞行器中有着广泛的应用。针对机翼振颤问题,Monahemi在文献[22]中首次将自适应回馈递推方法应用其控制中;文献[23]结合神经网络和回馈递推方法实现了对F-16姿态的跟踪控制;文献[24]针对具有系统不确定性、外部时变干扰和执行机构动态特性的飞行器,基于回馈递推方法提出了一种鲁棒控制方案;文献[25]利用所构造的非线性微分器和干扰补偿器为飞行器的姿态系统设计了回馈递推控制器,并通过仿真对比分析了所提方法的优越性。

4. 非线性预测控制

非线性预测控制(Nonlinear Predictive Control,NPC)是在模型预测基础之上逐渐发展起来的一种新的控制方法,是以预测模型、滚动优化和反馈校正为主要特征[26]。该控制方法是以某一预测模型为基础,根据系统过去和现在的已知信息,计算系统未来预测时间内的输出,再将实际输出和估计输出的差值反馈给所设计的目标函数,通过优化求解所需的控制量使得预测时间内的输出和期望输出的误差最小,下一采样时刻重新计算优化控制量,依此递推。非线性预测控制对模型的依赖程度低,其中预测模型的功能是根据系统历史信息和未来输入预测其未来输出,只强调预测模型的功能而不强调其结构形式。因此,状态方程、传递函数等均可以作为预测模型。此外,能够直接地处理约束问题也是非线性预测控制的一个重要特点,这是其他控制方法无法具备的。但是,该方法也存在着一些不足,如为了解决其稳定性问题,虽然理论上可以通过人为加入稳定性约束和终端惩罚进行处理,但是这可能会对算法的可行性和实时性造成一定的影响;若系统中存在外部扰动等情况,会导致其稳定性分析更加困难。因此,非线性预测控制方法有待进一步的发展和创新,从而解决其稳定性、鲁棒性和实时性等方面的问题。

非线性预测控制在飞行控制中有着一定的应用。文献[27]基于非线性预测控制方法实现了对无人飞行器的轨迹跟踪控制；文献[28]针对飞行器某一平衡点下的线性系统模型提出了一种多变量 PI 预测函数控制算法，并通过仿真验证了其有效性；针对 NSV 姿态运动系统，文献[29]基于连续的非线性预测控制方法和泛函连接网络干扰观测器设计了优化控制律的具体表达式，避免了每时刻控制量的迭代求解，从而提高了系统的实时性。

1.2.2 不确定系统控制方法研究现状

非线性控制方法虽然可以很好地解决飞行控制系统的理论设计问题，但是 NSV 在实际飞行过程中会受到复杂工作环境、元器件参数变化、外部干扰等不确定因素的影响。如果仅利用基于名义系统所设计的控制律来控制实际系统，则可能导致系统达不到所期望的控制性能，甚至会产生失控现象。因此，很有必要对不确定非线性系统的鲁棒自适应控制问题进行深入地研究。下面简要介绍几种广泛使用的不确定系统控制方法。

1. 鲁棒控制

鲁棒控制(Robust Control,RC)作为一种有效解决系统不确定问题的重要方法在过去的几十年中得到了较为成熟的发展，其中包括鲁棒极点配置[30]、H_∞ 控制[31,32]、μ 综合[33]、Youla 参数化[34]等方法。特别地，由 Zames 首先提出和研究的 H_∞ 鲁棒控制方法引起了人们广泛关注，其基本思想是通过设计真实有理的控制器使得闭环系统稳定，且有界的外部干扰对可控输出的影响最小，即使得传递函数矩阵的 H_∞ 范数最小。至今，H_∞ 鲁棒控制已形成了较为完整的理论体系。然而，鲁棒控制一般是在系统最恶劣条件下进行控制器设计的，所以可能使得系统并不工作在最优状态。同时，相对其他控制方法而言，鲁棒控制设计过程较为复杂，且计算量较大。

2. 自适应控制

自适应控制(Adaptive Control,AC)是指在外界发生变化或系统本身存在不确定的情况下，控制器能够自行调整参数或产生控制作用，从而使得系统仍能工作在最佳状态的一种控制方法[35]。自适应控制通常可以分为直接自适应控制和间接自适应控制。间接自适应控制的基本思想是首先对被控对象进行参数辨识，然后基于辨识后的系统进行控制律设计；直接自适应控制通过直接设计自适应控制律来对控制器的参数进行调整。自适应控制的优点在于其具备学习能力，所以该方法已在众多的领域得到了广泛应用。但是，自适应控制与常规反馈控制相比较为复杂，且对外界干扰和未建模的系统误差比较敏感，这可能导致控制系统性能恶化[36,37]。因此，研究具有鲁棒性能的自适应控制具有重大的理论和实际意义。

3. 基于干扰观测器的控制

干扰观测器(Disturbance Observer,DO)概念最早是由 Ohnishi[38]于 1987 年提出的，它也是解决系统不确定和干扰的一个重要手段。基于干扰观测器的控制系统设计基本思想是首先根据系统的已知信息，通过构造一个新的动态系统来在线逼近原系统所遭受的复合外部干扰，然后利用干扰观测器的估计输出来设计具有强鲁棒性的控制器，从而削弱不确定和外部干扰给系统控制性能带来的不利影响。由于干扰观测器物理意义清晰明确且设计过程规范独立，所以其易于和有关非线性控制方法相结合而形成一种新的能够有效处理系统不确定和干扰的控制方法。因此，干扰观测器技术得到了广泛而深入地研究，产生了众多的干扰观测器设计方法。其中较为重要的是由 Chen[39]提出的非线性干扰观测器，以及与智能方法相结合产生的智能干扰观测器，如模糊干扰观测器[40,41]、神经网络干扰观测器[42,43]等。

1.3 输入饱和控制研究现状

在实际控制系统中，控制输入信号均是由执行机构驱动的，而执行机构中的电子元器件本身存在物理局限性，进而导致饱和非线性问题的产生。按照输入/输出信号间的关系，饱和一般可以分为位置饱和和速率饱和两种。典型的饱和非线性函数模型如图1.2所示，其中v为执行机构输入信号，$u = \text{sat}(v)$为受执行机构饱和特性影响的输出信号，u_M为饱和函数的界限值。从图1.2可以看出，区域2相当于比例系数为1的线性环节，区域1和区域3为饱和环节，此区域中执行机构的输出信号随着输入信号的变化而保持恒定。

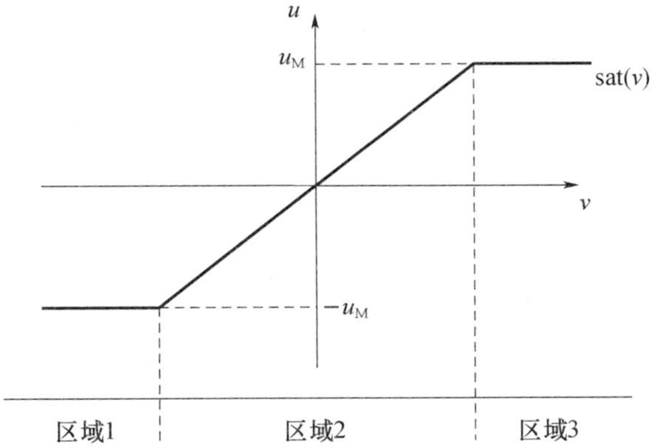

图1.2 典型饱和非线性函数模型

关于输入饱和的控制系统设计一般可以分为两类：直接设计法和补偿器设计法[44]。下面针对这两种方法的设计思路和相应的国内外研究现状进行相关的介绍。

1.3.1 直接设计法

直接设计法是指在控制系统设计的初期过程中就充分考虑饱和问题，设计出有界的控制信号使得闭环系统渐进稳定。文献[45]基于圆盘定理和Popov稳定性判据分析研究了一类带执行器饱和的线性系统的稳定性问题；Chen[46]给出了含有扇形非线性执行器饱和的多变量线性系统稳定的一个充分条件，文献[47]随后对其进行了改进；Hu[48,49]采用凸组合法研究了饱和特性下的系统稳定性分析和控制器设计等问题。近年来，针对具有输入饱和及未知外部干扰的不确定非线性系统，Wen[50]提出了一种基于回馈递推方法的鲁棒自适应控制方案，通过引入双曲正切函数和Nussbaum函数对输入饱和进行处理，系统中的不确定常数采用自适应方法进行估计，并且闭环系统的稳定性也得到了严格的证明；文献[51,52]在此基础上考虑了更具有一般形式的不确定单输入—单输出(Single - Input and Single - Output, SISO)非线性系统，结合模糊逻辑系统的任意逼近能力设计了鲁棒控制器。此外，预测控制也可以方便地解决执行器饱和这一问题，通过将饱和视为待优化目标函数的约束条件，在此基础上进行控制量的迭代求解。文献[53]研究了带有约束条件的SISO线性系统模型预测控制问题，这里的约束包含执行器输入约束、执行器输入变化率约束和系统输出约束，并利用终端状态罚矩阵来分析系统的稳定性;文献[54]针对 SISO 非线性系统,首先利用微分同胚变换将原非线性系统转化为线性系统,然后再通过一种迭代二次规划方法来保证模型预测控制算法的收敛性和优化解的可行性;文献[55,56]研究了一类多输入—多输出(Multi - Input and Multi - Output,MIMO)非线性系统的预测控制。

1.3.2 补偿器设计法

补偿器设计法也称抗饱和设计法或“两步法”,其基本思想是首先忽略饱和非线性对系统的影响,在此基础上根据所给性能指标完成系统控制器的设计;然后以执行机构的输入、输出之差作为待设计的饱和补偿器的输入,利用补偿器来削弱饱和给系统带来的影响,其结构如图1.3所示。其中 y_r 为系统输出指令信号,y 为系统的输出信号,e 为跟踪误差信号,v 为执行机构输入信号,$\mathrm{sat}(v)$ 为受执行机构饱和特性影响的输出信号。由于饱和补偿器设计相对简单且容易实现,所以该方法在实际控制系统设计中得到了广泛的应用。

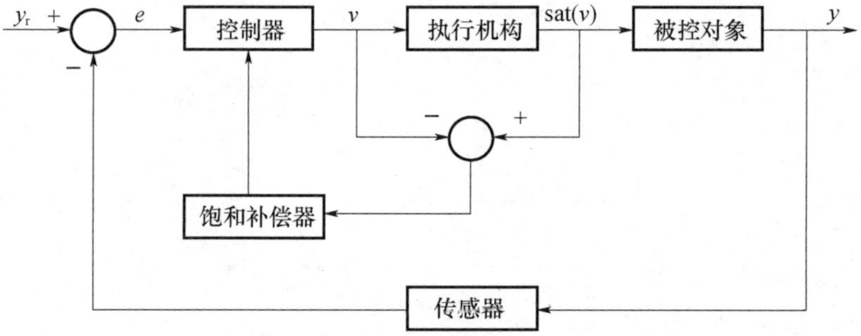

图 1.3　基于饱和补偿的系统控制方案结构图

抗饱和设计思想最初被运用于处理 PID 控制器中普遍存在的积分饱和问题。早在1967年,Feitik[57]就研究了抗饱和控制策略,即在控制器发生饱和现象时,通过引入一个反馈信号来调整控制量以减少积分饱和给系统带来的不利影响,从而使被控系统能够尽快退出饱和状态。随后,有关学者提出了抗重置饱和[58]、高增益常规抗饱和[59]、基于观测器抗饱和[60]等方法。针对线性参变(Linear Parameter - Varying,LPV)系统,Cao 等[61]利用不变集分析法和增益调度控制设计法对系统进行了稳定性分析。为了使得所估算的吸引域尽可能的大,文献[62]研究了一种特殊的 Lyapunov 函数,即饱和依赖型 Lyapunov 函数。Chen 等[63]提出了一种复合非线性反馈(Composite Nonlinear Feedback,CNF)控制,该控制律由线性控制律和非线性控制律两项组成,其中线性控制律使得系统具有较小的阻尼比以提高响应的快速性,当输出达到期望值时,非线性控制律用来增大阻尼比以降低由线性控制律所带来的超调量;文献[64,65]在此基础上进一步考虑了未知扰动下的 CNF 设计过程。考虑到神经网络的任意逼近能力,文献[66,67]针对一类非线性系统,利用径向基神经网络来逼近执行器的输入、输出之差,从而设计出饱和补偿器来削弱饱和特性的影响;文献[68,69]通过在回馈递推控制的最后一步构建一种辅助系统来消除输入饱和给系统带来的影响。

总之,关于输入饱和的控制系统的设计方法多种多样。但是,实际中的系统大多数具有不确定性、非线性和多输入—多输出特性,而这类情况下的输入饱和控制研究成果却是很少的。因此,有必要对不确定 MIMO 非线性系统的输入饱和问题进行深入的研究。

1.4　NSV 飞行控制技术研究现状

由于 NSV 具有非线性强、飞行包络大以及强动态不确定性等特点，因此控制系统的可靠性和准确性成为 NSV 控制系统设计中最重要的问题之一。近几年许多学者针对系统不确定及外部未知扰动、执行器输入饱和及舵机故障等问题提出了多种有效的控制方案。

针对 NSV 模型本身特点和实际中存在的各种干扰等问题，将非线性系统控制与不确定系统控制相结合成为研究 NSV 控制的一种有效手段。文献[70]针对变体 NSV 舵面跳变，提出了光滑控制器并利用神经网络干扰观测器技术补偿不断切换的外部干扰，接着结合 backstepping 法，采用平均驻留时间法与 Lyapunov 法证明了 NSV 闭环切换系统的稳定性，最后仿真结果表明该方法控制效果明显。文献[71]针对具有外部扰动和系统不确定性的 NSV 系统，将动态性能较优的非线性广义预测控制(NGPC)与滑模干扰观测器技术相结合，设计了基于预测控制与干扰观测器的滑模控制律，有效地抵消了外部未知扰动对系统的影响，且利用已知的状态信息估计未来行为，通过设计滑模预测控制律以满足性能指标最优，仿真数据表明此控制律对外部扰动及系统不确定性具有很高的鲁棒性且跟踪误差趋近于零。文献[72]针对 NSV 这类非线性 MIMO 不确定系统，设计了模糊控制律，并将跟踪误差应用于模糊系统伸缩因子自适应律当中，使得变论域模糊系统可以近似估计未知非线性连续函数，此外利用鲁棒项抵消建模误差即系统不确定性，并通过 Lyapunov 方法解决了系统稳定性问题，最后将该方法应用到 NSV 稳定姿态控制中，其仿真结果验证了所设计控制方法的鲁棒性与有效性。

当 NSV 正在执行某特定任务时，将不可避免地受到各种不确定因素的影响，如外部时变强气流等。从而，其相应的舵面须提供足够大的偏转角，以便完成所给定的任务。因此 NSV 姿态运动模型可描述为一类特殊的具有外部未知复合干扰和执行器饱和的不确定非线性系统。倘若在控制器设计过程中忽略舵面输入饱和对系统的影响，将会降低系统的性能，甚至使系统不稳定。由于工业控制系统执行器仅可提供有限的控制力和力矩，执行器饱和是最常见的输入非线性特性。许多学者针对具有输入饱和的非线性系统已经给出许多解决方案[73-78]。文献[73]针对具有参数摄动及外部扰动和输入受限的卫星姿态控制问题，通过反馈和测量值设计在线调整参数，通过切换控制律的形式即变结构控制律，使得闭环系统所有信号一致有界收敛，最后将设计的控制方法应用在卫星姿态控制中，仿真结果表明此方法有效地处理了执行器饱和及复合干扰对系统的影响。文献[74]根据 Lyapunov 函数及 Freeman 逐点最小范数原理设计非线性控制律，可灵活考虑控制系统的各项性能，与此同时利用集值理论证明鲁棒广义逐点最小范数控制器的连续性，此控制器能有效地抑制外部干扰及参数摄动，并且能够补偿输入饱和对系统的影响，最后将此方法与状态相关 Riccati 方程相结合用于旋翼飞行器系统控制，得到了满意的控制效果。文献[75]通过将切换线性参数变化(LPV)的控制问题转化为具有结构不确定、外部扰动及输入饱和的非线性问题，利用线性矩阵不等式(LMI)算出鲁棒增益值，将具有输入受限的超声速飞行器作为研究对象，基于多时间尺度特性将动态系统分为内环与外环系统，外环为轨迹跟踪控制，内环为具有输入饱和与复合干扰的姿态控制，最后将所研究的方法应用于飞行器的姿态与轨迹控制问题中，仿真结果表明了此方法的有效性。文献[76]提出了基于状态观测器与模糊观测器的两种变结构控制方法，并将两种方法应用于具有非对称饱和与死区、外部干扰及系统状态方程未知的多输入多输出非线性系统，通过自适应状态观测器和模糊观测器观测系统状态，进而根据滑模控制思想设计输出反馈控制器，所提方法增强了系统对扰动的鲁棒性，且对系统模型依赖小，并通过 Lyapunov 函数证明了闭环跟踪误差系统的稳定性。最后对不确定时滞系统进行仿真，仿真证明了此方法对不确定项及扰动的鲁棒性。文献[77]讨论了具有非线性输入的随机系统的变结构控制问题，将切换函数放入积分项中，利用积分函数性质抑制滑模控制中不稳定的抖振现象。文献[78]针对存在输入饱和及外部干扰的机器人系统，利用双曲正切函数性质有效处理输入饱和问题，并通过设计辅助变量来处理不确定项与外部未知干扰，且通过 Lyapunov 方法严格证明闭环系统的稳定性，仿真表明此方法有效地抑制了干扰，且机器人位置跟踪误差趋近于零。

另一方面，实际非线性系统中往往存在不能忽视的执行器故障，它直接影响着控制器的设计和系统的稳定性。文献[79]首先介绍了 NSV 动力学模型，从系统方程出发阐述故障种类，并总结了近 10 年国内外对故障诊断及容错技术的经验与成果，提出了研究 NSV 故障诊断与容错技术将会遇到的挑战和未来方向。文献[80]考虑具有网络延时及丢包现象的不确定网络系统，通过 T－S 模糊系统近似不确定系统，在系统出现故障时基于 Lyapunov 方法和线性矩阵不等式方法，给出 H_∞ 鲁棒容错控制器的充分条件，最后通过不确定时滞系统进行仿真，仿真证明了此方法对不确定项及扰动的鲁棒性。文献[81]根据 NSV 动力学特征及性能易变等特点，结合模型预测控制与线性状态反馈控制提出一类对外部干扰、不确定性、故障具有有效抑制能力的容错控制器，并给出结构控制图，仿真结果表明闭环系统能够跟踪期望输入信号。文献[82]首先给出 NSV 纵向动态数学模型及故障类型，综合使用 backstepping 技术、动态逆方法以及滤波器技术，设计容错控制器并避免微分爆炸问题，根据已知故障类型与故障大小信息设计控制器参数，利用 Lyapunov 方法证明了系统闭环稳定。文献[83]考虑 NSV 故障未知的情况下，利用 T－S 模糊规则近似处理 NSV 动力学模型，接着利用故障诊断观测器估计系统故障，在此基础上进行容错控制，最后结合动态性能指标进行仿真，实验数据显示此方法对故障具有很好的容错能力。文献[84]针对 TE 基准模型在线设计了两个容错执行器，基于数据驱动技术设计了容错控制器，其核心为 Youla 参数化的干扰观测器，通过在线辨识故障信息，利用跟踪误差来设计自适应控制律，通过迭代优化系统性能指标，最后将此方法应用到基准模型，仿真结果表明了该方案的有效性。文献[85]考虑具有故障的 MIMO 非线性系统控制问题，提出一整套故障检测、故障隔离及容错方案。故障诊断方法主要用于执行器或传感器失效的检测与隔离，在通过诊断获得有用信息的前提下，设计容错控制器来补偿故障对系统的影响，所设计的控制器能保证故障条件下闭环系统的所有信号一致有界，直到信息被故障检测出来。然后根据估计得来的有效信息，给出新控制器隔离故障，从而确保系统有更好的控制性能。在一定的假设条件下，利用 Lyapunov 方法严格证明了误差有界及其稳定性，结果表明闭环系统所有信号一致有界，且轨迹跟踪误差最后稳定收敛到零的某个邻域内。文献[86]针对具有时间延迟和 Lipschitz 非线性的马尔可夫跳变系统，给出了传感器故障估计观测器及容错方案。针对传感器故障、Lipschitz 非线性、受马尔可夫跳跃参数影响的系统结构不确定性、系统状态延时等问题，提出了一种新的估计方法——比例微分滑模观测器，可调节的微分增益和比例增益给设计者很大取值自由，此外观测器中通过引入不连续输入项消除了传感器故障对系统的影响。最后将此基于观测器的容错控制方案应用到数值仿真例子中，仿真结果说明了所提出方法的有效性和适用性。

1.5 本书主要内容

相对于传统的飞行器，高超声速 NSV 表现出大包络、多任务模式、高机动、多飞行状态等特点，同时其飞行过程经历亚声速、跨声速、超声速和高超声速等不同阶段，因此大量控制技术难题亟待解决。本书针对具有系统不确定、外部干扰影响且参数快速时变的 NSV，结合先进的非线性控制方法和干扰观测器技术设计具有强鲁棒性且能有效处理控制输入饱和的飞行控制系统。具体内容归纳如下：

第 1 章，主要阐述了本书的研究背景及意义，并简要介绍了先进飞行控制方法、输入饱和控制以及 NSV 的国内外研究现状，为本书所阐述的 NSV 鲁棒受限飞行控制方法奠定了基础。

第 2 章，参照国内外公开发表的文献资料以及实验室已有研究成果，给出了 NSV 六自由度十二状态飞行运动数学模型，通过仿真分析了 NSV 开环稳定性和耦合性，根据奇异摄动理论和时标分离原则给出了 NSV 姿态系统运动模型，并作为后续章节研究的被控对象。

第 3 章，设计了一种基于干扰观测器的 NSV 抗饱和控制方案。将干扰观测器与抗饱和控制技术相结合，从而消除系统存在的未知外部扰动、输入饱和和不确定性对系统控制的影响。设计干扰观测器对外部扰动进行估计，同时分别通过传统的抗饱和设计方法及超前抗饱和方法设计抗饱和补偿器，并将其加入到控制律的设计中，保证系统在存在输入饱和情况下的闭环稳定性。将所研究的抗饱和控制方法应用于 NSV，仿真结果验证了该控制方案的有效性。

第 4 章，基于滑模控制方法对具有参数不确定、外部干扰和输入饱和的 NSV 姿态运动进行了鲁棒控制器设计。通过非线性干扰观测器对系统中的复合干扰进行逼近，然后利用径向基函数神经网络（RBFNNs）构造一种饱和补偿器来解决舵面饱和受限问题，并基于 Lyapunov 方法严格地证明了所设计的控制器可以使得闭环系统稳定，仿真结果验证了所设计控制方案的有效性。

第 5 章，基于回馈递推方法详细地给出了一类具有输入饱和的不确定 MIMO 非线性系统控制器设计方法。考虑到回馈递推控制中存在的“计算膨胀”问题，引入了动态面方法。同时，通过所设计的非线性干扰观测器逼近系统中的复合干扰，构建一个辅助系统来处理执行器饱和非线性问题。将所设计的控制律应用于 NSV 姿态运动系统控制中，仿真实现了对 NSV 姿态的有效跟踪控制。

第 6 章，针对输入饱和问题，利用双曲正切函数对原 MIMO 非线性系统进行等效变换，在此基础上提出了一种鲁棒控制方法。通过在传统回馈递推方法的最后一步额外增加一个子系统，引入 Nussbaum 函数对输入饱和进行处理。同时，基于递归小波神经网络设计了一种新型神经网络干扰观测器，利用回馈递推和动态面方法完成系统控制器的设计。NSV 姿态跟踪控制的仿真结果表明了所设计控制方案的有效性。

第 7 章，针对具有输入饱和的 MIMO 非线性近空间姿态动力学系统，给出了基于非线性干扰观测器的 backstepping 自适应动态面控制方法，对于输入饱和现象，利用辅助系统的输出来抵消输入饱和对系统的影响，即将实际控制输入与控制律之间的差值作为辅助系统的输入，产生一系列信号并与动态面控制方法相结合来抵消输入饱和对系统产生的影响。同时，利用

Nussbaum 干扰观测器有效地处理外部干扰和系统不确定性，通过将滤波器与自适应动态面相结合来消除传统滑模控制中的颤动现象。通过 Lyapunov 方法证明了此控制方案可使闭环系统所有信号半全局一致有界收敛，闭环系统跟踪误差与干扰观测器估计误差都收敛到接近于零的一个小的邻域里。仿真算例表明 NSV 在具有外部干扰及输入饱和的情况下控制系统可以得到满意的跟踪性能。

第 8 章，采用 backstepping 方法设计可保证预先给定性能的鲁棒姿态控制器。为提高 NSV 的鲁棒控制性能，采用参数自适应方法来抵消未知时变扰动和控制输入饱和对系统的综合影响。给出了基于收敛速度及跟踪误差约束的鲁棒姿态保性能控制器。采用 Lyapunov 方法证明了在所设计的鲁棒姿态控制器作用下闭环系统信号一致渐近收敛。仿真结果证明了所提出的鲁棒保性能姿态控制方案的有效性。

第 9 章，基于 backstepping 方法和神经网络对具有输入饱和与死区的 NSV 设计了鲁棒保性能跟踪控制器。为解决饱和与死区组成的输入非线性问题，将死区的右逆函数放置于系统输入非线性模块之前，将其等效为一个输入饱和环节，从而采用辅助系统方法解决输入非线性问题。通过选取性能函数对跟踪误差的瞬态性能和稳态性能进行约束，并通过误差转换技术将受约束的跟踪误差转换为不受约束的信号，在此基础上完成 NSV 鲁棒保性能跟踪控制器的设计。最后通过 NSV 飞行姿态控制仿真，验证了本章所提出的具有输入饱和与死区的保性能跟踪控制方法的有效性。

第 10 章，针对具有不确定和未知时变外部干扰的过驱动飞行器提出了一种基于神经网络的受限控制分配方法。在考虑非对称输入饱和约束的情况下，设计了一个自适应神经网络控制器，使得闭环系统对于所有指令信号能够保证是半全局一致渐近有界的。在控制分配器的设计过程中考虑作动器位置限制和速率限制，将受限控制分配问题转化为凸非线性规划问题，并采用递归神经网络进行求解。最后进行 NSV 飞行姿态控制仿真，验证了本章所提出的自适应神经网络姿态控制律以及受限控制分配方法的有效性。

第 11 章，结合滑模控制和非线性干扰观测器对一类具有执行机构故障和输入饱和受限的不确定 MIMO 非线性系统进行容错控制器设计。首先，通过神经网络来解决执行机构故障问题。其次，在控制律中通过增加补偿项来消除输入饱和给系统带来的影响，基于滑模控制方法和非线性干扰观测器完成系统容错控制器的设计，并利用 Lyapunov 方法证明了闭环系统的稳定性。最后，通过对 NSV 姿态的容错跟踪控制仿真验证了所提控制方案的有效性。

第 12 章，研究了具有输入饱和、外部干扰和舵机故障的 NSV 容错滑模控制方法。对于快慢回路系统中外部干扰的数量级远远大于系统不确定项的数量级的问题，采用非线性干扰观测器技术处理复合干扰，干扰观测器利用已知系统状态矩阵及状态量等信息估计未知复合干扰；针对飞行器舵面饱和受限的问题，将舵机偏转角输出上界用于设计控制律，确保输出在一定范围内，并设计辅助变量，通过自适应律自动调节舵机偏转角输出，以免在偏转角上界过大时，出现输出过大的现象；同时利用径向基神经网络构造一种补偿器对舵机发生故障情况下进行容错补偿，进而解决飞行器舵机故障问题。

第2章 NSV的建模与分析

2.1 引　言

NSV 具有机动性强、飞行包络大、非线性强等特点,同时容易遭受外部干扰的影响,因而研究此类飞行器的飞行控制系统难度较大。为了设计出具有高精度和强鲁棒能力的控制方案,首要任务就是要对 NSV 建立较为准确的运动学模型和动力学模型。尽管 NSV 很多重要参数都可以从样机试验和高速风洞等模拟中获得,但真实飞行环境是无法完全事先预知的,因而参数和结构不确定性是实验飞行模型与真正模型间差别的主要来源。

本章首先给出建立 NSV 模型所需的一些基本假设、坐标系定义和飞行运动数学方程。然后,考虑姿态控制是飞行器实现预定任务的基础和核心,根据奇异摄动原理和时标分离原则给出了 NSV 姿态运动系统的仿射非线性方程组,最后通过仿真分析了 NSV 的复杂运动特性并作为后续章节研究的基础。

2.2 NSV 数学建模

本节主要介绍了 NSV 建模时所需的基本假设和相关坐标系,并定义了其飞行运动时的一些基本变量,最终建立了较为精确的数学动态模型,为后续的飞行控制系统的设计打下了坚实的基础。

2.2.1 基本假设

在 NSV 数学模型建立以及 NSV 控制问题研究中,均假设如下条件成立[87-91]:

假设 2.1:NSV 运动等效为理想刚体运动,忽略机身、机翼和尾翼等弹性形变特性。

假设 2.2:NSV 高速飞行阶段,飞行空域中的大气均视为纯净的等密度的混合物。

假设 2.3:忽略地球曲率,视飞行姿态控制研究范围内的地球表面为一平坦地面。

假设 2.4:视地面坐标系为惯性坐标系。

假设 2.5:NSV 质量分布均匀且与外形均严格对称,惯性积 $I_{xy}=I_{yz}=I_{xz}=0$。

2.2.2 坐标系定义及飞行器基本运动参数

考虑到作用在 NSV 上的重力、发动机推力、空气动力和相应力矩的产生原因是各不相同的,因此,选择合适的坐标系可以简化 NSV 数学模型的建立,这里给出建模中所用到的相关坐标系的定义[88],各坐标系之间的转换矩阵可参见附录 A。

(1) 地面坐标系(Earth - Surface Inertial Reference Frame):$O_g x_g y_g z_g$。

选择地面上某一点为原点 O_g;$O_g x_g$ 轴位于水平面内并固定指向某一方向;$O_g z_g$ 轴垂直于地面,并以指向地心方向为正;$O_g y_g$ 轴位于水平面内且与 $O_g x_g$ 轴垂直,其指向按照右手定则确定。

(2) 机体坐标系(Aircraft - Body Coordinate Frame):$O_b x_b y_b z_b$。

选择 NSV 质心为原点 O_b;$O_b x_b$ 轴位于 NSV 对称平面内且平行于设计轴线,以机头方向为正;$O_b y_b$ 轴垂直于机体对称平面且指向机身右方,$O_b z_b$ 轴位于机体对称平面内且其指向按照右手定则确定。

(3) 气流坐标系(Wind Coordinate Frame):$O_a x_a y_a z_a$。

选择 NSV 质心为原点 O_a;$O_a x_a$ 轴与空速矢量重合,以机头方向为正;$O_a z_a$ 轴位于机体对称平面内且与 $O_a x_a$ 轴垂直并指向机腹下方,$O_a y_a$ 轴位于机体对称平面内且指向按照右手定则确定。

(4) 航迹坐标系(Path Coordinate Frame):$O_k x_k y_k z_k$。

选择 NSV 质心为原点 O_k;$O_k x_k$ 轴与航迹速度重合,以机头方向为正;$O_k z_k$ 轴位于包含航迹速度矢量在内的铅垂面内,且与 $O_k x_k$ 轴垂直并指向下方;$O_k y_k$ 轴垂直于 $O_k x_k z_k$ 平面,其指向由右手定则确定。

在上述坐标系定义的基础上,给出 NSV 飞行运动中常用的基本变量:

(1) 迎角(Angle of Attack):α,飞行速度矢量在 NSV 对称平面上的投影与 $O_b x_b$ 轴间的夹角,投影在 $O_b x_b$ 轴下方为正。

(2) 侧滑角(Sideslip Angle):β,飞行速度矢量与 NSV 对称平面间的夹角,飞行速度矢量在对称平面右侧为正。

(3) 滚转角(Roll Angle):μ,$O_a z_a$ 轴与通过 $O_a x_a$ 轴的铅垂面间的夹角,NSV 向右滚转时为正。

(4) 航迹方位角(Path Azimuth Angle):χ,航迹速度矢量在地面坐标系 $O_g x_g y_g$ 平面上的投影与 $O_g x_g$ 轴间的夹角,投影在 $O_g x_g$ 轴右侧为正。

(5) 航迹倾斜角(Path Tilt Angle):γ,航迹速度矢量与水平面 $O_g x_g y_g$ 间的夹角,NSV 向上飞时为正。

(6) 滚转角速度(Roll Angle Rate):p,机体坐标系相对地面坐标系的转动角速度在 $O_b x_b$ 轴上的投影,以 $O_b x_b$ 轴指向为正。

(7) 俯仰角速度(Pitch Angle Rate):q,机体坐标系相对地面坐标系的转动角速度在 $O_b y_b$ 轴上的投影,以 $O_b y_b$ 轴指向为正。

(8) 偏航角速度(Yaw Angle Rate):r,机体坐标系相对地面坐标系的转动角速度在 $O_b z_b$ 轴上的投影,以 $O_b z_b$ 轴指向为正。

2.2.3 NSV 非线性数学模型

本节将依据 Winged - Cone 模型建立 NSV 非线性数学模型[89,90]。NSV 采用了单垂尾、左右各配置两副可独立工作的副翼,其设计为三角翼气动布局,并认为升降副翼两侧的舵面向上为正、向下为负。图 2.1 所示为 NSV 的俯视图和侧视图。

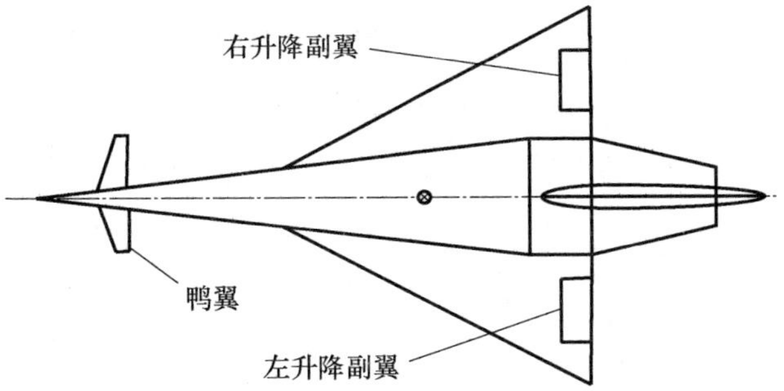

(a) NSV俯视图

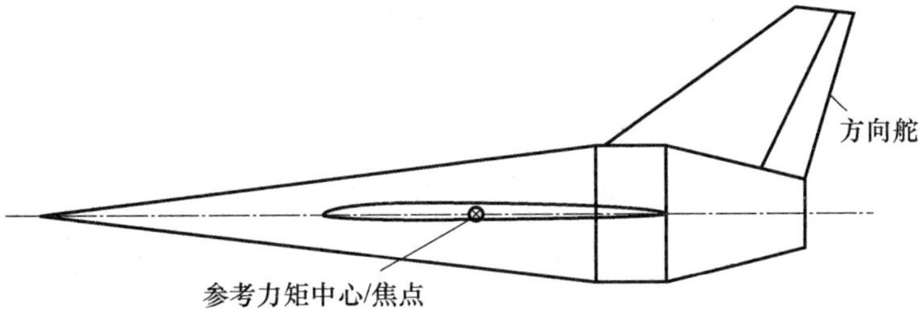

(b) NSV侧视图

图 2.1　NSV 俯视图与侧视图

另外,考虑到舵面偏转角度范围大小受限及机械结构限制,这里规定 NSV 各个舵面 δ_a、δ_e、δ_r 及推力矢量舵面 δ_y、δ_z 的偏转饱和范围为[42]

$$-30^\circ \leqslant \delta_a,\delta_e,\delta_r \leqslant 30^\circ \tag{2.1}$$

$$-15^\circ \leqslant \delta_y,\delta_z \leqslant 15^\circ \tag{2.2}$$

在前面分析基础上,给出 NSV 六自由度十二状态方程为式(2.3)~式(2.14),即[87]

$$\dot{x} = V\cos\gamma\cos\chi \tag{2.3}$$

$$\dot{y} = V\cos\gamma\sin\chi \tag{2.4}$$

$$\dot{z} = -V\sin\gamma \tag{2.5}$$

$$\dot{V} = \frac{1}{M}(-D - Mg\sin\gamma + T_x\cos\beta\cos\alpha + T_y\sin\beta + T_Z\cos\beta\sin\alpha) \tag{2.6}$$

$$\begin{aligned}\dot{\chi} = \frac{1}{MV\cos\gamma}[&L\sin\mu + Y\cos\mu + T_x(\sin\mu\sin\alpha - \cos\mu\cos\alpha\sin\beta) + T_y\cos\mu\cos\beta + \\ &T_z(-\sin\mu\cos\alpha - \cos\mu\sin\beta\sin\alpha)]\end{aligned} \tag{2.7}$$

$$\begin{aligned}\dot{\gamma} = \frac{1}{MV}[&L\cos\mu - Y\sin\mu - Mg\cos\gamma - T_y\sin\mu\cos\beta \\ &+ T_x(\sin\mu\sin\beta\cos\alpha + \cos\mu\sin\alpha) + T_z(\sin\mu\sin\beta\sin\alpha - \cos\mu\cos\alpha)]\end{aligned} \tag{2.8}$$

$$\dot{\alpha} = q - \tan\beta(p\cos\alpha + r\sin\alpha) + \frac{1}{MV\cos\beta}(-L + Mg\cos\gamma\cos\mu - T_x\sin\alpha + T_z\cos\alpha) \tag{2.9}$$

$$\dot{\beta} = -r\cos\alpha + p\sin\alpha + \frac{1}{MV}(Y + Mg\cos\gamma\sin\mu - T_x\sin\beta\cos\alpha + T_y\cos\beta - T_z\sin\beta\sin\alpha) \tag{2.10}$$

$$\dot{\mu} = \sec\beta(p\cos\alpha + r\sin\alpha) + \frac{1}{MV}[-Mg\cos\gamma\cos\mu\tan\beta + L(\tan\gamma\sin\mu + \tan\beta) + Y\tan\gamma\cos\mu + T_x\tan\gamma(\sin\mu\sin\alpha - \cos\mu\sin\beta\cos\alpha) + T_x\sin\alpha\tan\beta + T_y\tan\gamma\cos\mu\cos\beta - T_z\tan\gamma(\sin\mu\cos\alpha + \cos\mu\sin\beta\sin\alpha) - T_z\cos\alpha\tan\beta] \tag{2.11}$$

$$\dot{p} = \frac{(I_y - I_z)qr}{I_x} + \frac{(l_A + l_T)}{I_x} \tag{2.12}$$

$$\dot{q} = \frac{(I_z - I_x)pr}{I_y} + \frac{(m_A + m_T)}{I_{yy}} \tag{2.13}$$

$$\dot{r} = \frac{(I_x - I_y)pq}{I_z} + \frac{(n_A + n_T)}{I_z} \tag{2.14}$$

式(2.3)~式(2.14)中的气动力及其气动力矩具体表达式分别为[87]

$$C_D = C_{D,\alpha} + C_{D,\delta_a}\delta_a + C_{D,\delta_e}\delta_e + C_{D,\delta_r}\delta_r \tag{2.15}$$

$$C_L = C_{L,\alpha} + C_{L,\delta_a}\delta_a + C_{L,\delta_e}\delta_e \tag{2.16}$$

$$C_Y = C_{Y,\beta}\beta + C_{Y,\delta_a}\delta_a + C_{Y,\delta_e}\delta_e + C_{Y,\delta_r}\delta_r \tag{2.17}$$

$$C_l = C_{l,\beta}\beta + C_{l,\delta_a}\delta_a + C_{l,\delta_e}\delta_e + C_{l,\delta_r}\delta_r + C_{l,p}\frac{pb}{2V_A} + C_{l,r}\frac{rb}{2V_A} \tag{2.18}$$

$$C_m = C_{m,\alpha} + C_{m,\delta_a}\delta_a + C_{m,\delta_e}\delta_e + C_{m,\delta_r}\delta_r + C_{m,q}\frac{qb}{2V_A} \tag{2.19}$$

$$C_n = C_{n,\beta}\beta + C_{n,\delta_a}\delta_a + C_{n,\delta_e}\delta_e + C_{n,\delta_r}\delta_r + C_{n,p}\frac{pb}{2V_A} + C_{n,r}\frac{rb}{2V_A} \tag{2.20}$$

$$D = \hat{q}SC_D \tag{2.21}$$

$$Y = \hat{q}SC_Y \tag{2.22}$$

$$L = \hat{q}SC_L \tag{2.23}$$

$$l_A = \hat{q}bSC_l \tag{2.24}$$

$$m_A = \hat{q}cSC_m \tag{2.25}$$

$$n_A = \hat{q}bSC_n \tag{2.26}$$

其中,V_A 在无风时等于 V。

发动机推力矢量沿机体轴各方向的推力分量及其对应的力矩大小可表示为[87]

$$T_x = T\cos(\delta_y)\cos(\delta_z) \approx T \tag{2.27}$$

$$T_y = T\sin(\delta_y)\cos(\delta_z) \approx \frac{\pi}{180}T\delta_y \tag{2.28}$$

$$T_z = T\sin(\delta_z) \approx \frac{\pi}{180}T\delta_z \tag{2.29}$$

$$l_T = 0 \tag{2.30}$$

$$m_T = T_zX_T \tag{2.31}$$

$$n_T = T_yX_T \tag{2.32}$$

上述方程式中 X_T 为主发动机推力中心到前缘的距离,其他的相关变量含义可参见注释表。

2.3 NSV 姿态运动非线性模型

2.2 节所建立的 NSV 数学模型对于飞控系统来说过于复杂,目前还没有一种简单有效的控制方法可直接以此复杂非线性数学模型为基础进行控制系统设计,所以学者们考虑将所建立的 NSV 动力学模型进行适当的简化处理。姿态控制是 NSV 控制的基础和核心,因此可将上述所建立的 NSV 实际模型进行处理,得到可用于其姿态控制的非线性模型,在此基础上设计姿态控制器,然后用实际模型作为被控对象进行仿真研究,以此来检验控制方案的有效性和合理性。

姿态运动系统主要与姿态角 $\boldsymbol{\Omega}=[\alpha,\beta,\mu]^{\mathrm{T}}$ 和姿态角速率 $\boldsymbol{\omega}=[p,q,r]^{\mathrm{T}}$ 相关,即式(2.9) ~ 式(2.14)中所包含的变量。由于 NSV 舵面上的力矩与偏转角直接相关,且姿态角速率随着力矩的改变而变化,姿态角速率变化直接引起姿态角变化。因此,可根据奇异摄动原理和时标分离原则将关于姿态运动系统的 6 个方程转换为两组方程[36],即慢回路仿射非线性系统与快回路仿射非线性系统。

2.3.1 NSV 慢回路仿射非线性模型

NSV 慢回路姿态运动系统如下[26]

$$\begin{cases}\dot{\boldsymbol{\Omega}} = \boldsymbol{F}_{\mathrm{s}} + \boldsymbol{G}_{\mathrm{s}}\boldsymbol{\omega} + \boldsymbol{G}_{\mathrm{s}\delta}\boldsymbol{\delta} \\ \boldsymbol{y}_{\mathrm{s}} = \boldsymbol{\Omega}\end{cases} \tag{2.33}$$

式中:$\boldsymbol{\Omega}=[\alpha,\beta,\mu]^{\mathrm{T}}$ 为姿态角向量;$\boldsymbol{F}_{\mathrm{s}}=[f_\alpha,f_\beta,f_\mu]^{\mathrm{T}}$ 为慢回路系统状态函数向量;$\boldsymbol{G}_{\mathrm{s}}\in\mathbf{R}^{3\times3}$ 为慢回路系统控制增益矩阵;$\boldsymbol{G}_{\mathrm{s}\delta}\in\mathbf{R}^{3\times5}$ 为慢回路系统舵面分配矩阵;$\boldsymbol{\delta}=[\delta_{\mathrm{a}},\delta_{\mathrm{e}},\delta_{\mathrm{r}},\delta_{\mathrm{y}},\delta_{\mathrm{z}}]^{\mathrm{T}}$ 为舵面偏转角向量;$\boldsymbol{y}_{\mathrm{s}}$ 为慢回路系统的输出向量。$\boldsymbol{F}_{\mathrm{s}}$、$\boldsymbol{G}_{\mathrm{s}}$ 和 $\boldsymbol{G}_{\mathrm{s}\delta}$ 的具体表达式为[26]

$$f_\alpha = \frac{1}{MV\cos\beta}(-\hat{q}SC_{\mathrm{L},\alpha} + Mg\cos\gamma\cos\mu - T_x\sin\alpha) \tag{2.34}$$

$$f_\beta = \frac{1}{MV}(\hat{q}SC_{\mathrm{Y},\beta}\beta + Mg\cos\gamma\sin\mu - T_x\sin\beta\cos\alpha) \tag{2.35}$$

$$\begin{aligned} f_\mu = {} & \frac{1}{MV}\hat{q}SC_{\mathrm{Y},\beta}\beta\tan\gamma\cos\mu + \frac{1}{MV}\hat{q}SC_{\mathrm{L},\alpha}(\tan\gamma\sin\mu + \tan\beta) - \\ & \frac{g}{V}\cos\gamma\cos\mu\tan\beta + \frac{T_x}{MV}[\sin\alpha(\tan\gamma\sin\mu + \tan\beta) - \cos\alpha\tan\gamma\cos\mu\sin\beta] \end{aligned} \tag{2.36}$$

$$\boldsymbol{G}_{\mathrm{s}} = \begin{bmatrix} -\tan\beta\cos\alpha & 1 & -\sin\alpha\tan\beta \\ \sin\alpha & 0 & -\cos\alpha \\ \cos\alpha\sec\beta & 0 & \sin\alpha\sec\beta \end{bmatrix} \tag{2.37}$$

$$\boldsymbol{G}_{\mathrm{s}\delta} = \begin{bmatrix} g_{\alpha,\delta_{\mathrm{a}}} & g_{\alpha,\delta_{\mathrm{e}}} & 0 & 0 & g_{\alpha,\delta_{\mathrm{z}}} \\ g_{\beta,\delta_{\mathrm{a}}} & g_{\beta,\delta_{\mathrm{e}}} & g_{\beta,\delta_{\mathrm{r}}} & g_{\beta,\delta_{\mathrm{y}}} & g_{\beta,\delta_{\mathrm{z}}} \\ g_{\mu,\delta_{\mathrm{a}}} & g_{\mu,\delta_{\mathrm{e}}} & g_{\mu,\delta_{\mathrm{r}}} & g_{\mu,\delta_{\mathrm{y}}} & g_{\mu,\delta_{\mathrm{z}}} \end{bmatrix} \tag{2.38}$$

其中

$$g_{\alpha,\delta_a}=-\frac{\hat{q}SC_{L,\delta_a}}{MV\cos\beta},g_{\alpha,\delta_e}=-\frac{\hat{q}SC_{L,\delta_e}}{MV\cos\beta},g_{\alpha,\delta_z}=\frac{\pi T\cos\alpha}{180MV\cos\beta},g_{\beta,\delta_a}=\frac{\hat{q}SC_{Y,\delta_a}\cos\beta}{MV},$$

$$g_{\beta,\delta_e}=\frac{\hat{q}SC_{Y,\delta_e}\cos\beta}{MV},g_{\beta,\delta_r}=\frac{\hat{q}SC_{Y,\delta_r}\cos\beta}{MV},g_{\beta,\delta_y}=\frac{\pi T\cos\beta}{180MV},g_{\beta,\delta_z}=-\frac{\pi T\sin\alpha\sin\beta}{180MV},$$

$$g_{\mu,\delta_a}=\frac{\hat{q}S(C_{L,\delta_a}(\tan\gamma\sin\mu+\tan\beta)+C_{Y,\delta_a}\tan\gamma\cos\mu)}{MV},$$

$$g_{\mu,\delta_e}=\frac{\hat{q}S(C_{L,\delta_e}(\tan\gamma\sin\mu+\tan\beta)+C_{Y,\delta_e}\tan\gamma\cos\mu)}{MV},$$

$$g_{\mu,\delta_r}=\frac{\hat{q}SC_{Y,\delta_r}\tan\gamma\cos\mu}{MV},g_{\mu,\delta_y}=\frac{\pi T\tan\gamma\cos\mu\cos\beta}{180MV},$$

$$g_{\mu,\delta_z}=\frac{-\pi T(\cos\alpha(\tan\gamma\sin\mu+\tan\beta)+\sin\alpha\tan\gamma\cos\mu\sin\beta)}{180MV}。$$

2.3.2 NSV 快回路仿射非线性模型

NSV 快回路姿态运动系统如下[26]

$$\begin{cases}\dot{\boldsymbol{\omega}}=\boldsymbol{F}_f+\boldsymbol{G}_{f0}\boldsymbol{G}_{f\delta}\boldsymbol{\delta}\\ \boldsymbol{y}_f=\boldsymbol{\omega}\end{cases}\tag{2.39}$$

式中：$\boldsymbol{\omega}=[p,q,r]^T$ 为姿态角速率向量；$\boldsymbol{F}_f=[f_p,f_q,f_r]^T$ 为快回路系统状态函数向量；$\boldsymbol{G}_{f0}\in\mathbf{R}^{3\times3}$ 为快回路系统控制增益矩阵；$\boldsymbol{G}_{f\delta}\in\mathbf{R}^{3\times5}$ 为快回路系统舵面分配矩阵；$\boldsymbol{y}_f$ 为快回路系统输出向量。$\boldsymbol{F}_f$、$\boldsymbol{G}_{f0}$ 和 $\boldsymbol{G}_{f\delta}$ 具体表达式如下[26]

$$f_p=I_x^{-1}[l_c-qr(I_z-I_y)]\tag{2.40}$$

$$f_q=I_y^{-1}[m_c-rp(I_x-I_z)]\tag{2.41}$$

$$f_r=I_z^{-1}[n_c-pq(I_y-I_x)]\tag{2.42}$$

其中，l_c、m_c 和 n_c 为不受气动舵面影响而产生的力矩，具体表达式为

$$l_c=\hat{q}bS\left[C_{l,\beta}\beta+C_{l,p}\frac{pb}{2V}+C_{l,r}\frac{rb}{2V}\right]\tag{2.43}$$

$$m_c=\hat{q}cS\left[C_{m,\alpha}+C_{m,q}\frac{qc}{2V}\right]\tag{2.44}$$

$$n_c=\hat{q}bS\left[C_{n,\beta}\beta+C_{n,p}\frac{pb}{2V}+C_{n,r}\frac{rb}{2V}\right]\tag{2.45}$$

$$\boldsymbol{G}_{f0}=\mathrm{diag}\{I_x^{-1}\quad I_y^{-1}\quad I_z^{-1}\}\tag{2.46}$$

$$\boldsymbol{G}_{f\delta}=\begin{bmatrix}g_{p,\delta_a}&g_{p,\delta_e}&g_{p,\delta_r}&0&0\\ g_{q,\delta_a}&g_{q,\delta_e}&g_{q,\delta_r}&0&g_{q,\delta_z}\\ g_{r,\delta_a}&g_{r,\delta_e}&g_{r,\delta_r}&g_{r,\delta_y}&0\end{bmatrix}\tag{2.47}$$

其中

$$g_{p,\delta_a}=\hat{q}SbC_{l,\delta_a},g_{p,\delta_e}=\hat{q}SbC_{l,\delta_e},g_{p,\delta_r}=\hat{q}SbC_{l,\delta_r},$$

$$g_{q,\delta_a} = \hat{q}cSC_{m,\delta_a}, g_{q,\delta_e} = \hat{q}cSC_{m,\delta_e}, g_{q,\delta_r} = \hat{q}cSC_{m,\delta_r}, g_{q,\delta_z} = \frac{\pi T X_T}{180},$$

$$g_{r,\delta_a} = \hat{q}SbC_{n,\delta_a}, g_{r,\delta_e} = \hat{q}SbC_{n,\delta_e}, g_{r,\delta_r} = \hat{q}SbC_{n,\delta_r}, g_{r,\delta_y} = -\frac{\pi T X_T}{180}。$$

式(2.33)中的姿态角向量 $\boldsymbol{\Omega}$ 控制效果主要由 $\boldsymbol{G}_s\boldsymbol{\omega}$ 决定，$\boldsymbol{G}_{s\delta}\boldsymbol{\delta}$ 对其影响很小，所以只需将 $\boldsymbol{G}_{s\delta}\boldsymbol{\delta}$ 看作一种微小扰动。同时，NSV 在建模时存在建模误差，且飞行过程中不可避免地会受到外界环境中各种未知干扰的影响。从而，可将 NSV 姿态运动系统进一步写成如下形式：[26]

$$\begin{cases}\dot{\boldsymbol{\Omega}} = \boldsymbol{F}_s + \boldsymbol{G}_s\boldsymbol{\omega} + \boldsymbol{D}_s \\ \boldsymbol{y}_s = \boldsymbol{\Omega}\end{cases} \tag{2.48}$$

$$\begin{cases}\dot{\boldsymbol{\omega}} = \boldsymbol{F}_f + \boldsymbol{G}_f\boldsymbol{\delta} + \boldsymbol{D}_f \\ \boldsymbol{y}_f = \boldsymbol{\omega}\end{cases} \tag{2.49}$$

式中：$\boldsymbol{D}_s = \Delta\boldsymbol{F}_s + \Delta\boldsymbol{G}_s\omega + \boldsymbol{G}_{s\delta}\boldsymbol{\delta} + \boldsymbol{d}_s$ 和 $\boldsymbol{D}_f = \Delta\boldsymbol{F}_f + \Delta\boldsymbol{G}_f\delta + \boldsymbol{d}_f$ 分别为慢回路和快回路的复合干扰，$\Delta\boldsymbol{F}_s$、$\Delta\boldsymbol{G}_s$、$\Delta\boldsymbol{F}_f$ 和 $\Delta\boldsymbol{G}_f$ 分别为慢回路和快回路的建模误差，$\boldsymbol{d}_s$ 和 $\boldsymbol{d}_f$ 分别为慢回路和快回路所受到的外部干扰，$\boldsymbol{G}_f = \boldsymbol{G}_{f0}\boldsymbol{G}_{f\delta}$。

注 2.1：当 NSV 受到外部干扰作用时，首先引起舵面力矩变化，力矩的变化导致快回路中姿态角速率 $\boldsymbol{\omega} = [p,q,r]^T$ 变化。接着，快回路中姿态角速率 $\boldsymbol{\omega} = [p,q,r]^T$ 改变会导致慢回路中姿态角 $\boldsymbol{\Omega} = [\alpha,\beta,\mu]^T$ 的改变。因此，后续研究假设外部干扰全部以力矩的形式作用在快回路中，慢回路中的复合干扰主要由系统的不确定项组成。

注 2.2：若在 NSV 姿态控制器设计中忽略推力矢量的作用，则发动机推力全部作用在 O_bx_b 轴上，即 $T_x = \boldsymbol{T}, T_y = T_z = 0$。

2.4　NSV 的运动特性分析

为了直观了解 NSV 各状态变量之间的关系、相互影响的程度及 NSV 数学模型开环零输入响应特性，首先对 NSV 六自由度十二状态方程进行分析，通过分析便可以看出稳定且安全的 NSV 控制系统对 NSV 的重要性。

2.4.1　NSV 状态量间的耦合关系

NSV 控制系统存在不可忽视的非线性特性，各个运动学方程间存在耦合关系。与此同时，各气动参数和变量之间相互作用进一步加大控制器设计的难度。例如，式(2.12)～式(2.14)中气动及推力矢量力矩的变化会导致姿态角速率 $\boldsymbol{\omega} = [p,q,r]^T$ 紧跟着变化，继而就会影响到式(2.9)～式(2.11)中的姿态角 $\boldsymbol{\Omega} = [\alpha,\beta,\mu]^T$，当姿态角 $\boldsymbol{\Omega} = [\alpha,\beta,\mu]^T$ 发生变化，式(2.6)～式(2.8)中的 $\boldsymbol{P} = [V,\chi,\gamma]^T$ 也会发生改变，当 $\boldsymbol{P} = [V,\chi,\gamma]^T$ 改变就会影响到 NSV 的航迹，即式(2.3)～式(2.5)中的 $\boldsymbol{Z} = [x_g,y_g,z_g]^T$ 会发生改变，各变量之间的关系可用结构图表现出来，如图 2.2 所示。

图 2.2 中 $\int$ 符号表示积分环节，$C_i(i=1,2,3,4)$ 为相应回路的控制器，各状态量之间详细关系图可参考文献[87]。此处给出的是一个简略后的结构关系图，只是简洁表达十二个状态

变量之间的关系,其他参数关系并没有给出。

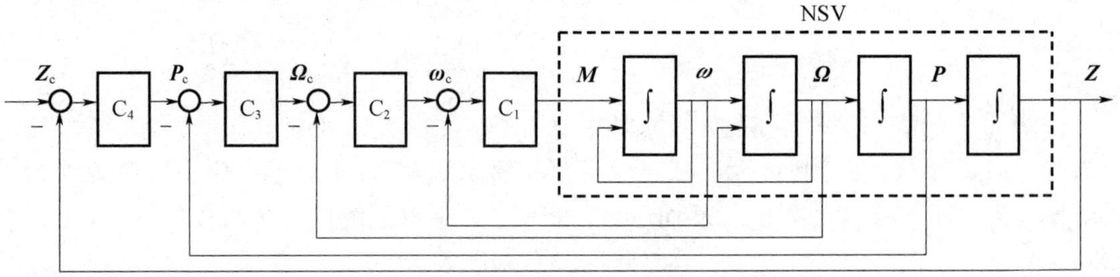

图 2.2　NSV 状态量关系和控制结构图

2.4.2　NSV 开环特性及干扰对运动特性的影响

当 NSV 正在执行某特定任务时,将不可避免地受各种不确定因素以及外部干扰影响。下面给出 NSV 各状态变量在无控制器及受到外部扰动情况下的实际的开环零输入响应曲线。假设初始条件为 $x_0=2000\text{m}, y_0=1000\text{m}, H_0=-z_0=30\text{km}, V_0=2200\text{m/s}, \chi_0=0°, \gamma_0=0°, \alpha_0=2°, \beta_0=2°, \mu_0=2°, p_0=q_0=r_0=0(°/\text{s}), \delta_a=\delta_e=\delta_r=\delta_y=\delta_z=0°$。快回路受到的外界干扰力矩为 $\boldsymbol{D}_f=[1.5\rho\sin(6t), 2.5\rho(\sin(5t)+0.2), 2.5\rho(\sin(5t)+0.15)]^T$,下面给出 ρ 分别为 0、10^4、10^5、10^6 情况下 NSV 开环零输入响应曲线,如图 2.3 所示。

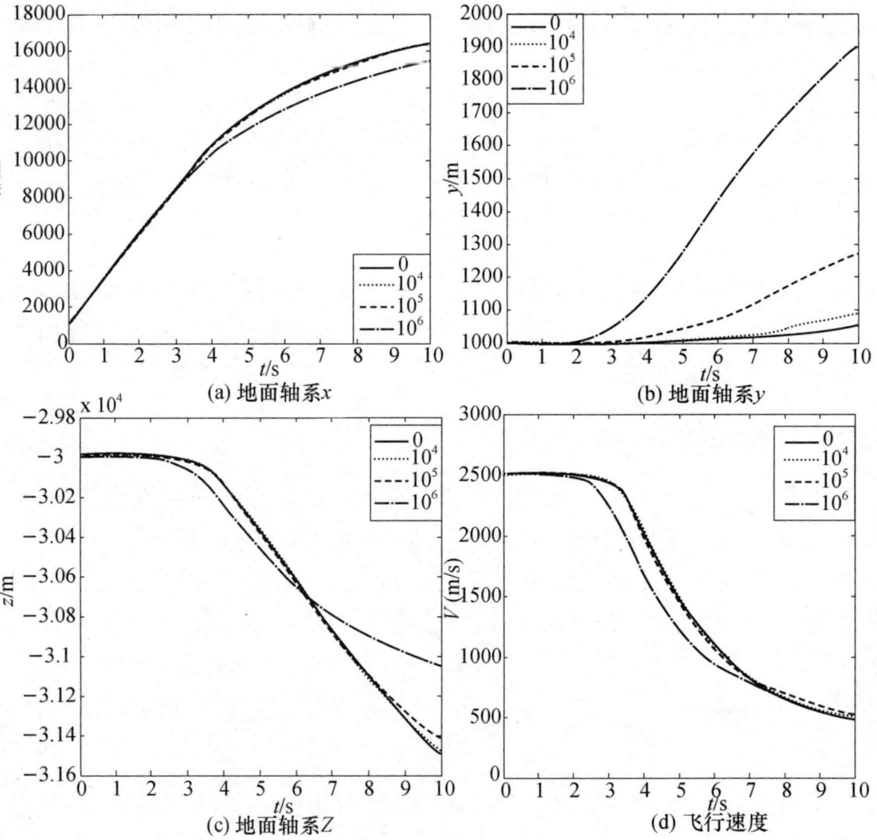

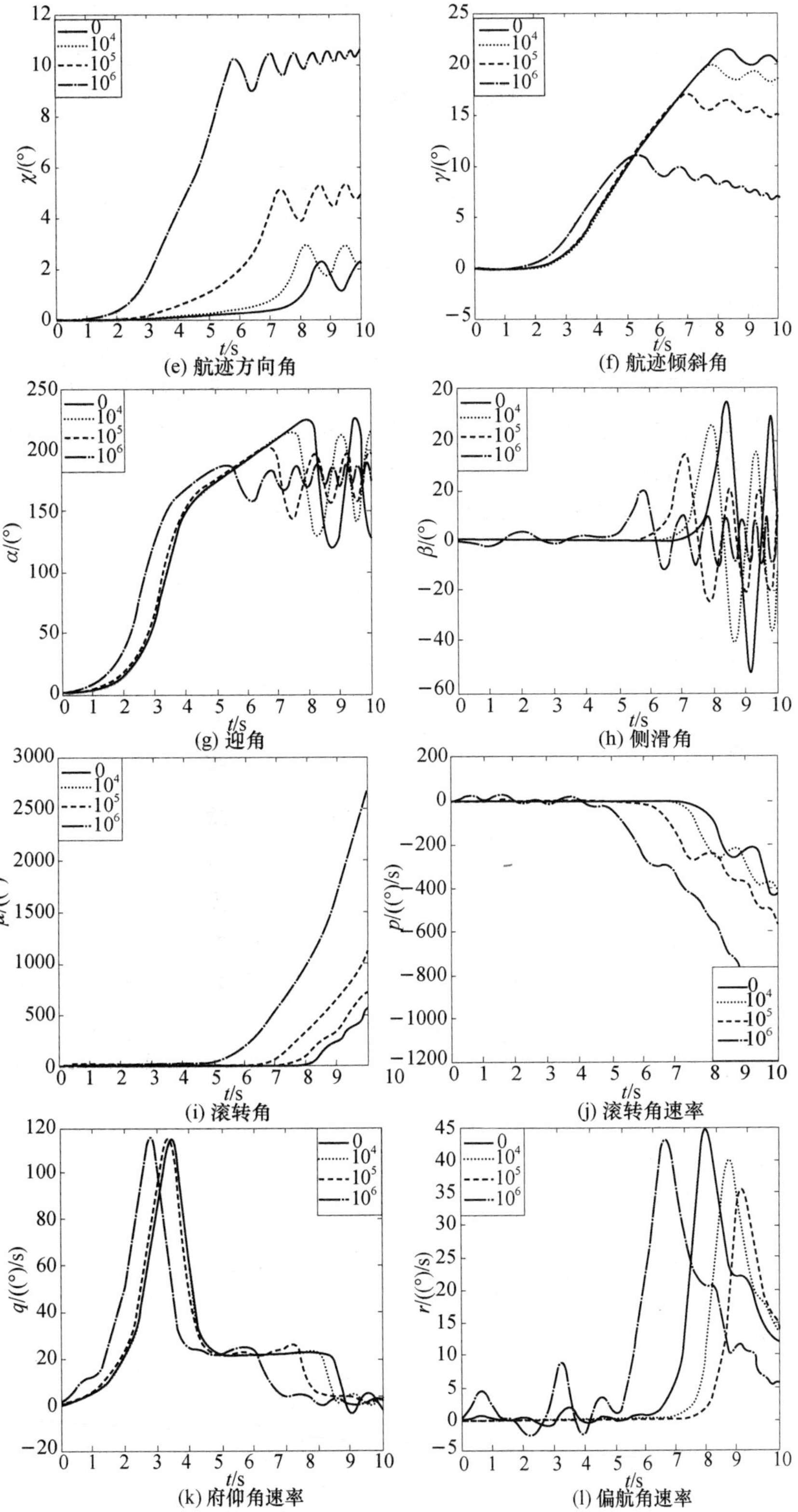

(e) 航迹方向角　(f) 航迹倾斜角

(g) 迎角　(h) 侧滑角

(i) 滚转角　(j) 滚转角速率

(k) 府仰角速率　(l) 偏航角速率

图 2.3　干扰情况下 NSV 开环零输入响应曲线

从图 2.3 响应曲线可见,NSV 在无控制输入作用下姿态角及其角速率均成发散状况，随着 NSV 外部干扰大小数量级的增大,状态变量的波动也随之增大,飞行稳定性变得更加恶劣,因此必须设计出合理的飞行控制系统来实现 NSV 的稳定飞行。

2.5 小结

本章根据国内外关于 NSV 公开的研究资料,首先给出了 NSV 六自由度十二状态数学模型，该模型主要由动力学方程和运动学方程组成。要稳定且有效地控制 NSV 姿态运动需要借助先进的控制方法对 NSV 进行控制系统的设计。然而,现有的先进控制方法难以直接运用到所建立的 NSV 六自由度十二状态方程模型上,从而需对其运动模型方程进行合理的简化。考虑到姿态控制在 NSV 控制系统中的重要性,根据奇异摄动原理和时标分离原则简化出了 NSV 姿态运动的非线性模型,其次,通过仿真分析了 NSV 的运动特性并为后续章节研究奠定了基础。

第3章 具有输入饱和的NSV姿态控制

3.1 引　言

针对 NSV 非线性数学模型难以设计有效控制器的特点,我们首先研究 NSV 的线性化抗饱和姿态控制器设计方法。针对 NSV 这一类存在外部扰动、输入饱和和参数不确定的多输入—多输出线性系统,设计了一种基于干扰观测器的抗饱和姿态控制方案。将干扰观测器与抗饱和控制技术相结合,以消除未知外部扰动、输入饱和以及不确定性对系统闭环控制性能的影响。首先,设计干扰观测器对外部扰动进行估计。其次在不考虑输入饱和的情况下,设计鲁棒控制器,保证闭环系统的稳定性。然后,利用超前抗饱和方法设计抗饱和补偿器,并将其加入到控制律的设计中,保证系统在存在输入饱和情况下的稳定性。最后,将所研究的抗饱和控制方法应用于 NSV 姿态控制学中,仿真结果验证了所设计控制方案的有效性。

3.2 问题描述

为了对 NSV 设计线性抗饱和控制器,首先考虑如下一类多输入—多输出非线性系统[91],即

$$\dot{\boldsymbol{X}} = \boldsymbol{f}(\boldsymbol{X}) + \sum_{k=0}^{2} \boldsymbol{g}_k(\boldsymbol{X})\boldsymbol{U}_k \triangleq \boldsymbol{F}(\boldsymbol{X},\boldsymbol{U}) \tag{3.1}$$

式中:状态向量 $\boldsymbol{X} = [V,\gamma,h,\alpha,q]^{\mathrm{T}}$ 分别表示 NSV 的速度、航迹倾斜角、高度、攻角与俯仰角速率;控制输入 $\boldsymbol{U} = [\eta_0,\delta_e]^{\mathrm{T}}$ 分别为油门与升降舵偏转角。$\boldsymbol{f}(\boldsymbol{X})$ 和 $\boldsymbol{g}_k(\boldsymbol{X})$ 为相应维数的函数向量和函数矩阵。

为了设计控制器方便,将 NSV 纵向模型在平飞状态下,且在平衡点$(\boldsymbol{X}_0,\boldsymbol{U}_0)$附近进行线性化,从而得到如下形式的线性化模型,即

$$\dot{\boldsymbol{x}}_p = \boldsymbol{A}_p\boldsymbol{x}_p + \boldsymbol{B}_p\boldsymbol{u} \tag{3.2}$$

其中,
$$\boldsymbol{A}_p = \begin{bmatrix} 2.2961\times10^{-5} & -31.4788 & -7.2042\times10^{-6} & -47.8368 & 0 \\ 2.7842\times10^{-7} & 0 & -5.7586\times10^{-8} & 0.0040 & 0 \\ 0 & 1.5060\times10^{4} & 0 & 0 & 0 \\ -2.7842\times10^{-5} & 0 & 5.7586\times10^{-8} & -0.0440 & 1 \\ 1.7449\times10^{-7} & 0 & -5.4745\times10^{-8} & 0.5923 & -0.0682 \end{bmatrix},$$

$$\boldsymbol{B}_{\mathrm{p}}=\begin{bmatrix}27.2963 & 0\\ 5.7113\times10^{-5} & 0\\ 0 & 0\\ -5.7113\times10^{-5} & 0\\ 0 & 3.3168\end{bmatrix}$$，并且 $\boldsymbol{x}_{\mathrm{p}}=\boldsymbol{X}-\boldsymbol{X}_0$，$\boldsymbol{u}=\boldsymbol{U}-\boldsymbol{U}_0$。

由于该线性化模型定义在平衡点附近，因此，线性系统状态为 $\boldsymbol{x}_{\mathrm{p}}=[\Delta V,\Delta\gamma,\Delta h,\Delta\alpha,\Delta q]^{\mathrm{T}}$，控制输入为 $\boldsymbol{u}=[\Delta\eta_0,\Delta\delta_{\mathrm{e}}]^{\mathrm{T}}$。

为更好地表示 NSV 的纵向动态，系统式(3.2)中需要考虑参数不确定，同时外部扰动与输入饱和在控制器设计中也需要考虑，因此，为了研究 NSV 的控制问题，先讨论如下一般的不确定线性系统[92]，即

$$\dot{\boldsymbol{x}}_{\mathrm{p}}=(\boldsymbol{A}_{\mathrm{p}}+\Delta\boldsymbol{A})\boldsymbol{x}_{\mathrm{p}}+\boldsymbol{B}_{\mathrm{p}}(\mathrm{sat}(\boldsymbol{u})+\boldsymbol{d}) \tag{3.3}$$

式中：$\boldsymbol{x}_{\mathrm{p}}\in\boldsymbol{R}^{n_{\mathrm{p}}}$ 为状态向量；$\mathbf{u}\in\mathbf{R}^{m}$ 为输入向量，$\boldsymbol{d}\in\mathbf{R}^{m}$ 为系统的输入干扰；$\boldsymbol{A}_{\mathrm{p}}$，$\Delta\boldsymbol{A}$ 和 $\boldsymbol{B}_{\mathrm{p}}$ 为相应维的矩阵。

由式(3.2)可知 $n_{\mathrm{p}}=5$，$m=2$。sat(·)是标准的饱和函数，满足

$$\mathrm{sat}(\boldsymbol{u}_i)=\mathrm{sign}(u_i)\min\{u_{\mathrm{max}i},|u_i|\},i=1,2 \tag{3.4}$$

式中：$u_{\mathrm{max}i}$ 表示系统第 i 个输入 u_i 的已知饱和度。

$\Delta\boldsymbol{A}$ 表示系统的不确定性，满足

$$\Delta\boldsymbol{A}=\boldsymbol{D}\boldsymbol{F}(t)\boldsymbol{E}_1 \tag{3.5}$$

式中：$\boldsymbol{D}\in\mathbf{R}^{n_{\mathrm{p}}\times n_{\mathrm{e}}}$，$\boldsymbol{E}_1\in\mathbf{R}^{n_{\mathrm{e}}\times n_{\mathrm{p}}}$ 为常值矩阵；$\boldsymbol{F}(t)$ 为相应维未知时变实矩阵，满足

$$\boldsymbol{F}(t)^{\mathrm{T}}\boldsymbol{F}(t)\leqslant\boldsymbol{I},\forall t \tag{3.6}$$

为控制器设计方便，给出如下引理：

引理 3.1：假设 $\overline{\boldsymbol{U}}$，$\overline{\boldsymbol{V}}$ 和 W 分别为适当维的矩阵或者向量，那么对于任意的正实数 α_0 和 β_0 下面的不等式成立

$$\overline{\boldsymbol{U}}^{\mathrm{T}}V+\overline{\boldsymbol{V}}^{\mathrm{T}}\overline{\boldsymbol{U}}\leqslant\alpha_0\overline{\boldsymbol{U}}^{\mathrm{T}}\overline{\boldsymbol{U}}+\alpha_0^{-1}\overline{\boldsymbol{V}}^{\mathrm{T}}\boldsymbol{V}$$

$$2\boldsymbol{W}^{\mathrm{T}}\boldsymbol{V}\leqslant\beta_0\boldsymbol{W}^{\mathrm{T}}\boldsymbol{W}+\beta_0^{-1}\boldsymbol{V}^{\mathrm{T}}\boldsymbol{V}$$

本章的目标是针对不确定线性系统式(3.3)，引入干扰观测器来对未知外部干扰进行估计，根据干扰观测器的估计输出，结合抗饱和控制方法设计超前抗饱和补偿器和鲁棒控制器，使闭环系统在存在外界未知扰动和输入饱和的情况下状态稳定。

首先，设计如下形式的控制器，即

$$\boldsymbol{u}=\boldsymbol{K}\boldsymbol{x}_{\mathrm{p}}+\boldsymbol{u}_{\mathrm{d}}+\boldsymbol{v} \tag{3.7}$$

式中：$\boldsymbol{u}_{\mathrm{d}}=-\hat{\boldsymbol{d}}$，$\hat{\boldsymbol{d}}$ 为系统外部干扰的估计值；$\boldsymbol{K}$ 为控制器状态反馈矩阵；$\boldsymbol{v}$ 为补偿器的输出，主要用来抑制输入饱和的影响。所设计的控制器必须能够保证闭环系统的稳定性及其他性能指标。

为了避免或减小输入饱和对闭环系统性能的影响，设计如下形式的抗饱和补偿器，即

$$\sum\nolimits_{\mathrm{a}}:\begin{cases}\dot{\boldsymbol{x}}_{\mathrm{a}}=\boldsymbol{A}_{\mathrm{a}}\boldsymbol{x}_{\mathrm{a}}+\boldsymbol{B}_{\mathrm{a}}\boldsymbol{\eta}\\ \boldsymbol{v}=\boldsymbol{C}_{\mathrm{a}}\boldsymbol{x}_{\mathrm{a}}+\boldsymbol{D}_{\mathrm{a}}\boldsymbol{\eta}\end{cases} \tag{3.8}$$

式中：$\boldsymbol{x}_a\in\mathbf{R}^{n_{\mathrm{a}}}$ 为补偿器状态向量；$\boldsymbol{\eta}=\boldsymbol{u}-\mathrm{sat}(\boldsymbol{u})$ 为补偿器输入；$\boldsymbol{A}_{\mathrm{a}}$，$\boldsymbol{B}_{\mathrm{a}}$，$\boldsymbol{C}_{\mathrm{a}}$，$\boldsymbol{D}_{\mathrm{a}}$ 为适当维的设计矩阵。

3.3　干扰观测器的设计

本节主要设计干扰观测器来对系统外部干扰进行估计。首先，为了研究方便，假设系统未知外部扰动由如下形式的外部系统产生，即

$$\begin{cases}\dot{\boldsymbol{\xi}} = \boldsymbol{W}_1\boldsymbol{\xi} \\ \boldsymbol{d} = \boldsymbol{V}_1\boldsymbol{\xi}\end{cases} \tag{3.9}$$

式中：$\boldsymbol{\xi} \in \mathbf{R}^q$；$\boldsymbol{d} \in \mathbf{R}^m$；$\boldsymbol{W}_1$ 和 $\boldsymbol{V}_1$ 为适当维的矩阵。干扰模型式(3.9)可以产生多种形式的实际扰动，例如常值干扰、谐波干扰等。其中：当 $\boldsymbol{W}_1 = 0, \boldsymbol{V}_1 = 1$ 时，干扰模型式(3.9)可产生未知常值干扰；当 $\boldsymbol{W}_1 = \begin{bmatrix} 0 & \omega \\ \omega & 0 \end{bmatrix}, \boldsymbol{V}_1 = [1 \quad 0]$ 时，式(3.9)可产生频率为 ω 但幅值和相位未知的谐波干扰。

根据式(3.9)，干扰观测器设计为如下形式：

$$\begin{aligned} \dot{\boldsymbol{\zeta}}(t) &= (\boldsymbol{W}_1 + \boldsymbol{L}\boldsymbol{B}_{\mathrm{p}}\boldsymbol{V}_1)(\boldsymbol{\zeta}(t) - \boldsymbol{L}\boldsymbol{x}_{\mathrm{p}}) + \boldsymbol{L}(\boldsymbol{A}_{\mathrm{p}}\boldsymbol{x}_{\mathrm{p}} + \boldsymbol{B}_{\mathrm{p}}\mathrm{sat}(\boldsymbol{u})) \\ \hat{\boldsymbol{\xi}}(t) &= \boldsymbol{\zeta}(t) - \boldsymbol{L}\boldsymbol{x}_{\mathrm{p}} \\ \hat{\boldsymbol{d}}(t) &= \boldsymbol{V}_1\hat{\boldsymbol{\xi}}(t) \end{aligned} \tag{3.10}$$

式中：$\boldsymbol{\zeta}(t)$ 为干扰观测器的辅助设计向量；$\boldsymbol{L} \in \mathbf{R}^{q \times n_{\mathrm{p}}}$ 为干扰观测器的设计增益矩阵，将通过求解线性矩阵不等式得到。

定义干扰估计误差 $\tilde{\boldsymbol{\xi}} = \boldsymbol{\xi} - \hat{\boldsymbol{\xi}}$，并由式(3.9)和式(3.10)可以得到观测器估计误差动态方程满足

$$\dot{\tilde{\boldsymbol{\xi}}} = (\boldsymbol{W}_1 + \boldsymbol{L}\boldsymbol{B}_{\mathrm{p}}\boldsymbol{V}_1)\tilde{\boldsymbol{\xi}} + \boldsymbol{L}\Delta\boldsymbol{A}\boldsymbol{x}_{\mathrm{p}} \tag{3.11}$$

由上式明显可以看出，增益矩阵 $\boldsymbol{L}$ 不仅要满足所设计干扰观测器式(3.10)的稳定性，同时也要保证在存在不确定项 $\boldsymbol{L}\Delta\boldsymbol{A}\boldsymbol{x}_{\mathrm{p}}$ 下的鲁棒性。

3.4　基于干扰观测器的抗饱和设计

在设计的干扰观测器基础上，进行超前抗饱和补偿器和控制器设计。

系统原有饱和函数，$\mathrm{sat}(u_i) := \mathrm{sign}(u_i)\min\{u_{\mathrm{max}i}, |u_i|\}$，人为设置的饱和函数为[93]

$$\mathrm{sat}(u_i)_g := \frac{\mathrm{sign}(u_i)\min\{u_{\mathrm{max}i}, |u_i|\}}{g}, g > 1, i = 1,2,\cdots,m \tag{3.12}$$

根据两个饱和函数的形式，对如下三种情况下的闭环系统进行讨论。

1. 情况 1：$|u_i| \leqslant \dfrac{u_{\mathrm{max}i}}{g}$

该种情况下两个饱和函数均未发生作用，因此闭环系统为线性系统，即 $\boldsymbol{\eta} = 0$，定义 $\tilde{\boldsymbol{d}} = \boldsymbol{d} -$

$\hat{\boldsymbol{d}}$,从而得到控制律式(3.7)作用下的闭环系统,即为

$$\begin{cases}\dot{\boldsymbol{x}}_{\mathrm{p}} = (\boldsymbol{A}_{\mathrm{p}} + \boldsymbol{B}_{p}\boldsymbol{K} + \Delta\boldsymbol{A})\boldsymbol{x}_{\mathrm{p}} + \boldsymbol{B}_{\mathrm{p}}\boldsymbol{C}_{\mathrm{a}}\boldsymbol{x}_{\mathrm{a}} + \boldsymbol{B}_{\mathrm{p}}\tilde{\boldsymbol{d}} \\ \dot{\boldsymbol{x}}_{\mathrm{a}} = \boldsymbol{A}_{\mathrm{a}}\boldsymbol{x}_{\mathrm{a}} \\ \boldsymbol{u} = \boldsymbol{K}\boldsymbol{x}_{\mathrm{p}} + \boldsymbol{C}_{\mathrm{a}}\boldsymbol{x}_{\mathrm{a}} - \boldsymbol{d} + \tilde{\boldsymbol{d}}\end{cases} \tag{3.13}$$

为控制器设计方便,定义一个性能指标,即

$$\boldsymbol{x}_{\mathrm{p}}^{\mathrm{T}}\boldsymbol{x}_{\mathrm{p}} \leqslant \gamma\boldsymbol{d}^{\mathrm{T}}\boldsymbol{d} \tag{3.14}$$

式中:增益 $\gamma>0$ 为设计参数。该情况下设计目标为既要保证闭环系统的稳定性,又要使得 $\boldsymbol{d}$ 到 $\boldsymbol{x}_{\mathrm{p}}$ 的 L_2 增益小于给定的 γ。

选取 Lyapunov 函数

$$V_2 = \tilde{\boldsymbol{\xi}}^{\mathrm{T}}\boldsymbol{P}_1\tilde{\boldsymbol{\xi}} + \boldsymbol{x}_{\mathrm{p}}^{\mathrm{T}}\boldsymbol{P}_2\boldsymbol{x}_{\mathrm{p}} + \boldsymbol{x}_{\mathrm{a}}^{\mathrm{T}}\boldsymbol{P}_3\boldsymbol{x}_{\mathrm{a}} \tag{3.15}$$

式中:$\boldsymbol{P}_1$、$\boldsymbol{P}_2$、$\boldsymbol{P}_3$ 为相应维正定矩阵。

根据式(3.11)、式(3.13)和式(3.15),对 Lyapunov 函数求导可得

$$\begin{aligned}\dot{V}_2 = {} & 2\boldsymbol{x}_{\mathrm{p}}^{\mathrm{T}}\boldsymbol{P}_2(\boldsymbol{A}_{\mathrm{p}} + \boldsymbol{B}_{\mathrm{p}}\boldsymbol{K} + \Delta\boldsymbol{A})\boldsymbol{x}_{\mathrm{p}} + 2\boldsymbol{x}_{\mathrm{p}}^{\mathrm{T}}\boldsymbol{P}_2\boldsymbol{B}_{\mathrm{p}}\boldsymbol{C}_{\mathrm{a}}\boldsymbol{x}_{\mathrm{a}} + 2\boldsymbol{x}_{\mathrm{p}}^{\mathrm{T}}\boldsymbol{P}_2\boldsymbol{B}_{\mathrm{p}}\tilde{\boldsymbol{d}} + 2\boldsymbol{x}_{\mathrm{a}}^{\mathrm{T}}\boldsymbol{P}_3\boldsymbol{A}_{\mathrm{a}}\boldsymbol{x}_{\mathrm{a}} \\ & + 2\tilde{\boldsymbol{\xi}}^{\mathrm{T}}\boldsymbol{P}_1((\boldsymbol{W}_1 + \boldsymbol{L}\boldsymbol{B}_{\mathrm{p}}\boldsymbol{V}_1)\tilde{\boldsymbol{\xi}} + \boldsymbol{L}\Delta\boldsymbol{A}\boldsymbol{x}_{\mathrm{p}})\end{aligned} \tag{3.16}$$

考虑到 $\boldsymbol{u}^{\mathrm{T}}\boldsymbol{u}\geqslant 0$,若存在 $\tau>0$ 使得下式

$$\dot{V}_2 + \tau\boldsymbol{u}^{\mathrm{T}}\boldsymbol{u} \leqslant 0 \tag{3.17}$$

成立,即可保证 $\dot{V}_2\leqslant 0$,从而保证闭环系统稳定,其中选择 $\tau=\frac{1}{2}\gamma$。同时根据式(3.14)以及设计目标,应保证下式成立,即

$$\dot{V}_2 + \boldsymbol{x}_{\mathrm{p}}^{\mathrm{T}}\boldsymbol{x}_{\mathrm{p}} - \gamma\boldsymbol{d}^{\mathrm{T}}\boldsymbol{d} + \tau\boldsymbol{u}^{\mathrm{T}}\boldsymbol{u} \leqslant 0 \tag{3.18}$$

因此由式(3.13)、式(3.16)以及 $\Delta\boldsymbol{A}$ 的定义,可得

$$\begin{aligned}\dot{V}_2 + \boldsymbol{x}_{\mathrm{p}}^{\mathrm{T}}\boldsymbol{x}_{\mathrm{p}} - \gamma\boldsymbol{d}^{\mathrm{T}}\boldsymbol{d} + \tau\boldsymbol{u}^{\mathrm{T}}\boldsymbol{u} = {} & \boldsymbol{x}_{\mathrm{p}}^{\mathrm{T}}((\boldsymbol{A}_{\mathrm{p}} + \boldsymbol{B}_{\mathrm{p}}\boldsymbol{K})^{\mathrm{T}}\boldsymbol{P}_2 + \boldsymbol{P}_2(\boldsymbol{A}_{\mathrm{p}} + \boldsymbol{B}_{\mathrm{p}}\boldsymbol{K}) + \tau\boldsymbol{K}^{\mathrm{T}}\boldsymbol{K} + \boldsymbol{I})\boldsymbol{x}_{\mathrm{p}} \\ & + \boldsymbol{x}_{\mathrm{p}}^{\mathrm{T}}(\boldsymbol{E}_1^{\mathrm{T}}\boldsymbol{F}^{\mathrm{T}}\boldsymbol{D}^{\mathrm{T}}\boldsymbol{P}_2 + \boldsymbol{P}_2\boldsymbol{D}\boldsymbol{F}\boldsymbol{E}_1)\boldsymbol{x}_{\mathrm{p}} + 2\boldsymbol{x}_{\mathrm{p}}^{\mathrm{T}}(\boldsymbol{P}_2\boldsymbol{B}_{\mathrm{p}}\boldsymbol{C}_{\mathrm{a}} + \tau\boldsymbol{K}^{\mathrm{T}}\boldsymbol{C}_{\mathrm{a}})\boldsymbol{x}_{\mathrm{a}} \\ & + 2\boldsymbol{x}_{\mathrm{p}}^{\mathrm{T}}\boldsymbol{P}_2\boldsymbol{B}_{\mathrm{p}}\boldsymbol{V}_1\tilde{\boldsymbol{\xi}} + 2\tau\boldsymbol{x}_{\mathrm{p}}^{\mathrm{T}}\boldsymbol{K}^{\mathrm{T}}\boldsymbol{V}_1\tilde{\boldsymbol{\xi}} - 2\boldsymbol{x}_{\mathrm{p}}^{\mathrm{T}}\tau\boldsymbol{K}^{\mathrm{T}}\boldsymbol{d} + \boldsymbol{x}_{\mathrm{a}}^{\mathrm{T}}(\boldsymbol{P}_3\boldsymbol{A}_{\mathrm{a}} + \boldsymbol{A}_{\mathrm{a}}^{\mathrm{T}}\boldsymbol{P}_3 + \tau\boldsymbol{C}_{\mathrm{a}}^{\mathrm{T}}\boldsymbol{C}_{\mathrm{a}})\boldsymbol{x}_{\mathrm{a}} \\ & + 2\tau\boldsymbol{x}_{\mathrm{a}}^{\mathrm{T}}\boldsymbol{C}_{\mathrm{a}}^{\mathrm{T}}\boldsymbol{V}_1\tilde{\boldsymbol{\xi}} - 2\tau\boldsymbol{x}_{\mathrm{a}}^{\mathrm{T}}\boldsymbol{C}_{\mathrm{a}}^{\mathrm{T}}\boldsymbol{d} + 2\tilde{\boldsymbol{\xi}}^{\mathrm{T}}\boldsymbol{P}_1(\boldsymbol{W}_1 + \boldsymbol{L}\boldsymbol{B}_{\mathrm{p}}\boldsymbol{V}_1)\tilde{\boldsymbol{\xi}} + \tau\tilde{\boldsymbol{\xi}}^{\mathrm{T}}\boldsymbol{V}_1^{\mathrm{T}}\boldsymbol{V}_1\tilde{\boldsymbol{\xi}} \\ & + 2\tilde{\boldsymbol{\xi}}^{\mathrm{T}}\boldsymbol{P}_1\boldsymbol{L}\boldsymbol{D}\boldsymbol{F}\boldsymbol{E}_1\boldsymbol{x}_{\mathrm{p}} + (\tau - \gamma)\boldsymbol{d}^{\mathrm{T}}\boldsymbol{d} - 2\tau\boldsymbol{d}^{\mathrm{T}}\boldsymbol{V}_1\tilde{\boldsymbol{\xi}}\end{aligned} \tag{3.19}$$

由引理 3.1 可得

$$\boldsymbol{x}_{\mathrm{p}}^{\mathrm{T}}(\boldsymbol{E}_1^{\mathrm{T}}\boldsymbol{F}^{\mathrm{T}}\boldsymbol{D}^{\mathrm{T}}\boldsymbol{P}_2 + \boldsymbol{P}_2\boldsymbol{D}\boldsymbol{F}\boldsymbol{E}_1)\boldsymbol{x}_{\mathrm{p}} \leqslant \alpha_1\boldsymbol{x}_{\mathrm{p}}^{\mathrm{T}}\boldsymbol{P}_2\boldsymbol{D}\boldsymbol{D}^{\mathrm{T}}\boldsymbol{P}_2\boldsymbol{x}_{\mathrm{p}} + \alpha_1^{-1}\boldsymbol{x}_{\mathrm{p}}^{\mathrm{T}}\boldsymbol{E}_1^{\mathrm{T}}\boldsymbol{E}_1\boldsymbol{x}_{\mathrm{p}} \tag{3.20}$$

$$2\tilde{\boldsymbol{\xi}}^{\mathrm{T}}\boldsymbol{P}_1\boldsymbol{L}\boldsymbol{D}\boldsymbol{F}\boldsymbol{E}_1\boldsymbol{x}_{\mathrm{p}} \leqslant \alpha_2\tilde{\boldsymbol{\xi}}^{\mathrm{T}}\boldsymbol{P}_1\boldsymbol{L}\boldsymbol{D}\boldsymbol{D}^{\mathrm{T}}\boldsymbol{L}^{\mathrm{T}}\boldsymbol{P}_1\tilde{\boldsymbol{\xi}} + \alpha_2^{-1}\boldsymbol{x}_{\mathrm{p}}^{\mathrm{T}}\boldsymbol{E}_1^{\mathrm{T}}\boldsymbol{E}_1\boldsymbol{x}_{\mathrm{p}} \tag{3.21}$$

其中 $\alpha_1>0$,$\alpha_2>0$ 为设计参数。

将式(3.20)和式(3.21)代入式(3.19)可得

$$\begin{aligned}\dot{V}_2 + \boldsymbol{x}_{\mathrm{p}}^{\mathrm{T}}\boldsymbol{x}_{\mathrm{p}} - \gamma\boldsymbol{d}^{\mathrm{T}}\boldsymbol{d} + \tau\boldsymbol{u}^{\mathrm{T}}\boldsymbol{u} \leqslant {} & \boldsymbol{x}_{\mathrm{p}}^{\mathrm{T}}((\boldsymbol{A}_{\mathrm{p}} + \boldsymbol{B}_{\mathrm{p}}\boldsymbol{K})^{\mathrm{T}}\boldsymbol{P}_2 + \boldsymbol{P}_2(\boldsymbol{A}_{\mathrm{p}} + \boldsymbol{B}_{\mathrm{p}}\boldsymbol{K}) + \tau\boldsymbol{K}^{\mathrm{T}}\boldsymbol{K} + \boldsymbol{I})\boldsymbol{x}_{\mathrm{p}} \\ & + \alpha_1\boldsymbol{x}_{\mathrm{p}}^{\mathrm{T}}\boldsymbol{P}_2\boldsymbol{D}\boldsymbol{D}^{\mathrm{T}}\boldsymbol{P}_2\boldsymbol{x}_{\mathrm{p}} + 2\boldsymbol{x}_{\mathrm{p}}^{\mathrm{T}}(\boldsymbol{P}_2\boldsymbol{B}_{\mathrm{p}}\boldsymbol{C}_{\mathrm{a}} + \tau\boldsymbol{K}^{\mathrm{T}}\boldsymbol{C}_{\mathrm{a}})\boldsymbol{x}_{\mathrm{a}} +\end{aligned}$$

$$2\boldsymbol{x}_{\mathrm{p}}^{\mathrm{T}}\boldsymbol{P}_2\boldsymbol{B}_{\mathrm{p}}\boldsymbol{V}_1\tilde{\boldsymbol{\xi}} + 2\tau\boldsymbol{x}_{\mathrm{p}}^{\mathrm{T}}\boldsymbol{K}^{\mathrm{T}}\boldsymbol{V}_1\tilde{\boldsymbol{\xi}} - 2\boldsymbol{x}_{\mathrm{p}}^{\mathrm{T}}\tau\boldsymbol{K}^{\mathrm{T}}\boldsymbol{d} + \boldsymbol{x}_{\mathrm{a}}^{\mathrm{T}}(\boldsymbol{P}_3\boldsymbol{A}_{\mathrm{a}} + \boldsymbol{A}_{\mathrm{a}}^{\mathrm{T}}\boldsymbol{P}_3 + \tau\boldsymbol{C}_{\mathrm{a}}^{\mathrm{T}}\boldsymbol{C}_{\mathrm{a}})\boldsymbol{x}_{\mathrm{a}}$$
$$+ 2\tau\boldsymbol{x}_{\mathrm{a}}^{\mathrm{T}}\boldsymbol{C}_{\mathrm{a}}^{\mathrm{T}}\boldsymbol{V}_1\tilde{\boldsymbol{\xi}} - 2\tau\boldsymbol{x}_{\mathrm{a}}^{\mathrm{T}}\boldsymbol{C}_{\mathrm{a}}^{\mathrm{T}}\boldsymbol{d} + 2\tilde{\boldsymbol{\xi}}^{\mathrm{T}}\boldsymbol{P}_1(\boldsymbol{W}_1 + \boldsymbol{L}\boldsymbol{B}_{\mathrm{p}}\boldsymbol{V}_1)\tilde{\boldsymbol{\xi}} + \tau\tilde{\boldsymbol{\xi}}^{\mathrm{T}}\boldsymbol{V}_1^{\mathrm{T}}\boldsymbol{V}_1\tilde{\boldsymbol{\xi}}$$
$$+ \alpha_2\tilde{\boldsymbol{\xi}}^{\mathrm{T}}\boldsymbol{P}_1\boldsymbol{L}\boldsymbol{D}\boldsymbol{D}^{\mathrm{T}}\boldsymbol{L}^{\mathrm{T}}\boldsymbol{P}_1\tilde{\boldsymbol{\xi}} + (\tau - \gamma)\boldsymbol{d}^{\mathrm{T}}\boldsymbol{d} - 2\tau\boldsymbol{d}^{\mathrm{T}}\boldsymbol{V}_1\tilde{\boldsymbol{\xi}} + (\alpha_1^{-1} + \alpha_2^{-1})\boldsymbol{x}_{\mathrm{p}}^{\mathrm{T}}\boldsymbol{E}_1^{\mathrm{T}}\boldsymbol{E}_1\boldsymbol{x}_{\mathrm{p}} \quad (3.22)$$

考虑到 $\tau = \frac{1}{2}\gamma$,则上式可改写为如下形式:

$$\dot{V}_2 + \boldsymbol{x}_{\mathrm{p}}^{\mathrm{T}}\boldsymbol{x}_{\mathrm{p}} - \gamma\boldsymbol{d}^{\mathrm{T}}\boldsymbol{d} + \tau\boldsymbol{u}^{\mathrm{T}}\boldsymbol{u} \leqslant \begin{pmatrix} \boldsymbol{x}_{\mathrm{p}} \\ \boldsymbol{x}_{\mathrm{a}} \\ \boldsymbol{d} \\ \tilde{\boldsymbol{\xi}} \end{pmatrix}^{\mathrm{T}} \bar{\boldsymbol{\Gamma}} \begin{pmatrix} \boldsymbol{x}_{\mathrm{p}} \\ \boldsymbol{x}_{\mathrm{a}} \\ \boldsymbol{d} \\ \tilde{\boldsymbol{\xi}} \end{pmatrix} \quad (3.23)$$

其中

$$\bar{\boldsymbol{\Gamma}} = \begin{bmatrix} \bar{\boldsymbol{\Gamma}}_{11} & \bar{\boldsymbol{\Gamma}}_{12} & \bar{\boldsymbol{\Gamma}}_{13} & \bar{\boldsymbol{\Gamma}}_{14} \\ \bar{\boldsymbol{\Gamma}}_{12}^{\mathrm{T}} & \bar{\boldsymbol{\Gamma}}_{22} & \bar{\boldsymbol{\Gamma}}_{23} & \bar{\boldsymbol{\Gamma}}_{24} \\ \bar{\boldsymbol{\Gamma}}_{13}^{\mathrm{T}} & \bar{\boldsymbol{\Gamma}}_{23}^{\mathrm{T}} & \bar{\boldsymbol{\Gamma}}_{33} & \bar{\boldsymbol{\Gamma}}_{34} \\ \bar{\boldsymbol{\Gamma}}_{14}^{\mathrm{T}} & \bar{\boldsymbol{\Gamma}}_{24}^{\mathrm{T}} & \bar{\boldsymbol{\Gamma}}_{34}^{\mathrm{T}} & \bar{\boldsymbol{\Gamma}}_{44} \end{bmatrix} \quad (3.24)$$

$$\bar{\boldsymbol{\Gamma}}_{11} = (\boldsymbol{A}_{\mathrm{p}} + \boldsymbol{B}_{\mathrm{p}}\boldsymbol{K})^{\mathrm{T}}\boldsymbol{P}_2 + \boldsymbol{P}_2(\boldsymbol{A}_{\mathrm{p}} + \boldsymbol{B}_{\mathrm{p}}\boldsymbol{K}) + \tau\boldsymbol{K}^{\mathrm{T}}\boldsymbol{K} + \alpha_1\boldsymbol{P}_2\boldsymbol{D}\boldsymbol{D}^{\mathrm{T}}\boldsymbol{P}_2 + (\alpha_1^{-1} + \alpha_2^{-1})\boldsymbol{E}_1^{\mathrm{T}}\boldsymbol{E}_1 + \boldsymbol{I}$$
$$\bar{\boldsymbol{\Gamma}}_{12} = \boldsymbol{P}_2\boldsymbol{B}_{\mathrm{p}}\boldsymbol{C}_{\mathrm{a}} + \tau\boldsymbol{K}^{\mathrm{T}}\boldsymbol{C}_{\mathrm{a}}$$
$$\bar{\boldsymbol{\Gamma}}_{13} = -\tau\boldsymbol{K}^{\mathrm{T}}$$
$$\bar{\boldsymbol{\Gamma}}_{14} = \boldsymbol{P}_2\boldsymbol{B}_{\mathrm{p}}\boldsymbol{V}_1 + \tau\boldsymbol{K}^{\mathrm{T}}\boldsymbol{V}_1$$
$$\bar{\boldsymbol{\Gamma}}_{22} = \boldsymbol{P}_3\boldsymbol{A}_{\mathrm{a}} + \boldsymbol{A}_{\mathrm{a}}^{\mathrm{T}}\boldsymbol{P}_3 + \tau\boldsymbol{C}_{\mathrm{a}}^{\mathrm{T}}\boldsymbol{C}_{\mathrm{a}}$$
$$\bar{\boldsymbol{\Gamma}}_{23} = -\tau\boldsymbol{C}_{\mathrm{a}}^{\mathrm{T}}$$
$$\bar{\boldsymbol{\Gamma}}_{24} = -\tau\boldsymbol{C}_{\mathrm{a}}^{\mathrm{T}}\boldsymbol{V}_1$$
$$\bar{\boldsymbol{\Gamma}}_{33} = -\tau\boldsymbol{I}$$
$$\bar{\boldsymbol{\Gamma}}_{34} = -\tau\boldsymbol{V}_1$$
$$\bar{\boldsymbol{\Gamma}}_{44} = (\boldsymbol{W}_1 + \boldsymbol{L}\boldsymbol{B}_{\mathrm{p}}\boldsymbol{V}_1)^{\mathrm{T}}\boldsymbol{P}_1 + \boldsymbol{P}_1(\boldsymbol{W}_1 + \boldsymbol{L}\boldsymbol{B}_{\mathrm{p}}\boldsymbol{V}_1) + \alpha_2\boldsymbol{P}_1\boldsymbol{L}\boldsymbol{D}\boldsymbol{D}^{\mathrm{T}}\boldsymbol{L}\boldsymbol{P}_1 + \tau\boldsymbol{V}_1^{\mathrm{T}}\boldsymbol{V}_1$$

令 $\boldsymbol{Q} = \boldsymbol{P}_3^{-1}$, $\boldsymbol{X} = \boldsymbol{P}_2^{-1}$, $\boldsymbol{K} = \boldsymbol{Y}\boldsymbol{X}^{-1}$, $\boldsymbol{L} = \boldsymbol{P}_1^{-1}\boldsymbol{T}$, $\boldsymbol{A}_{\mathrm{a}} = \boldsymbol{Z}\boldsymbol{Q}^{-1}$。式(3.24)左右两边同时乘以 $\mathrm{diag}(\boldsymbol{P}_2^{-1}, \boldsymbol{P}_3^{-1}, \tau^{-1}\boldsymbol{I}, \boldsymbol{I})$ 可得

$$\tilde{\boldsymbol{\Gamma}} = \begin{bmatrix} \tilde{\boldsymbol{\Gamma}}_{11} & \tilde{\boldsymbol{\Gamma}}_{12} & \tilde{\boldsymbol{\Gamma}}_{13} & \tilde{\boldsymbol{\Gamma}}_{14} \\ \tilde{\boldsymbol{\Gamma}}_{12}^{\mathrm{T}} & \tilde{\boldsymbol{\Gamma}}_{22} & \tilde{\boldsymbol{\Gamma}}_{23} & \tilde{\boldsymbol{\Gamma}}_{24} \\ \tilde{\boldsymbol{\Gamma}}_{13}^{\mathrm{T}} & \tilde{\boldsymbol{\Gamma}}_{23}^{\mathrm{T}} & \tilde{\boldsymbol{\Gamma}}_{33} & \tilde{\boldsymbol{\Gamma}}_{34} \\ \tilde{\boldsymbol{\Gamma}}_{14}^{\mathrm{T}} & \tilde{\boldsymbol{\Gamma}}_{24}^{\mathrm{T}} & \tilde{\boldsymbol{\Gamma}}_{34}^{\mathrm{T}} & \tilde{\boldsymbol{\Gamma}}_{44} \end{bmatrix} \quad (3.25)$$

其中

$$\widetilde{\boldsymbol{\Gamma}}_{11}=\boldsymbol{A}_{\mathrm{p}}\boldsymbol{X}+\boldsymbol{B}_{\mathrm{p}}\boldsymbol{Y}+\boldsymbol{X}\boldsymbol{A}_{\mathrm{p}}{}^{\mathrm{T}}+\boldsymbol{Y}^{\mathrm{T}}\boldsymbol{B}_{\mathrm{p}}{}^{\mathrm{T}}+\tau\boldsymbol{Y}^{\mathrm{T}}\boldsymbol{Y}+\alpha_1\boldsymbol{D}\boldsymbol{D}^{\mathrm{T}}+(\alpha_1^{-1}+\alpha_2^{-1})\boldsymbol{X}\boldsymbol{E}_1^{\mathrm{T}}\boldsymbol{E}_1\boldsymbol{X}+\boldsymbol{X}\boldsymbol{X}$$

$$\widetilde{\boldsymbol{\Gamma}}_{12}=\boldsymbol{B}_{\mathrm{p}}\boldsymbol{C}_{\mathrm{a}}\boldsymbol{Q}+\tau\boldsymbol{Y}^{\mathrm{T}}\boldsymbol{C}_{\mathrm{a}}\boldsymbol{Q}$$

$$\widetilde{\boldsymbol{\Gamma}}_{13}=-\boldsymbol{Y}^{\mathrm{T}}$$

$$\widetilde{\boldsymbol{\Gamma}}_{14}=\boldsymbol{B}_{\mathrm{p}}\boldsymbol{V}_1+\tau\boldsymbol{Y}^{\mathrm{T}}\boldsymbol{V}_1$$

$$\widetilde{\boldsymbol{\Gamma}}_{22}=\boldsymbol{Z}+\boldsymbol{Z}^{\mathrm{T}}+\tau\boldsymbol{Q}\boldsymbol{C}_{\mathrm{a}}^{\mathrm{T}}\boldsymbol{C}_{\mathrm{a}}\boldsymbol{Q}$$

$$\widetilde{\boldsymbol{\Gamma}}_{23}=-\boldsymbol{Q}\boldsymbol{C}_{\mathrm{a}}^{\mathrm{T}}$$

$$\widetilde{\boldsymbol{\Gamma}}_{24}=\tau\boldsymbol{Q}\boldsymbol{C}_{\mathrm{a}}^{\mathrm{T}}\boldsymbol{V}_1$$

$$\widetilde{\boldsymbol{\Gamma}}_{33}=-\tau^{-1}\boldsymbol{I}$$

$$\widetilde{\boldsymbol{\Gamma}}_{34}=\boldsymbol{V}_1$$

$$\widetilde{\boldsymbol{\Gamma}}_{44}=\boldsymbol{P}_1\boldsymbol{W}_1+\boldsymbol{W}_1{}^{\mathrm{T}}\boldsymbol{P}_1+\boldsymbol{T}\boldsymbol{B}_{\mathrm{p}}\boldsymbol{V}_1+\boldsymbol{V}_1{}^{\mathrm{T}}\boldsymbol{B}_{\mathrm{p}}{}^{\mathrm{T}}\boldsymbol{T}^{\mathrm{T}}+\alpha_2\boldsymbol{T}\boldsymbol{D}\boldsymbol{D}^{\mathrm{T}}\boldsymbol{T}^{\mathrm{T}}+\tau\boldsymbol{V}_1{}^{\mathrm{T}}\boldsymbol{V}_1$$

式(3.25)可以改写为如下形式,即

$$\widetilde{\boldsymbol{\Gamma}}=\boldsymbol{\Gamma}+\hat{\boldsymbol{M}}_1\hat{\boldsymbol{\Delta}}_1\hat{\boldsymbol{H}}_1 \tag{3.26}$$

其中

$$\Gamma=\begin{bmatrix}\boldsymbol{\Gamma}_{11} & \boldsymbol{\Gamma}_{12} & \boldsymbol{\Gamma}_{13} & \boldsymbol{\Gamma}_{14}\\ \boldsymbol{\Gamma}_{12}{}^{\mathrm{T}} & \boldsymbol{\Gamma}_{22} & \boldsymbol{\Gamma}_{23} & \boldsymbol{\Gamma}_{24}\\ \boldsymbol{\Gamma}_{13}{}^{\mathrm{T}} & \boldsymbol{\Gamma}_{23}{}^{\mathrm{T}} & \boldsymbol{\Gamma}_{33} & \boldsymbol{\Gamma}_{34}\\ \boldsymbol{\Gamma}_{14}{}^{\mathrm{T}} & \boldsymbol{\Gamma}_{24}{}^{\mathrm{T}} & \boldsymbol{\Gamma}_{34}{}^{\mathrm{T}} & \boldsymbol{\Gamma}_{44}\end{bmatrix} \tag{3.27}$$

$$\boldsymbol{\Gamma}_{11}=\boldsymbol{A}_{\mathrm{p}}\boldsymbol{X}+\boldsymbol{B}_{\mathrm{p}}\boldsymbol{Y}+\boldsymbol{X}\boldsymbol{A}_{\mathrm{p}}{}^{\mathrm{T}}+\boldsymbol{Y}^{\mathrm{T}}\boldsymbol{B}_{\mathrm{p}}{}^{\mathrm{T}}+\alpha_1\boldsymbol{D}\boldsymbol{D}^{\mathrm{T}}$$

$$\boldsymbol{\Gamma}_{12}=\boldsymbol{B}_{\mathrm{p}}\boldsymbol{C}_{\mathrm{a}}\boldsymbol{Q}$$

$$\boldsymbol{\Gamma}_{13}=-\boldsymbol{Y}^{\mathrm{T}}$$

$$\boldsymbol{\Gamma}_{14}=\boldsymbol{B}_{\mathrm{p}}\boldsymbol{V}_1$$

$$\boldsymbol{\Gamma}_{22}=\boldsymbol{Z}+\boldsymbol{Z}^{\mathrm{T}}$$

$$\boldsymbol{\Gamma}_{23}=-\boldsymbol{Q}\boldsymbol{C}_{\mathrm{a}}^{\mathrm{T}}$$

$$\boldsymbol{\Gamma}_{24}=0$$

$$\boldsymbol{\Gamma}_{33}=-\tau^{-1}\boldsymbol{I}$$

$$\boldsymbol{\Gamma}_{34}=\boldsymbol{V}_1$$

$$\boldsymbol{\Gamma}_{44}=\boldsymbol{P}_1\boldsymbol{W}_1+\boldsymbol{W}_1{}^{\mathrm{T}}\boldsymbol{P}_1+\boldsymbol{T}\boldsymbol{B}_{\mathrm{p}}\boldsymbol{V}_1+\boldsymbol{V}_1{}^{\mathrm{T}}\boldsymbol{B}_{\mathrm{p}}{}^{\mathrm{T}}\boldsymbol{T}^{\mathrm{T}}$$

$$\left\{\begin{aligned}\hat{\boldsymbol{M}}_1 &= \begin{bmatrix} \boldsymbol{Y}^{\mathrm{T}} & \boldsymbol{X}\boldsymbol{E}_1^{\mathrm{T}} & \boldsymbol{X}\boldsymbol{E}_1^{\mathrm{T}} & \boldsymbol{X} & 0 \\ \boldsymbol{Q}\boldsymbol{C}_{\mathrm{a}}^{\mathrm{T}} & 0 & 0 & 0 & 0 \\ 0 & 0 & 0 & 0 & 0 \\ \boldsymbol{V}_1^{\mathrm{T}} & 0 & 0 & 0 & \boldsymbol{T}\boldsymbol{D} \end{bmatrix} \\ \hat{\boldsymbol{\Delta}}_1 &= \begin{bmatrix} \tau\boldsymbol{I} & 0 & 0 & 0 & 0 \\ 0 & \alpha_1^{-1}\boldsymbol{I} & 0 & 0 & 0 \\ 0 & 0 & \alpha_2^{-1}\boldsymbol{I} & 0 & 0 \\ 0 & 0 & 0 & \boldsymbol{I} & 0 \\ 0 & 0 & 0 & 0 & \alpha_2\boldsymbol{I} \end{bmatrix} \\ \hat{\boldsymbol{H}}_1 &= \begin{bmatrix} \boldsymbol{Y} & \boldsymbol{C}_{\mathrm{a}}\boldsymbol{Q} & 0 & \boldsymbol{V}_1 \\ \boldsymbol{E}_1\boldsymbol{X} & 0 & 0 & 0 \\ \boldsymbol{E}_1\boldsymbol{X} & 0 & 0 & 0 \\ \boldsymbol{X} & 0 & 0 & 0 \\ 0 & 0 & 0 & \boldsymbol{D}^{\mathrm{T}}\boldsymbol{T}^{\mathrm{T}} \end{bmatrix}\end{aligned}\right. \tag{3.28}$$

因此根据 Schur 补定理可知,若 α_2 给定情况下如下线性矩阵不等式成立,即

$$\hat{\boldsymbol{\Gamma}} = \begin{bmatrix} \boldsymbol{\Gamma} & \hat{\boldsymbol{M}}_1 \\ \hat{\boldsymbol{H}}_1 & -\hat{\boldsymbol{\Delta}}_1^{-1} \end{bmatrix} < 0 \tag{3.29}$$

则式(3.18)成立,从而闭环系统式(3.13)稳定且使得 $\boldsymbol{d}$ 到 $\boldsymbol{x}_{\mathrm{p}}$ 的 L_2 增益小于 γ。

2. 情况 2: $|u_i| > u_{\max i}$

该情况下两个饱和函数都产生作用,因此 $\boldsymbol{u}_a = \mathrm{sat}(\boldsymbol{u})/g$,同时可知 $\hat{\boldsymbol{u}} = \mathrm{sat}(u) = g\boldsymbol{u}_{\mathrm{a}}$,又由 $\boldsymbol{\eta} = \boldsymbol{u} - \boldsymbol{u}_{\mathrm{a}}$可以得到 $\hat{\boldsymbol{u}} = g(\boldsymbol{u} - \boldsymbol{\eta})$。令 $\Delta\boldsymbol{u} = \boldsymbol{u} - \mathrm{sat}(\boldsymbol{u})$为对角矩阵,且每个对角线的元素均为死区函数,即 $1(\cdot) - \mathrm{sat}(\cdot)$,从而可知 $\|\boldsymbol{\Delta}\| \leqslant 1$。将 $\boldsymbol{\Delta}$ 看作一个不确定环节,可以得到控制律式(3.7)作用下的闭环系统,即

$$\left\{\begin{aligned} \dot{\boldsymbol{x}}_{\mathrm{p}} &= (\boldsymbol{A}_{\mathrm{p}} + g\boldsymbol{B}_{\mathrm{p}}\boldsymbol{K} + \Delta\boldsymbol{A})\boldsymbol{x}_{\mathrm{p}} + g\boldsymbol{B}_{\mathrm{p}}\boldsymbol{C}_{\mathrm{a}}\boldsymbol{x}_{\mathrm{a}} + g(\boldsymbol{B}_{\mathrm{p}}\boldsymbol{D}_{\mathrm{a}} - \boldsymbol{B}_{\mathrm{p}})\boldsymbol{\eta} + g\boldsymbol{B}_{\mathrm{p}}\tilde{\boldsymbol{d}} - \boldsymbol{B}_{\mathrm{p}}(g-1)\boldsymbol{d} \\ \dot{\boldsymbol{x}}_{\mathrm{a}} &= \boldsymbol{A}_{\mathrm{a}}\boldsymbol{x}_{\mathrm{a}} + \boldsymbol{B}_{\mathrm{a}}\boldsymbol{\eta} \\ \boldsymbol{u} &= \boldsymbol{K}\boldsymbol{x}_{\mathrm{p}} + \boldsymbol{C}_{\mathrm{a}}\boldsymbol{x}_{\mathrm{a}} + \boldsymbol{D}_{\mathrm{a}}\boldsymbol{\eta} - \boldsymbol{d} + \tilde{\boldsymbol{d}} \\ \boldsymbol{\eta} &= \Delta\boldsymbol{u} \end{aligned}\right. \tag{3.30}$$

与情况 1 类似,为控制器设计方便,选取如式(3.14)所示的性能指标。

考虑到 $\|\boldsymbol{\Delta}\| \leqslant 1$ 可得

$$\boldsymbol{\eta}^{\mathrm{T}}\boldsymbol{\eta} - \boldsymbol{u}^{\mathrm{T}}\boldsymbol{u} \leqslant 0 \tag{3.31}$$

选取如式(3.15)所示的 Lyapunov 函数。根据式(3.11)和式(3.30),对 Lyapunov 函数求导可得

$$\dot{V}_2 = 2\boldsymbol{x}_{\mathrm{p}}^{\mathrm{T}}\boldsymbol{P}_2((\boldsymbol{A}_{\mathrm{p}} + g\boldsymbol{B}_{\mathrm{p}}\boldsymbol{K} + \Delta\boldsymbol{A})\boldsymbol{x}_{\mathrm{p}} + g\boldsymbol{B}_{\mathrm{p}}\boldsymbol{C}_{\mathrm{a}}\boldsymbol{x}_{\mathrm{a}} + g(\boldsymbol{B}_{\mathrm{p}}\boldsymbol{D}_{\mathrm{a}} - \boldsymbol{B}_{\mathrm{p}})\boldsymbol{\eta} + g\boldsymbol{B}_{\mathrm{p}}\tilde{\boldsymbol{d}}$$

$$-\boldsymbol{B}_{\mathrm{p}}(g-1)\boldsymbol{d})+2\boldsymbol{x}_{\mathrm{a}}^{\mathrm{T}}\boldsymbol{P}_3(\boldsymbol{A}_{\mathrm{a}}\boldsymbol{x}_{\mathrm{a}}+\boldsymbol{B}_{\mathrm{a}}\boldsymbol{\eta})+2\tilde{\boldsymbol{\xi}}^{\mathrm{T}}\boldsymbol{P}_1((\boldsymbol{W}_1+\boldsymbol{L}\boldsymbol{B}_{\mathrm{p}}\boldsymbol{V}_1)\tilde{\boldsymbol{\xi}}+\boldsymbol{L}\boldsymbol{\Delta}\boldsymbol{A}\boldsymbol{x}_{\mathrm{p}}) \tag{3.32}$$

根据式(3.31)可知,若存在 $\tau>0$ 使得下式

$$\dot{V}_2-\tau(\boldsymbol{\eta}^{\mathrm{T}}\boldsymbol{\eta}-\boldsymbol{u}^{\mathrm{T}}\boldsymbol{u})\leqslant 0 \tag{3.33}$$

成立,即可保证 $\dot{V}_2\leqslant 0$,从而保证闭环系统稳定,其中选择 $\tau=\frac{1}{2}\gamma$。同时根据式(3.14)及设计目标,应保证下式成立

$$\dot{V}_2+\boldsymbol{x}_{\mathrm{p}}^{\mathrm{T}}\boldsymbol{x}_{\mathrm{p}}-\gamma\boldsymbol{d}^{\mathrm{T}}\boldsymbol{d}-\tau(\boldsymbol{\eta}^{\mathrm{T}}\boldsymbol{\eta}-\boldsymbol{u}^{\mathrm{T}}\boldsymbol{u})\leqslant 0 \tag{3.34}$$

因此由式(3.30)、式(3.32)以及 ΔA 的定义,可得

$$\begin{aligned}
&\dot{V}_2+\boldsymbol{x}_{\mathrm{p}}^{\mathrm{T}}\boldsymbol{x}_{\mathrm{p}}-\gamma\boldsymbol{d}^{\mathrm{T}}\boldsymbol{d}-\tau(\boldsymbol{\eta}^{\mathrm{T}}\boldsymbol{\eta}-\boldsymbol{u}^{\mathrm{T}}\boldsymbol{u})\\
&=\boldsymbol{x}_{\mathrm{p}}^{\mathrm{T}}((\boldsymbol{A}_{\mathrm{p}}+\boldsymbol{B}_{\mathrm{p}}\boldsymbol{K})^{\mathrm{T}}\boldsymbol{P}_2+\boldsymbol{P}_2(\boldsymbol{A}_{\mathrm{p}}+\boldsymbol{B}_{\mathrm{p}}\boldsymbol{K})+\tau\boldsymbol{K}^{\mathrm{T}}\boldsymbol{K}+\boldsymbol{I})\boldsymbol{x}_{\mathrm{p}}+\boldsymbol{x}_{\mathrm{p}}^{\mathrm{T}}(\boldsymbol{E}_1{}^{\mathrm{T}}\boldsymbol{F}^{\mathrm{T}}\boldsymbol{D}^{\mathrm{T}}\boldsymbol{P}_2\\
&+\boldsymbol{P}_2\boldsymbol{D}\boldsymbol{F}\boldsymbol{E}_1)\boldsymbol{x}_{\mathrm{p}}+2\boldsymbol{x}_{\mathrm{p}}^{\mathrm{T}}(\boldsymbol{P}_2\boldsymbol{B}_{\mathrm{p}}\boldsymbol{C}_{\mathrm{a}}+\tau\boldsymbol{K}^{\mathrm{T}}\boldsymbol{C}_{\mathrm{a}})\boldsymbol{x}_{\mathrm{a}}+2\boldsymbol{x}_{\mathrm{p}}^{\mathrm{T}}(g\boldsymbol{P}_2(\boldsymbol{B}_{\mathrm{p}}\boldsymbol{D}_{\mathrm{a}}-\boldsymbol{B}_{\mathrm{p}})+\tau\boldsymbol{K}^{\mathrm{T}}\boldsymbol{D}_{\mathrm{a}})\boldsymbol{\eta}\\
&+2g\boldsymbol{x}_{\mathrm{p}}^{\mathrm{T}}\boldsymbol{P}_2\boldsymbol{B}_{\mathrm{p}}\boldsymbol{V}_1\tilde{\boldsymbol{\xi}}+2\tau\boldsymbol{x}_{\mathrm{p}}^{\mathrm{T}}\boldsymbol{K}^{\mathrm{T}}\boldsymbol{V}_1\tilde{\boldsymbol{\xi}}-2\boldsymbol{x}_{\mathrm{p}}^{\mathrm{T}}(\tau\boldsymbol{K}^{\mathrm{T}}+\boldsymbol{P}_2\boldsymbol{B}_{\mathrm{p}}(g-1))\boldsymbol{d}\\
&+\boldsymbol{x}_{\mathrm{a}}^{\mathrm{T}}(\boldsymbol{P}_3\boldsymbol{A}_{\mathrm{a}}+\boldsymbol{A}_{\mathrm{a}}{}^{\mathrm{T}}\boldsymbol{P}_3+\tau\boldsymbol{C}_{\mathrm{a}}{}^{\mathrm{T}}\boldsymbol{C}_{\mathrm{a}})\boldsymbol{x}_{\mathrm{a}}+2\boldsymbol{x}_{\mathrm{a}}^{\mathrm{T}}(\boldsymbol{P}_3\boldsymbol{B}_{\mathrm{a}}+\tau\boldsymbol{C}_{\mathrm{a}}{}^{\mathrm{T}}\boldsymbol{D}_{\mathrm{a}})\boldsymbol{\eta}\\
&+2\tau\boldsymbol{x}_{\mathrm{a}}^{\mathrm{T}}\boldsymbol{C}_{\mathrm{a}}{}^{\mathrm{T}}\boldsymbol{V}_1\tilde{\boldsymbol{\xi}}-2\tau\boldsymbol{x}_{\mathrm{a}}^{\mathrm{T}}\boldsymbol{C}_{\mathrm{a}}{}^{\mathrm{T}}\boldsymbol{d}+2\tilde{\boldsymbol{\xi}}^{\mathrm{T}}\boldsymbol{P}_1(\boldsymbol{W}_1+\boldsymbol{L}\boldsymbol{B}_{\mathrm{p}}\boldsymbol{V}_1)\tilde{\boldsymbol{\xi}}+\tau\tilde{\boldsymbol{\xi}}^{\mathrm{T}}\boldsymbol{V}_1{}^{\mathrm{T}}\boldsymbol{V}_1\tilde{\boldsymbol{\xi}}\\
&+2\tilde{\boldsymbol{\xi}}^{\mathrm{T}}\boldsymbol{P}_1\boldsymbol{L}\boldsymbol{D}\boldsymbol{F}\boldsymbol{E}_1\boldsymbol{x}_{\mathrm{p}}+\tau\boldsymbol{\eta}^{\mathrm{T}}(\boldsymbol{D}_{\mathrm{a}}{}^{\mathrm{T}}\boldsymbol{D}_{\mathrm{a}}-\boldsymbol{I})\boldsymbol{\eta}-2\tau\boldsymbol{\eta}^{\mathrm{T}}\boldsymbol{D}_{\mathrm{a}}{}^{\mathrm{T}}\boldsymbol{d}+2\tau\boldsymbol{\eta}^{\mathrm{T}}\boldsymbol{D}_{\mathrm{a}}{}^{\mathrm{T}}\boldsymbol{V}_1\tilde{\boldsymbol{\xi}}\\
&+(\tau-\gamma)\boldsymbol{d}^{\mathrm{T}}\boldsymbol{d}-2\tau\boldsymbol{d}^{\mathrm{T}}\boldsymbol{V}_1\tilde{\boldsymbol{\xi}}
\end{aligned} \tag{3.35}$$

将式(3.20)和式(3.21)代入式(3.35)可得

$$\begin{aligned}
&\dot{V}_2+\boldsymbol{x}_{\mathrm{p}}^{\mathrm{T}}\boldsymbol{x}_{\mathrm{p}}-\gamma\boldsymbol{d}^{\mathrm{T}}\boldsymbol{d}-\tau(\boldsymbol{\eta}^{\mathrm{T}}\boldsymbol{\eta}-\boldsymbol{u}^{\mathrm{T}}\boldsymbol{u})\\
&\quad\leqslant\boldsymbol{x}_{\mathrm{p}}^{\mathrm{T}}((\boldsymbol{A}_{\mathrm{p}}+\boldsymbol{B}_{\mathrm{p}}\boldsymbol{K})^{\mathrm{T}}\boldsymbol{P}_2+\boldsymbol{P}_2(\boldsymbol{A}_{\mathrm{p}}+\boldsymbol{B}_{\mathrm{p}}\boldsymbol{K})+\tau\boldsymbol{K}^{\mathrm{T}}\boldsymbol{K}+\boldsymbol{I})\boldsymbol{x}_{\mathrm{p}}+\alpha_1\boldsymbol{x}_{\mathrm{p}}^{\mathrm{T}}\boldsymbol{P}_2\boldsymbol{D}\boldsymbol{D}^{\mathrm{T}}\boldsymbol{P}_2\boldsymbol{x}_{\mathrm{p}}\\
&\quad+2\boldsymbol{x}_{\mathrm{p}}^{\mathrm{T}}(g\boldsymbol{P}_2\boldsymbol{B}_{\mathrm{p}}\boldsymbol{C}_{\mathrm{a}}+\tau\boldsymbol{K}^{\mathrm{T}}\boldsymbol{C}_{\mathrm{a}})\boldsymbol{x}_{\mathrm{a}}+(\alpha_1{}^{-1}+\alpha_2{}^{-1})\boldsymbol{x}_{\mathrm{p}}{}^{\mathrm{T}}\boldsymbol{E}_1{}^{\mathrm{T}}\boldsymbol{E}_1\boldsymbol{x}_{\mathrm{p}}\\
&\quad+2\boldsymbol{x}_{\mathrm{p}}^{\mathrm{T}}(g\boldsymbol{P}_2(\boldsymbol{B}_{\mathrm{p}}\boldsymbol{D}_{\mathrm{a}}-\boldsymbol{B}_{\mathrm{p}})+\tau\boldsymbol{K}^{\mathrm{T}}\boldsymbol{D}_{\mathrm{a}})\eta+2g\boldsymbol{x}_{\mathrm{p}}^{\mathrm{T}}\boldsymbol{P}_2\boldsymbol{B}_{\mathrm{p}}\boldsymbol{V}_1\tilde{\boldsymbol{\xi}}+2\tau\boldsymbol{x}_{\mathrm{p}}^{\mathrm{T}}\boldsymbol{K}^{\mathrm{T}}\boldsymbol{V}_1\tilde{\boldsymbol{\xi}}\\
&\quad-2\boldsymbol{x}_{\mathrm{p}}^{\mathrm{T}}(\tau\boldsymbol{K}^{\mathrm{T}}+\boldsymbol{P}_2\boldsymbol{B}_{\mathrm{p}}(g-1))\boldsymbol{d}+\boldsymbol{x}_{\mathrm{a}}^{\mathrm{T}}(\boldsymbol{P}_3\boldsymbol{A}_{\mathrm{a}}+\boldsymbol{A}_{\mathrm{a}}{}^{\mathrm{T}}\boldsymbol{P}_3+\tau\boldsymbol{C}_{\mathrm{a}}{}^{\mathrm{T}}\boldsymbol{C}_{\mathrm{a}})\boldsymbol{x}_{\mathrm{a}}\\
&\quad+2\tau\boldsymbol{x}_{\mathrm{a}}^{\mathrm{T}}\boldsymbol{C}_{\mathrm{a}}{}^{\mathrm{T}}\boldsymbol{V}_1\tilde{\boldsymbol{\xi}}-2\tau\boldsymbol{x}_{\mathrm{a}}^{\mathrm{T}}\boldsymbol{C}_{\mathrm{a}}{}^{\mathrm{T}}\boldsymbol{d}+2\tilde{\boldsymbol{\xi}}^{\mathrm{T}}\boldsymbol{P}_1(\boldsymbol{W}_1+\boldsymbol{L}\boldsymbol{B}_{\mathrm{p}}\boldsymbol{V}_1)\tilde{\boldsymbol{\xi}}+\tau\tilde{\boldsymbol{\xi}}^{\mathrm{T}}\boldsymbol{V}_1{}^{\mathrm{T}}\boldsymbol{V}_1\tilde{\boldsymbol{\xi}}\\
&\quad+\alpha_2\tilde{\boldsymbol{\xi}}^{\mathrm{T}}\boldsymbol{P}_1\boldsymbol{L}\boldsymbol{D}\boldsymbol{D}^{\mathrm{T}}\boldsymbol{L}^{\mathrm{T}}\boldsymbol{P}_1\tilde{\boldsymbol{\xi}}+\tau\boldsymbol{\eta}^{\mathrm{T}}(\boldsymbol{D}_{\mathrm{a}}{}^{\mathrm{T}}\boldsymbol{D}_{\mathrm{a}}-\boldsymbol{I})\boldsymbol{\eta}-2\tau\boldsymbol{\eta}^{\mathrm{T}}\boldsymbol{D}_{\mathrm{a}}{}^{\mathrm{T}}\boldsymbol{d}+2\tau\boldsymbol{\eta}^{\mathrm{T}}\boldsymbol{D}_{\mathrm{a}}{}^{\mathrm{T}}\boldsymbol{V}_1\tilde{\boldsymbol{\xi}}\\
&\quad+(\tau-\gamma)\boldsymbol{d}^{\mathrm{T}}\boldsymbol{d}-2\tau\boldsymbol{d}^{\mathrm{T}}\boldsymbol{V}_1\tilde{\boldsymbol{\xi}}
\end{aligned} \tag{3.36}$$

考虑到 $\tau=\frac{1}{2}\gamma$,则上式可改写为如下形式:

$$\dot{V}_2+\boldsymbol{x}_{\mathrm{p}}^{\mathrm{T}}\boldsymbol{x}_{\mathrm{p}}-\gamma\boldsymbol{d}^{\mathrm{T}}\boldsymbol{d}-\tau(\boldsymbol{\eta}^{\mathrm{T}}\boldsymbol{\eta}-\boldsymbol{u}^{\mathrm{T}}\boldsymbol{u})\leqslant\begin{pmatrix}\boldsymbol{\eta}\\ \boldsymbol{x}_{\mathrm{p}}\\ \boldsymbol{x}_{\mathrm{a}}\\ \boldsymbol{d}\\ \tilde{\boldsymbol{\xi}}\end{pmatrix}^{\mathrm{T}}\overline{\boldsymbol{\Pi}}\begin{pmatrix}\boldsymbol{\eta}\\ \boldsymbol{x}_{\mathrm{p}}\\ \boldsymbol{x}_{\mathrm{a}}\\ \boldsymbol{d}\\ \tilde{\boldsymbol{\xi}}\end{pmatrix} \tag{3.37}$$

其中

$$\overline{\boldsymbol{\Pi}}=\begin{bmatrix}\overline{\boldsymbol{\Pi}}_{11} & \overline{\boldsymbol{\Pi}}_{12} & \overline{\boldsymbol{\Pi}}_{13} & \overline{\boldsymbol{\Pi}}_{14} & \overline{\boldsymbol{\Pi}}_{15}\\ \overline{\boldsymbol{\Pi}}_{12}^{\mathrm{T}} & \overline{\boldsymbol{\Pi}}_{22} & \overline{\boldsymbol{\Pi}}_{23} & \overline{\boldsymbol{\Pi}}_{24} & \overline{\boldsymbol{\Pi}}_{25}\\ \overline{\boldsymbol{\Pi}}_{13}^{\mathrm{T}} & \overline{\boldsymbol{\Pi}}_{23}^{\mathrm{T}} & \overline{\boldsymbol{\Pi}}_{33} & \overline{\boldsymbol{\Pi}}_{34} & \overline{\boldsymbol{\Pi}}_{35}\\ \overline{\boldsymbol{\Pi}}_{14}^{\mathrm{T}} & \overline{\boldsymbol{\Pi}}_{24}^{\mathrm{T}} & \overline{\boldsymbol{\Pi}}_{34}^{\mathrm{T}} & \overline{\boldsymbol{\Pi}}_{44} & \overline{\boldsymbol{\Pi}}_{45}\\ \overline{\boldsymbol{\Pi}}_{15}^{\mathrm{T}} & \overline{\boldsymbol{\Pi}}_{25}^{\mathrm{T}} & \overline{\boldsymbol{\Pi}}_{35}^{\mathrm{T}} & \overline{\boldsymbol{\Pi}}_{45}^{\mathrm{T}} & \overline{\boldsymbol{\Pi}}_{55}\end{bmatrix}\tag{3.38}$$

$$\overline{\boldsymbol{\Pi}}_{11}=\tau(\boldsymbol{D}_{\mathrm{a}}^{\mathrm{T}}\boldsymbol{D}_{\mathrm{a}}-\boldsymbol{I})$$
$$\overline{\boldsymbol{\Pi}}_{12}=g(\boldsymbol{B}_{\mathrm{p}}\boldsymbol{D}_{\mathrm{a}}-\boldsymbol{B}_{\mathrm{p}})^{\mathrm{T}}\boldsymbol{P}_2+\tau\boldsymbol{D}_{\mathrm{a}}{}^{\mathrm{T}}\boldsymbol{K}$$
$$\overline{\boldsymbol{\Pi}}_{13}=\boldsymbol{B}_{\mathrm{a}}{}^{\mathrm{T}}\boldsymbol{P}_3+\tau\boldsymbol{D}_{\mathrm{a}}^{\mathrm{T}}\boldsymbol{C}_{\mathrm{a}}$$
$$\overline{\boldsymbol{\Pi}}_{14}=-\tau\boldsymbol{D}_{\mathrm{a}}^{\mathrm{T}}$$
$$\overline{\boldsymbol{\Pi}}_{15}=\tau\boldsymbol{D}_{\mathrm{a}}^{\mathrm{T}}\boldsymbol{V}_1$$
$$\overline{\boldsymbol{\Pi}}_{22}=(\boldsymbol{A}_{\mathrm{p}}+\boldsymbol{B}_{\mathrm{p}}\boldsymbol{K})^{\mathrm{T}}\boldsymbol{P}_2+\boldsymbol{P}_2(\boldsymbol{A}_{\mathrm{p}}+\boldsymbol{B}_{\mathrm{p}}\boldsymbol{K})+\tau\boldsymbol{K}^{\mathrm{T}}\boldsymbol{K}+\alpha_1\boldsymbol{P}_2\boldsymbol{D}\boldsymbol{D}^{\mathrm{T}}\boldsymbol{P}_2+(\alpha_1^{-1}+\alpha_2^{-1})\boldsymbol{E}_1^{\mathrm{T}}\boldsymbol{E}_1+\boldsymbol{I}$$
$$\overline{\boldsymbol{\Pi}}_{23}=g\boldsymbol{P}_2\boldsymbol{B}_{\mathrm{p}}\boldsymbol{C}_{\mathrm{a}}+\tau\boldsymbol{K}^{\mathrm{T}}\boldsymbol{C}_{\mathrm{a}}$$
$$\overline{\boldsymbol{\Pi}}_{24}=-\tau\boldsymbol{K}^{\mathrm{T}}-(g-1)\boldsymbol{P}_2\boldsymbol{B}_{\mathrm{p}}$$
$$\overline{\boldsymbol{\Pi}}_{25}=g\boldsymbol{P}_2\boldsymbol{B}_{\mathrm{p}}\boldsymbol{V}_1+\tau\boldsymbol{K}^{\mathrm{T}}\boldsymbol{V}_1$$
$$\overline{\boldsymbol{\Pi}}_{33}=\boldsymbol{P}_3\boldsymbol{A}_{\mathrm{a}}+\boldsymbol{A}_{\mathrm{a}}^{\mathrm{T}}\boldsymbol{P}_3+\tau\boldsymbol{C}_{\mathrm{a}}^{\mathrm{T}}\boldsymbol{C}_{\mathrm{a}}$$
$$\overline{\boldsymbol{\Pi}}_{34}=-\tau\boldsymbol{C}_{\mathrm{a}}^{\mathrm{T}}$$
$$\overline{\boldsymbol{\Pi}}_{35}=\tau\boldsymbol{C}_{\mathrm{a}}^{\mathrm{T}}\boldsymbol{V}_1$$
$$\overline{\boldsymbol{\Pi}}_{44}=-\tau\boldsymbol{I}$$
$$\overline{\boldsymbol{\Pi}}_{45}=-\tau\boldsymbol{V}_1$$
$$\overline{\boldsymbol{\Pi}}_{55}=(\boldsymbol{W}_1+\boldsymbol{L}\boldsymbol{B}_{\mathrm{p}}\boldsymbol{V}_1)^{\mathrm{T}}\boldsymbol{P}_1+\boldsymbol{P}_1(\boldsymbol{W}_1+\boldsymbol{L}\boldsymbol{B}_{\mathrm{p}}\boldsymbol{V}_1)+\alpha_2\boldsymbol{P}_1\boldsymbol{L}\boldsymbol{D}\boldsymbol{D}^{\mathrm{T}}\boldsymbol{L}\boldsymbol{P}_1+\tau\boldsymbol{V}_1{}^{\mathrm{T}}\boldsymbol{V}_1$$

式(3.38)左右两边同时乘以 $\mathrm{diag}\{\boldsymbol{I},\boldsymbol{P}_2^{-1},\boldsymbol{P}_3^{-1},\tau^{-1}\boldsymbol{I},\boldsymbol{I}\}$ 并参考到 $\boldsymbol{Q}$、$\boldsymbol{X}$ 和 $\boldsymbol{K}$ 的定义可得

$$\widetilde{\boldsymbol{\Pi}}=\begin{bmatrix}\widetilde{\boldsymbol{\Pi}}_{11} & \widetilde{\boldsymbol{\Pi}}_{12} & \widetilde{\boldsymbol{\Pi}}_{13} & \widetilde{\boldsymbol{\Pi}}_{14} & \widetilde{\boldsymbol{\Pi}}_{15}\\ \widetilde{\boldsymbol{\Pi}}_{12}^{\mathrm{T}} & \widetilde{\boldsymbol{\Pi}}_{22} & \widetilde{\boldsymbol{\Pi}}_{23} & \widetilde{\boldsymbol{\Pi}}_{24} & \widetilde{\boldsymbol{\Pi}}_{25}\\ \widetilde{\boldsymbol{\Pi}}_{13}^{\mathrm{T}} & \widetilde{\boldsymbol{\Pi}}_{23}^{\mathrm{T}} & \widetilde{\boldsymbol{\Pi}}_{33} & \widetilde{\boldsymbol{\Pi}}_{34} & \widetilde{\boldsymbol{\Pi}}_{35}\\ \widetilde{\boldsymbol{\Pi}}_{14}^{\mathrm{T}} & \widetilde{\boldsymbol{\Pi}}_{24}^{\mathrm{T}} & \widetilde{\boldsymbol{\Pi}}_{34}^{\mathrm{T}} & \widetilde{\boldsymbol{\Pi}}_{44} & \widetilde{\boldsymbol{\Pi}}_{45}\\ \widetilde{\boldsymbol{\Pi}}_{15}^{\mathrm{T}} & \widetilde{\boldsymbol{\Pi}}_{25}^{\mathrm{T}} & \widetilde{\boldsymbol{\Pi}}_{35}^{\mathrm{T}} & \widetilde{\boldsymbol{\Pi}}_{45}^{\mathrm{T}} & \widetilde{\boldsymbol{\Pi}}_{55}\end{bmatrix}\tag{3.39}$$

其中

$$\widetilde{\boldsymbol{\Pi}}_{11}=\tau(\boldsymbol{D}_{\mathrm{a}}^{\mathrm{T}}\boldsymbol{D}_{\mathrm{a}}-\boldsymbol{I})$$
$$\widetilde{\boldsymbol{\Pi}}_{12}=g(\boldsymbol{B}_{\mathrm{p}}\boldsymbol{D}_{\mathrm{a}}-\boldsymbol{B}_{\mathrm{p}})^{\mathrm{T}}+\tau\boldsymbol{D}_{\mathrm{a}}{}^{\mathrm{T}}\boldsymbol{Y}$$
$$\widetilde{\boldsymbol{\Pi}}_{13}=\boldsymbol{B}_{\mathrm{a}}{}^{\mathrm{T}}+\tau\boldsymbol{D}_{\mathrm{a}}^{\mathrm{T}}\boldsymbol{C}_{\mathrm{a}}\boldsymbol{Q}$$
$$\widetilde{\boldsymbol{\Pi}}_{14}=-\boldsymbol{D}_{\mathrm{a}}^{\mathrm{T}}$$
$$\widetilde{\boldsymbol{\Pi}}_{15}=\tau\boldsymbol{D}_{\mathrm{a}}^{\mathrm{T}}\boldsymbol{V}_1$$

$$\widetilde{\boldsymbol{\Pi}}_{22}=\boldsymbol{A}_{\mathrm{p}}\boldsymbol{X}+\boldsymbol{B}_{\mathrm{p}}\boldsymbol{Y}+\boldsymbol{X}\boldsymbol{A}_{\mathrm{p}}^{\mathrm{T}}+\boldsymbol{Y}^{\mathrm{T}}\boldsymbol{B}_{\mathrm{p}}^{\mathrm{T}}+\tau\boldsymbol{Y}^{\mathrm{T}}\boldsymbol{Y}+\alpha_1\boldsymbol{D}\boldsymbol{D}^{\mathrm{T}}+(\alpha_1^{-1}+\alpha_2^{-1})\boldsymbol{X}\boldsymbol{E}_1^{\mathrm{T}}\boldsymbol{E}_1\boldsymbol{X}+\boldsymbol{X}\boldsymbol{X}$$

$$\widetilde{\boldsymbol{\Pi}}_{23}=g\boldsymbol{B}_{\mathrm{p}}\boldsymbol{C}_{\mathrm{a}}\boldsymbol{Q}+\tau\boldsymbol{Y}^{\mathrm{T}}\boldsymbol{C}_{\mathrm{a}}\boldsymbol{Q}$$

$$\widetilde{\boldsymbol{\Pi}}_{24}=-\boldsymbol{Y}^{\mathrm{T}}-(g-1)\tau^{-1}\boldsymbol{B}_{\mathrm{p}}$$

$$\widetilde{\boldsymbol{\Pi}}_{25}=g\boldsymbol{B}_{\mathrm{p}}\boldsymbol{V}_1+\tau\boldsymbol{Y}^{\mathrm{T}}\boldsymbol{V}_1$$

$$\widetilde{\boldsymbol{\Pi}}_{33}=\boldsymbol{Z}+\boldsymbol{Z}^{\mathrm{T}}+\tau\boldsymbol{Q}\boldsymbol{C}_{\mathrm{a}}^{\mathrm{T}}\boldsymbol{C}_{\mathrm{a}}\boldsymbol{Q}$$

$$\widetilde{\boldsymbol{\Pi}}_{34}=-\boldsymbol{Q}\boldsymbol{C}_{\mathrm{a}}^{\mathrm{T}}$$

$$\widetilde{\boldsymbol{\Pi}}_{35}=\tau\boldsymbol{Q}\boldsymbol{C}_{\mathrm{a}}^{\mathrm{T}}\boldsymbol{V}_1$$

$$\widetilde{\boldsymbol{\Pi}}_{44}=-\tau^{-1}\boldsymbol{I}$$

$$\widetilde{\boldsymbol{\Pi}}_{45}=-\boldsymbol{V}_1$$

$$\widetilde{\boldsymbol{\Pi}}_{55}=\boldsymbol{P}_1\boldsymbol{W}_1+\boldsymbol{W}_1\boldsymbol{P}_1+\boldsymbol{T}\boldsymbol{B}_{\mathrm{p}}\boldsymbol{V}_1+\boldsymbol{V}_1^{\mathrm{T}}\boldsymbol{B}_{\mathrm{p}}^{\mathrm{T}}\boldsymbol{T}^{\mathrm{T}}+\alpha_2\boldsymbol{T}\boldsymbol{D}\boldsymbol{D}^{\mathrm{T}}\boldsymbol{T}^{\mathrm{T}}+\tau\boldsymbol{V}_1^{\mathrm{T}}\boldsymbol{V}_1$$

式(3.39)可以改写为如下形式,即

$$\widetilde{\boldsymbol{\Pi}}=\boldsymbol{\Pi}+\hat{\boldsymbol{M}}_2\hat{\boldsymbol{\Delta}}_1\hat{\boldsymbol{H}}_2 \tag{3.40}$$

其中

$$\boldsymbol{\Pi}=\begin{bmatrix}\boldsymbol{\Pi}_{11} & \boldsymbol{\Pi}_{12} & \boldsymbol{\Pi}_{13} & \boldsymbol{\Pi}_{14} & \boldsymbol{\Pi}_{15}\\ \boldsymbol{\Pi}_{12}^{\mathrm{T}} & \boldsymbol{\Pi}_{22} & \boldsymbol{\Pi}_{23} & \boldsymbol{\Pi}_{24} & \boldsymbol{\Pi}_{25}\\ \boldsymbol{\Pi}_{13}^{\mathrm{T}} & \boldsymbol{\Pi}_{23}^{\mathrm{T}} & \boldsymbol{\Pi}_{33} & \boldsymbol{\Pi}_{34} & \boldsymbol{\Pi}_{35}\\ \boldsymbol{\Pi}_{14}^{\mathrm{T}} & \boldsymbol{\Pi}_{24}^{\mathrm{T}} & \boldsymbol{\Pi}_{34}^{\mathrm{T}} & \boldsymbol{\Pi}_{44} & \boldsymbol{\Pi}_{45}\\ \boldsymbol{\Pi}_{15}^{\mathrm{T}} & \boldsymbol{\Pi}_{25}^{\mathrm{T}} & \boldsymbol{\Pi}_{35}^{\mathrm{T}} & \boldsymbol{\Pi}_{45}^{\mathrm{T}} & \boldsymbol{\Pi}_{55}\end{bmatrix} \tag{3.41}$$

$$\boldsymbol{\Pi}_{11}=-\tau\boldsymbol{I}$$

$$\boldsymbol{\Pi}_{12}=g(\boldsymbol{B}_{\mathrm{p}}\boldsymbol{D}_{\mathrm{a}}-\boldsymbol{B}_{\mathrm{p}})^{\mathrm{T}}$$

$$\boldsymbol{\Pi}_{13}=\boldsymbol{B}_{\mathrm{a}}^{\mathrm{T}}$$

$$\boldsymbol{\Pi}_{14}=-\boldsymbol{D}_{\mathrm{a}}^{\mathrm{T}}$$

$$\boldsymbol{\Pi}_{22}=\boldsymbol{A}_{\mathrm{p}}\boldsymbol{X}+\boldsymbol{B}_{\mathrm{p}}\boldsymbol{Y}+\boldsymbol{X}\boldsymbol{A}_{\mathrm{p}}^{\mathrm{T}}+\boldsymbol{Y}^{\mathrm{T}}\boldsymbol{B}_{\mathrm{p}}^{\mathrm{T}}+\alpha_1\boldsymbol{D}\boldsymbol{D}^{\mathrm{T}}$$

$$\boldsymbol{\Pi}_{23}=g\boldsymbol{B}_{\mathrm{p}}\boldsymbol{C}_{\mathrm{a}}\boldsymbol{Q}$$

$$\boldsymbol{\Pi}_{24}=-\boldsymbol{Y}^{\mathrm{T}}-(g-1)\tau^{-1}\boldsymbol{B}_{\mathrm{p}}$$

$$\boldsymbol{\Pi}_{25}=g\boldsymbol{B}_{\mathrm{p}}\boldsymbol{V}_1$$

$$\boldsymbol{\Pi}_{33}=\boldsymbol{Z}+\boldsymbol{Z}^{\mathrm{T}}$$

$$\boldsymbol{\Pi}_{34}=-\boldsymbol{Q}\mathrm{C}_{\mathrm{a}}^{\mathrm{T}}$$

$$\boldsymbol{\Pi}_{44}=-\tau^{-1}\boldsymbol{I}$$

$$\boldsymbol{\Pi}_{45}=\boldsymbol{V}_1$$

$$\boldsymbol{\Pi}_{55}=\boldsymbol{P}_1\boldsymbol{W}_1+\boldsymbol{W}_1^{\mathrm{T}}\boldsymbol{P}_1+\boldsymbol{T}\boldsymbol{B}_{\mathrm{p}}\boldsymbol{V}_1+\boldsymbol{V}_1^{\mathrm{T}}\boldsymbol{B}_{\mathrm{p}}^{\mathrm{T}}\boldsymbol{T}^{\mathrm{T}}$$

$$\boldsymbol{\Pi}_{15}=\boldsymbol{\Pi}_{35}=0$$

$$\left\{\begin{aligned}\hat{\boldsymbol{M}}_2 &= \begin{bmatrix} \boldsymbol{D}_{\mathrm{a}}^{\mathrm{T}} & 0 & 0 & 0 & 0 \\ \boldsymbol{Y}^{\mathrm{T}} & \boldsymbol{X}\boldsymbol{E}_1^{\mathrm{T}} & \boldsymbol{X}\boldsymbol{E}_1^{\mathrm{T}} & \boldsymbol{X} & 0 \\ \boldsymbol{Q}\boldsymbol{C}_{\mathrm{a}}^{\mathrm{T}} & 0 & 0 & 0 & 0 \\ 0 & 0 & 0 & 0 & 0 \\ \boldsymbol{V}_1^{\mathrm{T}} & 0 & 0 & 0 & \boldsymbol{T}\boldsymbol{D} \end{bmatrix} \\ \hat{\boldsymbol{H}}_2 &= \begin{bmatrix} \boldsymbol{D}_{\mathrm{a}} & \boldsymbol{Y} & \boldsymbol{C}_{\mathrm{a}}\boldsymbol{Q} & 0 & \boldsymbol{V}_1 \\ 0 & \boldsymbol{E}_1\boldsymbol{X} & 0 & 0 & 0 \\ 0 & \boldsymbol{E}_1\boldsymbol{X} & 0 & 0 & 0 \\ 0 & \boldsymbol{X} & 0 & 0 & 0 \\ 0 & 0 & 0 & 0 & \boldsymbol{V}_1 \end{bmatrix}\end{aligned}\right. \tag{3.42}$$

因此根据 Schur 补定理可知，若如下线性矩阵不等式成立，即

$$\begin{bmatrix} \boldsymbol{\Pi} & \hat{\boldsymbol{M}}_2 \\ \hat{\boldsymbol{H}}_2 & -\hat{\boldsymbol{\Delta}}_1^{-1} \end{bmatrix} < 0 \tag{3.43}$$

则式(3.34)成立，从而闭环系统式(3.30)稳定且使得 $\boldsymbol{d}$ 到 $\boldsymbol{x}_{\mathrm{p}}$ 的 L_2 增益小于 γ。由式(3.43)可以看出，当抗饱和补偿器式(3.8)中的系统矩阵 $\boldsymbol{C}_{\mathrm{a}}$ 预先设定的情况下，即可通过求解式(3.43)得到矩阵 A_{a}、B_{a}、D_{a} 的值，从而完成补偿器的设计。

3. 情况 3：$\dfrac{u_{\max i}}{g} \leqslant |u_i| \leqslant u_{\max i}$

该情况下人为设置的饱和函数产生作用，而系统饱和函数不产生作用，从而 $\boldsymbol{u} = \hat{\boldsymbol{u}}$，$u_{ai} = \dfrac{u_{\max i}}{g}$，定义 $\hat{\boldsymbol{u}} = g_{\mathrm{a}}\boldsymbol{u}_{\mathrm{a}}$，明显可知 $1 < g_{\mathrm{a}} < g$，从而将闭环系统式(3.30)以及式(3.43)中的 g 替换为 g_{a}，即可得到若满足下面的线性矩阵不等式，即

$$\begin{bmatrix} \boldsymbol{\Pi}(g_{\mathrm{a}}) & \hat{\boldsymbol{M}}_2(g_{\mathrm{a}}) \\ \hat{\boldsymbol{H}}_2(g_{\mathrm{a}}) & -\hat{\boldsymbol{\Delta}}_1^{-1}(g_{\mathrm{a}}) \end{bmatrix} < 0 \tag{3.44}$$

则闭环系统式(3.30)稳定且使得 $\boldsymbol{d}$ 到 $\boldsymbol{x}_{\mathrm{p}}$ 的 L_2 增益小于 γ。

可以看到上述三种情况为所有输入变量处于同一工作作态下，而当各输入变量处于不同情况下时，此时可得

$$\hat{\boldsymbol{u}} = \boldsymbol{G}(t)\boldsymbol{u}_{\mathrm{a}} \tag{3.45}$$

式中：$\boldsymbol{G}(t) = \mathrm{diag}\{g_i\}$。由上述三种情况分析可知，当 $|u_i| \leqslant \dfrac{u_{\max i}}{g}$ 时，$g_i = 1$；当 $|u_i| > u_{\max i}$ 时，$g_i = g$；而当 $\dfrac{u_{\max i}}{g} \leqslant |u_i| \leqslant u_{\max i}$ 时，$g_i \in [1, g]$。因此，$g_i \in [1, g]$。

从式(3.45)可以看出，$\boldsymbol{G}(t)$ 位于如下式所表示的顶点所确定的超立方体内[94]，即

$$\begin{aligned} &\overline{\boldsymbol{G}}^k \in S, k = 1,2,\cdots,2^m, \\ &S = \{\boldsymbol{G}(t) \mid g_i = g \text{ or } 1\} \end{aligned} \tag{3.46}$$

从而，$\boldsymbol{G}(t)$可以表示为如下形式，即

$$\boldsymbol{G}(t) = \sum_{k=1}^{2^m} \lambda_k \overline{\boldsymbol{G}}^k \tag{3.47}$$

式中：$\sum_{k=1}^{2^m} \lambda_k = 1, 0 \leqslant \lambda_k \leqslant 1$。

因此与不等式(3.44)类似，并通过对$\boldsymbol{G}(t)$顶点$\overline{\boldsymbol{G}}^k$分析，可以得到闭环系统式(3.30)的稳定性定理。

定理3.1：对于给定的正实数α_2和$\boldsymbol{I}$，矩阵$\boldsymbol{C}_{\mathrm{a}} \in \mathbf{R}^{m \times n_{\mathrm{a}}}$，$\overline{\boldsymbol{G}}^k \in \mathbf{R}^{m \times m}$，若存在正实数$\alpha_1$、$\gamma$，矩阵$\boldsymbol{X} \in \mathbf{R}^{n_{\mathrm{p}} \times n_{\mathrm{p}}} > 0$，$\boldsymbol{Y} \in \mathbf{R}^{m \times n_{\mathrm{p}}}$，$\boldsymbol{P}_1 \in \mathbf{R}^{m \times m}$，$\boldsymbol{T} \in \mathbf{R}^{m \times n_{\mathrm{p}}}$，$\boldsymbol{Z} \in \mathbf{R}^{n_{\mathrm{a}} \times n_{\mathrm{a}}}$，$\boldsymbol{Q} \in \mathbf{R}^{n_{\mathrm{a}} \times n_{\mathrm{a}}}$，$\boldsymbol{B}_{\mathrm{a}} \in \mathbf{R}^{n_{\mathrm{a}} \times m}$，$\boldsymbol{D}_{\mathrm{a}} \in \mathbf{R}^{m \times m}$使得下述不等式成立，即

$$\begin{bmatrix} \boldsymbol{\Pi}(\overline{\boldsymbol{G}}^k) & \hat{\boldsymbol{M}}_2(\overline{\boldsymbol{G}}^k) \\ \hat{\boldsymbol{H}}_2(\overline{\boldsymbol{G}}^k) & -\hat{\boldsymbol{\Delta}}_1^{-1}(\overline{\boldsymbol{G}}^k) \end{bmatrix} < 0, k = 1,2,\cdots,2^m \tag{3.48}$$

则式(3.29)、式(3.43)和式(3.44)均成立，即包含了上述多种情况，从而闭环系统稳定且使得$\boldsymbol{d}$到$\boldsymbol{x}_{\mathrm{p}}$的$L_2$增益小于给定的$\gamma$。其中$\boldsymbol{K} = \boldsymbol{Y}\boldsymbol{X}^{-1}$，$\boldsymbol{L} = \boldsymbol{P}_1^{-1}\boldsymbol{T}$，$\boldsymbol{A}_{\mathrm{a}} = \boldsymbol{Z}\boldsymbol{Q}^{-1}$，$\hat{\boldsymbol{M}}_2(\overline{\boldsymbol{G}}^k) = \hat{\boldsymbol{M}}_2$，$\hat{\boldsymbol{H}}_2(\overline{\boldsymbol{G}}^k) = \hat{\boldsymbol{H}}_2$，$\hat{\boldsymbol{\Delta}}_1(\overline{\boldsymbol{G}}^k) = \hat{\boldsymbol{\Delta}}_1$，且有

$$\boldsymbol{\Pi}(\overline{\boldsymbol{G}}^k) = \begin{bmatrix} \boldsymbol{\Pi}_{11}(\overline{\boldsymbol{G}}^k) & \boldsymbol{\Pi}_{12}(\overline{\boldsymbol{G}}^k) & \boldsymbol{\Pi}_{13}(\overline{\boldsymbol{G}}^k) & \boldsymbol{\Pi}_{14}(\overline{\boldsymbol{G}}^k) & \boldsymbol{\Pi}_{15}(\overline{\boldsymbol{G}}^k) \\ \boldsymbol{\Pi}_{12}^{\mathrm{T}}(\overline{\boldsymbol{G}}^k) & \boldsymbol{\Pi}_{22}(\overline{\boldsymbol{G}}^k) & \boldsymbol{\Pi}_{23}(\overline{\boldsymbol{G}}^k) & \boldsymbol{\Pi}_{24}(\overline{\boldsymbol{G}}^k) & \boldsymbol{\Pi}_{25}(\overline{\boldsymbol{G}}^k) \\ \boldsymbol{\Pi}_{13}^{\mathrm{T}}(\overline{\boldsymbol{G}}^k) & \boldsymbol{\Pi}_{23}^{\mathrm{T}}(\overline{\boldsymbol{G}}^k) & \boldsymbol{\Pi}_{33}(\overline{\boldsymbol{G}}^k) & \boldsymbol{\Pi}_{34}(\overline{\boldsymbol{G}}^k) & \boldsymbol{\Pi}_{35}(\overline{\boldsymbol{G}}^k) \\ \boldsymbol{\Pi}_{14}^{\mathrm{T}}(\overline{\boldsymbol{G}}^k) & \boldsymbol{\Pi}_{24}^{\mathrm{T}}(\overline{\boldsymbol{G}}^k) & \boldsymbol{\Pi}_{34}^{\mathrm{T}}(\overline{\boldsymbol{G}}^k) & \boldsymbol{\Pi}_{44}(\overline{\boldsymbol{G}}^k) & \boldsymbol{\Pi}_{45}(\overline{\boldsymbol{G}}^k) \\ \boldsymbol{\Pi}_{15}^{\mathrm{T}}(\overline{\boldsymbol{G}}^k) & \boldsymbol{\Pi}_{25}^{\mathrm{T}}(\overline{\boldsymbol{G}}^k) & \boldsymbol{\Pi}_{35}^{\mathrm{T}}(\overline{\boldsymbol{G}}^k) & \boldsymbol{\Pi}_{45}^{\mathrm{T}}(\overline{\boldsymbol{G}}^k) & \boldsymbol{\Pi}_{55}(\overline{\boldsymbol{G}}^k) \end{bmatrix} \tag{3.49}$$

矩阵(3.49)中的各元素表达式为

$\boldsymbol{\Pi}_{11}(\overline{\boldsymbol{G}}^k) = -\tau\boldsymbol{I}$

$\boldsymbol{\Pi}_{12}(\overline{\boldsymbol{G}}^k) = (\boldsymbol{B}_{\mathrm{p}}\overline{\boldsymbol{G}}^k\boldsymbol{D}_{\mathrm{a}} + \boldsymbol{B}_{\mathrm{p}}\overline{\boldsymbol{G}}^k)^{\mathrm{T}}$

$\boldsymbol{\Pi}_{13}(\overline{\boldsymbol{G}}^k) = \boldsymbol{B}_{\mathrm{a}}{}^{\mathrm{T}}$

$\boldsymbol{\Pi}_{14}(\overline{\boldsymbol{G}}^k) = -\boldsymbol{D}_{\mathrm{a}}^{\mathrm{T}}$

$\boldsymbol{\Pi}_{22}(\overline{\boldsymbol{G}}^k) = \boldsymbol{A}_{\mathrm{p}}\boldsymbol{X} + \boldsymbol{B}_{\mathrm{p}}\boldsymbol{Y} + \boldsymbol{X}\boldsymbol{A}_{\mathrm{p}}{}^{\mathrm{T}} + \boldsymbol{Y}^{\mathrm{T}}\boldsymbol{B}_{\mathrm{p}}^{\mathrm{T}} + \alpha_1\boldsymbol{D}\boldsymbol{D}^{\mathrm{T}}$

$\boldsymbol{\Pi}_{23}(\overline{\boldsymbol{G}}^k) = \boldsymbol{B}_{\mathrm{p}}\overline{\boldsymbol{G}}^k\boldsymbol{C}_{\mathrm{a}}\boldsymbol{Q}$

$\boldsymbol{\Pi}_{24}(\overline{\boldsymbol{G}}^k) = -\boldsymbol{Y}^{\mathrm{T}} - (\overline{\boldsymbol{G}}^k - \boldsymbol{I})\tau^{-1}\boldsymbol{B}_{\mathrm{p}}$

$\boldsymbol{\Pi}_{25}(\overline{\boldsymbol{G}}^k) = \boldsymbol{B}_{\mathrm{p}}\overline{\boldsymbol{G}}^k\boldsymbol{V}_1$

$\boldsymbol{\Pi}_{33}(\overline{\boldsymbol{G}}^k) = \boldsymbol{Z} + \boldsymbol{Z}^{\mathrm{T}}$

$\boldsymbol{\Pi}_{34}(\overline{\boldsymbol{G}}^k) = -\boldsymbol{Q}\boldsymbol{C}_{\mathrm{a}}^{\mathrm{T}}$

$\boldsymbol{\Pi}_{44}(\overline{\boldsymbol{G}}^k) = -\tau^{-1}\boldsymbol{I}$

$\boldsymbol{\Pi}_{45}(\overline{\boldsymbol{G}}^k) = \boldsymbol{V}_1$

$\boldsymbol{\Pi}_{55}(\overline{\boldsymbol{G}}^k) = \boldsymbol{P}_1\boldsymbol{W}_1 + \boldsymbol{W}_1^{\mathrm{T}}\boldsymbol{P}_1 + \boldsymbol{T}\mathrm{B}_{\mathrm{p}}\boldsymbol{V}_1 + \boldsymbol{V}_1^{\mathrm{T}}\boldsymbol{B}_{\mathrm{p}}^{\mathrm{T}}\boldsymbol{T}^{\mathrm{T}}$

$\boldsymbol{\Pi}_{15}(\overline{\boldsymbol{G}}^k) = \boldsymbol{\Pi}_{35}(\overline{\boldsymbol{G}}^k) = 0$

证:式(3.48)中的 $\overline{G}^k$ 为 $G(t)$ 的顶点,将式(3.44)中的 g_a 替换为 $\overline{G}^k$ 即可得到式(3.48)。

当 $\overline{G}^k = I$ 时,系统工作于情况 1,此时式(3.48)可以写为如下形式

$$\begin{bmatrix} S_1 & S_2 \\ S_2^T & \hat{\Gamma} \end{bmatrix} < 0 \tag{3.50}$$

其中

$$S_1 = -\tau I_{m\times n} < 0$$
$$S_2 = [D_a^T, 0_{m\times n_a}, 0_{m\times n_a}, 0_{m\times n_a}, 0_{m\times n_a}]$$

由 Schur 补定理可得

$$\hat{\Gamma} + \tau^{-1} S_2^T S_2 < 0 \tag{3.51}$$

而由 $\tau^{-1} S_2^T S_2 \geqslant 0$ 可知,当式(3.51)成立时,式(3.29)成立,从而式(3.48)为式(3.29)的充分条件。

当 $\overline{G}^k = gI$ 时,系统工作于情况 2,此时式(3.48)与式(3.43)相同,同时根据式(3.47)可得

$$\begin{bmatrix} \Pi(G(t)) & \hat{M}_2(G(t)) \\ \hat{H}_2(G(t)) & -\hat{\Delta}_1^{-1}(G(t)) \end{bmatrix} = \sum_{k=1}^{2m} \lambda_k \begin{bmatrix} \Pi(\overline{G}^k) & \hat{M}_2(\overline{G}^k) \\ \hat{H}_2(\overline{G}^k) & -\hat{\Delta}_1^{-1}(\overline{G}^k) \end{bmatrix} \tag{3.52}$$

从而由 $\sum_{k=1}^{2m} \lambda_k = 1, 0 \leqslant \lambda_k \leqslant 1$ 可知,式(3.48)成立为式(3.44)成立的充分条件。

因此,根据前面控制输入多种工作情况下的分析,式(3.48)成立情况下式(3.29)、式(3.43)和式(3.44)均成立,同时又由式(3.52)可知,当各输入变量处于不同情况下时,系统的工作状态均可由式(3.48)来表示。因此,式(3.48)为闭环系统稳定的充分条件。从而得到如定理 3.1 所示的闭环系统稳定性充分条件。

3.5　仿真分析

本节将所设计的抗饱和控制方法应用于 NSV 纵向动态,进行仿真分析,验证该控制算法的有效性。

NSV 模型如系统式(3.3)所示,输入饱和度 $u_{max} = [30, 3]^T$。系统其余相关矩阵如下:

$$D = E_1 = \mathrm{diag}\{0.1, 0.1, 0.1, 0.1, 0.1\}$$
$$F = 0.5\mathrm{diag}\{\sin t, \cos t, \sin t, \cos t, \sin t\}$$

系统外部干扰由系统式(3.9)产生,其中

$$W_1 = \begin{bmatrix} 0 & 1.5 \\ -1.5 & 0 \end{bmatrix}, V_1 = \begin{bmatrix} 1 & 0 \\ 0 & 1 \end{bmatrix}$$

该干扰为频率已知但幅值和相位未知的二维谐波信号。选取

$$C_a = \begin{bmatrix} 1 & 0 & 1 & 0 & 1 \\ 0 & 1 & 0 & 1 & 0 \end{bmatrix}, \alpha_2 = 0.9322, g = 1.002$$

通过求解 LMI 可得

$$\boldsymbol{K}=\begin{bmatrix}-7.0419 & -0.0012\\ -148.7809 & -0.0936\\ -0.4342 & -0.0003\\ 2.1310 & -5.1873\\ -0.0174 & -2.8862\end{bmatrix}^{\mathrm{T}},$$

$$\boldsymbol{L}=\begin{bmatrix}-1.7782 & 0 & 0 & 0 & -0.2121\\ -0.2941 & 0 & 0 & 0 & -1.3153\end{bmatrix},$$

$$\boldsymbol{A}_{\mathrm{a}}=\begin{bmatrix}-1.6037 & 0 & -0.1481 & 0 & -0.1481\\ 0 & -1.6595 & 0 & -0.2216 & 0\\ -0.1481 & 0 & -1.6037 & 0 & -0.1481\\ 0 & -0.2216 & 0 & -1.6595 & 0\\ -0.1481 & 0 & -0.1481 & 0 & -1.6037\end{bmatrix},$$

$$\boldsymbol{B}_{\mathrm{a}}=10^{-3}\times\begin{bmatrix}4.8 & 0.6 & 4.8 & 0.6 & 4.8\\ 0.2 & -0.4 & 0.2 & -0.4 & 0.2\end{bmatrix}^{\mathrm{T}},$$

$$\boldsymbol{D}_{\mathrm{a}}=\begin{bmatrix}-0.1809 & -0.001\\ -0.001 & -0.0047\end{bmatrix},$$

$\alpha_1=10.4282,\gamma=63.6501$。

系统初始状态为 $\boldsymbol{x}_0=[15,0,10,0.315,0]^{\mathrm{T}}$，外部干扰初始值为 $\boldsymbol{d}(0)=[1,1]^{\mathrm{T}}$，干扰观测器初始值为 $\hat{\boldsymbol{d}}(0)=[29,4]^{\mathrm{T}}$，控制器和补偿器的设计如式(3.7)和式(3.8)所示。

仿真结果如图3.1～图3.4所示。由图3.1和图3.2可以看出，所设计的干扰观测器式(3.7)其输出能够快速有效地逼近外部时变未知扰动，且无稳态误差。图3.3表明，在设计的抗饱和补偿器和控制器作用下，闭环系统状态快速收敛到零，因此闭环系统能够快速稳定。由图3.4可知，控制输入在达到饱和的情况下能够快速调整，最终处于饱和范围内，从而保证闭环系统的稳定性。

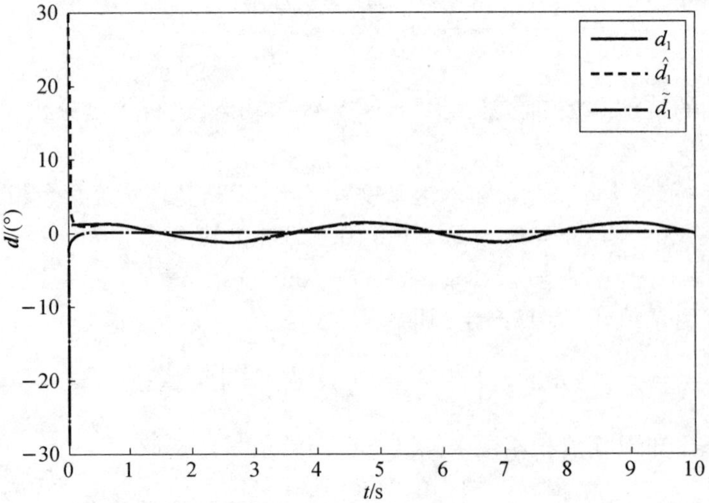

图3.1 外部干扰 d_1、干扰观测器估计 $\hat{d}_1$ 及估计误差 $\tilde{d}_1$

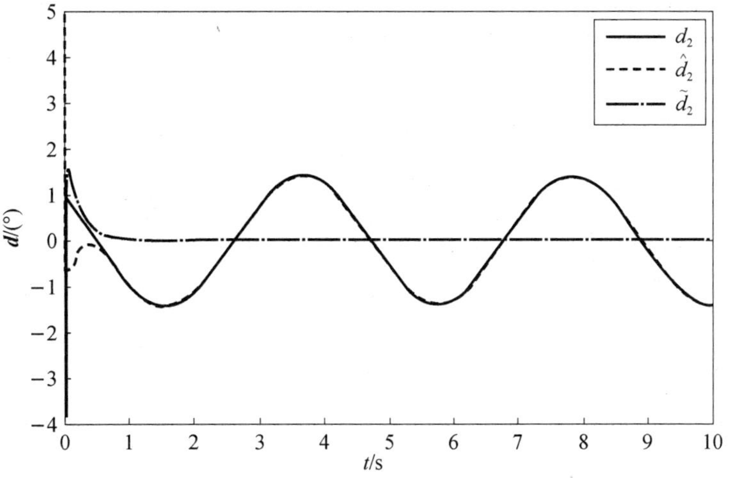

图 3.2　外部干扰 d_2、干扰观测器估计 $\hat{d}_2$ 及估计误差 $\tilde{d}_2$

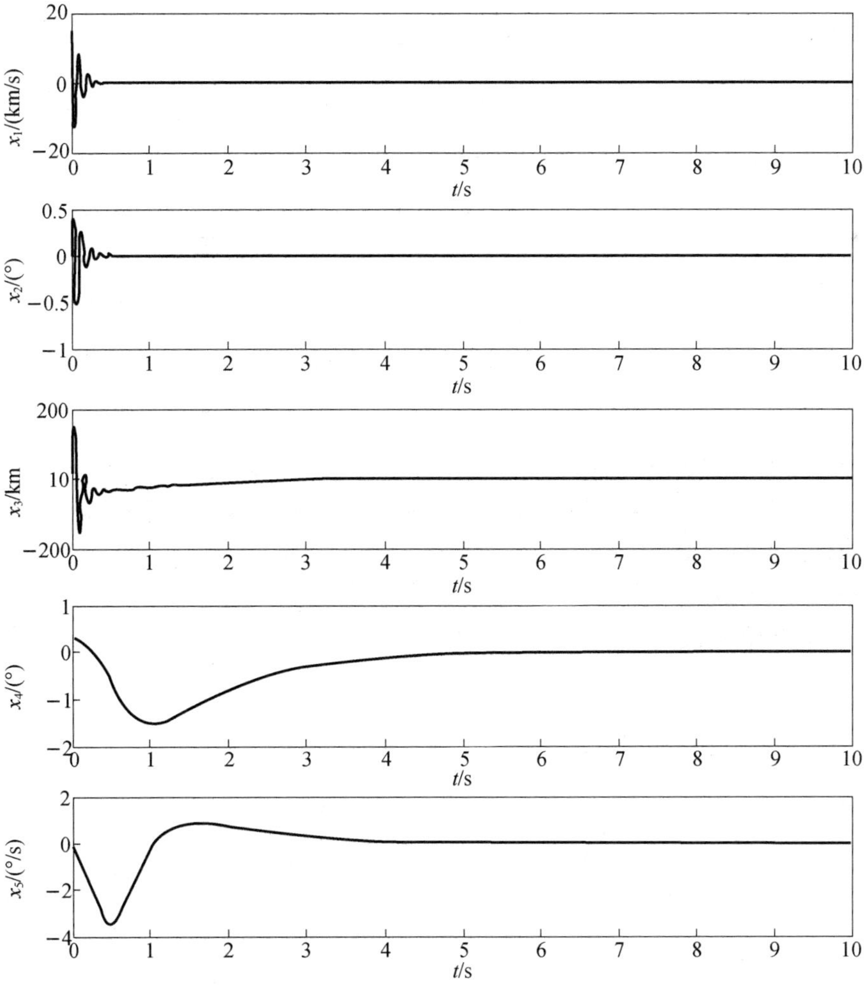

图 3.3　闭环系统状态响应

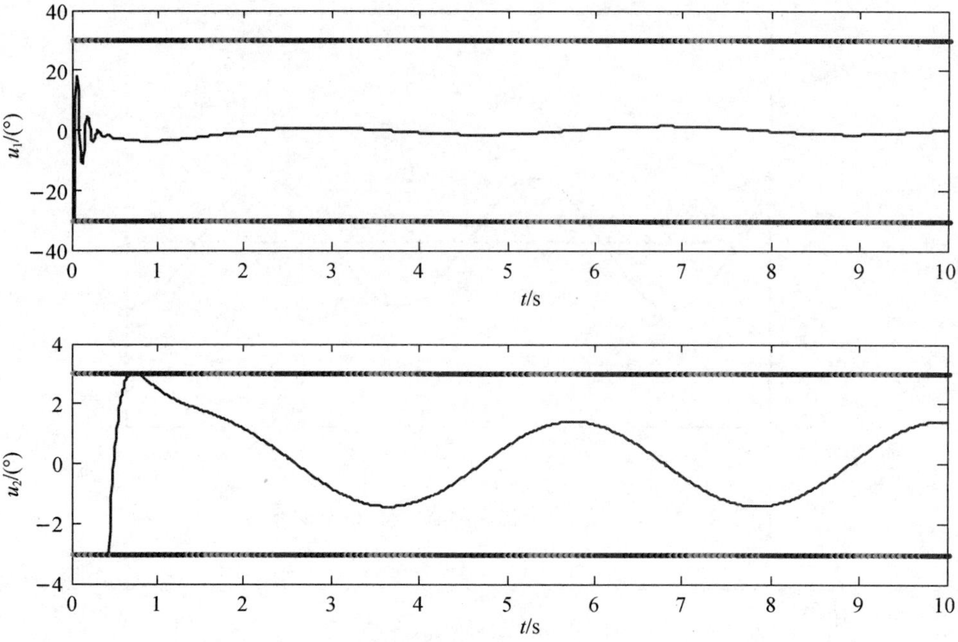

图 3.4　控制输入

因此,从上述仿真结果可知干扰观测器能够有效地估计外部时变扰动,在所设计的控制器和补偿器的作用下,闭环系统状态稳定。因此设计的基于干扰观测器的抗饱和控制方法是有效的。

3.6 小　结

本章针对一类存在外部干扰和输入饱和的不确定线性系统,研究了一种基于干扰观测器的抗饱和控制方法。为提高干扰抑制和鲁棒性能,设计干扰观测器对系统外部扰动进行估计。在干扰观测器输出的基础上,考虑输入饱和的情况下结合抗饱和设计方法,设计了基于干扰观测器的抗饱和补偿器和控制器,保证了闭环系统的稳定性。最后,将该方法应用于 NSV 纵向动态进行仿真验证,仿真结果表明该方法的有效性。

第4章
基于神经网络饱和补偿的NSV姿态滑模控制

4.1 引 言

对于不确定非线性系统来说，滑模控制是一种有效控制方法[94,95]。该方法通过设计不连续的控制输入信号来改变系统的状态，从而使得系统运动轨迹向着预先设定的滑模面运动。而当状态进入滑模面后，不仅系统运动轨迹将始终保持在滑模面内，而且系统的收敛性仅取决于预先设计的滑模面，因此滑模控制具有较好的鲁棒性。但是在传统的滑模控制中，控制输入信号的不连续将使得系统运动轨迹来回穿越所设计的滑模面，从而导致系统发生抖振现象，降低控制系统的性能品质。而动态滑模控制的提出在很大程度上削弱了系统抖振，该方法的基本思想是首先设计一种与系统控制信号的一阶或高阶导数有关的新型切换函数，将所含的不连续项嵌入到控制信号的一阶或高阶导数中去，经过积分获得在时间上本质连续的滑模控制律，从而降低了系统抖振[96-99]。

由于近空间空域环境复杂多变，NSV 在飞行中将不可避免地受到外部干扰的影响，因而有必要设计出具有强鲁棒性的飞行控制器。非线性干扰观测器（Nonlinear Disturbance Observer，NDO）是处理系统不确定和外部干扰的一种有效方法，它根据系统已知信息，在线逼近复合干扰，并将实时估计值前馈给控制系统，从而设计出相应的控制器来提高系统的鲁棒性，改善控制效果。另外，考虑到 NSV 舵面存在饱和特性，所以在控制器设计中引入了径向基神经网络（Radial Basis Function Neural Networks，RBFNNs）对其进行处理。鉴于 RBFNNs 能够以任意精度逼近任意的连续函数，这里通过 RBFNNs 构造一种补偿器来解决舵面饱和问题[100,101]。

本章首先介绍有关动态滑模控制和径向基神经网络的理论知识，然后对 NSV 姿态运动系统中的慢回路和快回路分别进行控制器设计，最终使得系统输出在具有参数不确定性、外部干扰和输入饱和的综合影响下稳定地跟踪期望的姿态角信号。

4.2 动态滑模控制理论

考虑如下一类 MIMO 非线性仿射系统，即

$$\begin{cases}\dot{\boldsymbol{x}} = \boldsymbol{f}(\boldsymbol{x}) + \boldsymbol{g}(\boldsymbol{x})\boldsymbol{u} \\ \boldsymbol{y} = \boldsymbol{h}(\boldsymbol{x})\end{cases} \tag{4.1}$$

式中：$\boldsymbol{x} \in \mathbf{R}^n$ 为系统状态向量；$\boldsymbol{y} \in \mathbf{R}^m$ 为系统输出向量；$\boldsymbol{u} \in \mathbf{R}^m$ 为系统控制输入向量；$\boldsymbol{f}(\boldsymbol{x}) \in \mathbf{R}^n$、

$\boldsymbol{g}(\boldsymbol{x}) \in \mathbf{R}^{n\times m}$和$\boldsymbol{h}(\boldsymbol{x}) \in \mathbf{R}^{m}$ 中各分量为状态变量 $\boldsymbol{x}$ 的光滑函数。设非线性系统(4.1)的滑模面为 $\boldsymbol{\sigma}=[\sigma_1(\boldsymbol{x}),\sigma_2(\boldsymbol{x}),\cdots,\sigma_m(\boldsymbol{x})]^{\mathrm{T}} \in \mathbf{R}^{m}$。

在介绍动态滑模控制之前,首先给出如下定义与假设:

定义 4.1[95]:光滑标量函数 $\sigma_i(\boldsymbol{x})$对状态向量 $\boldsymbol{x}$ 的梯度 $\nabla\sigma_i(\boldsymbol{x})$为

$$\nabla\sigma_i(\boldsymbol{x}) = \frac{\partial\sigma_i(\boldsymbol{x})}{\partial\boldsymbol{x}} = \left[\frac{\partial\sigma_i(\boldsymbol{x})}{\partial x_1},\frac{\partial\sigma_i(\boldsymbol{x})}{\partial x_2},\cdots,\frac{\partial\sigma_i(\boldsymbol{x})}{\partial x_n}\right] \tag{4.2}$$

定义 4.2[95]:光滑标量函数 $\sigma_i(\boldsymbol{x})$对光滑向量场$\boldsymbol{f}(\boldsymbol{x})$的李导数为

$$L_f\sigma_i(\boldsymbol{x}) = \nabla\sigma_i(\boldsymbol{x})\boldsymbol{f}(\boldsymbol{x}) \tag{4.3}$$

多重李导数按如下递推关系定义:

$$L_f^0\sigma_i(\boldsymbol{x}) = \sigma_i(\boldsymbol{x}),L_f^{k_i}\sigma_i(\boldsymbol{x}) = L_fL_f^{k_i-1}\sigma_i(\boldsymbol{x}) = \nabla(\mathrm{L}_f^{k_i-1}\sigma_i(\boldsymbol{x}))\boldsymbol{f}(\boldsymbol{x}),k_i = 1,2,3,\cdots \tag{4.4}$$

定义 4.3[95]:若光滑标量函数 $\sigma_i(\boldsymbol{x})$对光滑向量场$\boldsymbol{f}(\boldsymbol{x})$的李导数满足如下条件:

$$L_f^{k_i}\sigma_i(\boldsymbol{x}) = 0,L_f^{r_i}\sigma_i(\boldsymbol{x}) \neq 0,k_i = 0,1,\cdots,r_i - 1 \tag{4.5}$$

则称 $\sigma_i(\boldsymbol{x})$对$\boldsymbol{f}(\boldsymbol{x})$的相对阶为 r_i。同时,称 $\boldsymbol{\sigma}=[\sigma_1(x),\sigma_2(x),\cdots,\sigma_m(x)]^{\mathrm{T}}$ 对$\boldsymbol{f}(\boldsymbol{x})$的相对阶为 r,其中 $r=\max\{r_1,r_2,\cdots,r_m\}$,$r_i$ 属于正整数集。

假设 4.1[99]:对 MIMO 非线性系统(4.1),当系统进入 $\boldsymbol{\sigma}=0$ 的滑模面后,运动模态能保证 $\boldsymbol{x}$ 收敛到原点。

假设 4.2[99]:对 MIMO 非线性系统(4.1),滑模面 $\boldsymbol{\sigma}$ 对控制输入 $\boldsymbol{u}$ 具有相对阶向量$[r_1,r_2,\cdots,r_m]$,即对论域内所有 $\boldsymbol{x}$ 满足如下条件

$$\sum_{j=1}^{m} L_{g_j}L_f^{k_i}\sigma_i(\boldsymbol{x}) = 0,k_i = 0,1,\cdots,r_i - 2 \tag{4.6}$$

$$\sum_{j=1}^{m} L_{g_j}L_f^{r_i-1}\sigma_i(\boldsymbol{x}) \neq 0 \tag{4.7}$$

式中,$\boldsymbol{g}_j$ 为矩阵 $\boldsymbol{g}$ 的第 j 列向量,$i=1,2,\cdots,m$。

假设 4.3[99]:对 MIMO 非线性系统(4.1),如下矩阵对论域内所有 $\boldsymbol{x}$ 均可逆,即

$$\begin{bmatrix} L_{g_1}(L_f^{r_1-1}\sigma_1(\boldsymbol{x})) & L_{g_2}(L_f^{r_1-1}\sigma_1(\boldsymbol{x})) & \cdots & L_{g_m}(L_f^{r_1-1}\sigma_1(\boldsymbol{x})) \\ L_{g_1}(L_f^{r_2-1}\sigma_2(\boldsymbol{x})) & L_{g_2}(L_f^{r_2-1}\sigma_2(\boldsymbol{x})) & \cdots & L_{g_m}(L_f^{r_2-1}\sigma_2(\boldsymbol{x})) \\ \vdots & \vdots & \ddots & \vdots \\ L_{g_1}(L_f^{r_m-1}\sigma_m(\boldsymbol{x})) & L_{g_2}(L_f^{r_m-1}\sigma_m(\boldsymbol{x})) & \cdots & L_{g_m}(L_f^{r_m-1}\sigma_m(\boldsymbol{x})) \end{bmatrix} \in \mathbf{R}^{m\times m} \tag{4.8}$$

为推导动态滑模控制律的一般形式,对滑模面各分量求导可得如下等式,即

$$\sigma_i^{(k_i)} = L_f^{k_i}\sigma_i(\boldsymbol{x}),k_i = 0,1,\cdots,r_i - 1 \tag{4.9}$$

$$\sigma_i^{(r_i)} = L_f^{r_i}\sigma_i(\boldsymbol{x}) + \sum_{j=1}^{m} L_{g_j}L_f^{r_i-1}\sigma_i(\boldsymbol{x})u_j \tag{4.10}$$

$$\begin{aligned}\sigma_i^{(r_i+1)} = {} & L_f^{r_i+1}\sigma_i(\boldsymbol{x}) + \sum_{j=1}^{m} L_{g_j}L_f^{r_i}\sigma_i(\boldsymbol{x})u_j + \sum_{j=1}^{m} L_fL_{g_j}L_f^{r_i-1}\sigma_i(\boldsymbol{x})u_j \\ & + \sum_{l=1}^{m} L_{g_l}(\sum_{j=1}^{m} L_{g_j}L_f^{r_i-1}\sigma_i(\boldsymbol{x})u_j)u_l + \sum_{j=1}^{m} L_{g_j}L_f^{r_i-1}\sigma_i(\boldsymbol{x})\dot{u}_j\end{aligned} \tag{4.11}$$

式中:$i=1,2,\cdots,m$。

取新的滑模面为

$$\vartheta_i = \sigma_i^{(r_i)} + c_{i,1}\sigma_i^{(r_i-1)} + c_{i,2}\sigma_i^{(r_i-2)} + \cdots + c_{i,r_i-1}\dot{\sigma}_i + c_{i,r_i}\sigma_i + c_{i,r_i+1} \tag{4.12}$$

其中,参数 $c_{i,j}(i=1,2,\cdots,m;j=1,2,\cdots,r_i+1)$ 的选择使得多项式(4.12)Hurwitz 稳定。

对式(4.12)求导可得

$$\begin{aligned}\dot{\vartheta}_i &= \sigma_i^{(r_i+1)} + c_{i,1}\sigma_i^{(r_i)} + c_{i,2}\sigma_i^{(r_i-1)} + \cdots + c_{i,r_i-1}\ddot{\sigma}_i + c_{i,r_i}\dot{\sigma}_i \\ &= \sigma_i^{(r_i+1)} + \sum_{j=1}^{r_i} c_{i,j}\sigma_i^{(r_i+1-j)}\end{aligned} \tag{4.13}$$

根据式(4.11)和式(4.13)可得如下向量关系式,即

$$\begin{cases}\dot{\boldsymbol{\vartheta}} = \boldsymbol{A}(\boldsymbol{x},\boldsymbol{u}) + \boldsymbol{B}(\boldsymbol{x})\dot{\boldsymbol{u}} + \boldsymbol{C}(\boldsymbol{x},\boldsymbol{u}) \\ \boldsymbol{A}(\boldsymbol{x},\boldsymbol{u}) = \boldsymbol{A}_1(\boldsymbol{x}) + \boldsymbol{A}_2(\boldsymbol{x})\boldsymbol{u} + \boldsymbol{A}_3(\boldsymbol{x})\boldsymbol{u} + \boldsymbol{A}_4(\boldsymbol{x})\boldsymbol{u}\end{cases} \tag{4.14}$$

式中:$\dot{\boldsymbol{\vartheta}} = [\dot{\vartheta}_1,\dot{\vartheta}_2,\cdots,\dot{\vartheta}_m]^{\mathrm{T}}$,

$$\boldsymbol{A}_1(\boldsymbol{x}) = [L_f^{r_1+1}\sigma_1(\boldsymbol{x}),L_f^{r_2+1}\sigma_2(\boldsymbol{x}),\cdots,L_f^{r_m+1}\sigma_m(\boldsymbol{x})]^{\mathrm{T}} \in \mathbf{R}^m \tag{4.15}$$

$$\boldsymbol{A}_2(\boldsymbol{x}) = \begin{bmatrix} L_{g_1}L_f^{r_1}\sigma_1(\boldsymbol{x}) & L_{g_2}L_f^{r_1}\sigma_1(\boldsymbol{x}) & \cdots & L_{g_m}L_f^{r_1}\sigma_1(\boldsymbol{x}) \\ L_{g_1}L_f^{r_2}\sigma_2(\boldsymbol{x}) & L_{g_2}L_f^{r_2}\sigma_2(\boldsymbol{x}) & \cdots & L_{g_m}L_f^{r_2}\sigma_2(\boldsymbol{x}) \\ \vdots & \vdots & \ddots & \vdots \\ L_{g_1}L_f^{r_m}\sigma_m(\boldsymbol{x}) & L_{g_2}L_f^{r_m}\sigma_m(\boldsymbol{x}) & \cdots & L_{g_m}L_f^{r_m}\sigma_m(\boldsymbol{x}) \end{bmatrix} \in \mathbf{R}^{m\times m} \tag{4.16}$$

$$\boldsymbol{A}_3(\boldsymbol{x}) = \begin{bmatrix} L_fL_{g_1}L_f^{r_1-1}\sigma_1(\boldsymbol{x}) & L_fL_{g_2}L_f^{r_1-1}\sigma_1(\boldsymbol{x}) & \cdots & L_fL_{g_m}L_f^{r_1-1}\sigma_1(\boldsymbol{x}) \\ L_fL_{g_1}L_f^{r_2-1}\sigma_2(\boldsymbol{x}) & L_fL_{g_2}L_f^{r_2-1}\sigma_2(\boldsymbol{x}) & \cdots & L_fL_{g_m}L_f^{r_2-1}\sigma_2(\boldsymbol{x}) \\ \vdots & \vdots & \ddots & \vdots \\ L_fL_{g_1}L_f^{r_m-1}\sigma_m(\boldsymbol{x}) & L_fL_{g_2}L_f^{r_m-1}\sigma_m(\boldsymbol{x}) & \cdots & L_fL_{g_m}L_f^{r_m-1}\sigma_m(\boldsymbol{x}) \end{bmatrix} \in \mathbf{R}^{m\times m} \tag{4.17}$$

$$\boldsymbol{A}_4(\boldsymbol{x}) = \begin{bmatrix} L_{g_1}(\sum_{j=1}^{m} L_{g_j}L_f^{r_1-1}\sigma_1(\boldsymbol{x})u_j) & L_{g_2}(\sum_{j=1}^{m} L_{g_j}L_f^{r_1-1}\sigma_1(\boldsymbol{x})u_j) & \cdots & L_{g_m}(\sum_{j=1}^{m} L_{g_j}L_f^{r_1-1}\sigma_1(\boldsymbol{x})u_j) \\ L_{g_1}(\sum_{j=1}^{m} L_{g_j}L_f^{r_2-1}\sigma_2(\boldsymbol{x})u_j) & L_{g_2}(\sum_{j=1}^{m} L_{g_j}L_f^{r_2-1}\sigma_2(\boldsymbol{x})u_j) & \cdots & L_{g_m}(\sum_{j=1}^{m} L_{g_j}L_f^{r_2-1}\sigma_2(\boldsymbol{x})u_j) \\ \vdots & \vdots & \ddots & \vdots \\ L_{g_1}(\sum_{j=1}^{m} L_{g_j}L_f^{r_m-1}\sigma_m(\boldsymbol{x})u_j) & L_{g_2}(\sum_{j=1}^{m} L_{g_j}L_f^{r_m-1}\sigma_m(\boldsymbol{x})u_j) & \cdots & L_{g_m}(\sum_{j=1}^{m} L_{g_j}L_f^{r_m-1}\sigma_m(\boldsymbol{x})u_j) \end{bmatrix} \in \mathbf{R}^{m\times m} \tag{4.18}$$

$$\boldsymbol{B}(\boldsymbol{x}) = \begin{bmatrix} L_{g_1}L_f^{r_1-1}\sigma_1(\boldsymbol{x}) & L_{g_2}L_f^{r_1-1}\sigma_1(\boldsymbol{x}) & \cdots & L_{g_m}L_f^{r_1-1}\sigma_1(\boldsymbol{x}) \\ L_{g_1}L_f^{r_2-1}\sigma_2(\boldsymbol{x}) & L_{g_2}L_f^{r_2-1}\sigma_2(\boldsymbol{x}) & \cdots & L_{g_m}L_f^{r_2-1}\sigma_2(\boldsymbol{x}) \\ \vdots & \vdots & \ddots & \vdots \\ L_{g_1}L_f^{r_m-1}\sigma_m(\boldsymbol{x}) & L_{g_2}L_f^{r_m-1}\sigma_m(\boldsymbol{x}) & \cdots & L_{g_m}L_f^{r_m-1}\sigma_m(\boldsymbol{x}) \end{bmatrix} \in \mathbf{R}^{m\times m} \tag{4.19}$$

$$\boldsymbol{C}(\boldsymbol{x},\boldsymbol{u}) = \left[\sum_{j=1}^{r_1} c_{1,j}\sigma_1^{(r_1+1-j)},\sum_{j=1}^{r_2} c_{2,j}\sigma_2^{(r_2+1-j)},\cdots,\sum_{j=1}^{r_m} c_{m,j}\sigma_m^{(r_m+1-j)}\right]^{\mathrm{T}} \in \mathbf{R}^m \tag{4.20}$$

为保证滑模到达条件成立,滑模趋近律 $\boldsymbol{\Phi}_\vartheta$ 可取适当的形式,如指数趋近律,即

$$\boldsymbol{\Phi}_{\vartheta} = -\overline{\boldsymbol{C}}_1\vartheta - \overline{\boldsymbol{C}}_2\mathrm{sgn}(\vartheta) \tag{4.21}$$

式中：$\overline{\boldsymbol{C}}_1 = \mathrm{diag}\{\bar{c}_{1,1},\bar{c}_{1,2},\cdots,\bar{c}_{1,m}\} > 0$，$\overline{\boldsymbol{C}}_2 = \mathrm{diag}\{\bar{c}_{2,1},\bar{c}_{2,2},\cdots,\bar{c}_{2,m}\} > 0$ 为参数设计矩阵。

由式(4.14)和式(4.21)可得动态滑模控制器为

$$\dot{\boldsymbol{u}} = \boldsymbol{B}^{-1}(\boldsymbol{x})(\boldsymbol{\Phi}_{\vartheta} - \boldsymbol{A}(\boldsymbol{x},\boldsymbol{u}) - \boldsymbol{C}(\boldsymbol{x},\boldsymbol{u})) \tag{4.22}$$

对式(4.22)积分可得

$$\boldsymbol{u}(t) = \boldsymbol{u}(0) + \int_0^t (\boldsymbol{B}^{-1}(\boldsymbol{x})(\boldsymbol{\Phi}_{\vartheta} - \boldsymbol{A}(\boldsymbol{x},\boldsymbol{u}) - \boldsymbol{C}(\boldsymbol{x},\boldsymbol{u})))\mathrm{d}t \tag{4.23}$$

可见，动态滑模控制通过将趋近律 $\boldsymbol{\Phi}_{\vartheta}$ 中的不连续项放入到积分中，得到整个时间域上的连续控制项，从而有效地降低了控制器的抖振。

注 4.1：若对式(4.14)继续求 $r_u - 1$ 次导可得 r_u 阶动态滑模控制器。实际中，动态滑模控制器的阶次与系统本身特性和工程的实际需要有关。当阶次增加时，虽然去除抖振效果明显，但是控制器设计变得复杂，计算量也会同时增加，从而影响系统的实时性。所以，这里所说的动态滑模控制一般是指一阶动态滑模控制。

4.3 径向基神经网络原理

神经网络是指由大量神经元模型互联而组成的网络，是对人脑若干基本特性的抽象和模拟。近年来，神经网络受到了国内外学者的广泛关注和重视，原因在于其具有如下优点[100]：

(1) 由于神经网络在本质上是非线性的，所以它可以充分逼近任意复杂的非线性关系；

(2) 所有定量或定性的信息都储存在网络的各神经元及连接权中，使得其具有很强的鲁棒性和容错性；

(3) 具有可学习和自适应未知或不确定系统的能力；

(4) 采用并行分布式处理方法，使得神经网络能够快速处理大量的运算。

正是由于上述种种优点，使得基于神经网络的控制系统设计得到了广泛而深入的研究。本章采用一种较为常用的神经网络，即径向基神经网络(RBFNN)。RBFNNs 是由 J. Moody 和 C. Darken 于 20 世纪 80 年代末提出的一种具有单隐层的三层前馈神经网络，RBFNNs 基本结构如图 4.1 所示。

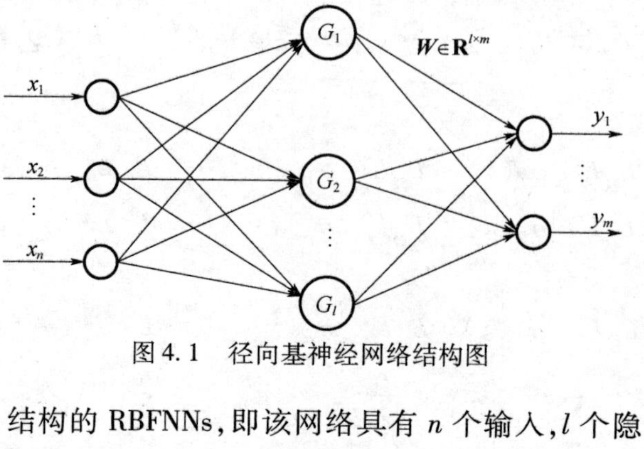

图 4.1 径向基神经网络结构图

图 4.1 为 $n-l-m$ 结构的 RBFNNs，即该网络具有 n 个输入，l 个隐含层节点，m 个输出。其中，$\boldsymbol{x} = [x_1,x_2,\cdots,x_n]^{\mathrm{T}} \in \mathbf{R}^n$ 为网络的输入向量，$\boldsymbol{W} \in \mathbf{R}^{l\times m}$ 为隐含层和输出层之间的权值矩

阵,$\boldsymbol{y}=[y_1,\cdots,y_m]^{\mathrm{T}}\in\mathbf{R}^m$ 为网络的输出向量,G_i 为第 i 个隐含层节点的激活函数。该神经网络在输入层和隐含层之间采用非线性变换形式,而在隐含层和输出层之间采用线性变换形式。RBFNNs 的特点在于隐含层各节点均采用径向基函数作为激活函数,而该函数是关于 n 维空间的某个中心点对称的,当神经元的输入离该中心越远时,神经元所被激活的程度就越低,隐含层节点这一特性被称为局部特性。正是由于每个神经元都具有局部特性,最终整个 RBFNNs 也呈现局部映射特性,即 RBFNNs 是一种局部响应神经网络。这种局部响应网络使得对输入空间的某个区域,只有少量权值需要调整,从而使其具有学习速度快的优点。同时,RBFNNs 被证明同样具有任意逼近能力。本章的径向基函数采用如下的高斯函数形式,即

$$s=\exp\left(-\frac{\|x-c\|^2}{2b^2}\right)\tag{4.24}$$

式中:c 为隐含层相应节点的中心向量;b 为隐含层相应节点的宽度。

4.4　具有输入饱和的 NSV 姿态控制系统设计

本节将根据上两节所介绍的相关理论知识对 NSV 姿态运动系统进行控制器设计。在设计中将考虑系统的不确定、未知外部干扰和舵面饱和问题,分别给出慢回路和快回路控制律的具体表达形式,并通过 Lyapunov 理论对闭环系统的稳定性进行严格分析。

4.4.1　问题描述

考虑如下的 NSV 姿态运动系统非线性模型,即

$$\begin{cases}\dot{\boldsymbol{\Omega}}=\boldsymbol{f}_{\mathrm{s}}+\boldsymbol{g}_{\mathrm{s}}\boldsymbol{\omega}+\boldsymbol{D}_{\mathrm{s}}\\ \boldsymbol{y}_{\mathrm{s}}=\boldsymbol{\Omega}\end{cases}\tag{4.25}$$

$$\begin{cases}\dot{\boldsymbol{\omega}}=\boldsymbol{f}_{\mathrm{f}}+\boldsymbol{g}_{\mathrm{f}}\boldsymbol{\delta}(\boldsymbol{v})+\boldsymbol{D}_{\mathrm{f}}\\ \boldsymbol{y}_{\mathrm{f}}=\boldsymbol{\omega}\end{cases}\tag{4.26}$$

式中:$\boldsymbol{\Omega}=[\alpha,\beta,\mu]^{\mathrm{T}}$ 为姿态角向量,分别为迎角、侧滑角与滚转角;$\boldsymbol{\omega}=[p,q,r]^{\mathrm{T}}$ 为姿态角速率向量,分别为滚转角速率、俯仰角速率以及偏航角速率;$\boldsymbol{f}_{\mathrm{s}}$ 与 $\boldsymbol{f}_{\mathrm{f}}$ 为状态方程向量;$\boldsymbol{g}_{\mathrm{s}}$ 与 $\boldsymbol{g}_{\mathrm{f}}$ 为系统矩阵;$\boldsymbol{v}=[v_1,v_2,v_3,v_4,v_5]^{\mathrm{T}}$ 为执行器输入向量;$\boldsymbol{\delta}(\boldsymbol{v})=[\delta_a,\delta_e,\delta_r,\delta_y,\delta_z]^{\mathrm{T}}$ 为受执行器饱和特性影响的舵面输出向量。控制目标是设计合适的控制律 $\boldsymbol{v}$ 使得闭环系统稳定,且输出 $\boldsymbol{y}_{\mathrm{s}}$ 在具有系统不确定性、未知外部干扰和输入饱和的情况下能稳定地跟踪期望姿态角信号 $\boldsymbol{\Omega}_{\mathrm{c}}$。

在对 NSV 进行姿态控制系统设计之前需要如下假设:

假设 4.4:对 NSV 非线性姿态运动系统(4.25)和系统(4.26),慢回路复合干扰 $\boldsymbol{D}_{\mathrm{s}}=[d_{\mathrm{s},1},d_{\mathrm{s},2},d_{\mathrm{s},3}]^{\mathrm{T}}$ 及其一阶导数 $\dot{\boldsymbol{D}}_{\mathrm{s}}=[\dot{d}_{\mathrm{s},1},\dot{d}_{\mathrm{s},2},\dot{d}_{\mathrm{s},3}]^{\mathrm{T}}$ 有界,即 $|d_{\mathrm{s,i}}|\leqslant\beta_{\mathrm{s},i}$,$\beta_{\mathrm{s},i}>0$,$\boldsymbol{\beta}_{\mathrm{s}}=[\beta_{\mathrm{s},1},\beta_{\mathrm{s},2},\beta_{\mathrm{s},3}]^{\mathrm{T}}$,$|\dot{d}_{\mathrm{s},i}|\leqslant\beta_{\mathrm{ds},i}$,$\beta_{\mathrm{ds},i}>0$,$\boldsymbol{\beta}_{\mathrm{ds}}=[\beta_{\mathrm{ds},1},\beta_{\mathrm{ds},2},\beta_{\mathrm{ds},3}]^{\mathrm{T}}$;快回路复合干扰 $\boldsymbol{D}_{\mathrm{f}}=[d_{\mathrm{f},1},d_{\mathrm{f},2},d_{\mathrm{f},3}]^{\mathrm{T}}$ 有界,即 $|d_{\mathrm{f},i}|\leqslant\beta_{\mathrm{f},i}$,$\beta_{\mathrm{f},i}>0$,$\boldsymbol{\beta}_{\mathrm{f}}=[\beta_{\mathrm{f},1},\beta_{\mathrm{f},2},\beta_{\mathrm{f},3}]^{\mathrm{T}}$,$i=1,2,3$。

假设 4.5[99]:对 NSV 非线性姿态运动系统式(4.25)和系统式(4.26),期望姿态角向量 $\boldsymbol{\Omega}_{\mathrm{c}}$ 及其各阶导数是已知连续且有界的。

假设 4.6:对 NSV 非线性姿态运动系统式(4.25)和系统式(4.26),控制增益矩阵 $\boldsymbol{g}_{\mathrm{s}}$ 可逆,

且 $\boldsymbol{g}_{\mathrm{f}}$ 广义逆存在。

4.4.2 NSV 慢回路控制器设计

由于 NSV 慢回路系统中的复合干扰主要由系统的不确定项组成，且其值相对较小，同时考虑到自适应方法设计简单，运算量小，闭环系统稳定性易于证明。所以，这里采用自适应方法对慢回路中的复合干扰进行处理，基于动态滑模控制方法给出如下关于慢回路控制器的设计定理。

定理 4.1：对于 NSV 慢回路系统(4.25)，设计式(4.27)和式(4.28)所示的滑模面，采用式(4.29)指数趋近律以保证滑模到达条件成立，慢回路复合干扰导数上界估计值的自适应律取为式(4.30)，慢回路动态滑模控制器设计为式(4.31)，则慢回路跟踪误差渐近收敛于原点。

$$\boldsymbol{\sigma}_{\mathrm{s1}} = \boldsymbol{e}_{\mathrm{s}} + \int_0^t \boldsymbol{A}_{\mathrm{s1}}\boldsymbol{e}_{\mathrm{s}}\mathrm{d}t \tag{4.27}$$

$$\boldsymbol{\sigma}_{\mathrm{s2}} = \dot{\boldsymbol{\sigma}}_{\mathrm{s1}} + \boldsymbol{A}_{\mathrm{s2}}\boldsymbol{\sigma}_{\mathrm{s1}} \tag{4.28}$$

$$\boldsymbol{\Phi}_{\sigma_{\mathrm{s2}}} = -\boldsymbol{B}_{\mathrm{s1}}\boldsymbol{\sigma}_{\mathrm{s2}} - \boldsymbol{B}_{\mathrm{s2}}\mathrm{sgn}(\boldsymbol{\sigma}_{\mathrm{s2}}) \tag{4.29}$$

$$\dot{\hat{\boldsymbol{\beta}}}_{\mathrm{ds}} = \boldsymbol{B}_{\mathrm{s3}} | \boldsymbol{\sigma}_{\mathrm{s2}} | \tag{4.30}$$

$$\begin{cases}\boldsymbol{\omega}_{\mathrm{c}} = \boldsymbol{g}_{\mathrm{s}}^{-1}\displaystyle\int_0^t(\boldsymbol{\psi}_1 + \boldsymbol{\psi}_2)\mathrm{d}t \\ \boldsymbol{\psi}_1 = -\dot{\boldsymbol{f}}_{\mathrm{s}} + \ddot{\boldsymbol{\Omega}}_{\mathrm{c}} - (\boldsymbol{A}_{\mathrm{s1}} + \boldsymbol{A}_{\mathrm{s2}})\dot{\boldsymbol{e}}_{\mathrm{s}} - \boldsymbol{A}_{\mathrm{s2}}\boldsymbol{A}_{\mathrm{s1}}\boldsymbol{e}_{\mathrm{s}} \\ \boldsymbol{\psi}_2 = -\boldsymbol{B}_{\mathrm{s1}}\boldsymbol{\sigma}_{\mathrm{s2}} - \boldsymbol{B}_{\mathrm{s2}}\mathrm{sgn}(\boldsymbol{\sigma}_{\mathrm{s2}}) - \mathrm{diag}\{\mathrm{sgn}(\boldsymbol{\sigma}_{\mathrm{s2}})\}\hat{\boldsymbol{\beta}}_{\mathrm{ds}}\end{cases} \tag{4.31}$$

式中：$\boldsymbol{e}_{\mathrm{s}} = \boldsymbol{\Omega} - \boldsymbol{\Omega}_{\mathrm{c}}$ 为慢回路跟踪误差；$\boldsymbol{A}_{\mathrm{s1}} = \mathrm{diag}\{a_{\mathrm{s1},1}, a_{\mathrm{s1},2}, a_{\mathrm{s1},3}\} > 0$，$\boldsymbol{A}_{\mathrm{s2}} = \mathrm{diag}\{a_{\mathrm{s2},1}, a_{\mathrm{s2},2}, a_{\mathrm{s2},3}\} > 0$，$\boldsymbol{B}_{\mathrm{s1}} = \mathrm{diag}\{b_{\mathrm{s1},1}, b_{\mathrm{s1},2}, b_{\mathrm{s1},3}\} > 0$，$\boldsymbol{B}_{\mathrm{s2}} = \mathrm{diag}\{b_{\mathrm{s2},1}, b_{\mathrm{s2},2}, b_{\mathrm{s2},3}\} > 0$，$\boldsymbol{B}_{\mathrm{s3}} = \mathrm{diag}\{b_{\mathrm{s3},1}, b_{\mathrm{s3},2}, b_{\mathrm{s3},3}\} > 0$ 为参数设计矩阵；$\hat{\boldsymbol{\beta}}_{\mathrm{ds}}$ 为 $\boldsymbol{\beta}_{\mathrm{ds}}$ 的估计值向量，$\boldsymbol{\sigma}_{\mathrm{s2}} = [\sigma_{\mathrm{s2},1}, \sigma_{\mathrm{s2},2}, \sigma_{\mathrm{s2},3}]^{\mathrm{T}}$，$\mathrm{diag}\{\mathrm{sgn}(\boldsymbol{\sigma}_{\mathrm{s2}})\} = \mathrm{diag}\{\mathrm{sgn}(\sigma_{\mathrm{s2},1}), \mathrm{sgn}(\sigma_{\mathrm{s2},2}), \mathrm{sgn}(\sigma_{\mathrm{s2},3})\}$，$|\boldsymbol{\sigma}_{\mathrm{s2}}| = [|\sigma_{\mathrm{s2},1}|, |\sigma_{\mathrm{s2},2}|, |\sigma_{\mathrm{s2},3}|]^{\mathrm{T}}$。

证明：选择如下的 Lyapunov 函数，即

$$V_{\mathrm{s}} = \frac{1}{2}\boldsymbol{\sigma}_{\mathrm{s2}}^{\mathrm{T}}\boldsymbol{\sigma}_{\mathrm{s2}} + \frac{1}{2}\tilde{\boldsymbol{\beta}}_{\mathrm{ds}}^{\mathrm{T}}\boldsymbol{B}_{\mathrm{s3}}^{-1}\tilde{\boldsymbol{\beta}}_{\mathrm{ds}} \tag{4.32}$$

其中，$\tilde{\boldsymbol{\beta}}_{\mathrm{ds}} = \boldsymbol{\beta}_{\mathrm{ds}} - \hat{\boldsymbol{\beta}}_{\mathrm{ds}}$，且有 $\dot{\tilde{\boldsymbol{\beta}}}_{\mathrm{ds}} = \dot{\boldsymbol{\beta}}_{\mathrm{ds}} - \dot{\hat{\boldsymbol{\beta}}}_{\mathrm{ds}} = -\dot{\hat{\boldsymbol{\beta}}}_{\mathrm{ds}}$。

考虑到式(4.25)、式(4.27)和式(4.31)，对式(4.28)求导可得

$$\begin{aligned}\dot{\boldsymbol{\sigma}}_{\mathrm{s2}} &= \dot{\boldsymbol{f}}_{\mathrm{s}} + \boldsymbol{\psi}_1 + \boldsymbol{\psi}_2 + \dot{\boldsymbol{D}}_{\mathrm{s}} - \ddot{\boldsymbol{\Omega}}_{\mathrm{c}} + \boldsymbol{A}_{\mathrm{s1}}\dot{\boldsymbol{e}}_{\mathrm{s}} + \boldsymbol{A}_{\mathrm{s2}}\dot{\boldsymbol{e}}_{\mathrm{s}} + \boldsymbol{A}_{\mathrm{s2}}\boldsymbol{A}_{\mathrm{s1}}\boldsymbol{e}_{\mathrm{s}} \\ &= \dot{\boldsymbol{D}}_{\mathrm{s}} - \boldsymbol{B}_{\mathrm{s1}}\boldsymbol{\sigma}_{\mathrm{s2}} - \boldsymbol{B}_{\mathrm{s2}}\mathrm{sgn}(\boldsymbol{\sigma}_{\mathrm{s2}}) - \mathrm{diag}\{\mathrm{sgn}(\boldsymbol{\sigma}_{\mathrm{s2}})\}\hat{\boldsymbol{\beta}}_{\mathrm{ds}}\end{aligned} \tag{4.33}$$

根据式(4.30)和式(4.33)，对式(4.32)求导可得

$$\begin{aligned}\dot{V}_{\mathrm{s}} &= \boldsymbol{\sigma}_{\mathrm{s2}}^{\mathrm{T}}\dot{\boldsymbol{\sigma}}_{\mathrm{s2}} - \tilde{\boldsymbol{\beta}}_{\mathrm{ds}}^{\mathrm{T}}\boldsymbol{B}_{\mathrm{s3}}^{-1}\dot{\hat{\boldsymbol{\beta}}}_{\mathrm{ds}} \\ &= \boldsymbol{\sigma}_{\mathrm{s2}}^{\mathrm{T}}(\dot{\boldsymbol{D}}_{\mathrm{s}} - \boldsymbol{B}_{\mathrm{s1}}\boldsymbol{\sigma}_{\mathrm{s2}} - \boldsymbol{B}_{\mathrm{s2}}\mathrm{sgn}(\boldsymbol{\sigma}_{\mathrm{s2}}) - \mathrm{diag}\{\mathrm{sgn}(\boldsymbol{\sigma}_{\mathrm{s2}})\}\hat{\boldsymbol{\beta}}_{\mathrm{ds}}) - \tilde{\boldsymbol{\beta}}_{\mathrm{ds}}^{\mathrm{T}} | \boldsymbol{\sigma}_{\mathrm{s2}} | \\ &\leqslant -\boldsymbol{\sigma}_{\mathrm{s2}}^{\mathrm{T}}\boldsymbol{B}_{\mathrm{s1}}\boldsymbol{\sigma}_{\mathrm{s2}} - \boldsymbol{\sigma}_{\mathrm{s2}}^{\mathrm{T}}\boldsymbol{B}_{\mathrm{s2}}\mathrm{sgn}(\boldsymbol{\sigma}_{\mathrm{s2}}) + | \boldsymbol{\sigma}_{\mathrm{s2}} |^{\mathrm{T}}\boldsymbol{\beta}_{\mathrm{ds}} - | \boldsymbol{\sigma}_{\mathrm{s2}} |^{\mathrm{T}}\hat{\boldsymbol{\beta}}_{\mathrm{ds}} - \tilde{\boldsymbol{\beta}}_{\mathrm{ds}}^{\mathrm{T}} | \boldsymbol{\sigma}_{\mathrm{s2}} | \\ &= -\sum_{i=1}^{3} b_{\mathrm{s1},i}\sigma_{\mathrm{s2},i}^2 - \sum_{i=1}^{3} b_{\mathrm{s2},i} | \sigma_{\mathrm{s2},i} |\end{aligned} \tag{4.34}$$

可见，若 $\boldsymbol{\sigma}_{s2}\neq 0$，则 $\dot{V}_s<0$，所以滑模面 $\boldsymbol{\sigma}_{s2}$ 满足到达条件，$\boldsymbol{\sigma}_{s2}$ 渐近收敛于原点。当 $\boldsymbol{\sigma}_{s2}$ 收敛于原点后，由式(4.27)和式(4.28)可知，滑模面 $\boldsymbol{\sigma}_{s1}$ 收敛于原点，最终跟踪误差 $\boldsymbol{e}_s$ 也收敛于原点。

证毕。

注 4.2：式(4.31)中的 $\boldsymbol{\omega}_c$ 为 NSV 慢回路的控制输入向量，同时也为 NSV 快回路的期望输入向量。

注 4.3：NSV 慢回路控制器中所需的微分项可由高阶滑模微分器(High Order Sliding Mode Differentiator，HOSMD)获得。n 阶 HOSMD 如下[101]：

$$\begin{cases}\dot{z}_0=\zeta_0=-\lambda_0|z_0-\bar{f}(t)|^{n/(n+1)}\operatorname{sgn}(z_0-\bar{f}(t))+z_1\\ \quad\vdots\\ \dot{z}_i=\zeta_i=-\lambda_i|z_i-\zeta_{i-1}|^{(n-i)/(n-i+1)}\operatorname{sgn}(z_i-\zeta_{i-1})+z_{i+1}\\ \quad\vdots\\ \dot{z}_{n-1}=\zeta_{n-1}=-\lambda_{n-1}|z_{n-1}-\zeta_{n-2}|^{(1/2)}\operatorname{sgn}(z_{n-1}-\zeta_{n-2})+z_n\\ \dot{z}_n=-\lambda_n\operatorname{sgn}(z_n-\zeta_{n-1})\end{cases}\tag{4.35}$$

式中：z_i 和 ζ_i 为系统式(4.35)的状态；$\lambda_0,\lambda_1,\cdots,\lambda_n$ 为待设计的微分器参数。HOSMD 的目的是使 ζ_i 以任意精度逼近 $\bar{f}(t)$ 的第 $i+1$ 阶微分估计值。

4.4.3 NSV 快回路控制器设计

在 NSV 慢回路中，复合干扰 $\boldsymbol{D}_s$ 仅由系统的不确定项组成，故采用了自适应方法对其进行处理。但是在快回路中，复合干扰 $\boldsymbol{D}_f$ 还受未知外部干扰的影响，且外部干扰的数量级远远大于系统不确定项的数量级。而自适应方法是以系统的稳定性为根本前提，按照被控对象所受最严重的不确定和干扰考虑的，最终获得复合干扰的上界值，它是独立于复合干扰变化的某个固定值，所以自适应方法对于大扰动的情况具有保守性较大的缺点。而该缺点会使系统中的复合干扰得不到较为精确的抵消或补偿，从而导致系统控制性能的下降，无法完成 NSV 飞行高品质的要求。因此，在快回路中通过设计非线性干扰观测器来对复合干扰进行在线逼近，进而获得相应干扰抵消项。但是，若快回路仍采用动态滑模控制，则控制律中将含有干扰观测器输出的导数，且闭环系统的稳定性证明和干扰观测器逼近误差的有界性证明也不同于一般方法，从而使得整个控制系统设计方案复杂，所以这里基于传统滑模控制方法对快回路进行控制器设计。

另外，在 NSV 快回路中，舵面饱和受限也是一个不可忽略的问题。考虑到 RBFNNs 能够以任意精度逼近任意的连续函数，这里通过 RBFNNs 构造一种补偿器来解决舵面饱和受限问题。具体地，利用 RBFNNs 估计执行器超出饱和限制的部分，在控制律设计中对其进行抵消，从而使得执行器能够快速地退出饱和状态。

根据饱和函数特性可知

$$\boldsymbol{\delta}(\boldsymbol{v})=\operatorname{sat}(\boldsymbol{v})=\boldsymbol{v}+\boldsymbol{\xi}(\boldsymbol{v})\tag{4.36}$$

式中：$\boldsymbol{\xi}(\boldsymbol{v})$ 为执行器超出饱和限制的部分。

利用 RBFNNs 对 $\boldsymbol{\xi}(\boldsymbol{v})$ 进行逼近，具体如下：

$$\boldsymbol{\xi}(\boldsymbol{v})=\boldsymbol{W}_{\xi}^{*\mathrm{T}}\boldsymbol{s}_{\xi}(z)+\boldsymbol{\varepsilon}_{\xi}\tag{4.37}$$

式中：$\mathbf{W}_{\xi}^{*}\in\boldsymbol{R}^{l\times 5}$ 为网络的最优权值矩阵且满足 $\|\boldsymbol{W}_{\xi}^{*}\|\leqslant W_M$，$l$ 为网络的总节点数；$\boldsymbol{z}=$

$[\boldsymbol{\omega}_c, \boldsymbol{e}_f]^T$ 为 RBFNN 网络的输入向量；$\boldsymbol{\varepsilon}_\xi = [\varepsilon_{\xi,1}, \varepsilon_{\xi,2}, \varepsilon_{\xi,3}, \varepsilon_{\xi,4}, \varepsilon_{\xi,5}]^T$ 为其逼近精度，通过调整 RBFNN 网络节点数和权值，$\boldsymbol{\varepsilon}_\xi$ 可以任意小，这里假设 $|\varepsilon_{\xi,i}| \leqslant \varepsilon_{M\xi,i}$，$\varepsilon_{M\xi,i} > 0$；$\boldsymbol{s}_\xi(z) = [s_{\xi1}, s_{\xi2}, \cdots, s_{\xi l}]^T$ 是通过高斯函数组成的径向基函数向量。

设计如下形式的控制律，即

$$\boldsymbol{v} = \boldsymbol{v}_0 - \boldsymbol{v}_\xi + \boldsymbol{v}_r \tag{4.38}$$

式中：$\boldsymbol{v}_0$ 为未考虑执行器饱和时的控制项；$\boldsymbol{v}_\xi = \hat{\boldsymbol{W}}_\xi^T \boldsymbol{s}_\xi(z)$ 为 RBFNNs 实际输出；$\boldsymbol{v}_r$ 为鲁棒项。

将式(4.37)和式(4.38)代入式(4.36)可得

$$\begin{aligned}
\boldsymbol{\delta}(\boldsymbol{v}) &= \boldsymbol{v}_0 - \boldsymbol{v}_\xi + \boldsymbol{v}_r + \boldsymbol{W}_\xi^{*T} \boldsymbol{s}_\xi(z) + \boldsymbol{\varepsilon}_\xi \\
&= \boldsymbol{v}_0 - \hat{\boldsymbol{W}}_\xi^T \boldsymbol{s}_\xi(z) + \boldsymbol{W}_\xi^{*T} \boldsymbol{s}_\xi(z) + \boldsymbol{v}_r + \boldsymbol{\varepsilon}_\xi \\
&= \boldsymbol{v}_0 + \tilde{\boldsymbol{W}}_\xi^T \boldsymbol{s}_\xi(z) + \boldsymbol{v}_r + \boldsymbol{\varepsilon}_\xi
\end{aligned} \tag{4.39}$$

其中，$\tilde{\boldsymbol{W}}_\xi = \boldsymbol{W}_\xi^* - \hat{\boldsymbol{W}}_\xi$。

为实现对快回路中未知复合干扰的有效逼近，引入如下辅助变量，即

$$\boldsymbol{\sigma} = \boldsymbol{\eta} - \boldsymbol{\omega} \tag{4.40}$$

$$\dot{\boldsymbol{\eta}} = -\boldsymbol{K}\boldsymbol{\sigma} - \mathrm{diag}\{\mathrm{sgn}(\boldsymbol{\sigma})\}\hat{\boldsymbol{\beta}}_f + \boldsymbol{f}_f + \boldsymbol{g}_f \boldsymbol{\delta}(\boldsymbol{v}) - \boldsymbol{K}\boldsymbol{\sigma}_f \tag{4.41}$$

式中：$\boldsymbol{K} = \mathrm{diag}\{k_1, k_2, k_3\} > 0$ 为参数设计矩阵；$\hat{\boldsymbol{\beta}}_f = [\hat{\beta}_{f,1}, \hat{\beta}_{f,2}, \hat{\beta}_{f,3}]^T$ 为 $\boldsymbol{\beta}_f = [\beta_{f,1}, \beta_{f,2}, \beta_{f,3}]^T$ 的估计值；$\boldsymbol{\sigma} = [\sigma_1, \sigma_2, \sigma_3]^T$ 为辅助变量；$\boldsymbol{\sigma}_f = [\sigma_{f,1}, \sigma_{f,2}, \sigma_{f,3}]^T$ 为快回路所设计的滑模面，下面将给出其具体表达式。

快回路复合干扰 $\boldsymbol{D}_f$ 的观测估计值如下：

$$\hat{\boldsymbol{D}}_f = -\boldsymbol{K}\boldsymbol{\sigma} - \mathrm{diag}\{\mathrm{sgn}(\boldsymbol{\sigma})\}\hat{\boldsymbol{\beta}}_f + \mathrm{diag}\{\mathrm{sgn}(\boldsymbol{\sigma}_f)\}|\hat{\boldsymbol{\beta}}_f| + \mathrm{diag}\{\mathrm{sgn}(\boldsymbol{\sigma}_f)\}\hat{\boldsymbol{\beta}}_f \tag{4.42}$$

其中，$\mathrm{diag}\{\mathrm{sgn}(\boldsymbol{\sigma})\}$ 和 $\mathrm{diag}\{\mathrm{sgn}(\boldsymbol{\sigma}_f)\}$ 具体形式与前文所定义的 $\mathrm{diag}\{\mathrm{sgn}(\boldsymbol{\sigma}_{s2})\}$ 类似，$|\hat{\boldsymbol{\beta}}_f| = [|\hat{\beta}_{f,1}|, |\hat{\beta}_{f,2}|, |\hat{\beta}_{f,3}|]^T$。

根据式(4.26)和式(4.41)，对式(4.40)求导可得

$$\dot{\boldsymbol{\sigma}} = \dot{\boldsymbol{\eta}} - \dot{\boldsymbol{\omega}} = -\boldsymbol{K}\boldsymbol{\sigma} - \mathrm{diag}\{\mathrm{sgn}(\boldsymbol{\sigma})\}\hat{\boldsymbol{\beta}}_f - \boldsymbol{K}\boldsymbol{\sigma}_f - \boldsymbol{D}_f \tag{4.43}$$

定义非线性干扰观测器逼近误差为

$$\tilde{\boldsymbol{D}}_f = \boldsymbol{D}_f - \hat{\boldsymbol{D}}_f \tag{4.44}$$

将式(4.42)和式(4.43)代入式(4.44)可得

$$\begin{aligned}
\tilde{\boldsymbol{D}}_f &= \boldsymbol{K}\boldsymbol{\sigma} + \mathrm{diag}\{\mathrm{sgn}(\boldsymbol{\sigma})\}\hat{\boldsymbol{\beta}}_f + \boldsymbol{D}_f - \mathrm{diag}\{\mathrm{sgn}(\boldsymbol{\sigma}_f)\}|\hat{\boldsymbol{\beta}}_f| - \mathrm{diag}\{\mathrm{sgn}(\boldsymbol{\sigma}_f)\}\hat{\boldsymbol{\beta}}_f \\
&= -\dot{\boldsymbol{\sigma}} - \boldsymbol{K}\boldsymbol{\sigma}_f - \mathrm{diag}\{\mathrm{sgn}(\boldsymbol{\sigma}_f)\}|\hat{\boldsymbol{\beta}}_f| - \mathrm{diag}\{\mathrm{sgn}(\boldsymbol{\sigma}_f)\}\hat{\boldsymbol{\beta}}_f
\end{aligned} \tag{4.45}$$

下面根据上述所设计的 RBFNNs 饱和补偿器和非线性干扰观测器，基于传统滑模方法给出快回路控制器设计定理。

定理 4.2：对于 NSV 快回路系统式(4.26)，设计式(4.46)的滑模面，采用式(4.47)双幂次趋近律以保证滑模到达条件成立，非线性干扰观测器按式(4.42)设计，且参数自适应律取为式(4.48)，利用 RBFNNs 对执行器饱和非线性进行补偿，其中网络权值的自适应律如式(4.49)所示，快回路控制律设计成式(4.50)，则快回路跟踪误差渐近收敛于原点，且干扰观测器逼近

误差也最终收敛于原点。

$$\boldsymbol{\sigma}_{\mathrm{f}} = \boldsymbol{e}_{\mathrm{f}} + \int_0^t \boldsymbol{A}_{\mathrm{f}}\boldsymbol{e}_{\mathrm{f}}\mathrm{d}t \tag{4.46}$$

$$\boldsymbol{\Phi}_{\sigma_{\mathrm{f}}} = -\boldsymbol{B}_{\mathrm{f1}}\mathrm{diag}\{\mathrm{sgn}(\boldsymbol{\sigma}_{\mathrm{f}})\}|\boldsymbol{\sigma}_{\mathrm{f}}|^{c_1} - \boldsymbol{B}_{\mathrm{f2}}\mathrm{diag}\{\mathrm{sgn}(\boldsymbol{\sigma}_{\mathrm{f}})\}|\boldsymbol{\sigma}_{\mathrm{f}}|^{c_2} \tag{4.47}$$

$$\dot{\hat{\boldsymbol{\beta}}}_{\mathrm{f}} = \boldsymbol{\Gamma}_{\beta}(|\boldsymbol{\sigma}| + |\boldsymbol{\sigma}_{\mathrm{f}}|) \tag{4.48}$$

$$\dot{\hat{\boldsymbol{W}}}_{\xi} = \boldsymbol{\Gamma}_{\xi}\boldsymbol{s}_{\xi}(z)\boldsymbol{\sigma}_{\mathrm{f}}^{\mathrm{T}}\boldsymbol{g}_{\mathrm{f}} - \gamma\|\boldsymbol{\sigma}_{\mathrm{f}}^{\mathrm{T}}\boldsymbol{g}_{\mathrm{f}}\|\boldsymbol{\Gamma}_{\xi}\hat{\boldsymbol{W}}_{\xi} \tag{4.49}$$

$$\begin{cases}\boldsymbol{v} = \boldsymbol{v}_0 - \boldsymbol{v}_{\xi} + \boldsymbol{v}_r \\ \boldsymbol{v}_0 = \boldsymbol{g}_{\mathrm{f}}^{\mathrm{T}}(\boldsymbol{g}_{\mathrm{f}}\boldsymbol{g}_{\mathrm{f}}^{\mathrm{T}})^{-1}(-\boldsymbol{f}_{\mathrm{f}} + \dot{\boldsymbol{\omega}}_{\mathrm{c}} - \boldsymbol{A}_{\mathrm{f}}\boldsymbol{e}_{\mathrm{f}} - \hat{\boldsymbol{D}}_{\mathrm{f}} - \boldsymbol{B}_{\mathrm{f1}}\mathrm{diag}\{\mathrm{sgn}(\boldsymbol{\sigma}_{\mathrm{f}})\}|\boldsymbol{\sigma}_{\mathrm{f}}|^{c_1} \\ \qquad - \boldsymbol{B}_{\mathrm{f2}}\mathrm{diag}\{\mathrm{sgn}(\boldsymbol{\sigma}_{\mathrm{f}})\}|\boldsymbol{\sigma}_{\mathrm{f}}|^{c_2}) \\ \boldsymbol{v}_{\xi} = \hat{\boldsymbol{W}}_{\xi}^{\mathrm{T}}\boldsymbol{s}_{\xi}(z) \\ \boldsymbol{v}_r = -\boldsymbol{K}_r\mathrm{sgn}(\boldsymbol{g}_{\mathrm{f}}^{\mathrm{T}}\boldsymbol{\sigma}_{\mathrm{f}})\end{cases} \tag{4.50}$$

式中：$\boldsymbol{e}_{\mathrm{f}} = \boldsymbol{\omega} - \boldsymbol{\omega}_c$ 为快回路跟踪误差；$\boldsymbol{A}_{\mathrm{f}} = \mathrm{diag}\{a_{\mathrm{f},1}, a_{\mathrm{f},2}, a_{\mathrm{f},3}\} > 0$，$\boldsymbol{B}_{\mathrm{f1}} = \mathrm{diag}\{b_{\mathrm{f1},1}, b_{\mathrm{f1},2}, b_{\mathrm{f1},3}\} > 0$，$\boldsymbol{B}_{\mathrm{f2}} = \mathrm{diag}\{b_{\mathrm{f2},1}, b_{\mathrm{f2},2}, b_{\mathrm{f2},3}\} > 0$，$\boldsymbol{K}_r = \mathrm{diag}\{k_{r,1}, k_{r,2}, k_{r,3}, k_{r,4}, k_{r,5}\}$ 且 $k_{r,i} - \varepsilon_{M\xi,i} - W_M^2\gamma/4 > 0$，$\boldsymbol{\Gamma}_{\beta} = \boldsymbol{\Gamma}_{\beta}^{\mathrm{T}} > 0$，$\boldsymbol{\Gamma}_{\xi} = \boldsymbol{\Gamma}_{\xi}^{\mathrm{T}} > 0$ 为参数设计矩阵；$\gamma > 0$，$c_1 > 1$，$0 < c_2 < 1$ 为设计参数，$|\boldsymbol{\sigma}_{\mathrm{f}}|^{c_1} = [|\sigma_{\mathrm{f},1}|^{c_1}, |\sigma_{\mathrm{f},2}|^{c_1}, |\sigma_{\mathrm{f},3}|^{c_1}]^{\mathrm{T}}$，$|\boldsymbol{\sigma}_{\mathrm{f}}|^{c_2} = [|\sigma_{\mathrm{f},1}|^{c_2}, |\sigma_{\mathrm{f},2}|^{c_2}, |\sigma_{\mathrm{f},3}|^{c_2}]^{\mathrm{T}}$。

证明：选择如下的 Lyapunov 函数，即

$$V_{\mathrm{f}} = \frac{1}{2}\boldsymbol{\sigma}_{\mathrm{f}}^{\mathrm{T}}\boldsymbol{\sigma}_{\mathrm{f}} + \frac{1}{2}\boldsymbol{\sigma}^{\mathrm{T}}\boldsymbol{\sigma} + \frac{1}{2}\tilde{\boldsymbol{\beta}}_{\mathrm{f}}^{\mathrm{T}}\boldsymbol{\Gamma}_{\beta}^{-1}\tilde{\boldsymbol{\beta}}_{\mathrm{f}} + \frac{1}{2}\mathrm{tr}(\tilde{\boldsymbol{W}}_{\xi}^{\mathrm{T}}\boldsymbol{\Gamma}_{\xi}^{-1}\tilde{\boldsymbol{W}}_{\xi}) \tag{4.51}$$

其中，$\tilde{\boldsymbol{\beta}}_{\mathrm{f}} = \boldsymbol{\beta}_{\mathrm{f}} - \hat{\boldsymbol{\beta}}_{\mathrm{f}}$，且有 $\dot{\tilde{\boldsymbol{\beta}}}_{\mathrm{f}} = \dot{\boldsymbol{\beta}}_{\mathrm{f}} - \dot{\hat{\boldsymbol{\beta}}}_{\mathrm{f}} = -\dot{\hat{\boldsymbol{\beta}}}_{\mathrm{f}}$，$\tilde{\boldsymbol{W}}_{\xi} = \boldsymbol{W}_{\xi}^* - \hat{\boldsymbol{W}}_{\xi}$，且有 $\dot{\tilde{\boldsymbol{W}}}_{\xi} = \dot{\boldsymbol{W}}_{\xi}^* - \dot{\hat{\boldsymbol{W}}}_{\xi} = -\dot{\hat{\boldsymbol{W}}}_{\xi}$。

考虑到式(4.26)，对式(4.46)求导可得

$$\dot{\boldsymbol{\sigma}}_{\mathrm{f}} = \boldsymbol{f}_{\mathrm{f}} + \boldsymbol{g}_{\mathrm{f}}\boldsymbol{\delta}(\boldsymbol{v}) + \boldsymbol{D}_{\mathrm{f}} - \dot{\boldsymbol{\omega}}_c + \boldsymbol{A}_{\mathrm{f}}\boldsymbol{e}_{\mathrm{f}} \tag{4.52}$$

根据式(4.39)、式(4.44)、式(4.50)和式(4.52)可得

$$\begin{aligned}\dot{\boldsymbol{\sigma}}_{\mathrm{f}} &= \boldsymbol{f}_{\mathrm{f}} + \boldsymbol{D}_{\mathrm{f}} - \dot{\boldsymbol{\omega}}_{\mathrm{c}} + \boldsymbol{A}_{\mathrm{f}}\boldsymbol{e}_{\mathrm{f}} + \boldsymbol{g}_{\mathrm{f}}(\boldsymbol{v}_0 + \tilde{\boldsymbol{W}}_{\xi}^{\mathrm{T}}\boldsymbol{s}_{\xi}(z) + \boldsymbol{v}_r + \boldsymbol{\varepsilon}_{\xi}) \\ &= \tilde{\boldsymbol{D}}_{\mathrm{f}} - \boldsymbol{B}_{\mathrm{f1}}\mathrm{diag}\{\mathrm{sgn}(\boldsymbol{\sigma}_{\mathrm{f}})\}|\boldsymbol{\sigma}_{\mathrm{f}}|^{c_1} - \boldsymbol{B}_{\mathrm{f2}}\mathrm{diag}\{\mathrm{sgn}(\boldsymbol{\sigma}_{\mathrm{f}})\}|\boldsymbol{\sigma}_{\mathrm{f}}|^{c_2} \\ &\quad + \boldsymbol{g}_{\mathrm{f}}\tilde{\boldsymbol{W}}_{\xi}^{\mathrm{T}}\boldsymbol{s}_{\xi}(z) - \boldsymbol{g}_{\mathrm{f}}\boldsymbol{K}_{\mathrm{r}}\mathrm{sgn}(\boldsymbol{g}_{\mathrm{f}}^{\mathrm{T}}\boldsymbol{\sigma}_{\mathrm{f}}) + \boldsymbol{g}_{\mathrm{f}}\boldsymbol{\varepsilon}_{\xi}\end{aligned} \tag{4.53}$$

考虑到式(4.43)和式(4.53)，对式(4.51)求导可得

$$\begin{aligned}\dot{V}_f &= \boldsymbol{\sigma}_{\mathrm{f}}^{\mathrm{T}}\dot{\boldsymbol{\sigma}}_{\mathrm{f}} + \boldsymbol{\sigma}^{\mathrm{T}}\dot{\boldsymbol{\sigma}} - \tilde{\boldsymbol{\beta}}_{\mathrm{f}}^{\mathrm{T}}\boldsymbol{\Gamma}_{\mathrm{\beta}}^{-1}\dot{\hat{\boldsymbol{\beta}}}_{\mathrm{f}} - tr(\tilde{\boldsymbol{W}}_{\xi}^{\mathrm{T}}\boldsymbol{\Gamma}_{\xi}^{-1}\dot{\hat{\boldsymbol{W}}}_{\xi}) \\ &= \boldsymbol{\sigma}_{\mathrm{f}}^{\mathrm{T}}\tilde{\boldsymbol{D}}_{\mathrm{f}} - \sum_{i=1}^{3}b_{\mathrm{f1},i}|\sigma_{\mathrm{f},i}|^{1+c_1} - \sum_{i=1}^{3}b_{\mathrm{f2},i}|\sigma_{\mathrm{f},i}|^{1+c_2} + \boldsymbol{\sigma}_{\mathrm{f}}^{\mathrm{T}}\boldsymbol{g}_{\mathrm{f}}\tilde{\boldsymbol{W}}_{\xi}^{\mathrm{T}}\boldsymbol{s}_{\xi}(z) - \boldsymbol{\sigma}_{\mathrm{f}}^{\mathrm{T}}\boldsymbol{g}_{\mathrm{f}}\boldsymbol{K}_r\mathrm{sgn}(\boldsymbol{g}_{\mathrm{f}}^{\mathrm{T}}\boldsymbol{\sigma}_{\mathrm{f}}) \\ &\quad + \boldsymbol{\sigma}_{\mathrm{f}}^{\mathrm{T}}\boldsymbol{g}_{\mathrm{f}}\boldsymbol{\varepsilon}_{\xi} - \sum_{i=1}^{3}k_i\sigma_i^2 - |\boldsymbol{\sigma}|^{\mathrm{T}}\hat{\boldsymbol{\beta}}_{\mathrm{f}} - \boldsymbol{\sigma}^{\mathrm{T}}\boldsymbol{K}\boldsymbol{\sigma}_{\mathrm{f}} - \boldsymbol{\sigma}^{\mathrm{T}}\boldsymbol{D}_{\mathrm{f}} - \tilde{\boldsymbol{\beta}}_{\mathrm{f}}^{\mathrm{T}}\boldsymbol{\Gamma}_{\beta}^{-1}\dot{\hat{\boldsymbol{\beta}}}_{\mathrm{f}} - tr(\tilde{\boldsymbol{W}}_{\xi}^{\mathrm{T}}\boldsymbol{\Gamma}_{\xi}^{-1}\dot{\hat{\boldsymbol{W}}}_{\xi})\end{aligned} \tag{4.54}$$

考虑到式(4.45)可得

$$\begin{aligned}\boldsymbol{\sigma}_{\mathrm{f}}^{\mathrm{T}}\tilde{\boldsymbol{D}}_{\mathrm{f}} &= \boldsymbol{\sigma}_{\mathrm{f}}^{\mathrm{T}}\boldsymbol{K}\boldsymbol{\sigma} + \boldsymbol{\sigma}_{\mathrm{f}}^{\mathrm{T}}\mathrm{diag}\{\mathrm{sgn}(\boldsymbol{\sigma})\}\hat{\boldsymbol{\beta}}_{\mathrm{f}} + \boldsymbol{\sigma}_{\mathrm{f}}^{\mathrm{T}}\boldsymbol{D}_{\mathrm{f}} - |\boldsymbol{\sigma}_{\mathrm{f}}|^{\mathrm{T}}|\hat{\boldsymbol{\beta}}_{\mathrm{f}}| - |\boldsymbol{\sigma}_{\mathrm{f}}|^{\mathrm{T}}\hat{\boldsymbol{\beta}}_{\mathrm{f}} \\ &\leqslant \boldsymbol{\sigma}_{\mathrm{f}}^{\mathrm{T}}\boldsymbol{K}\boldsymbol{\sigma} + |\boldsymbol{\sigma}_{\mathrm{f}}|^{\mathrm{T}}|\hat{\boldsymbol{\beta}}_{\mathrm{f}}| + |\boldsymbol{\sigma}_{\mathrm{f}}|^{\mathrm{T}}\boldsymbol{\beta}_{\mathrm{f}} - |\boldsymbol{\sigma}_{\mathrm{f}}|^{\mathrm{T}}|\hat{\boldsymbol{\beta}}_{\mathrm{f}}| - |\boldsymbol{\sigma}_{\mathrm{f}}|^{\mathrm{T}}\hat{\boldsymbol{\beta}}_{\mathrm{f}}\end{aligned}$$

$$= \boldsymbol{\sigma}_{\mathrm{f}}^{\mathrm{T}} \boldsymbol{K} \boldsymbol{\sigma} + |\boldsymbol{\sigma}_{\mathrm{f}}|^{\mathrm{T}} \tilde{\boldsymbol{\beta}}_{\mathrm{f}} \tag{4.55}$$

将式(4.55)代入式(4.54)可得

$$\begin{aligned}
\dot{V}_{\mathrm{f}} \leqslant & -\sum_{i=1}^{3} b_{\mathrm{f1},i} |\sigma_{\mathrm{f},i}|^{1+c_1} - \sum_{i=1}^{3} b_{\mathrm{f2},i} |\sigma_{f,i}|^{1+c_2} - \sum_{i=1}^{3} k_i \sigma_i^2 - \boldsymbol{\sigma}_{\mathrm{f}}^{\mathrm{T}} \boldsymbol{g}_{\mathrm{f}} \boldsymbol{K}_r \operatorname{sgn}(\boldsymbol{g}_{\mathrm{f}}^{\mathrm{T}} \boldsymbol{\sigma}_{\mathrm{f}}) + \boldsymbol{\sigma}_{\mathrm{f}}^{\mathrm{T}} \boldsymbol{g}_{\mathrm{f}} \boldsymbol{\varepsilon}_{\xi} \\
& + |\boldsymbol{\sigma}_{\mathrm{f}}|^{\mathrm{T}} \tilde{\boldsymbol{\beta}}_{\mathrm{f}} - |\boldsymbol{\sigma}|^{\mathrm{T}} \hat{\boldsymbol{\beta}}_{\mathrm{f}} + |\boldsymbol{\sigma}|^{\mathrm{T}} \boldsymbol{\beta}_{\mathrm{f}} + \boldsymbol{\sigma}_{\mathrm{f}}^{\mathrm{T}} \boldsymbol{g}_{\mathrm{f}} \tilde{\boldsymbol{W}}_{\xi}^{\mathrm{T}} \boldsymbol{s}_{\xi}(z) - \tilde{\boldsymbol{\beta}}_{\mathrm{f}}^{\mathrm{T}} \boldsymbol{\Gamma}_{\beta}^{-1} \dot{\hat{\boldsymbol{\beta}}}_{\mathrm{f}} - tr(\tilde{\boldsymbol{W}}_{\xi}^{\mathrm{T}} \boldsymbol{\Gamma}_{\xi}^{-1} \dot{\hat{\boldsymbol{W}}}_{\xi}) \\
\leqslant & -\sum_{i=1}^{3} b_{\mathrm{f1},i} |\sigma_{\mathrm{f},i}|^{1+c_1} - \sum_{i=1}^{3} b_{\mathrm{f2},i} |\sigma_{\mathrm{f},i}|^{1+c_2} - \sum_{i=1}^{3} k_i \sigma_i^2 - \sum_{i=1}^{3} (k_{r,i} - \varepsilon_{M\xi,i}) |\boldsymbol{\sigma}_{\mathrm{f}}^{\mathrm{T}} \boldsymbol{g}_{\mathrm{f},i}| \\
& + |\boldsymbol{\sigma}_{\mathrm{f}}|^{\mathrm{T}} \tilde{\boldsymbol{\beta}}_{\mathrm{f}} + |\boldsymbol{\sigma}|^{\mathrm{T}} \tilde{\boldsymbol{\beta}}_{\mathrm{f}} - \tilde{\boldsymbol{\beta}}_{\mathrm{f}}^{\mathrm{T}} \boldsymbol{\Gamma}_{\beta}^{-1} \dot{\hat{\boldsymbol{\beta}}}_{\mathrm{f}} - tr(\tilde{\boldsymbol{W}}_{\xi}^{\mathrm{T}} \boldsymbol{\Gamma}_{\xi}^{-1} \dot{\hat{\boldsymbol{W}}}_{\xi} - \tilde{\boldsymbol{W}}_{\xi}^{\mathrm{T}} \boldsymbol{s}_{\xi}(z) \boldsymbol{\sigma}_{\mathrm{f}}^{\mathrm{T}} \boldsymbol{g}_{\mathrm{f}})
\end{aligned} \tag{4.56}$$

式中：$\boldsymbol{g}_{\mathrm{f},i}$表示矩阵$\boldsymbol{g}_{\mathrm{f}}$的第$i$列向量。

将参数自适应律(4.48)和式(4.49)代入式(4.56)可得

$$\begin{aligned}
\dot{V}_{\mathrm{f}} \leqslant & -\sum_{i=1}^{3} b_{\mathrm{f1},i} |\sigma_{\mathrm{f},i}|^{1+c_1} - \sum_{i=1}^{3} b_{\mathrm{f2},i} |\sigma_{\mathrm{f},i}|^{1+c_2} - \sum_{i=1}^{3} k_i \sigma_i^2 \\
& - \sum_{i=1}^{3} (k_{r,i} - \varepsilon_{M\xi,i}) |\boldsymbol{\sigma}_{\mathrm{f}}^{\mathrm{T}} \boldsymbol{g}_{\mathrm{f},i}| + \mathrm{tr}(\gamma \| \boldsymbol{\sigma}_{\mathrm{f}}^{\mathrm{T}} \boldsymbol{g}_{\mathrm{f}} \| \tilde{\boldsymbol{W}}_{\xi}^{\mathrm{T}} \hat{\boldsymbol{W}}_{\xi})
\end{aligned} \tag{4.57}$$

考虑如下不等式：

$$\mathrm{tr}(\tilde{\boldsymbol{W}}_{\xi}^{\mathrm{T}} (\boldsymbol{W}_{\xi}^{*} - \tilde{\boldsymbol{W}}_{\xi})) \leqslant \| \tilde{\boldsymbol{W}}_{\xi} \| \| \boldsymbol{W}_{\xi}^{*} \| - \| \tilde{\boldsymbol{W}}_{\xi} \|^2 \tag{4.58}$$

所以可得

$$\begin{aligned}
\mathrm{tr}(\gamma \| \boldsymbol{\sigma}_{\mathrm{f}}^{\mathrm{T}} \boldsymbol{g}_{\mathrm{f}} \| \tilde{\boldsymbol{W}}_{\xi}^{\mathrm{T}} \hat{\boldsymbol{W}}_{\xi}) &= \gamma \| \boldsymbol{\sigma}_{\mathrm{f}}^{\mathrm{T}} \boldsymbol{g}_{\mathrm{f}} \| \mathrm{tr}(\tilde{\boldsymbol{W}}_{\xi}^{\mathrm{T}} (\boldsymbol{W}_{\xi}^{*} - \tilde{\boldsymbol{W}}_{\xi})) \\
&\leqslant \gamma \| \boldsymbol{\sigma}_{\mathrm{f}}^{\mathrm{T}} \boldsymbol{g}_{\mathrm{f}} \| (\| \tilde{\boldsymbol{W}}_{\xi} \| W_M - \| \tilde{\boldsymbol{W}}_{\xi} \|^2) \\
&= \gamma \| \boldsymbol{\sigma}_{\mathrm{f}}^{\mathrm{T}} \boldsymbol{g}_{\mathrm{f}} \| \left(-(\| \tilde{\boldsymbol{W}}_{\xi} \| - \frac{1}{2} W_M)^2 + \frac{1}{4} W_M^2 \right)
\end{aligned} \tag{4.59}$$

将式(4.59)代入式(4.57)可得

$$\begin{aligned}
\dot{V}_{\mathrm{f}} \leqslant & -\sum_{i=1}^{3} b_{\mathrm{f1},i} |\sigma_{\mathrm{f},i}|^{1+c_1} - \sum_{i=1}^{3} b_{\mathrm{f2},i} |\sigma_{\mathrm{f},i}|^{1+c_2} - \sum_{i=1}^{3} k_i \sigma_i^2 - \sum_{i=1}^{3} (k_{r,i} - \varepsilon_{M\xi,i}) |\boldsymbol{\sigma}_{\mathrm{f}}^{\mathrm{T}} \boldsymbol{g}_{\mathrm{f},i}| \\
& + \frac{1}{4} W_M^2 \gamma \| \boldsymbol{\sigma}_{\mathrm{f}}^{\mathrm{T}} \boldsymbol{g}_{\mathrm{f}} \| - \gamma \| \boldsymbol{\sigma}_{\mathrm{f}}^{\mathrm{T}} \boldsymbol{g}_{\mathrm{f}} \| (\| \tilde{\boldsymbol{W}}_{\xi} \| - W_M)^2 \\
\leqslant & -\sum_{i=1}^{3} b_{\mathrm{f1},i} |\sigma_{\mathrm{f},i}|^{1+c_1} - \sum_{i=1}^{3} b_{\mathrm{f2},i} |\sigma_{\mathrm{f},i}|^{1+c_2} - \sum_{i=1}^{3} k_i \sigma_i^2 \\
& - \sum_{i=1}^{3} \left(k_{r,i} - \varepsilon_{M\xi,i} - \frac{1}{4} W_M^2 \gamma \right) |\boldsymbol{\sigma}_{\mathrm{f}}^{\mathrm{T}} \boldsymbol{g}_{\mathrm{f},i}| - \gamma \| \boldsymbol{\sigma}_{\mathrm{f}}^{\mathrm{T}} \boldsymbol{g}_{\mathrm{f}} \| \left(\| \tilde{\boldsymbol{W}}_{\xi} \| - \frac{1}{2} \boldsymbol{W}_M \right)^2
\end{aligned} \tag{4.60}$$

若$k_{r,i} - \varepsilon_{M\xi,i} - W_M^2 \gamma/4 > 0$，则$\dot{V}_{\mathrm{f}} < 0$，所以$\boldsymbol{\sigma}_{\mathrm{f}}$和$\boldsymbol{\sigma}$均渐近收敛于原点，根据式(4.46)可知跟踪误差$\boldsymbol{e}_{\mathrm{f}}$也收敛于原点。当$\boldsymbol{\sigma}$收敛于原点时可得$\dot{\boldsymbol{\sigma}} = 0$，因而根据式(4.45)可知干扰观测器逼近误差$\tilde{\boldsymbol{D}}_{\mathrm{f}}$也最终收敛于原点。

证毕。

注 4.4：对于双幂次趋近律[102,103]，当系统状态远离滑动模态($|\sigma_{f,i}| > 1$)时，式(4.47)中第一项起主导作用，此时双幂次趋近律速度高于一般趋近律；当系统状态接近滑动模态($|\sigma_{f,i}| <$

1)时,式(4.47)中第二项起主导作用,此时双幂次趋近律速度低于一般趋近律,两项结合实现了与滑模模态的光滑过渡,削弱了控制器的抖振。

注 4.5:根据上述 NSV 慢回路和快回路控制器的设计过程,可得 NSV 姿态运动系统控制方案结构如图 4.2 所示。

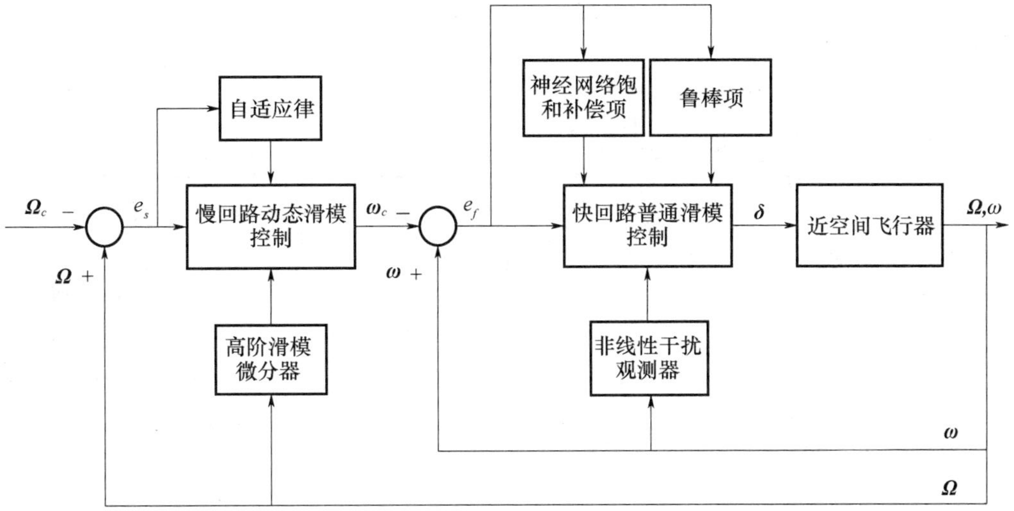

图 4.2　NSV 姿态控制方案结构图

4.5　NSV 姿态控制仿真研究

本节利用 4.4 节所设计出的慢回路和快回路控制器对 NSV 进行姿态控制,使得其当前姿态角能够在具有输入饱和、系统不确定性和未知外部干扰的综合影响下稳定地跟踪期望姿态角信号。仿真初始条件取为 $\alpha_0=2°$,$\beta_0=1°$,$\mu_0=0°$,$p_0=q_0=r_0=0\text{rad/s}$,$H_0=22000\text{m}$,$V_0=600\text{m/s}$,且机翼后掠角 $\Lambda=50°$。期望姿态角信号为

$$\alpha_c=\begin{cases}2°,(3k)\text{s}\leqslant t<3(k+1)\text{s}\\5°,3(k+1)\text{s}\leqslant t<3(k+2)\text{s}\end{cases},$$

$$\beta_c=4°,\mu_c=\begin{cases}0°,(3k)\text{s}\leqslant t<3(k+1)\text{s}\\3°,3(k+1)\text{s}\leqslant t<3(k+2)\text{s}\end{cases},k=0,2,4,\cdots \tag{4.61}$$

系统参数不确定性为 −20%,而外部干扰全部以力矩的形式作用于快回路,且数值为

$$\boldsymbol{d}_{Mf}(t)=\begin{bmatrix}4\times10^5(\sin(5t)+0.2)\\4\times10^6(\cos(5t)+0.1)\\4\times10^6\sin(5t)\end{bmatrix}\text{N}\cdot\text{m} \tag{4.62}$$

为了使期望的姿态角及其相应导数信号连续有界,这里引入一个二阶指令参数模型,其传递函数具体表达式如下:

$$G(s)=\frac{\omega_0^2}{s^2+2\xi_0\omega_0 s+\omega_0^2} \tag{4.63}$$

式中：ω_0 和 ξ_0 为设计参数。图 4.3 给出了 α_c 通过式(4.63)所示的二阶指令参考模型后的仿真响应曲线，图 4.3(a)中点线为给定的期望信号 α_c，实线为通过参考模型后的期望信号 α_{c0}；图 4.3(b)为 α_{c0}的一阶导数信号 α_{c1}；图 4.3(c)为 α_{c0}的二阶导数信号 α_{c2}；$\omega_0=4$，$\xi_0=0.8$。

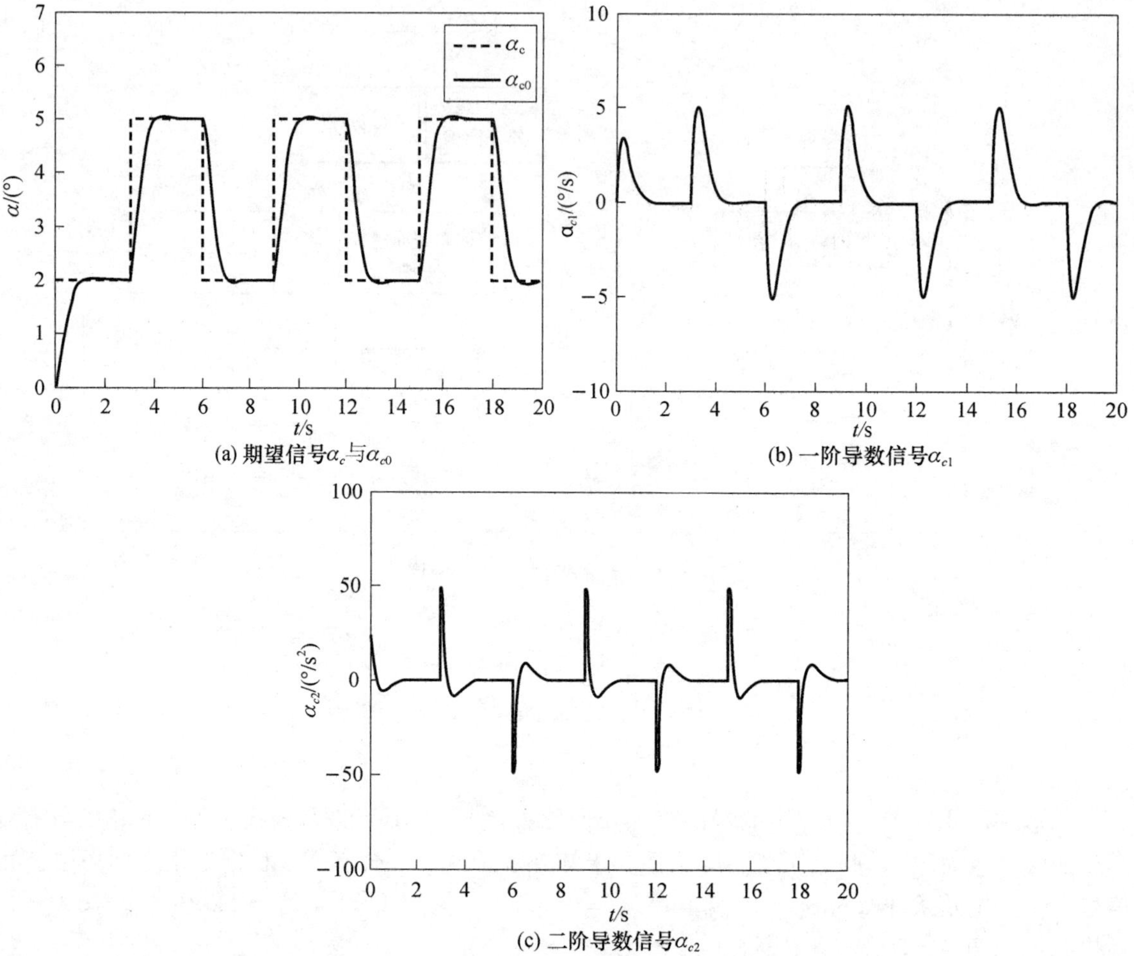

(a) 期望信号α_c与α_{c0}

(b) 一阶导数信号α_{c1}

(c) 二阶导数信号α_{c2}

图 4.3　基于二阶指令参考模型的期望信号仿真曲线图

控制律设计中相关参数取为 $\boldsymbol{A}_{s1}=\mathrm{diag}\{1.5,1.5,1.5\}$，$\boldsymbol{A}_{s2}=\mathrm{diag}\{1,1,1\}$，$\boldsymbol{B}_{s1}=\mathrm{diag}\{0.2,0.2,0.2\}$，$\boldsymbol{B}_{s2}=\mathrm{diag}\{0.2,0.2,0.2\}$，$\boldsymbol{B}_{s3}=\mathrm{diag}\{0.1,0.1,0.1\}$，$\boldsymbol{A}_{f}=\mathrm{diag}\{1,1,1\}$，$\boldsymbol{B}_{f1}=\mathrm{diag}\{0.18,0.18,0.18\}$，$\boldsymbol{B}_{f2}=\mathrm{diag}\{0.18,0.18,0.18\}$，$\boldsymbol{K}=\mathrm{diag}\{5,5,5\}$，$\boldsymbol{K}_r=\mathrm{diag}\{10,10,10,10,10\}$，$\boldsymbol{\Gamma}_\xi=\mathrm{diag}\{50\}_{15\times15}$，$\boldsymbol{\Gamma}_\beta=\mathrm{diag}\{4,4,4\}$，$\gamma=0.001$，$c_1=2.5$，$c_2=0.5$，$\lambda_0=\mathrm{diag}\{10,10,10\}$，$\lambda_1=\mathrm{diag}\{8,8,8\}$，$\lambda_2=\mathrm{diag}\{5,5,5\}$。另外，NSV 各舵面偏转角幅值如式(2.1)和式(2.2)所示。

图 4.4 和图 4.5 给出了基于所提控制方案的 NSV 姿态仿真响应曲线，其中点划线(下标 c)表示 NSV 的期望姿态角信号，点线(下标 1)为 NSV 在无干扰观测器下的响应曲线，虚线(下标 2)为 NSV 在有干扰观测器下的响应曲线，实线(下标 3)表示 NSV 在有干扰观测器和 RBFNNs 饱和补偿作用下的响应曲线。

(a) 迎角　　(b) 侧滑角

(c) 滚转角　　(d) 滚转角速率

(e) 俯仰角速率　　(f) 偏航角速率

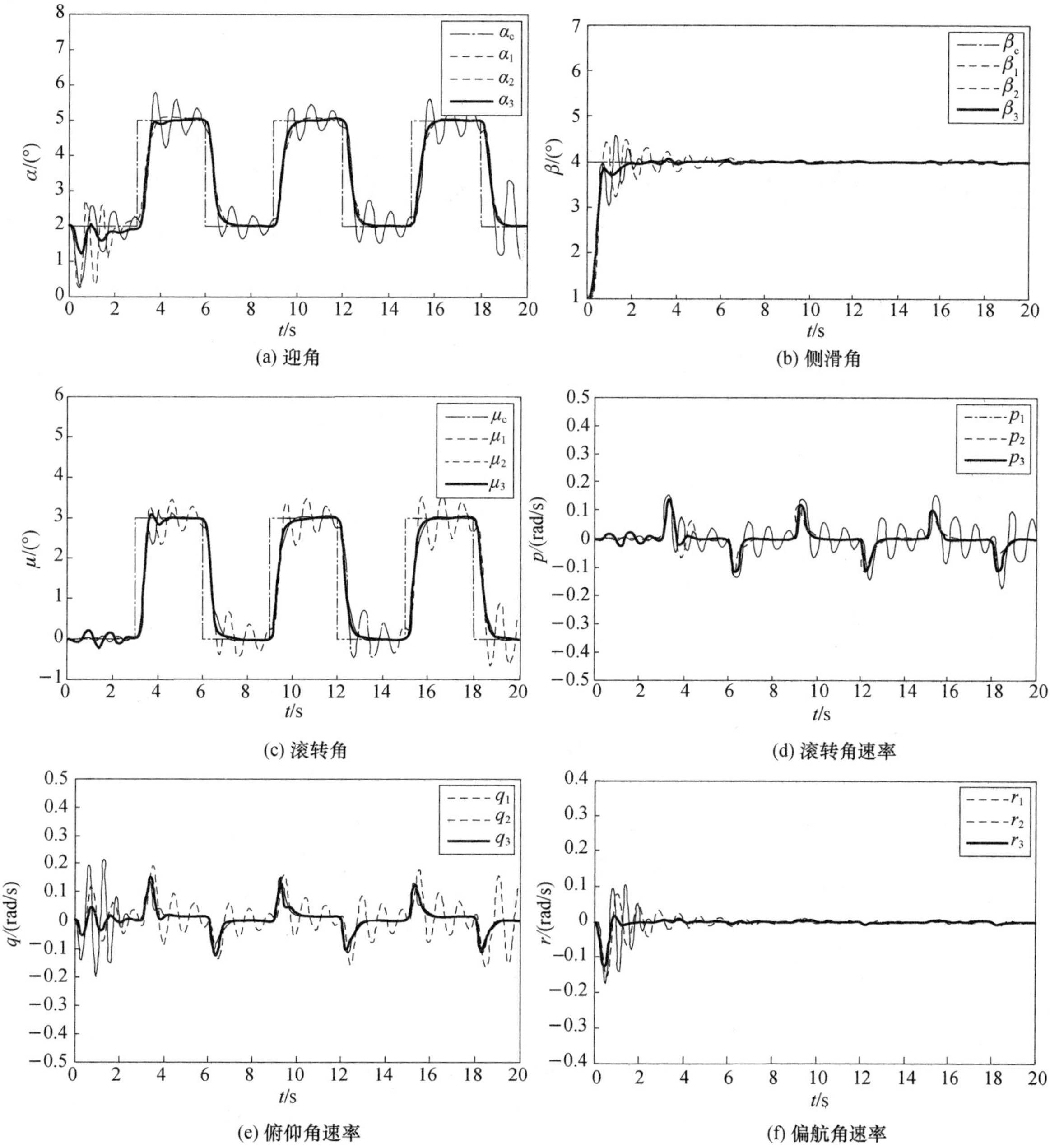

图 4.4　基于 NDO、RBFNNs 和 SMC 的 NSV 姿态角和角速率仿真曲线图

　　从图 4.4 和图 4.5 可以看出,当 NSV 存在参数不确定和外部干扰时,若控制系统设计不采用非线性干扰观测器来对其进行在线逼近,则系统响应曲线呈现振荡状态,严重地影响 NSV 飞行高品质的要求,在外部干扰进一步恶化的情况下,甚至可能出现失控现象。而基于非线性干扰观测器所得的滑模控制律可以使得系统输出较好地跟踪期望的姿态角信号,且响应曲线的振荡现象明显减弱。但是,在仿真过程中 NSV 的相关舵面偏转角达到了饱和状态值,使得系统实际控制输入量的值与通过控制律求解所得的值不一致,从而造成系统初始阶段响应曲线具有较

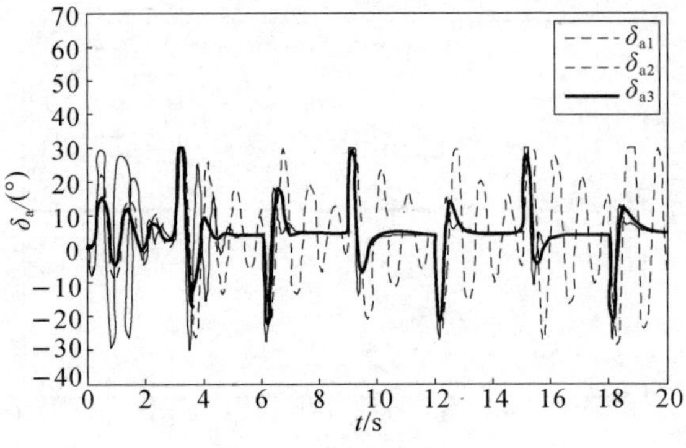

(a)副翼舵

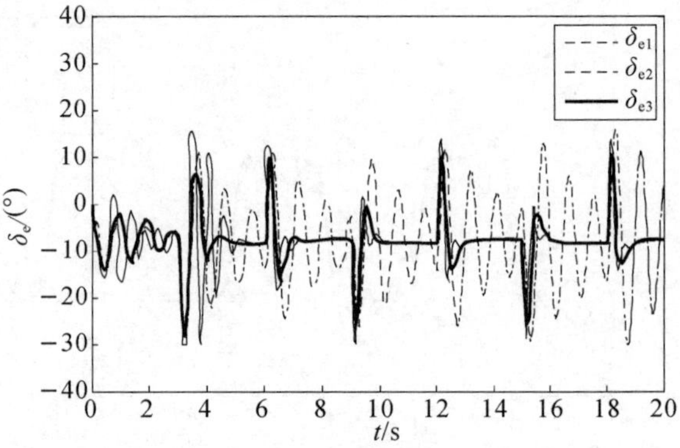

(b)升降舵

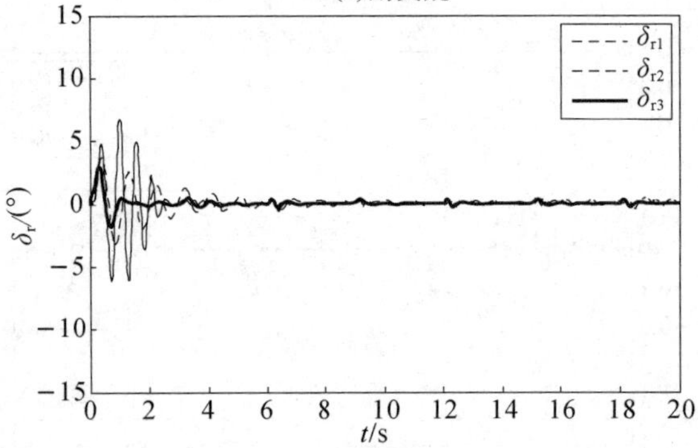

(c)方向舵

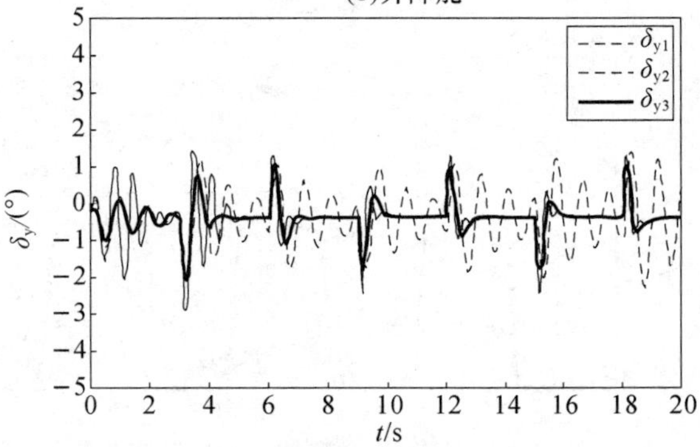

(d) 推力矢量舵面沿侧向偏转角

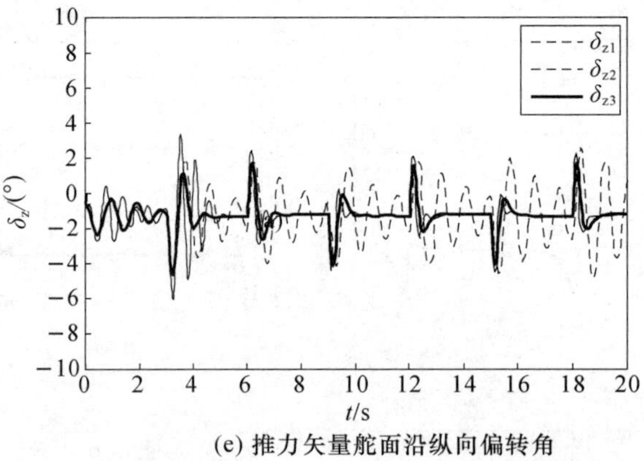

(e) 推力矢量舵面沿纵向偏转角

图 4.5　基于 NDO、RBFNNs 和 SMC 的 NSV 舵面偏转角仿真曲线图

大的振荡。而当控制系统在 RBFNNs 饱和补偿作用下，系统的振荡现象得到了进一步的抑制，很好地实现了对 NSV 姿态角的跟踪控制。

4.6 小　结

本章针对具有输入饱和、参数不确定和未知外部干扰的 NSV 姿态运动系统中的慢回路和快回路分别进行了控制器设计,使得 NSV 能够实现对期望姿态角信号的稳定跟踪。首先,设计一种非线性干扰观测器对系统中的复合干扰进行逼近。其次,考虑到 NSV 舵面存在饱和特性,利用 RBFNNs 构造一种补偿器对所设计的控制器进行饱和补偿。同时,基于 Lyapunov 理论证明了所设计的控制器可以使得闭环系统稳定。最后,将所设计的控制器应用于 NSV 姿态运动系统控制中。仿真结果表明,该控制器可以很好地弥补参数不确定和外部干扰给系统带来的影响,并且 RBFNNs 补偿器较好地解决了舵面饱和受限问题,实现了对 NSV 姿态的有效控制。

第5章 具有输入饱和的NSV姿态回馈递推控制

5.1 引　言

在众多的非线性控制方法中，由于回馈递推方法的独特优越性，使得它被广泛地应用于各种非线性问题控制中。该方法通过选择合适的 Lyapunov 函数构造出每一级的虚拟控制律，最终得到系统的稳定控制律[104-106]。相对于滑模控制来说，回馈递推控制设计规范、简便，且闭环系统稳定性易于证明。本章将针对一类具有输入饱和的不确定 MIMO 非线性系统，基于回馈递推和动态面方法详细推导控制器的设计过程，并通过 Lyapunov 理论证明闭环系统的稳定性，最后将所提的控制方案运用于 NSV 姿态运动系统控制中。

5.2 问题描述

考虑如下一类具有输入饱和的不确定 MIMO 非线性系统，即

$$\begin{cases}\dot{\boldsymbol{x}}_i = \boldsymbol{F}_i(\bar{\boldsymbol{x}}_i) + \boldsymbol{G}_i(\bar{\boldsymbol{x}}_i)\boldsymbol{x}_{i+1} + \boldsymbol{D}_i(\bar{\boldsymbol{x}}_i,t)\\ \quad\vdots\\ \dot{\boldsymbol{x}}_k = \boldsymbol{F}_k(\bar{\boldsymbol{x}}_k) + \boldsymbol{G}_k(\bar{\boldsymbol{x}}_k)\boldsymbol{u}(\boldsymbol{v}) + \boldsymbol{D}_k(\bar{\boldsymbol{x}}_k,t)\\ \boldsymbol{y} = \boldsymbol{x}_1\end{cases}\tag{5.1}$$

其中，$\boldsymbol{x}_i = [x_{i,1}, x_{i,2}, \cdots, x_{i,n}]^{\mathrm{T}} \in \mathbf{R}^n$ 为系统的状态向量，$\boldsymbol{y} \in \mathbf{R}^n$ 为系统的输出向量，$\bar{\boldsymbol{x}}_i = [\boldsymbol{x}_1^{\mathrm{T}}, \boldsymbol{x}_2^{\mathrm{T}}, \cdots, \boldsymbol{x}_i^{\mathrm{T}}]^{\mathrm{T}} \in \mathbf{R}^{in}$，$\boldsymbol{F}_i(\bar{\boldsymbol{x}}_i) \in \mathbf{R}^n$、$\boldsymbol{G}_j(\bar{\boldsymbol{x}}_j) \in \mathbf{R}^{n\times n}$ 和 $\boldsymbol{G}_k(\bar{\boldsymbol{x}}_k) \in \mathbf{R}^{n\times m}$ 中各分量为关于状态变量的已知连续函数，$\boldsymbol{D}_i(\bar{\boldsymbol{x}}_i, t) = \Delta\boldsymbol{F}_i(\bar{\boldsymbol{x}}_i) + \bar{\boldsymbol{d}}_{\mathrm{ei}}(t)$ 为系统的未知复合干扰，$\Delta\boldsymbol{F}_i(\bar{\boldsymbol{x}}_i)$ 表示系统各种不确定因素，$\bar{\boldsymbol{d}}_{\mathrm{ei}}(t)$ 表示系统所受的外部干扰，$i = 1, 2, \cdots, k$，$j = 1, 2, \cdots, k-1$，$\boldsymbol{v} \in \mathbf{R}^m$ 为执行器输入向量，$\boldsymbol{u}(\boldsymbol{v}) \in \mathbf{R}^m$ 为受执行器饱和特性影响的输出向量。系统式(5.1)的控制目标：对于满足任意初始条件 $\boldsymbol{\Pi}_i := \{\sum_{j=1}^{i}(z_j^{\mathrm{T}}z_j + \tilde{\zeta}_j^2/\gamma_j) + \sum_{j=2}^{i+1}\boldsymbol{\varepsilon}_{j-1}^{\mathrm{T}}\boldsymbol{\varepsilon}_{j-1} < 2p_i\}$ 的状态，通过设计合适的控制律 $\boldsymbol{v}$ 使得闭环系统稳定，并使系统输出 $\boldsymbol{y}$ 在具有不确定性、外部干扰和输入饱和限制的综合影响下能跟踪指定的参考输入信号 $\boldsymbol{y}_r$，其中 $z_1 = \boldsymbol{x}_1 - \boldsymbol{y}_r$，$z_j = \boldsymbol{x}_j - \boldsymbol{\alpha}_{j-1}$，$\boldsymbol{\alpha}_{j-1} = \boldsymbol{\varepsilon}_{j-1} + \bar{\boldsymbol{\alpha}}_{j-1}$，$\bar{\boldsymbol{\alpha}}_{j-1}$ 为待设计的虚拟控制律，$\boldsymbol{\varepsilon}_{j-1}$ 为滤波器误差，$\tilde{\zeta}_j = \bar{\zeta}_j - \hat{\zeta}_j$，$\|\tilde{\boldsymbol{D}}_j\| \leqslant \bar{\zeta}_j$，$\tilde{\boldsymbol{D}}_j$ 为干扰观测器逼近误差，$\hat{\zeta}_j$ 为 $\bar{\zeta}_j$ 的估计值，$\gamma_j > 0$ 和 $p_i > 0$ 为设计参数，$i = 1, 2, \cdots, k$。

在对不确定 MIMO 非线性系统式(5.1)进行控制器设计之前需要如下假设与引理:

假设 5.1:对不确定 MIMO 非线性系统式(5.1),系统所有状态均可测。

假设 5.2[104]:对不确定 MIMO 非线性系统式(5.1),参考输入信号 $\boldsymbol{y}_r(t)$ 及其导数 $\dot{\boldsymbol{y}}_r(t)$、$\ddot{\boldsymbol{y}}_r(t)$ 有界,即存在某一常数 $B_0>0$ 使得 $\Pi_0:=\{(\boldsymbol{y}_r,\dot{\boldsymbol{y}}_r,\ddot{\boldsymbol{y}}_r):\|\boldsymbol{y}_r\|^2+\|\dot{\boldsymbol{y}}_r\|^2+\|\ddot{\boldsymbol{y}}_r\|^2\leqslant B_0\}$ 成立。

假设 5.3:对不确定 MIMO 非线性系统式(5.1),复合干扰导数有界,即 $\|\dot{\boldsymbol{D}}_i\|\leqslant\beta_{di}$,其中 $\beta_{di}>0$ 未知,$i=1,2,\cdots,k$。

假设 5.4[104]:对不确定 MIMO 非线性系统式(5.1),矩阵 $\boldsymbol{G}_i\in\mathbf{R}^{n\times n}(i=1,2,\cdots,k-1)$ 可逆,且 $\boldsymbol{G}_k\in\mathbf{R}^{n\times m}$ 广义逆存在。同时,存在某一正的常数 $\bar{\lambda}_i$ 使得 $\lambda_{\max}(\boldsymbol{G}_i^{\mathrm{T}}\boldsymbol{G}_i)\leqslant\bar{\lambda}_i$ 成立,$i=1,2,\cdots,k$。

假设 5.5:对不确定 MIMO 非线性系统式(5.1),饱和函数 $\boldsymbol{u}(\boldsymbol{v})$ 的界限值已知。

引理 5.1[35]:对任意的常数 $\rho>0$ 和向量 $\bar{z}=[\bar{z}_1,\bar{z}_2,\cdots,\bar{z}_n]^{\mathrm{T}}\in\mathbf{R}^n$,如下不等式恒成立,即

$$0<\|\bar{z}\|-\bar{z}^{\mathrm{T}}\tanh(\bar{z}/\rho)\leqslant\bar{\kappa}\rho \tag{5.2}$$

式中:$\tanh(\bar{z}/\rho)=[\tanh(\bar{z}_1/\rho),\tanh(\bar{z}_2/\rho),\cdots,\tanh(\bar{z}_n/\rho)]^{\mathrm{T}}$;$\bar{\kappa}=n\zeta_0$,$n$ 为向量 $\bar{z}$ 的维数,ζ_0 为满足等式 $\zeta_0=\mathrm{e}^{-(\zeta_0+1)}$ 的常数,即 $\zeta_0=0.2785$。

引理 5.1 的详细证明过程可参考附录 B。

5.3　非线性干扰观测器设计

为了后续控制方案设计的需要,现将非线性干扰观测器设计介绍如下。

由于系统式(5.1)中每个子系统均有类似的结构,同时为了使所设计的非线性干扰观测器描述方便,考虑如下一类 MIMO 非线性系统,即

$$\dot{\boldsymbol{x}}=\boldsymbol{F}(\boldsymbol{x})+\boldsymbol{G}(\boldsymbol{x})\boldsymbol{u}+\boldsymbol{D}(\boldsymbol{x},t) \tag{5.3}$$

式中:$\boldsymbol{x}\in\mathbf{R}^n$ 为系统状态向量,$\boldsymbol{u}\in\mathbf{R}^m$ 为系统控制输入向量;$\boldsymbol{F}(\boldsymbol{x})\in\mathbf{R}^n$、$\boldsymbol{G}(\boldsymbol{x})\in\mathbf{R}^{n\times m}$ 中各分量为已知关于状态向量 $\boldsymbol{x}$ 的连续函数;$\boldsymbol{D}(\boldsymbol{x},t)=\Delta\boldsymbol{F}(\boldsymbol{x})+\boldsymbol{d}_{\mathrm{e}}(t)$ 为系统的未知复合干扰,$\Delta\boldsymbol{F}(\boldsymbol{x})$ 表示系统的未知不确定性,$\boldsymbol{d}_{\mathrm{e}}(t)$ 表示系统的未知外界干扰,$\boldsymbol{D}(\boldsymbol{x},t)$ 同样满足如系统式(5.1)中所述的复合干扰假设条件,即 $\|\dot{\boldsymbol{D}}\|\leqslant\beta_d$,其中 $\beta_d>0$ 未知。

为实现对系统式(5.3)中复合干扰的有效逼近,设计如下的非线性干扰观测器,即

$$\hat{\boldsymbol{D}}=\boldsymbol{\eta}+\boldsymbol{P}(\boldsymbol{x}) \tag{5.4}$$

$$\dot{\boldsymbol{\eta}}=-\boldsymbol{L}\boldsymbol{\eta}-\boldsymbol{L}(\boldsymbol{P}(\boldsymbol{x})+\boldsymbol{F}(\boldsymbol{x})+\boldsymbol{G}(\boldsymbol{x})\boldsymbol{u}) \tag{5.5}$$

式中:$\boldsymbol{\eta}\in\mathbf{R}^n$ 为干扰观测器内部状态;$\boldsymbol{P}(\boldsymbol{x})=[P_1(\boldsymbol{x}),P_2(\boldsymbol{x}),\cdots,P_n(\boldsymbol{x})]^{\mathrm{T}}\in\mathbf{R}^n$ 为待设计的函数向量;$\boldsymbol{L}=\partial\boldsymbol{P}(\boldsymbol{x})/\partial\boldsymbol{x}\in\mathbf{R}^{n\times n}$。为设计方便,一般选择合适的 $\boldsymbol{P}(\boldsymbol{x})$ 使得 $\boldsymbol{L}$ 为某一正定对角矩阵。定义非线性干扰观测器逼近误差为

$$\tilde{\boldsymbol{D}}=\boldsymbol{D}-\hat{\boldsymbol{D}} \tag{5.6}$$

下面给出关于非线性干扰观测器逼近误差收敛性分析的引理:

引理 5.2：对于满足复合干扰条件的 MIMO 非线性系统式(5.3)，若非线性干扰观测器按式(5.4)和式(5.5)设计，则干扰观测器逼近误差最终是有界的。

证明：选择如下的 Lyapunov 函数，即

$$V_0 = \frac{1}{2}\tilde{\boldsymbol{D}}^{\mathrm{T}}\tilde{\boldsymbol{D}} \tag{5.7}$$

考虑到式(5.4)和式(5.5)，对式(5.6)求导可得

$$\dot{\tilde{\boldsymbol{D}}} = \dot{\boldsymbol{D}} - \dot{\boldsymbol{\eta}} - \boldsymbol{L}\dot{\boldsymbol{x}} = \dot{\boldsymbol{D}} + \boldsymbol{L\eta} + \boldsymbol{LP} - \boldsymbol{LD} = \dot{\boldsymbol{D}} - \boldsymbol{L}\tilde{\boldsymbol{D}} \tag{5.8}$$

根据式(5.8)，对式(5.7)求导可得

$$\dot{V}_0 = -\tilde{\boldsymbol{D}}^{T}\boldsymbol{L}\tilde{\boldsymbol{D}} + \tilde{\boldsymbol{D}}^{\mathrm{T}}\dot{\boldsymbol{D}} \leqslant -\tilde{\boldsymbol{D}}^{\mathrm{T}}\boldsymbol{L}\tilde{\boldsymbol{D}} + 0.5\tilde{\boldsymbol{D}}^{\mathrm{T}}\tilde{\boldsymbol{D}} + 0.5\beta_{\mathrm{d}}^2 \leqslant -\kappa_0 V_0 + M_0 \tag{5.9}$$

其中，$\kappa_0 = 2\lambda_{\min}(\boldsymbol{L}) - 1 > 0$，$M_0 = 0.5\beta_d^2 > 0$。

对式(5.9)积分可得

$$0 \leqslant V_0 \leqslant \frac{M_0}{\kappa_0} + \left(V_0(0) - \frac{M_0}{\kappa_0}\right)\mathrm{e}^{-\kappa_0 t} \tag{5.10}$$

根据式(5.10)可知，干扰观测器逼近误差是有界的，且满足如下不等式：

$$\|\tilde{\boldsymbol{D}}\| = \sqrt{2V_0} \leqslant \sqrt{2\left(\frac{M_0}{\kappa_0} + \left|V_0(0) - \frac{M_0}{\kappa_0}\right|\right)} \tag{5.11}$$

证毕。

5.4 基于动态面和回馈递推法的控制器设计

本节将利用5.3节所介绍的非线性干扰观测器来对不确定 MIMO 非线性系统式(5.1)中的复合干扰进行逼近，并通过构造一种辅助系统来消除输入饱和给系统带来的影响，基于回馈递推和动态面方法完成系统式(5.1)的控制器设计，具体过程如下：

步骤 1：

构造如下的非线性干扰观测器对不确定 MIMO 非线性系统式(5.1)中的复合干扰 $\boldsymbol{D}_1$ 逼近，即

$$\hat{\boldsymbol{D}}_1 = \boldsymbol{\eta}_1 + \boldsymbol{P}_1(\boldsymbol{x}_1) \tag{5.12}$$

$$\dot{\boldsymbol{\eta}}_1 = -\boldsymbol{L}_1\boldsymbol{\eta}_1 - \boldsymbol{L}_1(\boldsymbol{P}_1 + \boldsymbol{F}_1 + \boldsymbol{G}_1\boldsymbol{x}_2) \tag{5.13}$$

式中：$\boldsymbol{\eta}_1 \in \mathbf{R}^n$ 为干扰观测器内部状态；$\boldsymbol{P}_1(\boldsymbol{x}_1) \in \mathbf{R}^n$ 为待设计的函数向量；$\boldsymbol{L}_1 = \partial\boldsymbol{P}_1/\partial\boldsymbol{x}_1 \in \mathbf{R}^{n\times n}$。

定义干扰观测器逼近误差为

$$\tilde{\boldsymbol{D}}_1 = \boldsymbol{D}_1 - \hat{\boldsymbol{D}}_1 \tag{5.14}$$

由引理 5.2 可知 $\tilde{\boldsymbol{D}}_1$是有界的，这里不妨假设 $\|\tilde{\boldsymbol{D}}_1\| \leqslant \bar{\zeta}_1$。

定义如下变量：

$$\boldsymbol{z}_1 = \boldsymbol{x}_1 - \boldsymbol{y}_r \tag{5.15}$$

取虚拟控制律如下：

$$\bar{\alpha}_1 = \boldsymbol{G}_1^{-1}(-\boldsymbol{C}_1\boldsymbol{z}_1 - \boldsymbol{F}_1 + \dot{\boldsymbol{y}}_r - \hat{\boldsymbol{D}}_1 - \hat{\zeta}_1\tanh(z_1/\rho_1)) \tag{5.16}$$

式中：$\boldsymbol{C}_1 = \boldsymbol{C}_1^{\mathrm{T}} > 0$ 和 $\rho_1 > 0$ 为设计参数；$\hat{\zeta}_1$ 为 $\bar{\zeta}_1$ 的估计值；$\tanh(z_1/\rho_1) = [\tanh(z_{11}/\rho_1), \tanh(z_{12}/\rho_1), \cdots, \tanh(z_{1n}/\rho_1)]^{\mathrm{T}}$。

为了解决传统回馈递推控制中出现的“计算膨胀”问题，这里引入动态面方法，即让虚拟控制律 $\bar{\boldsymbol{\alpha}}_1$ 通过如下的一阶滤波器，即有

$$\boldsymbol{\Gamma}_1 \dot{\boldsymbol{\alpha}}_1 + \boldsymbol{\alpha}_1 = \bar{\boldsymbol{\alpha}}_1, \boldsymbol{\alpha}_1(0) = \bar{\boldsymbol{\alpha}}_1(0) \tag{5.17}$$

式中：$\boldsymbol{\Gamma}_1 = \mathrm{diag}\{\tau_{1,1}, \tau_{1,2}, \cdots, \tau_{1,n}\}$，$\tau_{1,j} > 0$ 为一阶滤波器的时间常数，$j = 1, 2, \cdots, n$。

定义如下变量：

$$\boldsymbol{z}_2 = \boldsymbol{x}_2 - \boldsymbol{\alpha}_1 \tag{5.18}$$

$$\boldsymbol{\varepsilon}_1 = \boldsymbol{\alpha}_1 - \bar{\boldsymbol{\alpha}}_1 \tag{5.19}$$

根据式(5.1)、式(5.14)、式(5.16)、式(5.18)和式(5.19)，对式(5.15)求导可得

$$\dot{\boldsymbol{z}}_1 = \dot{\boldsymbol{x}}_1 - \dot{\boldsymbol{y}}_r = -\boldsymbol{C}_1 \boldsymbol{z}_1 + \boldsymbol{G}_1 \boldsymbol{z}_2 + \boldsymbol{G}_1 \boldsymbol{\varepsilon}_1 + \tilde{\boldsymbol{D}}_1 - \hat{\zeta}_1 \tanh(z_1/\rho_1) \tag{5.20}$$

对式(5.19)求导可得

$$\dot{\varepsilon}_1 = -\boldsymbol{\Gamma}_1^{-1}\varepsilon_1 + \left(-\frac{\partial \bar{\boldsymbol{\alpha}}_1}{\partial \boldsymbol{x}_1}\dot{\boldsymbol{x}}_1 - \frac{\partial \bar{\boldsymbol{\alpha}}_1}{\partial z_1}\dot{z}_1 - \frac{\partial \bar{\boldsymbol{\alpha}}_1}{\partial \boldsymbol{\eta}_1}\dot{\boldsymbol{\eta}}_1 + \ddot{\boldsymbol{y}}_{\mathrm{r}}\right) = -\boldsymbol{\Gamma}_1^{-1}\varepsilon_1 + \boldsymbol{B}_1(z_1, z_2, \boldsymbol{\varepsilon}_1, \boldsymbol{\eta}_1, \boldsymbol{y}_{\mathrm{r}}, \dot{\boldsymbol{y}}_{\mathrm{r}}, \ddot{\boldsymbol{y}}_{\mathrm{r}}) \tag{5.21}$$

式中：$\boldsymbol{B}_1(\cdot)$中各分量为关于变量$(z_1, z_2, \boldsymbol{\varepsilon}_1, \boldsymbol{\eta}_1, \boldsymbol{y}_{\mathrm{r}}, \dot{\boldsymbol{y}}_{\mathrm{r}}, \ddot{\boldsymbol{y}}_{\mathrm{r}})$的连续函数。由于集合 $\Pi_0 \in \mathbf{R}^{3m}$ 和 $\Pi_1 \in \mathbf{R}^{2n+1}$ 均是紧集，所以 $\Pi_0 \times \Pi_1$ 也是紧集。由连续函数性质可知，$\boldsymbol{B}_1(\cdot)$在 $\Pi_0 \times \Pi_1$ 上存在最大值[104]，这里不妨假设为 $\bar{\boldsymbol{B}}_1$。故有

$$\dot{\boldsymbol{\varepsilon}}_1 \leqslant -\boldsymbol{\Gamma}_1^{-1}\boldsymbol{\varepsilon}_1 + \bar{\boldsymbol{B}}_1 \tag{5.22}$$

选择如下的 Lyapunov 函数，即

$$V_1 = \frac{1}{2}\boldsymbol{z}_1^{\mathrm{T}}\boldsymbol{z}_1 + \frac{1}{2}\boldsymbol{\varepsilon}_1^{\mathrm{T}}\boldsymbol{\varepsilon}_1 + \frac{1}{2\gamma_1}\tilde{\zeta}_1^2 \tag{5.23}$$

式中：$\gamma_1 > 0$ 为设计参数；$\tilde{\zeta}_1 = \bar{\zeta}_1 - \hat{\zeta}_1$ 且有 $\dot{\tilde{\zeta}}_1 = -\dot{\hat{\zeta}}_1$。

考虑假设 5.4，式(5.20)和式(5.22)，对式(5.23)求导可得

$$\begin{aligned}
\dot{V}_1 \leqslant & -\boldsymbol{z}_1^{\mathrm{T}}\boldsymbol{C}_1\boldsymbol{z}_1 + \boldsymbol{z}_1^{\mathrm{T}}\boldsymbol{G}_1\boldsymbol{z}_2 + \boldsymbol{z}_1^{\mathrm{T}}\boldsymbol{G}_1\boldsymbol{\varepsilon}_1 + \boldsymbol{z}_1^{\mathrm{T}}\tilde{\boldsymbol{D}}_1 - \hat{\zeta}_1\boldsymbol{z}_1^{\mathrm{T}}\tanh(z_1/\rho_1) - \boldsymbol{\varepsilon}_1^{\mathrm{T}}\boldsymbol{\Gamma}_1^{-1}\boldsymbol{\varepsilon}_1 + \boldsymbol{\varepsilon}_1^{\mathrm{T}}\bar{\boldsymbol{B}}_1 - \frac{1}{\gamma_1}\tilde{\zeta}_1\dot{\hat{\zeta}}_1 \\
\leqslant & -\boldsymbol{z}_1^{\mathrm{T}}\boldsymbol{C}_1\boldsymbol{z}_1 + \boldsymbol{z}_1^{\mathrm{T}}\boldsymbol{G}_1\boldsymbol{z}_2 + 0.5\boldsymbol{z}_1^{\mathrm{T}}\boldsymbol{G}_1\boldsymbol{G}_1^{\mathrm{T}}\boldsymbol{z}_1 + \boldsymbol{\varepsilon}_1^{\mathrm{T}}\boldsymbol{\varepsilon}_1 \\
& + \|\boldsymbol{z}_1\| \, \|\tilde{\boldsymbol{D}}_1\| - \hat{\zeta}_1\boldsymbol{z}_1^{\mathrm{T}}\tanh(z_1/\rho_1) - \boldsymbol{\varepsilon}_1^{\mathrm{T}}\boldsymbol{\Gamma}_1^{-1}\boldsymbol{\varepsilon}_1 + 0.5\bar{\boldsymbol{B}}_1^{\mathrm{T}}\bar{\boldsymbol{B}}_1 - \frac{1}{\gamma_1}\tilde{\zeta}_1\dot{\hat{\zeta}}_1 \\
\leqslant & -(\lambda_{\min}(\boldsymbol{C}_1) - 0.5\bar{\lambda}_1)\boldsymbol{z}_1^{\mathrm{T}}\boldsymbol{z}_1 + \boldsymbol{z}_1^{\mathrm{T}}\boldsymbol{G}_1\boldsymbol{z}_2 - (\lambda_{\min}(\boldsymbol{\Gamma}_1^{-1}) - 1)\boldsymbol{\varepsilon}_1^{\mathrm{T}}\boldsymbol{\varepsilon}_1 \\
& + \|\boldsymbol{z}_1\|\bar{\zeta}_1 - \hat{\zeta}_1\boldsymbol{z}_1^{\mathrm{T}}\tanh(z_1/\rho_1) + 0.5\bar{\boldsymbol{B}}_1^{\mathrm{T}}\bar{\boldsymbol{B}}_1 - \frac{1}{\gamma_1}\tilde{\zeta}_1\dot{\hat{\zeta}}_1
\end{aligned} \tag{5.24}$$

取参数自适应律为

$$\dot{\hat{\zeta}}_1 = \gamma_1(\boldsymbol{z}_1^{\mathrm{T}}\tanh(z_1/\rho_1) - k_1\hat{\zeta}_1) \tag{5.25}$$

式中：$k_1 > 0$ 为设计参数。

将式(5.25)代入式(5.24)可得

$$\dot{V}_1 \leqslant -(\lambda_{\min}(\boldsymbol{C}_1) - 0.5\bar{\lambda}_1)\boldsymbol{z}_1^{\mathrm{T}}\boldsymbol{z}_1 + \boldsymbol{z}_1^{\mathrm{T}}\boldsymbol{G}_1\boldsymbol{z}_2 - (\lambda_{\min}(\boldsymbol{\Gamma}_1^{-1}) - 1)\boldsymbol{\varepsilon}_1^{\mathrm{T}}\boldsymbol{\varepsilon}_1$$
$$+ \|\boldsymbol{z}_1\|\bar{\zeta}_1 - \hat{\zeta}_1\boldsymbol{z}_1^{\mathrm{T}}\tanh(\boldsymbol{z}_1/\rho_1) + 0.5\bar{\boldsymbol{B}}_1^{\mathrm{T}}\bar{\boldsymbol{B}}_1 - \tilde{\zeta}_1(\boldsymbol{z}_1^{\mathrm{T}}\tanh(\boldsymbol{z}_1/\rho_1) - k_1\hat{\zeta}_1) \tag{5.26}$$

根据引理5.1可得

$$\begin{aligned} &\|\boldsymbol{z}_1\|\bar{\zeta}_1 - \hat{\zeta}_1\boldsymbol{z}_1^{\mathrm{T}}\tanh(\boldsymbol{z}_1/\rho_1) - \tilde{\zeta}_1(\boldsymbol{z}_1^{\mathrm{T}}\tanh(\boldsymbol{z}_1/\rho_1) - k_1\hat{\zeta}_1) \\ &= \bar{\zeta}_1(\|\boldsymbol{z}_1\| - \boldsymbol{z}_1^{\mathrm{T}}\tanh(\boldsymbol{z}_1/\rho_1)) + k_1\tilde{\zeta}_1\bar{\zeta}_1 - k_1\tilde{\zeta}_1^2 \\ &\leqslant -0.5k_1\tilde{\zeta}_1^2 + n\zeta_0\rho_1\bar{\zeta}_1 + 0.5k_1\bar{\zeta}_1^2 \end{aligned} \tag{5.27}$$

将式(5.27)代入式(5.26)可得

$$\dot{V}_1 \leqslant -(\lambda_{\min}(\boldsymbol{C}_1) - 0.5\bar{\lambda}_1)\boldsymbol{z}_1^{\mathrm{T}}\boldsymbol{z}_1 + \boldsymbol{z}_1^{\mathrm{T}}\boldsymbol{G}_1\boldsymbol{z}_2 - (\lambda_{\min}(\boldsymbol{\Gamma}_1^{-1}) - 1)\boldsymbol{\varepsilon}_1^{\mathrm{T}}\boldsymbol{\varepsilon}_1$$
$$-0.5k_1\tilde{\zeta}_1^2 + n\zeta_0\rho_1\bar{\zeta}_1 + 0.5k_1\bar{\zeta}_1^2 + 0.5\bar{\boldsymbol{B}}_1^{\mathrm{T}}\bar{\boldsymbol{B}}_1 \tag{5.28}$$

步骤 $i(1<i\leqslant k-1)$：

构造如下的非线性干扰观测器对不确定MIMO非线性系统式(5.1)中的复合干扰 $\boldsymbol{D}_i$ 逼近，即

$$\hat{\boldsymbol{D}}_i = \boldsymbol{\eta}_i + \boldsymbol{P}_i(\bar{\boldsymbol{x}}_i) \tag{5.29}$$

$$\dot{\boldsymbol{\eta}}_i = -\boldsymbol{L}_i\boldsymbol{\eta}_i - \boldsymbol{L}_i(\boldsymbol{P}_i + \boldsymbol{F}_i + \boldsymbol{G}_i\boldsymbol{x}_{i+1}) \tag{5.30}$$

式中：$\boldsymbol{\eta}_i \in \mathbf{R}^n$ 为干扰观测器内部状态；$\boldsymbol{P}_i \in \mathbf{R}^n$ 为待设计的函数向量；$\boldsymbol{L}_i = \partial\boldsymbol{P}_i/\partial\bar{\boldsymbol{x}}_i \in \mathbf{R}^{n\times n}$。

定义干扰观测器逼近误差为

$$\tilde{\boldsymbol{D}}_i = \boldsymbol{D}_i - \hat{\boldsymbol{D}}_i \tag{5.31}$$

由引理5.2可知 $\tilde{\boldsymbol{D}}_i$ 是有界的，这里不妨假设 $\|\tilde{\boldsymbol{D}}_i\| \leqslant \bar{\zeta}_i$。

定义如下变量：

$$\boldsymbol{z}_i = \boldsymbol{x}_i - \boldsymbol{\alpha}_{i-1} \tag{5.32}$$

取虚拟控制律如下：

$$\bar{\boldsymbol{\alpha}}_i = \boldsymbol{G}_i^{-1}(-\boldsymbol{C}_i\boldsymbol{z}_i - \boldsymbol{G}_{i-1}^{\mathrm{T}}\boldsymbol{z}_{i-1} - \boldsymbol{F}_i + \dot{\boldsymbol{\alpha}}_{i-1} - \hat{\boldsymbol{D}}_i - \hat{\zeta}_i\tanh(\boldsymbol{z}_i/\rho_i)) \tag{5.33}$$

式中：$\boldsymbol{C}_i = \boldsymbol{C}_i^{\mathrm{T}} > 0$ 和 $\rho_i > 0$ 为设计参数；$\hat{\zeta}_i$ 为 $\bar{\zeta}_i$ 的估计值；$\tanh(\boldsymbol{z}_i/\rho_i) = [\tanh(z_{i1}/\rho_i), \tanh(z_{i2}/\rho_i), \cdots, \tanh(z_{in}/\rho_i)]^{\mathrm{T}}$。

虚拟控制律 $\bar{\boldsymbol{\alpha}}_i$ 通过一阶滤波器，即有

$$\boldsymbol{\Gamma}_i\dot{\alpha}_i + \boldsymbol{\alpha}_i = \bar{\boldsymbol{\alpha}}_i, \boldsymbol{\alpha}_i(0) = \bar{\boldsymbol{\alpha}}_i(0) \tag{5.34}$$

式中：$\boldsymbol{\Gamma}_i = \mathrm{diag}\{\tau_{i,1}, \tau_{i,2}, \cdots, \tau_{i,n}\}$，$\tau_{i,j} > 0$ 为一阶滤波器的时间常数，$j = 1, 2, \cdots, n$。

定义如下变量：

$$\mathrm{z}_{\mathrm{i+1}} = \boldsymbol{x}_{i+1} - \boldsymbol{\alpha}_i \tag{5.35}$$

$$\boldsymbol{\varepsilon}_i = \boldsymbol{\alpha}_i - \bar{\boldsymbol{\alpha}}_i \tag{5.36}$$

根据式(5.1)、式(5.31)、式(5.33)、式(5.35)和式(5.36)，对式(5.32)求导可得

$$\dot{\boldsymbol{z}}_i = \dot{\boldsymbol{x}}_i - \dot{\boldsymbol{\alpha}}_{i-1} = -\boldsymbol{C}_{\mathrm{i}}\boldsymbol{z}_i + \boldsymbol{G}_i\boldsymbol{z}_{i+1} + \boldsymbol{G}_i\boldsymbol{\varepsilon}_i - \boldsymbol{G}_{i-1}^{\mathrm{T}}\boldsymbol{z}_{i-1} + \tilde{\boldsymbol{D}}_i - \hat{\zeta}_i\tanh(\boldsymbol{z}_i/\rho_i) \tag{5.37}$$

对式(5.36)求导可得

$$\dot{\boldsymbol{\varepsilon}}_i = \dot{\boldsymbol{\alpha}}_i - \dot{\overline{\boldsymbol{\alpha}}}_i = \boldsymbol{\Gamma}_i^{-1}(\overline{\boldsymbol{\alpha}}_i - \boldsymbol{\alpha}_i) - \dot{\overline{\boldsymbol{\alpha}}}_i = -\boldsymbol{\Gamma}_i^{-1}\boldsymbol{\varepsilon}_i - \dot{\overline{\boldsymbol{\alpha}}}_i \leqslant -\boldsymbol{\Gamma}_i^{-1}\boldsymbol{\varepsilon}_i + \overline{\boldsymbol{B}}_i \tag{5.38}$$

选择如下的 Lyapunov 函数,即

$$V_i = \frac{1}{2}\boldsymbol{z}_i^{\mathrm{T}}\boldsymbol{z}_i + \frac{1}{2}\boldsymbol{\varepsilon}_i^{\mathrm{T}}\boldsymbol{\varepsilon}_i + \frac{1}{2\gamma_i}\tilde{\zeta}_i^2 \tag{5.39}$$

式中:$\gamma_i > 0$ 为设计参数; $\tilde{\zeta}_i = \overline{\zeta}_i - \hat{\zeta}_i$ 且有 $\dot{\tilde{\zeta}}_i = -\dot{\hat{\zeta}}_i$。

考虑式(5.37)和式(5.38),对式(5.39)求导可得

$$\begin{aligned}
\dot{V}_i \leqslant & -\boldsymbol{z}_i^{\mathrm{T}}\boldsymbol{C}_i\boldsymbol{z}_i + \boldsymbol{z}_i^{\mathrm{T}}\boldsymbol{G}_i\boldsymbol{z}_{i+1} + \boldsymbol{z}_i^{\mathrm{T}}\boldsymbol{G}_i\boldsymbol{\varepsilon}_i - \boldsymbol{z}_i^{\mathrm{T}}\boldsymbol{G}_{i-1}^{\mathrm{T}}\boldsymbol{z}_{i-1} + \boldsymbol{z}_i^{\mathrm{T}}\tilde{\boldsymbol{D}}_i - \hat{\zeta}_i\boldsymbol{z}_i^{\mathrm{T}}\tanh(\boldsymbol{z}_i/\rho_i) \\
& -\boldsymbol{\varepsilon}_i^{\mathrm{T}}\boldsymbol{\Gamma}_i^{-1}\boldsymbol{\varepsilon}_i + \boldsymbol{\varepsilon}_i^{\mathrm{T}}\overline{\boldsymbol{B}}_i - \frac{1}{\gamma_i}\tilde{\zeta}_i\dot{\hat{\zeta}}_i \\
\leqslant & -\boldsymbol{z}_i^{\mathrm{T}}\boldsymbol{C}_i\boldsymbol{z}_i + \boldsymbol{z}_i^{\mathrm{T}}\boldsymbol{G}_i\boldsymbol{z}_{i+1} - \boldsymbol{z}_i^{\mathrm{T}}\boldsymbol{G}_{i-1}^{\mathrm{T}}\boldsymbol{z}_{i-1} + 0.5\boldsymbol{z}_i^{\mathrm{T}}\boldsymbol{G}_i\boldsymbol{G}_i^{\mathrm{T}}\boldsymbol{z}_i + \boldsymbol{\varepsilon}_i^{\mathrm{T}}\boldsymbol{\varepsilon}_i \\
& + \|\boldsymbol{z}_i\|\,\|\tilde{\boldsymbol{D}}_i\| - \hat{\zeta}_i\boldsymbol{z}_i^{\mathrm{T}}\tanh(\boldsymbol{z}_i/\rho_i) - \boldsymbol{\varepsilon}_i^{\mathrm{T}}\boldsymbol{\Gamma}_i^{-1}\boldsymbol{\varepsilon}_i + 0.5\overline{\boldsymbol{B}}_i^{\mathrm{T}}\overline{\boldsymbol{B}}_i - \frac{1}{\gamma_i}\tilde{\zeta}_i\dot{\hat{\zeta}}_i \\
\leqslant & -(\lambda_{\min}(\boldsymbol{C}_i) - 0.5\overline{\lambda}_i)\boldsymbol{z}_i^{\mathrm{T}}\boldsymbol{z}_i + \boldsymbol{z}_i^{\mathrm{T}}\boldsymbol{G}_i\boldsymbol{z}_{i+1} - \boldsymbol{z}_i^{\mathrm{T}}\boldsymbol{G}_{i-1}^{\mathrm{T}}\boldsymbol{z}_{i-1} - (\lambda_{\min}(\boldsymbol{\Gamma}_i^{-1}) - 1)\boldsymbol{\varepsilon}_i^{\mathrm{T}}\boldsymbol{\varepsilon}_i \\
& + \|\boldsymbol{z}_i\|\overline{\zeta}_i - \hat{\zeta}_i\boldsymbol{z}_i^{\mathrm{T}}\tanh(\boldsymbol{z}_i/\rho_i) + 0.5\overline{\boldsymbol{B}}_i^{\mathrm{T}}\overline{\boldsymbol{B}}_i - \frac{1}{\gamma_i}\tilde{\zeta}_i\dot{\hat{\zeta}}_i
\end{aligned} \tag{5.40}$$

取参数 $\hat{\zeta}_i$ 的自适应律为

$$\dot{\hat{\zeta}}_i = \gamma_i(\boldsymbol{z}_i^{\mathrm{T}}\tanh(\boldsymbol{z}_i/\rho_i) - k_i\hat{\zeta}_i) \tag{5.41}$$

式中:$k_i > 0$ 为设计参数。

将式(5.41)代入式(5.40),并考虑引理 5.1 可得

$$\begin{aligned}
\dot{V}_i \leqslant & -(\lambda_{\min}(\boldsymbol{C}_i) - 0.5\overline{\lambda}_i)\boldsymbol{z}_i^{\mathrm{T}}\boldsymbol{z}_i + \boldsymbol{z}_i^{\mathrm{T}}\boldsymbol{G}_i\boldsymbol{z}_{i+1} - \boldsymbol{z}_i^{\mathrm{T}}\boldsymbol{G}_{i-1}^{\mathrm{T}}\boldsymbol{z}_{i-1} - (\lambda_{\min}(\boldsymbol{\Gamma}_i^{-1}) - 1)\boldsymbol{\varepsilon}_i^{\mathrm{T}}\boldsymbol{\varepsilon}_i \\
& + \|\boldsymbol{z}_i\|\overline{\zeta}_i - \hat{\zeta}_i\boldsymbol{z}_i^{\mathrm{T}}\tanh(\boldsymbol{z}_i/\rho_i) + 0.5\overline{\boldsymbol{B}}_i^{\mathrm{T}}\overline{\boldsymbol{B}}_i - \tilde{\zeta}_i(\boldsymbol{z}_i^{\mathrm{T}}\tanh(\boldsymbol{z}_i/\rho_i) - k_i\hat{\zeta}_i) \\
\leqslant & -(\lambda_{\min}(\boldsymbol{C}_i) - 0.5\overline{\lambda}_i)\boldsymbol{z}_i^{\mathrm{T}}\boldsymbol{z}_i + \boldsymbol{z}_i^{\mathrm{T}}\boldsymbol{G}_i\boldsymbol{z}_{i+1} - \boldsymbol{z}_i^{\mathrm{T}}\boldsymbol{G}_{i-1}^{\mathrm{T}}\boldsymbol{z}_{i-1} - (\lambda_{\min}(\boldsymbol{\Gamma}_i^{-1}) - 1)\boldsymbol{\varepsilon}_i^{\mathrm{T}}\boldsymbol{\varepsilon}_i \\
& - 0.5k_i\tilde{\zeta}_i^2 + n\zeta_0\rho_i\overline{\zeta}_i + 0.5k_i\overline{\zeta}_i^2 + 0.5\overline{\boldsymbol{B}}_i^{\mathrm{T}}\overline{\boldsymbol{B}}_i
\end{aligned} \tag{5.42}$$

步骤 $\boldsymbol{k}$:

构造如下的非线性干扰观测器对不确定 MIMO 非线性系统式(5.1)中的复合干扰 $\boldsymbol{D}_k$ 逼近,即

$$\hat{\boldsymbol{D}}_k = \boldsymbol{\eta}_k + \boldsymbol{P}_k(\overline{\boldsymbol{x}}_k) \tag{5.43}$$

$$\dot{\boldsymbol{\eta}}_k = -\boldsymbol{L}_k\boldsymbol{\eta}_k - \boldsymbol{L}_k(\boldsymbol{P}_k + \boldsymbol{F}_k + \boldsymbol{G}_k\boldsymbol{u}(\boldsymbol{v})) \tag{5.44}$$

式中:$\boldsymbol{\eta}_k \in \mathbf{R}^n$ 为干扰观测器内部状态;$\boldsymbol{P}_k \in \mathbf{R}^n$ 为待设计的函数向量;$\boldsymbol{L}_k = \partial\boldsymbol{P}_k/\partial\overline{\boldsymbol{x}}_k \in \mathbf{R}^{n\times n}$。

定义干扰观测器逼近误差为

$$\tilde{\boldsymbol{D}}_k = \boldsymbol{D}_k - \hat{\boldsymbol{D}}_k \tag{5.45}$$

由引理 5.2 可知 $\tilde{\boldsymbol{D}}_k$ 是有界的,这里不妨假设 $\|\tilde{\boldsymbol{D}}_k\| \leqslant \overline{\zeta}_k$。

定义如下变量:

$$\boldsymbol{z}_k = \boldsymbol{x}_k - \boldsymbol{\alpha}_{k-1} \tag{5.46}$$

根据式(5.1),对式(5.46)求导可得

$$\dot{z}_k = \dot{x}_k - \dot{\boldsymbol{\alpha}}_{k-1} = \boldsymbol{F}_k + \boldsymbol{G}_k\boldsymbol{u}(\boldsymbol{v}) + \boldsymbol{D}_k - \dot{\boldsymbol{\alpha}}_{k-1} \tag{5.47}$$

选择如下的 Lyapunov 函数,即

$$V_k = \frac{1}{2}z_k^{\mathrm{T}}z_k + \frac{1}{2\gamma_k}\tilde{\zeta}_k^2 \tag{5.48}$$

式中:$\gamma_k > 0$ 为设计参数;$\tilde{\zeta}_k = \bar{\zeta}_k - \hat{\zeta}_k$,$\hat{\zeta}_k$ 为 $\bar{\zeta}_k$ 的估计值,且有 $\dot{\tilde{\zeta}}_k = -\dot{\hat{\zeta}}_k$。

考虑式(5.47),对式(5.48)求导可得

$$\dot{V}_k = z_k^{\mathrm{T}}\boldsymbol{F}_k + z_k^{\mathrm{T}}\boldsymbol{G}_k\boldsymbol{u}(\boldsymbol{v}) + z_k^{\mathrm{T}}\boldsymbol{D}_k - z_k^{\mathrm{T}}\dot{\boldsymbol{\alpha}}_{k-1} - \frac{1}{\gamma_k}\tilde{\zeta}_k\dot{\hat{\zeta}}_k \tag{5.49}$$

取参数自适应律为

$$\dot{\hat{\zeta}}_k = \gamma_k(z_k^{\mathrm{T}}\tanh(z_k/\rho_k) - k_k\hat{\zeta}_k) \tag{5.50}$$

式中:$\tanh(z_k/\rho_k) = [\tanh(z_{k1}/\rho_k),\tanh(z_{k2}/\rho_k),\cdots,\tanh(z_{kn}/\rho_k)]^T$,$\rho_k > 0$,$k_k > 0$ 为设计参数。

将式(5.50)代入式(5.49)可得

$$\dot{V}_k = z_k^{\mathrm{T}}\boldsymbol{F}_k + z_k^{\mathrm{T}}\boldsymbol{G}_k\boldsymbol{u}(\boldsymbol{v}) + z_k^{\mathrm{T}}\boldsymbol{D}_k - z_k^{\mathrm{T}}\dot{\boldsymbol{\alpha}}_{k-1} - \tilde{\zeta}_k(z_k^{\mathrm{T}}\tanh(z_k/\rho_k) - k_k\hat{\zeta}_k) \tag{5.51}$$

为消除输入饱和给系统带来的影响,设计如下的辅助系统,即

$$\dot{\chi} = \begin{cases} -\boldsymbol{C}_0\chi - \dfrac{1}{\|\chi\|^2}(|z_k^{\mathrm{T}}\boldsymbol{G}_k\xi| + 0.5\xi^{\mathrm{T}}\xi)\chi + \boldsymbol{G}_k\xi, & \|\chi\| \geqslant \varepsilon_0 \\ 0, & \|\chi\| < \varepsilon_0 \end{cases} \tag{5.52}$$

式中:$\boldsymbol{C}_0 = \boldsymbol{C}_0^{\mathrm{T}} > 0$ 和 $\varepsilon_0 > 0$ 为设计参数;$\xi = \boldsymbol{u}(\boldsymbol{v}) - \boldsymbol{v}$ 为执行器的饱和控制和设计控制之间的误差。

设计如下的控制律:

$$\boldsymbol{v} = \boldsymbol{G}_k^{\mathrm{T}}(\boldsymbol{G}_k\boldsymbol{G}_k^{\mathrm{T}})^{-1}(-\boldsymbol{C}_k(z_k - \chi) - \boldsymbol{G}_{k-1}^{\mathrm{T}}z_{k-1} - \boldsymbol{F}_k + \dot{\boldsymbol{\alpha}}_{k-1} - \hat{\boldsymbol{D}}_k - \hat{\zeta}_k\tanh(z_k/\rho_k)) \tag{5.53}$$

式中:$\boldsymbol{C}_k = \boldsymbol{C}_k^{\mathrm{T}} > 0$ 为设计参数。

根据上述设计过程可得如下定理:

定理 5.1:针对满足假设 5.1 至假设 5.5 的不确定 MIMO 非线性系统式(5.1),非线性干扰观测器按式(5.12)、式(5.13)、式(5.29)、式(5.30)、式(5.43)和式(5.44)设计,参数自适应律取为式(5.25)、式(5.41)和式(5.50)的形式,饱和补偿辅助系统按式(5.52)的形式设计,虚拟控制律取为式(5.16)和式(5.33),系统最终控制律按式(5.53)设计,则所有闭环系统信号都是最终一致有界的。

证明:若 $\|\chi\| \geqslant \varepsilon_0$,选择如下的 Lyapunov 函数,即

$$V = \sum_{i=1}^{k}V_i + \frac{1}{2}\chi^{\mathrm{T}}\chi = \sum_{i=1}^{k}\frac{1}{2}z_i^{\mathrm{T}}z_i + \sum_{i=1}^{k}\frac{1}{2\gamma_i}\tilde{\zeta}_i^2 + \sum_{i=1}^{k-1}\frac{1}{2}\boldsymbol{\varepsilon}_i^{\mathrm{T}}\boldsymbol{\varepsilon}_i + \frac{1}{2}\chi^{\mathrm{T}}\chi \tag{5.54}$$

根据式(5.28)、式(5.42)、式(5.51)和式(5.52),对式(5.54)求导可得

$$\begin{aligned}\dot{V} \leqslant & -\sum_{i=1}^{k-1}(\lambda_{\min}(\boldsymbol{C}_i) - 0.5\bar{\lambda}_i)z_i^{\mathrm{T}}z_i - \sum_{i=1}^{k-1}(\lambda_{\min}(\boldsymbol{\Gamma}_i^{-1}) - 1)\boldsymbol{\varepsilon}_i^{\mathrm{T}}\boldsymbol{\varepsilon}_i - \sum_{i=1}^{k-1}0.5k_i\tilde{\zeta}_i^2 \\ & + z_{k-1}^{\mathrm{T}}\boldsymbol{G}_{k-1}z_k + \sum_{i=1}^{k-1}(n\zeta_0\rho_i\bar{\zeta}_i + 0.5k_i\bar{\zeta}_i^2 + 0.5\boldsymbol{B}_i^{\mathrm{T}}\boldsymbol{B}_i) - \chi^{\mathrm{T}}\boldsymbol{C}_0\chi + z_k^{\mathrm{T}}\boldsymbol{F}_k + z_k^{\mathrm{T}}\boldsymbol{G}_k\boldsymbol{v} +\end{aligned}$$

$$
\begin{aligned}
& \boldsymbol{z}_k^{\mathrm{T}}\boldsymbol{D}_k - \boldsymbol{z}_k^{\mathrm{T}}\dot{\boldsymbol{\alpha}}_{k-1} - \tilde{\zeta}_k(\boldsymbol{z}_k^{\mathrm{T}}\tanh(\boldsymbol{z}_k/\rho_k) - k_k\hat{\zeta}_k) - 0.5\xi^{\mathrm{T}}\xi + \chi^{\mathrm{T}}\boldsymbol{G}_k\xi \\
\leqslant & -\sum_{i=1}^{k-1}(\lambda_{\min}(\boldsymbol{C}_i) - 0.5\bar{\lambda}_i)\boldsymbol{z}_i^{\mathrm{T}}\boldsymbol{z}_i - (\lambda_{\min}(\boldsymbol{C}_k) - 0.5)\boldsymbol{z}_k^{\mathrm{T}}\boldsymbol{z}_k - \sum_{i=1}^{k-1}(\lambda_{\min}(\boldsymbol{\Gamma}_i^{-1}) - 1)\boldsymbol{\varepsilon}_i^{\mathrm{T}}\boldsymbol{\varepsilon}_i \\
& -\sum_{i=1}^{k}0.5k_i\tilde{\zeta}_i^2 - (\lambda_{\min}(\boldsymbol{C}_0) - 0.5\bar{\lambda}_k - 0.5\lambda_{\max}(\boldsymbol{C}_k^{\mathrm{T}}\boldsymbol{C}_k))\chi^{\mathrm{T}}\chi + \sum_{i=1}^{k}(n\zeta_0\rho_i\bar{\zeta}_i + 0.5k_i\bar{\zeta}_i^2) \\
& +\sum_{i=1}^{k-1}0.5\boldsymbol{B}_i^{\mathrm{T}}\boldsymbol{B}_i \leqslant -\kappa V + M
\end{aligned} \tag{5.55}
$$

其中，$\kappa = \min(2\lambda_{\min}(\boldsymbol{C}_i) - \bar{\lambda}_i, 2\lambda_{\min}(\boldsymbol{C}_k) - 1, 2\lambda_{\min}(\boldsymbol{\Gamma}_i^{-1}) - 2, k_j\gamma_j, 2\lambda_{\min}(\boldsymbol{C}_0) - \bar{\lambda}_k - \lambda_{\max}(\boldsymbol{C}_k^{\mathrm{T}}\boldsymbol{C}_k)) > 0, i = 1,2,\cdots,k-1, j = 1,2,\cdots,k$，$M = (\sum_{i=1}^{k}(n\zeta_0\rho_i\bar{\zeta}_i + 0.5k_i\bar{\zeta}_i^2) + \sum_{i=1}^{k-1}0.5\boldsymbol{B}_i^{\mathrm{T}}\boldsymbol{B}_i) > 0$。

对式(5.55)两边积分可得

$$
0 \leqslant V \leqslant \frac{M}{\kappa} + \left(V(0) - \frac{M}{\kappa}\right)\mathrm{e}^{-\kappa t} \tag{5.56}
$$

从式(5.56)可见，闭环系统所有信号都是最终一致有界的。

另一方面，若 $\|\chi\| < \varepsilon_0$，定理5.1可以类似地被证明。

证毕。

5.5 NSV姿态控制仿真研究

为验证上述所设计控制方案的有效性，将其应用于NSV的姿态角跟踪控制上。仿真初始条件取为 $\alpha_0 = 2°, \beta_0 = 1°, \mu_0 = 0°, p_0 = q_0 = r_0 = 0\mathrm{rad/s}, H_0 = 22000\mathrm{m}, V_0 = 600\mathrm{m/s}$，且机翼后掠角 $\Lambda = 50°$，各舵面偏转角幅值如式(2.1)和式(2.2)所示。期望姿态角信号为

$$
\begin{aligned}
\alpha_{\mathrm{c}} &= (3 + 2\sin(0.2\pi t) + \cos(0.1\pi t))°, \\
\beta_{\mathrm{c}} &= \begin{cases} 0°, (4k)\mathrm{s} \leqslant t < 4(k+1)\mathrm{s} \\ 16°, 4(k+1)\mathrm{s} \leqslant t < 4(k+2)\mathrm{s} \end{cases}, \\
\mu_{\mathrm{c}} &= 10°, k = 0,2,4,\cdots
\end{aligned} \tag{5.57}
$$

系统参数不确定性为气动参数的 -30%，且外部干扰全部以力矩的形式作用于快回路，数值为

$$
d_{Mf}(t) = \begin{bmatrix} 5\times10^6(\sin(5t) + 0.5) \\ 6\times10^6(\cos(5t)) \\ 6\times10^6(\sin(5t) + 0.3) \end{bmatrix}\mathrm{N\cdot m} \tag{5.58}
$$

为了保证所给的期望指令信号及其导数连续有界，在仿真中引用如式(4.63)所示的指令参考模型。控制器中相关参数取为 $\boldsymbol{P}_1 = [2\alpha + 0.5, 2\beta + 0.5, 2\mu + 0.5]^{\mathrm{T}}, \boldsymbol{C}_1 = \mathrm{diag}\{4,4,4\}, \rho_1 = 0.4, \gamma_1 = 0.5, k_1 = 0.2, \boldsymbol{\Gamma}_1 = \mathrm{diag}\{0.02, 0.02, 0.02\}, \boldsymbol{P}_2 = [2p + 0.5, 2q + 0.5, 2r + 0.5]^{\mathrm{T}}, \boldsymbol{C}_2 = \mathrm{diag}\{2.5, 2.5, 2.5\}, \rho_2 = 2.5, \gamma_2 = 1.0, k_2 = 0.5, \boldsymbol{C}_0 = \mathrm{diag}\{5,5,5\}, \varepsilon_0 = 0.02$。仿真结果如图5.1和图5.2所示，其中点划线(下标c)表示NSV的期望姿态角信号，点线(下标1)为NSV在无干扰观测器下的响应曲线，虚线(下标2)为NSV在有干扰观测器下的响应曲线，实线(下标3)表示

NSV 在有干扰观测器和饱和补偿辅助系统作用下的响应曲线。

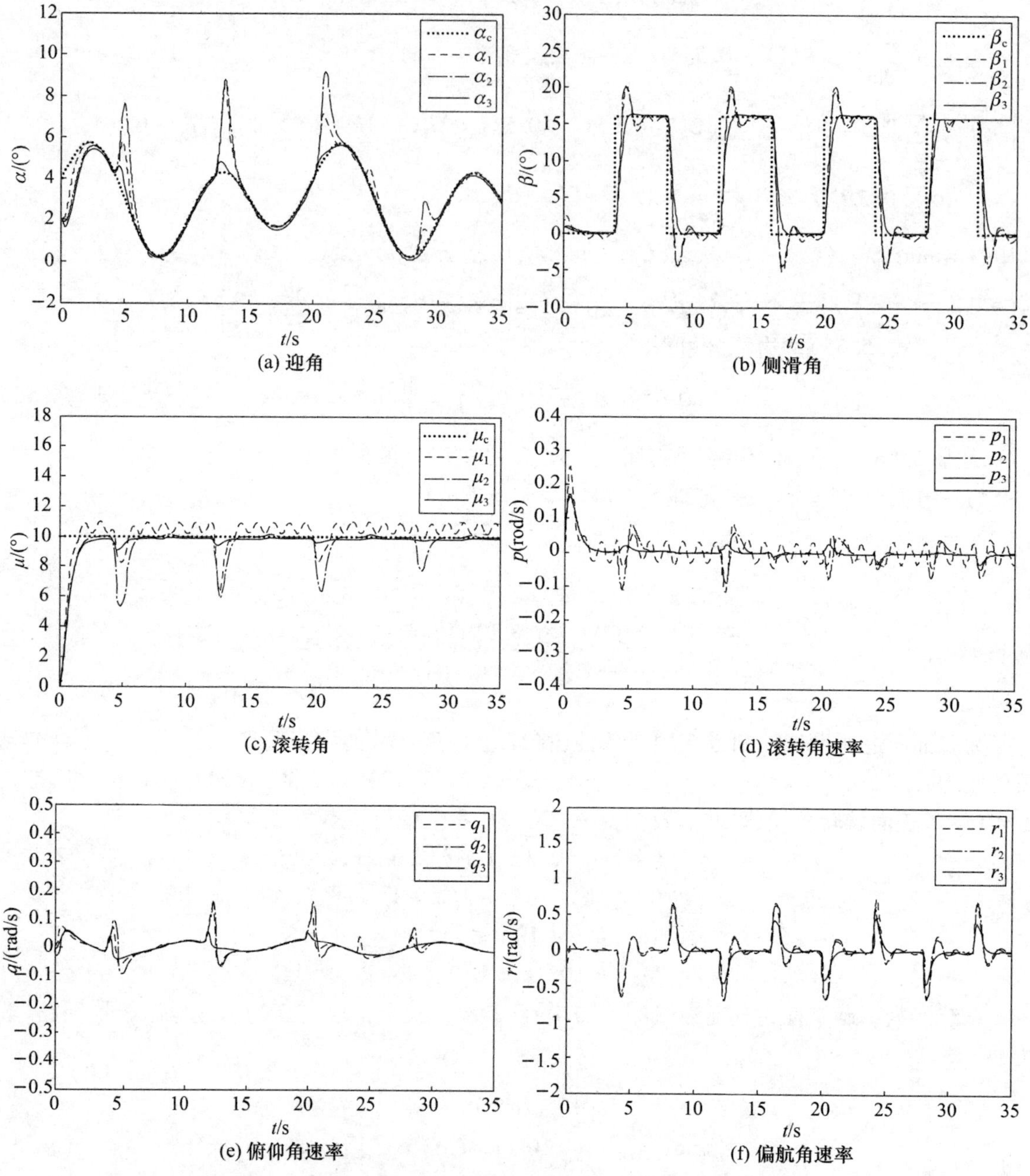

图 5.1　基于 NDO 和 BC 的 NSV 姿态角和角速率仿真曲线图

从图 5.1 和图 5.2 可以看出，在上节所设计的方案控制下，NSV 姿态角可以很好地跟踪期望指令信号，干扰观测器有效地削弱了未知复合干扰给系统带来的影响，降低了系统抖振。同时，在辅助系统饱和补偿作用下，NSV 舵面偏转角逐渐退出饱和状态，使得其各偏转角均处于饱和范围内，从而有效地实现了对 NSV 姿态角的跟踪控制。

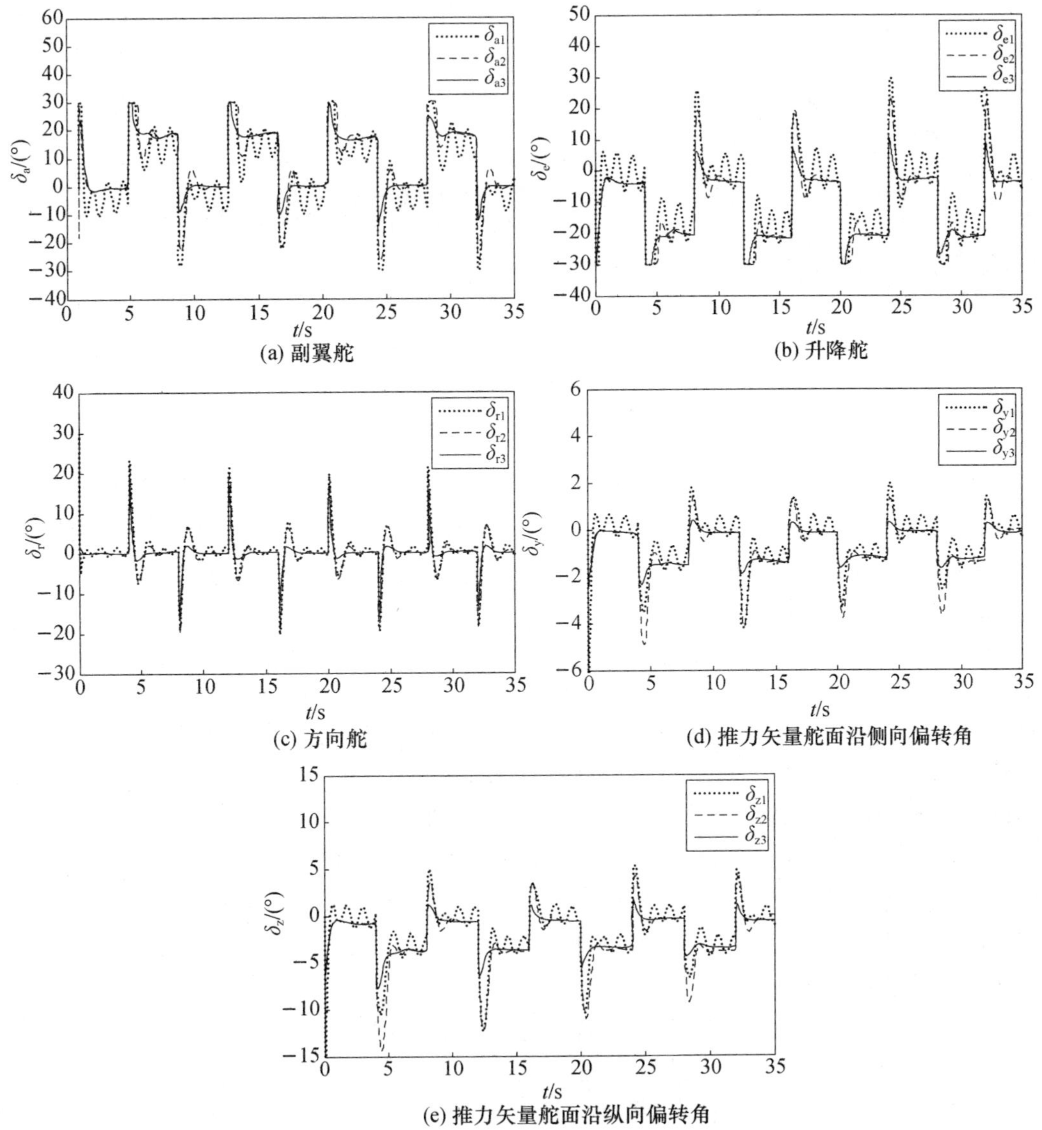

图5.2　基于NDO和BC的NSV舵面偏转角仿真曲线图

5.6 小　结

本章基于回馈递推方法详细地给出了一类具有输入饱和的不确定MIMO非线性NSV系统控制器设计方法。考虑到传统回馈递推控制中存在的“计算膨胀”问题，引入了动态面方法，即在每个子系统设计过程中利用一阶低通滤波器来避免对虚拟控制律的求导。同时，通过所设计的非线性干扰观测器来逼近系统中的复合干扰。此外，设计了一种辅助系统来处理输入饱和问题，并基于Lyapunov理论证明了闭环系统的稳定性。仿真实验验证了所提控制方案的有效性。

第6章
基于递归小波神经网络干扰观测器的输入饱和NSV姿态控制

6.1 引　言

近年来,随着人工智能领域中的神经网络、模糊系统等方法的丰富和发展[104-106],将智能方法与干扰观测器技术相结合设计智能干扰观测器来解决不确定非线性系统的控制问题成为一个新的研究热点。智能干扰观测器既具有传统干扰观测器的一系列相关优点,又充分利用了模糊系统或神经网络的任意逼近能力,同时放宽了对系统复合干扰上界和变化程度的要求,提高了其适应性。

本章将结合干扰观测器技术和递归小波神经网络(Recurrent Wavelet Neural Network,RWNN)设计一种新型智能干扰观测器,即递归小波神经网络干扰观测器(Recurrent Wavelct Neural Network Disturbance Observer,RWNNDO)。RWNN[107-109]是一种递归形式的神经网络,与前馈神经网络相比具有更好的动态响应能力和信息存储能力,主要原因在于其网络结构中含有时间延迟反馈环节,从而使得RWNN具备短时记忆功能。同时理论证明,RWNN可以充分逼近任意复杂的非线性关系且具有更好、更快的收敛特性。若RWNN结构和学习算法设计合理,一个小规模的RWNN可能等价于一个很大规模的前馈神经网络,使得网络节点数大幅度减少,简化了网络结构的复杂程度。

对于输入饱和这一问题,本章将针对输入饱和问题利用双曲正切函数(具有光滑特性、可微性和有界性等)对原MIMO非线性系统进行等效变换,在此基础上给出一种NSV鲁棒控制方法。通过在回馈递推方法的最后一步额外增加一个子系统,利用Nussbaum函数对输入饱和进行处理,应用双曲正切函数来时刻保证所设计出的控制量在饱和范围内,并基于Lyapunov方法严格地分析闭环系统在所设计控制方案下的稳定性。

6.2 Nussbaum函数及其性质

由于在控制方案设计中引入了Nussbaum函数,现对其相关内容进行介绍。

定义6.1[110]:若连续函数$N(s):\mathbf{R}\to\mathbf{R}$满足如下两个条件,则称$N(s)$为Nussbaum函数,即

$$\limsup_{s\to\infty}\left(\frac{1}{s}\int_0^s N(\zeta)\,\mathrm{d}\zeta\right)=+\infty \tag{6.1}$$

$$\liminf_{s\to\infty}\left(\frac{1}{s}\int_0^s N(\zeta)\,\mathrm{d}\zeta\right)=-\infty \tag{6.2}$$

常见的 Nussbaum 函数有 $\zeta^2\cos\zeta$，$\mathbf{In}(\zeta+1)\cos(\sqrt{\mathbf{In}(\zeta+1)})$ 等。下面给出 Nussbaum 函数的一个重要性质：

引理 6.1[110]：定义在 $[0,t_f)$ 上的光滑函数 $V(\cdot)$ 和 $\chi(\cdot)$，其中 $V(t)\geqslant 0$，$\forall t\in[0,t_f)$，$N(\chi)$ 为偶的 Nussbaum 函数。若下述不等式成立，则 $V(\cdot)$ 和 $\chi(\cdot)$ 在 $[0,t_f)$ 上必有界。

$$V\leqslant V(0)\mathrm{e}^{-ct}+\frac{M}{c}(1-\mathrm{e}^{-ct})+\frac{\mathrm{e}^{-ct}}{\gamma_x}\int_0^t(\xi N(\chi)\dot{\chi}-\dot{\chi})\mathrm{e}^{c\tau}\mathrm{d}\tau \tag{6.3}$$

式中，常数 $c>0$、$\gamma_x>0$、$M>0$；ξ 为在未知区间 $[\xi_{\min},\xi_{\max}]$ 上取值的时变参量，$0<\xi_{\min}<\xi_{\max}$。

引理 6.1 的详细证明过程可参考附录 C。

6.3 递归小波神经网络干扰观测器的设计

RWNN 自身独特的优势使得其无论在参数辨识、图像处理，还是控制系统设计等方面都得到了广泛的应用。RWNN 属于一种反馈型神经网络，其主要特点在于网络结构中存在时间延迟反馈环节，它可以用于存储网络上时刻的有关信息。同时，RWNN 还具有小波函数的多分辨率分解特性。理论证明，RWNN 可以充分逼近任意复杂的非线性关系且具有更快的收敛特性。本节将首先简要地介绍 RWNN 结构，然后通过将其与干扰观测器技术相结合来设计一种新型智能干扰观测器，即 RWNNDO。

6.3.1 递归小波神经网络结构

递归小波神经网络结构[107-109]如图 6.1 所示，其中包含输入层、小波函数层、乘积层和输出层，递归反馈存在于小波函数层中，各层的输入/输出关系具体如下[107-109]。

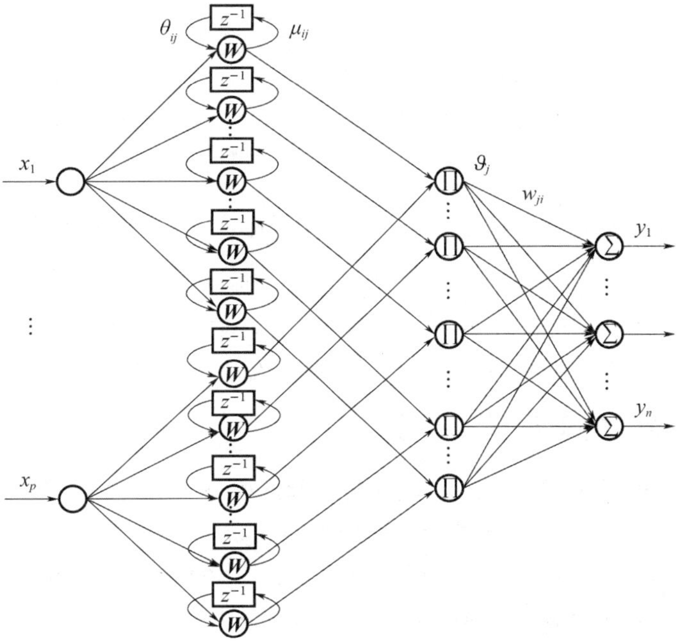

图 6.1　递归小波神经网络结构图

1. 输入层

输入层各个节点直接与输入向量各个分量 x_i 连接，其作用是将输入值 $\boldsymbol{x}=[x_1,x_2,\cdots,x_p]^{\mathrm{T}}$ 传输到下一层，p 为输入变量个数。输入层的输入/输出关系如下：

$$O_i^1 = x_i, i = 1,2,\cdots,p \tag{6.4}$$

2. 小波函数层

该层以一系列小波函数为基底对输入变量进行变换，具体如下：

$$r_{ij} = x_i + \theta_{ij}\mu_{ij}(N-1) \tag{6.5}$$

$$\mu_{ij} = \cos\left(\omega\frac{r_{ij}-b_{ij}}{c_{ij}}\right)\exp\left[-\frac{1}{2}\left(\frac{r_{ij}-b_{ij}}{c_{ij}}\right)^2\right] \tag{6.6}$$

式中，ω 为小波函数频率；r_{ij}为小波函数层的输入；θ_{ij}为 μ_{ij}的自反馈权系数；$\mu_{ij}(N-1)$为上时刻小波函数层的输出；b_{ij}为小波函数的平移因子；c_{ij}为小波函数的伸缩因子，$i=1,2,\cdots,p,j=1,2,\cdots,q,q$ 为每个输入变量对应的小波函数个数。小波函数层的输出为

$$O_{ij}^2 = \mu_{ij}, i = 1,2,\cdots,p, j = 1,2,\cdots,q \tag{6.7}$$

3. 乘积层

乘积层中每个节点为上层中相应输出的一系列乘积，即

$$O_j^3 = \vartheta_j = \prod_{i=1}^{p}\mu_{ij}, j = 1,2,\cdots,q \tag{6.8}$$

4. 输出层

输出层实现的是对未知量的逼近，即

$$O_i^4 = y_i = \sum_{j=1}^{q} w_{ij}\vartheta_j, i = 1,2,\cdots,n \tag{6.9}$$

式中：w_{ij}为乘积层到输出层间的权值；n 为输出变量的个数。

上述过程可写为如下的向量形式，即

$$\boldsymbol{y} = \boldsymbol{W}^{\mathrm{T}}\boldsymbol{\Phi} \tag{6.10}$$

式中：$\boldsymbol{y}=[y_1,y_2,\cdots,y_n]^{\mathrm{T}}\in\mathbf{R}^n$；$\boldsymbol{W}=\begin{bmatrix} w_{11} & w_{21} & \cdots & w_{n1} \\ w_{12} & w_{22} & \cdots & w_{n2} \\ \vdots & \vdots & \ddots & \vdots \\ w_{1q} & w_{2q} & \cdots & w_{nq} \end{bmatrix}\in\mathbf{R}^{q\times n}$，$\boldsymbol{\Phi}=[\vartheta_1,\vartheta_2,\cdots,\vartheta_q]^{\mathrm{T}}\in\mathbf{R}^q$。

同时将自反馈权值和小波函数的平移因子、伸缩因子记为如下的向量形式，即

$$\boldsymbol{\theta} = [\theta_{11},\cdots,\theta_{p1},\theta_{12},\cdots,\theta_{p2},\cdots,\theta_{1q},\cdots,\theta_{pq}]^{\mathrm{T}} \in \mathbf{R}^{pq} \tag{6.11}$$

$$\boldsymbol{b} = [b_{11},\cdots,b_{p1},b_{12},\cdots,b_{p2},\cdots,b_{1q},\cdots,b_{pq}]^{\mathrm{T}} \in \mathbf{R}^{pq} \tag{6.12}$$

$$\boldsymbol{c} = [c_{11},\cdots,c_{p1},c_{12},\cdots,c_{p2},\cdots,c_{1q},\cdots,c_{pq}]^{\mathrm{T}} \in \mathbf{R}^{pq} \tag{6.13}$$

6.3.2 基于 RWNN 的干扰观测器设计

为使所设计的 RWNNDO 具有良好的通用性，考虑如下一类不确定 MIMO 非线性系统，即

$$\dot{\boldsymbol{x}} = \boldsymbol{F}(\boldsymbol{x}) + \boldsymbol{G}(\boldsymbol{x})\boldsymbol{u} + \boldsymbol{D}(\boldsymbol{x},t) \tag{6.14}$$

式中：$\boldsymbol{x}\in\mathbf{R}^n$ 为系统状态向量；$\boldsymbol{u}\in\mathbf{R}^m$ 为系统控制输入向量；$\boldsymbol{F}(\boldsymbol{x})\in\mathbf{R}^n$、$\boldsymbol{G}(\boldsymbol{x})\in\mathbf{R}^{n\times m}$中各分量为关于状态向量 $\boldsymbol{x}$ 的已知连续函数；$\boldsymbol{D}(\boldsymbol{x},t)=\Delta\boldsymbol{F}(\boldsymbol{x})+\boldsymbol{d}_{\mathrm{e}}(\boldsymbol{x},t)$为系统的未知复合干扰，$\Delta\boldsymbol{F}(\boldsymbol{x})$表示系统的不确定性，$\boldsymbol{d}_{\mathrm{e}}(\boldsymbol{x},t)$表示系统所受的外部干扰。在设计 RWNNDO 之前需

要如下定义：

定义 6.2[111]：设 $\boldsymbol{W}^*$ 为 RWNNDO 的最优权值矩阵，其定义如下：

$$\boldsymbol{W}^* = \arg\min_{\hat{W}\in M_W}\{\sup_{x\in M_x}\|\boldsymbol{D}-\hat{\boldsymbol{D}}\|\} \tag{6.15}$$

式中：$\boldsymbol{M}_W$、$\boldsymbol{M}_x$ 分别为 $\hat{\boldsymbol{W}}$、$\boldsymbol{x}$ 的可行域，$\hat{\boldsymbol{W}}$ 为网络权值的估计值；$\hat{\boldsymbol{D}}$ 为 RWNNDO 实时输出值；$\boldsymbol{W}^*$ 有界且满足 $\|\boldsymbol{W}^*\|\leqslant\overline{W}$。类似地，定义其他最优参数 $\boldsymbol{\theta}^*$、$\boldsymbol{b}^*$ 和 $\boldsymbol{c}^*$，且分别满足 $\|\boldsymbol{\theta}^*\|\leqslant\overline{\theta}$、$\|\boldsymbol{b}^*\|\leqslant\overline{b}$、$\|\boldsymbol{c}^*\|\leqslant\overline{c}$。

定义 6.3[111]：RWNNDO 的最优输出 $\boldsymbol{D}^*$ 为

$$\boldsymbol{D}^* = \boldsymbol{W}^{*\mathrm{T}}\boldsymbol{\Phi}^*(\boldsymbol{\theta}^*,\boldsymbol{b}^*,\boldsymbol{c}^*) = \boldsymbol{D}-\boldsymbol{\varepsilon} \tag{6.16}$$

式中：$\boldsymbol{\varepsilon}$ 为 RWNNDO 最优输出与系统复合干扰之间的误差。由神经网络的逼近能力可知 $\boldsymbol{\varepsilon}$ 可以任意小，这里不妨假设 $\|\boldsymbol{\varepsilon}\|\leqslant\overline{\varepsilon}$。考虑到 $\boldsymbol{\varepsilon}$ 的存在，在 RWNNDO 设计时采用一种补偿项对其进行处理。

针对不确定 MIMO 非线性系统式(6.14)，构造如下的 RWNNDO 动态系统，即

$$\begin{cases}\dot{\boldsymbol{\eta}} = -\sigma\boldsymbol{\eta}+\boldsymbol{\psi}(\boldsymbol{x},\boldsymbol{u},\hat{\boldsymbol{W}},\hat{\boldsymbol{\theta}},\hat{\boldsymbol{b}},\hat{\boldsymbol{c}})\\ \boldsymbol{\psi}(\boldsymbol{x},\boldsymbol{u},\hat{\boldsymbol{W}},\hat{\boldsymbol{\theta}},\hat{\boldsymbol{b}},\hat{\boldsymbol{c}}) = \sigma\boldsymbol{x}+\boldsymbol{F}(\boldsymbol{x})+\boldsymbol{G}(\boldsymbol{x})\boldsymbol{u}+\hat{\boldsymbol{D}}(\hat{\boldsymbol{W}},\hat{\boldsymbol{\theta}},\hat{\boldsymbol{b}},\hat{\boldsymbol{c}})+\boldsymbol{v}_r\\ \hat{\boldsymbol{D}}(\hat{\boldsymbol{W}},\hat{\boldsymbol{\theta}},\hat{\boldsymbol{b}},\hat{\boldsymbol{c}}) = \hat{\boldsymbol{W}}^{\mathrm{T}}\hat{\boldsymbol{\Phi}}(\hat{\boldsymbol{\theta}},\hat{\boldsymbol{b}},\hat{\boldsymbol{c}})\end{cases} \tag{6.17}$$

式中：$\boldsymbol{\eta}$ 为 RWNNDO 的内部状态向量；$\sigma>0$ 为设计参数；$\hat{\boldsymbol{D}}(\hat{\boldsymbol{W}},\hat{\boldsymbol{\theta}},\hat{\boldsymbol{b}},\hat{\boldsymbol{c}})$ 为 RWNNDO 的实时输出；$\boldsymbol{v}_r$ 为补偿项，后面将给出其具体表达式。

定义 RWNNDO 名义误差为

$$\boldsymbol{e}_D = \boldsymbol{x}-\boldsymbol{\eta} \tag{6.18}$$

根据式(6.14)、式(6.17)和式(6.18)可得

$$\dot{\boldsymbol{e}}_D = -\sigma\boldsymbol{e}_D+\boldsymbol{D}(\boldsymbol{x},t)-\hat{\boldsymbol{D}}(\hat{\boldsymbol{W}},\hat{\boldsymbol{\theta}},\hat{\boldsymbol{b}},\hat{\boldsymbol{c}})-\boldsymbol{v}_r \tag{6.19}$$

将式(6.16)代入式(6.19)可得

$$\dot{\boldsymbol{e}}_D = -\sigma\boldsymbol{e}_D+\boldsymbol{W}^{*\mathrm{T}}\boldsymbol{\Phi}^*-\hat{\boldsymbol{W}}^{\mathrm{T}}\hat{\boldsymbol{\Phi}}+\boldsymbol{\varepsilon}-\boldsymbol{v}_r \tag{6.20}$$

将 $\boldsymbol{\Phi}^*$ 在 $\boldsymbol{\theta}=\hat{\boldsymbol{\theta}},\boldsymbol{b}=\hat{\boldsymbol{b}},\boldsymbol{c}=\hat{\boldsymbol{c}}$ 处进行泰勒级数展开，可得

$$\boldsymbol{\Phi}^* = \hat{\boldsymbol{\Phi}}+\boldsymbol{\Phi}'_\theta(\boldsymbol{\theta}^*-\hat{\boldsymbol{\theta}})+\boldsymbol{\Phi}'_b(\boldsymbol{b}^*-\hat{\boldsymbol{b}})+\boldsymbol{\Phi}'_c(\boldsymbol{c}^*-\hat{\boldsymbol{c}})+\boldsymbol{O}(\tilde{\boldsymbol{\theta}},\tilde{\boldsymbol{b}},\tilde{\boldsymbol{c}}) \tag{6.21}$$

式中：$\boldsymbol{\Phi}'_\theta=\left.\dfrac{\partial\boldsymbol{\Phi}}{\partial\boldsymbol{\theta}}\right|_{\theta=\hat{\theta}}\in\mathbf{R}^{q\times pq}$，$\boldsymbol{\Phi}'_b=\left.\dfrac{\partial\boldsymbol{\Phi}}{\partial\boldsymbol{b}}\right|_{b=\hat{b}}\in\mathbf{R}^{q\times pq}$，$\boldsymbol{\Phi}'_c=\left.\dfrac{\partial\boldsymbol{\Phi}}{\partial\boldsymbol{c}}\right|_{c=\hat{c}}\in\mathbf{R}^{q\times pq}$，$\boldsymbol{O}(\tilde{\boldsymbol{\theta}},\tilde{\boldsymbol{b}},\tilde{\boldsymbol{c}})$ 为高阶项；$\tilde{\boldsymbol{\theta}}=\boldsymbol{\theta}^*-\hat{\boldsymbol{\theta}}$，$\tilde{\boldsymbol{b}}=\boldsymbol{b}^*-\hat{\boldsymbol{b}}$，$\tilde{\boldsymbol{c}}=\boldsymbol{c}^*-\hat{\boldsymbol{c}}$。将式(6.21)代入式(6.20)可得

$$\begin{aligned}\dot{\boldsymbol{e}}_D &= -\sigma\boldsymbol{e}_D+\hat{\boldsymbol{W}}^{\mathrm{T}}(\hat{\boldsymbol{\Phi}}+\boldsymbol{\Phi}'_\theta\tilde{\boldsymbol{\theta}}+\boldsymbol{\Phi}'_b\tilde{\boldsymbol{b}}+\boldsymbol{\Phi}'_c\tilde{\boldsymbol{c}})+\tilde{\boldsymbol{W}}^{\mathrm{T}}(\hat{\boldsymbol{\Phi}}-\boldsymbol{\Phi}'_\theta\hat{\boldsymbol{\theta}}-\boldsymbol{\Phi}'_b\hat{\boldsymbol{b}}-\boldsymbol{\Phi}'_c\hat{\boldsymbol{c}})\\ &\quad+\tilde{\boldsymbol{W}}^{\mathrm{T}}(\boldsymbol{\Phi}'_\theta\boldsymbol{\theta}^*+\boldsymbol{\Phi}'_b\boldsymbol{b}^*+\boldsymbol{\Phi}'_c\boldsymbol{c}^*)-\hat{\boldsymbol{W}}^{\mathrm{T}}\hat{\boldsymbol{\Phi}}+\boldsymbol{W}^{*\mathrm{T}}\boldsymbol{O}(\tilde{\boldsymbol{\theta}},\tilde{\boldsymbol{b}},\tilde{\boldsymbol{c}})+\boldsymbol{\varepsilon}-\boldsymbol{v}_r\\ &= -\sigma\boldsymbol{e}_D+\hat{\boldsymbol{W}}^{\mathrm{T}}(\boldsymbol{\Phi}'_\theta\tilde{\boldsymbol{\theta}}+\boldsymbol{\Phi}'_b\tilde{\boldsymbol{b}}+\boldsymbol{\Phi}'_c\tilde{\boldsymbol{c}})+\tilde{\boldsymbol{W}}^{\mathrm{T}}(\hat{\boldsymbol{\Phi}}-\boldsymbol{\Phi}'_\theta\hat{\boldsymbol{\theta}}-\boldsymbol{\Phi}'_b\hat{\boldsymbol{b}}-\boldsymbol{\Phi}'_c\hat{\boldsymbol{c}})+\boldsymbol{\varepsilon}_D-\boldsymbol{v}_r\end{aligned} \tag{6.22}$$

式中：$\boldsymbol{\varepsilon}_D=\tilde{\boldsymbol{W}}^{\mathrm{T}}(\boldsymbol{\Phi}'_\theta\boldsymbol{\theta}^*+\boldsymbol{\Phi}'_b\boldsymbol{b}^*+\boldsymbol{\Phi}'_c\boldsymbol{c}^*)+\boldsymbol{W}^{*\mathrm{T}}\boldsymbol{O}(\tilde{\boldsymbol{\theta}},\tilde{\boldsymbol{b}},\tilde{\boldsymbol{c}})+\boldsymbol{\varepsilon}$，$\tilde{\boldsymbol{W}}=\boldsymbol{W}^*-\hat{\boldsymbol{W}}$。为保证上述参

数估计值有界,对参数自适应律采用投影算子运算,这样即可保证 $\boldsymbol{\varepsilon}_D$ 有界,这里假设 $\|\boldsymbol{\varepsilon}_D\| \leqslant \bar{\varepsilon}_D$,关于 $\boldsymbol{\varepsilon}_D$ 的有界性详细分析将在后文给出。

定义如下 Lyapunov 函数:

$$V = \frac{1}{2}\boldsymbol{e}_D^{\mathrm{T}}\boldsymbol{e}_D + \frac{1}{2}\mathrm{tr}(\tilde{\boldsymbol{W}}^{\mathrm{T}}\boldsymbol{\Lambda}_W^{-1}\tilde{\boldsymbol{W}}) + \frac{1}{2}\tilde{\boldsymbol{\theta}}^{\mathrm{T}}\boldsymbol{\Lambda}_\theta^{-1}\tilde{\boldsymbol{\theta}} + \frac{1}{2}\tilde{\boldsymbol{b}}^{\mathrm{T}}\boldsymbol{\Lambda}_b^{-1}\tilde{\boldsymbol{b}} + \frac{1}{2}\tilde{\boldsymbol{c}}^{\mathrm{T}}\boldsymbol{\Lambda}_c^{-1}\tilde{\boldsymbol{c}} + \frac{1}{2\lambda_\varepsilon}\tilde{\varepsilon}_D^2 \tag{6.23}$$

式中:$\boldsymbol{\Lambda}_W = \boldsymbol{\Lambda}_W^{\mathrm{T}} > 0$、$\boldsymbol{\Lambda}_\theta = \boldsymbol{\Lambda}_\theta^{\mathrm{T}} > 0$、$\boldsymbol{\Lambda}_b = \boldsymbol{\Lambda}_b^{\mathrm{T}} > 0$、$\boldsymbol{\Lambda}_c = \boldsymbol{\Lambda}_c^{\mathrm{T}} > 0$、$\lambda_\varepsilon > 0$ 为设计参数;$\tilde{\varepsilon}_D = \bar{\varepsilon}_D - \hat{\varepsilon}_D$,$\hat{\varepsilon}_D$ 为 $\bar{\varepsilon}_D$ 的估计值。

考虑到 $\dot{\tilde{\boldsymbol{W}}} = -\dot{\hat{\boldsymbol{W}}}$、$\dot{\tilde{\boldsymbol{\theta}}} = -\dot{\hat{\boldsymbol{\theta}}}$、$\dot{\tilde{\boldsymbol{b}}} = -\dot{\hat{\boldsymbol{b}}}$、$\dot{\tilde{\boldsymbol{c}}} = -\dot{\hat{\boldsymbol{c}}}$、$\dot{\tilde{\varepsilon}}_D = -\dot{\hat{\varepsilon}}_D$ 和式(6.22),对式(6.23)求导可得

$$\begin{aligned}\dot{V} = & -\sigma\boldsymbol{e}_D^{\mathrm{T}}\boldsymbol{e}_D + \boldsymbol{e}_D^{\mathrm{T}}\hat{\boldsymbol{W}}^{\mathrm{T}}\boldsymbol{\Phi}'_\theta\tilde{\boldsymbol{\theta}} + \boldsymbol{e}_D^{\mathrm{T}}\hat{\boldsymbol{W}}^{\mathrm{T}}\boldsymbol{\Phi}'_b\tilde{\boldsymbol{b}} + \boldsymbol{e}_D^{\mathrm{T}}\hat{\boldsymbol{W}}^{\mathrm{T}}\boldsymbol{\Phi}'_c\tilde{\boldsymbol{c}} + \boldsymbol{e}_D^{\mathrm{T}}\tilde{\boldsymbol{W}}^{\mathrm{T}}(\hat{\boldsymbol{\Phi}} - \boldsymbol{\Phi}'_\theta\hat{\boldsymbol{\theta}} - \boldsymbol{\Phi}'_b\hat{\boldsymbol{b}} - \boldsymbol{\Phi}'_c\hat{\boldsymbol{c}})\\ & + \boldsymbol{e}_D^{\mathrm{T}}\boldsymbol{\varepsilon}_D - \boldsymbol{e}_D^{\mathrm{T}}\boldsymbol{v}_r - \mathrm{tr}(\tilde{\boldsymbol{W}}^{\mathrm{T}}\boldsymbol{\Lambda}_W^{-1}\dot{\hat{\boldsymbol{W}}}) - \tilde{\boldsymbol{\theta}}^{\mathrm{T}}\boldsymbol{\Lambda}_\theta^{-1}\dot{\hat{\boldsymbol{\theta}}} - \tilde{\boldsymbol{b}}^{\mathrm{T}}\boldsymbol{\Lambda}_b^{-1}\dot{\hat{\boldsymbol{b}}} - \tilde{\boldsymbol{c}}^{\mathrm{T}}\boldsymbol{\Lambda}_c^{-1}\dot{\hat{\boldsymbol{c}}} - \frac{1}{\lambda_\varepsilon}\tilde{\varepsilon}_D\dot{\hat{\varepsilon}}_D\end{aligned} \tag{6.24}$$

设计如下的参数自适应律和补偿项,即

$$\begin{aligned}\dot{\hat{\boldsymbol{W}}} &= \mathrm{Proj}[\boldsymbol{\Lambda}_W(\hat{\boldsymbol{\Phi}} - \boldsymbol{\Phi}'_\theta\hat{\boldsymbol{\theta}} - \boldsymbol{\Phi}'_b\hat{\boldsymbol{b}} - \boldsymbol{\Phi}'_c\hat{\boldsymbol{c}})\boldsymbol{e}_D^{\mathrm{T}}]\\ &= \boldsymbol{\Lambda}_W(\hat{\boldsymbol{\Phi}} - \boldsymbol{\Phi}'_\theta\hat{\boldsymbol{\theta}} - \boldsymbol{\Phi}'_b\hat{\boldsymbol{b}} - \boldsymbol{\Phi}'_c\hat{\boldsymbol{c}})\boldsymbol{e}_D^{\mathrm{T}} - I_W\frac{\boldsymbol{e}_D^{\mathrm{T}}\hat{\boldsymbol{W}}^{\mathrm{T}}\boldsymbol{\Lambda}_W(\hat{\boldsymbol{\Phi}} - \boldsymbol{\Phi}'_\theta\hat{\boldsymbol{\theta}} - \boldsymbol{\Phi}'_b\hat{\boldsymbol{b}} - \boldsymbol{\Phi}'_c\hat{\boldsymbol{c}})}{\|\hat{\boldsymbol{W}}\|^2}\hat{\boldsymbol{W}}\end{aligned} \tag{6.25}$$

$$\dot{\hat{\boldsymbol{\theta}}} = \mathrm{Proj}[\boldsymbol{\Lambda}_\theta\boldsymbol{\Phi}'^{\mathrm{T}}_\theta\hat{\boldsymbol{W}}\boldsymbol{e}_D] = \boldsymbol{\Lambda}_\theta\boldsymbol{\Phi}'^{\mathrm{T}}_\theta\hat{\boldsymbol{W}}\boldsymbol{e}_D - I_\theta\frac{\boldsymbol{e}_D^{\mathrm{T}}\hat{\boldsymbol{W}}^{\mathrm{T}}\boldsymbol{\Phi}'_\theta\boldsymbol{\Lambda}_\theta^{\mathrm{T}}\hat{\boldsymbol{\theta}}}{\|\hat{\boldsymbol{\theta}}\|^2}\hat{\boldsymbol{\theta}} \tag{6.26}$$

$$\dot{\hat{\boldsymbol{b}}} = \mathrm{Proj}[\boldsymbol{\Lambda}_b\boldsymbol{\Phi}'^{\mathrm{T}}_b\hat{\boldsymbol{W}}\boldsymbol{e}_D] = \boldsymbol{\Lambda}_b\boldsymbol{\Phi}'^{\mathrm{T}}_b\hat{\boldsymbol{W}}\boldsymbol{e}_D - I_b\frac{\boldsymbol{e}_D^{\mathrm{T}}\hat{\boldsymbol{W}}^{\mathrm{T}}\boldsymbol{\Phi}'_b\boldsymbol{\Lambda}_b^{\mathrm{T}}\hat{\boldsymbol{b}}}{\|\hat{\boldsymbol{b}}\|^2}\hat{\boldsymbol{b}} \tag{6.27}$$

$$\dot{\hat{\boldsymbol{c}}} = \mathrm{Proj}[\boldsymbol{\Lambda}_c\boldsymbol{\Phi}'^{\mathrm{T}}_c\hat{\boldsymbol{W}}\boldsymbol{e}_D] = \boldsymbol{\Lambda}_c\boldsymbol{\Phi}'^{\mathrm{T}}_c\hat{\boldsymbol{W}}\boldsymbol{e}_D - I_c\frac{\boldsymbol{e}_D^{\mathrm{T}}\hat{\boldsymbol{W}}^{\mathrm{T}}\boldsymbol{\Phi}'_c\boldsymbol{\Lambda}_c^{\mathrm{T}}\hat{\boldsymbol{c}}}{\|\hat{\boldsymbol{c}}\|^2}\hat{\boldsymbol{c}} \tag{6.28}$$

$$\dot{\hat{\varepsilon}}_D = \lambda_\varepsilon(\boldsymbol{e}_D^{\mathrm{T}}\tanh(\boldsymbol{e}_D/\delta_\varepsilon) - k_\varepsilon\hat{\varepsilon}_D) \tag{6.29}$$

$$\boldsymbol{v}_r = \hat{\varepsilon}_D\tanh(\boldsymbol{e}_D/\delta_\varepsilon) \tag{6.30}$$

式中:$k_\varepsilon > 0$、$\delta_\varepsilon > 0$ 为设计参数;$\tanh(\boldsymbol{e}_D/\delta_\varepsilon) = [\tanh(e_{D1}/\delta_\varepsilon), \cdots, \tanh(e_{Dn}/\delta_\varepsilon)]^{\mathrm{T}}$,$\mathrm{Proj}(\cdot)$为保证自适应参数有界的投影算子;$I_W$、$I_\theta$、$I_b$ 和 I_c 分别定义如下:

$$I_W = \begin{cases}0 & \text{if } \|\hat{\boldsymbol{W}}\| \leqslant \bar{W} \text{ or } \|\hat{\boldsymbol{W}}\| > \bar{W} \text{ and } \boldsymbol{e}_D^{\mathrm{T}}\hat{\boldsymbol{W}}^{\mathrm{T}}(\hat{\boldsymbol{\Phi}} - \boldsymbol{\Phi}'_\theta\hat{\boldsymbol{\theta}} - \boldsymbol{\Phi}'_b\hat{\boldsymbol{b}} - \boldsymbol{\Phi}'_c\hat{\boldsymbol{c}}) \leqslant 0\\ 1 & \text{if } \|\hat{\boldsymbol{W}}\| > \bar{W} \text{ and } \boldsymbol{e}_D^{\mathrm{T}}\hat{\boldsymbol{W}}^{\mathrm{T}}(\hat{\boldsymbol{\Phi}} - \boldsymbol{\Phi}'_\theta\hat{\boldsymbol{\theta}} - \boldsymbol{\Phi}'_b\hat{\boldsymbol{b}} - \boldsymbol{\Phi}'_c\hat{\boldsymbol{c}}) > 0\end{cases} \tag{6.31}$$

$$I_\theta = \begin{cases}0 & \text{if } \|\hat{\boldsymbol{\theta}}\| \leqslant \bar{\theta} \text{ or } \|\hat{\boldsymbol{\theta}}\| > \bar{\theta} \text{ and } \boldsymbol{e}_D^{\mathrm{T}}\hat{\boldsymbol{W}}^{\mathrm{T}}\boldsymbol{\Phi}'_\theta\hat{\boldsymbol{\theta}} \leqslant 0\\ 1 & \text{if } \|\hat{\boldsymbol{\theta}}\| > \bar{\theta} \text{ and } \boldsymbol{e}_D^{\mathrm{T}}\hat{\boldsymbol{W}}^{\mathrm{T}}\boldsymbol{\Phi}'_\theta\hat{\boldsymbol{\theta}} > 0\end{cases} \tag{6.32}$$

$$I_b=\begin{cases}0 & \text{if}\ \|\hat{\boldsymbol b}\|\leqslant\bar b\quad\text{or}\ \|\hat{\boldsymbol b}\|>\bar b\quad\text{and}\ \boldsymbol e_D^{\mathrm T}\hat{\boldsymbol W}^{\mathrm T}\boldsymbol\Phi'_b\hat{\boldsymbol b}\leqslant 0\\ 1 & \text{if}\ \|\hat{\boldsymbol b}\|>\bar b\quad\text{and}\ \boldsymbol e_D^{\mathrm T}\hat{\boldsymbol W}^{\mathrm T}\boldsymbol\Phi'_b\hat{\boldsymbol b}>0\end{cases}\tag{6.33}$$

$$I_c=\begin{cases}0 & \text{if}\ \|\hat{\boldsymbol c}\|\leqslant\bar c\quad\text{or}\ \|\hat{\boldsymbol c}\|>\bar c\quad\text{and}\ \boldsymbol e_D^{\mathrm T}\hat{\boldsymbol W}^{\mathrm T}\boldsymbol\Phi'_c\hat{\boldsymbol c}\leqslant 0\\ 1 & \text{if}\ \|\hat{\boldsymbol c}\|>\bar c\quad\text{and}\ \boldsymbol e_D^{\mathrm T}\hat{\boldsymbol W}^{\mathrm T}\boldsymbol\Phi'_c\hat{\boldsymbol c}>0\end{cases}\tag{6.34}$$

由于参数自适应律中采用了投影算子运算，所以可得参数估计值误差是有界的，这里不妨分别假设 $\|\tilde{\boldsymbol W}\|\leqslant\bar a_1$、$\|\tilde{\boldsymbol\theta}\|\leqslant\bar a_2$、$\|\tilde{\boldsymbol b}\|\leqslant\bar a_3$ 和 $\|\tilde{\boldsymbol c}\|\leqslant\bar a_4$。考虑到 $\boldsymbol\Phi$ 是由高斯基函数与余弦函数组成的，所以 $\boldsymbol\Phi$ 有界，同时可以得出 $\boldsymbol\Phi'_\theta$、$\boldsymbol\Phi'_b$、$\boldsymbol\Phi'_c$ 均是有界的，这里假设 $\|\boldsymbol\Phi'_\theta\|\leqslant\bar b_1$、$\|\boldsymbol\Phi'_b\|\leqslant\bar b_2$ 和 $\|\boldsymbol\Phi'_c\|\leqslant\bar b_3$，所以 $\|\boldsymbol O(\tilde{\boldsymbol\theta},\tilde{\boldsymbol b},\tilde{\boldsymbol c})\|\leqslant\|\tilde{\boldsymbol W}-\boldsymbol\Phi'_\theta\tilde{\boldsymbol\theta}-\boldsymbol\Phi'_b\tilde{\boldsymbol b}-\boldsymbol\Phi'_c\tilde{\boldsymbol c}\|\leqslant\bar a_1+\bar b_1\bar a_2+\bar b_2\bar a_3+\bar b_3\bar a_4$。故有

$$\begin{aligned}\|\boldsymbol\varepsilon_D\| &= \|\tilde{\boldsymbol W}^{\mathrm T}(\boldsymbol\Phi'_\theta\boldsymbol\theta^*+\boldsymbol\Phi'_b\boldsymbol b^*+\boldsymbol\Phi'_c\boldsymbol c^*)+\boldsymbol W^{*\mathrm T}\boldsymbol O(\tilde{\boldsymbol\theta},\tilde{\boldsymbol b},\tilde{\boldsymbol c})+\boldsymbol\varepsilon\|\\ &\leqslant \bar a_1(\bar b_1\bar\theta+\bar b_2\bar b+\bar b_3\bar c)+\bar W(\bar a_1+\bar b_1\bar a_2+\bar b_2\bar a_3+\bar b_3\bar a_4)+\bar\varepsilon=\bar\varepsilon_D\end{aligned}\tag{6.35}$$

将参数自适应律式(6.25)~式(6.29)和补偿项式(6.30)代入式(6.24)可得

$$\begin{aligned}\dot V=&-\sigma\boldsymbol e_D^{\mathrm T}\boldsymbol e_D+\boldsymbol e_D^{\mathrm T}\boldsymbol\varepsilon_D-\hat\varepsilon_D\boldsymbol e_D^{\mathrm T}\tanh(\boldsymbol e_D/\delta_\varepsilon)-\tilde\varepsilon_D(\boldsymbol e_D^{\mathrm T}\tanh(\boldsymbol e_D/\delta_\varepsilon)-k_\varepsilon\hat\varepsilon_D)+I_\theta\frac{\boldsymbol e_D^{\mathrm T}\hat{\boldsymbol W}^{\mathrm T}\boldsymbol\Phi'_\theta\hat{\boldsymbol\theta}}{\|\hat{\boldsymbol\theta}\|^2}\tilde{\boldsymbol\theta}^{\mathrm T}\hat{\boldsymbol\theta}\\ &+I_W\frac{\boldsymbol e_D^{\mathrm T}\hat{\boldsymbol W}^{\mathrm T}(\hat{\boldsymbol\Phi}-\boldsymbol\Phi'_\theta\hat{\boldsymbol\theta}-\boldsymbol\Phi'_b\hat{\boldsymbol b}-\boldsymbol\Phi'_c\hat{\boldsymbol c})}{\|\hat{\boldsymbol W}\|^2}\mathrm{tr}(\tilde{\boldsymbol W}^{\mathrm T}\hat{\boldsymbol W})+I_b\frac{\boldsymbol e_D^{\mathrm T}\hat{\boldsymbol W}^{\mathrm T}\boldsymbol\Phi'_b\hat{\boldsymbol b}}{\|\hat{\boldsymbol b}\|^2}\tilde{\boldsymbol b}^{\mathrm T}\hat{\boldsymbol b}+I_c\frac{\boldsymbol e_D^{\mathrm T}\hat{\boldsymbol W}^{\mathrm T}\boldsymbol\Phi'_c\hat{\boldsymbol c}}{\|\hat{\boldsymbol c}\|^2}\tilde{\boldsymbol c}^{\mathrm T}\hat{\boldsymbol c}\end{aligned}\tag{6.36}$$

若 $I_W=0$，显然有

$$I_W\frac{\boldsymbol e_D^{\mathrm T}\hat{\boldsymbol W}^{\mathrm T}(\hat{\boldsymbol\Phi}-\boldsymbol\Phi'_\theta\hat{\boldsymbol\theta}-\boldsymbol\Phi'_b\hat{\boldsymbol b}-\boldsymbol\Phi'_c\hat{\boldsymbol c})}{\|\hat{\boldsymbol W}\|^2}\mathrm{tr}(\tilde{\boldsymbol W}^{\mathrm T}\hat{\boldsymbol W})=0\tag{6.37}$$

若 $I_W=1$，考虑到该等式成立的条件有

$$\begin{aligned}\mathrm{tr}(\tilde{\boldsymbol W}^{\mathrm T}\hat{\boldsymbol W})&=\mathrm{tr}(\boldsymbol W^{*\mathrm T}\hat{\boldsymbol W}-\hat{\boldsymbol W}^{\mathrm T}\hat{\boldsymbol W})\leqslant\frac{1}{2}(\|\boldsymbol W^*\|^2+\|\hat{\boldsymbol W}\|^2)-\|\hat{\boldsymbol W}\|^2\\ &\leqslant\frac{1}{2}(\bar W^2-\|\hat{\boldsymbol W}\|^2)\leqslant 0\end{aligned}\tag{6.38}$$

所以可得

$$I_W\frac{\boldsymbol e_D^{\mathrm T}\hat{\boldsymbol W}^{\mathrm T}(\hat{\boldsymbol\Phi}-\boldsymbol\Phi'_\theta\hat{\boldsymbol\theta}-\boldsymbol\Phi'_b\hat{\boldsymbol b}-\boldsymbol\Phi'_c\hat{\boldsymbol c})}{\|\hat{\boldsymbol W}\|^2}\mathrm{tr}(\tilde{\boldsymbol W}^{\mathrm T}\hat{\boldsymbol W})\leqslant 0\tag{6.39}$$

可见，I_W 无论取值如何，均有不等式(6.39)成立。类似地可得

$$I_\theta\frac{\boldsymbol e_D^{\mathrm T}\hat{\boldsymbol W}^{\mathrm T}\boldsymbol\Phi'_\theta\hat{\boldsymbol\theta}}{\|\hat{\boldsymbol\theta}\|^2}\tilde{\boldsymbol\theta}^{\mathrm T}\hat{\boldsymbol\theta}\leqslant 0\tag{6.40}$$

$$I_b\frac{\boldsymbol e_D^{\mathrm T}\hat{\boldsymbol W}^{\mathrm T}\boldsymbol\Phi'_b\hat{\boldsymbol b}}{\|\hat{\boldsymbol b}\|^2}\tilde{\boldsymbol b}^{\mathrm T}\hat{\boldsymbol b}\leqslant 0\tag{6.41}$$

$$I_c \frac{e_D^{\mathrm{T}}\hat{W}^{\mathrm{T}}\Phi'_c\hat{c}}{\|\hat{c}\|^2}\tilde{c}^{\mathrm{T}}\hat{c} \leqslant 0 \tag{6.42}$$

考虑如下不等式：

$$\begin{aligned}
& e_D^{\mathrm{T}}\varepsilon_D - \hat{\varepsilon}_D e_D^{\mathrm{T}}\tanh(e_D/\delta_\varepsilon) - \tilde{\varepsilon}_D(e_D^{\mathrm{T}}\tanh(e_D/\delta_\varepsilon) - k_\varepsilon\hat{\varepsilon}_D) \\
\leqslant & \|e_D\|\bar{\varepsilon}_D - \hat{\varepsilon}_D e_D^{\mathrm{T}}\tanh(e_D/\delta_\varepsilon) - \tilde{\varepsilon}_D e_D^{\mathrm{T}}\tanh(e_D/\delta_\varepsilon) + k_\varepsilon\tilde{\varepsilon}_D\hat{\varepsilon}_D \\
\leqslant & \bar{\varepsilon}_D(\|e_D\| - e_D^{\mathrm{T}}\tanh(e_D/\delta_\varepsilon)) + k_\varepsilon\tilde{\varepsilon}_D\bar{\varepsilon}_D - k_\varepsilon\tilde{\varepsilon}_D^2 \\
\leqslant & -0.5k_\varepsilon\tilde{\varepsilon}_D^2 + n\bar{\zeta}\delta_\varepsilon\bar{\varepsilon}_D + 0.5k_\varepsilon\bar{\varepsilon}_D^2
\end{aligned} \tag{6.43}$$

式中：$\bar{\zeta}$ 满足等式 $\bar{\zeta}=e^{-(\bar{\zeta}+1)}$，即 $\bar{\zeta}=0.2785$。

将式(6.39)～式(6.43)代入式(6.36)可得

$$\dot{V} \leqslant -\sigma e_D^{\mathrm{T}}e_D - 0.5k_\varepsilon\tilde{\varepsilon}_D^2 + n\bar{\zeta}\delta_\varepsilon\bar{\varepsilon}_D + 0.5k_\varepsilon\bar{\varepsilon}_D^2 \tag{6.44}$$

若下述不等式之一成立，则有 $\dot{V}\leqslant 0$。

$$\|e_D\| \geqslant \sqrt{(n\bar{\zeta}\delta_\varepsilon\bar{\varepsilon}_D + 0.5k_\varepsilon\bar{\varepsilon}_D^2)/\sigma} \tag{6.45}$$

$$|\tilde{\varepsilon}_D| \geqslant \sqrt{2(n\bar{\zeta}\delta_\varepsilon\bar{\varepsilon}_D + 0.5k_\varepsilon^*\bar{\varepsilon}_D^2)/k_\varepsilon} \tag{6.46}$$

根据上述分析过程可得如下 RWNNDO 设计定理：

定理 6.1：针对不确定 MIMO 非线性系统式(6.14)，构造式(6.17)所定义的 RWNNDO 动态系统，参数自适应律取为式(6.25)～式(6.29)，补偿项按式(6.30)设计，则干扰观测器误差 e_D 是有界的。

证明：构造如式(6.23)所示的 Lyapunov 函数，由上述可知，若式(6.45)或式(6.46)成立，则有 $\dot{V}\leqslant 0$，故有干扰观测器误差 e_D 是有界的。

证毕。

6.4 基于 RWNNDO 的输入饱和 MIMO 非线性系统回馈递推控制

本节针对一类具有输入饱和的不确定 MIMO 非线性系统，首先利用双曲正切函数对原系统进行等价变换，引入 Nussbaum 函数处理输入饱和受限问题，其次通过上节所设计的 RWNNDO 对系统中的复合干扰在线逼近，最后基于回馈递推和动态面方法完成系统的控制器设计。

6.4.1 问题描述

考虑如下一类具有输入饱和的不确定 MIMO 非线性系统，即

$$\begin{cases}
\dot{x}_i = F_i(\bar{x}_i) + G_i(\bar{x}_i)x_{i+1} + \bar{D}_i(\bar{x}_i,t) \\
\quad\vdots \\
\dot{x}_k = F_k(\bar{x}_k) + G_k(\bar{x}_k)u(v) + \bar{D}_k(\bar{x}_k,t) \\
y = x_1
\end{cases} \tag{6.47}$$

其中，$\boldsymbol{x}_i=[x_{i,1},x_{i,2},\cdots,x_{i,n}]^{\mathrm{T}}\in\mathbf{R}^n$ 为系统的状态向量，$\boldsymbol{y}\in\mathbf{R}^n$ 为系统的输出向量，$\bar{\boldsymbol{x}}_i=[\boldsymbol{x}_1^{\mathrm{T}},\boldsymbol{x}_2^{\mathrm{T}},\cdots,\boldsymbol{x}_i^{\mathrm{T}}]^{\mathrm{T}}\in\mathbf{R}^{in}$，$\boldsymbol{F}_i(\bar{\boldsymbol{x}}_i)\in\mathbf{R}^n$、$\boldsymbol{G}_j(\bar{\boldsymbol{x}}_j)\in\mathbf{R}^{n\times n}$ 和 $\boldsymbol{G}_k(\bar{\boldsymbol{x}}_k)\in\mathbf{R}^{n\times m}$ 为关于状态变量的已知函数向量或矩阵，$\bar{\boldsymbol{D}}_i(\bar{\boldsymbol{x}}_i,t)=\Delta\boldsymbol{F}_i(\bar{\boldsymbol{x}}_i)+\bar{\boldsymbol{d}}_{\mathrm{e}i}(t)$ 为系统的未知复合干扰，$\Delta\boldsymbol{F}_i(\bar{\boldsymbol{x}}_i)$ 表示系统各种不确定因素，$\bar{\boldsymbol{d}}_{\mathrm{e}i}(t)$ 表示系统所受的外部干扰，$i=1,2,\cdots,k$，$j=1,2,\cdots,k-1$，$\boldsymbol{v}\in\mathbf{R}^m$ 为执行器输入向量，$\boldsymbol{u}(\boldsymbol{v})\in\mathbf{R}^m$ 为受执行器饱和特性影响的输出向量。系统式(6.47)的控制目标：对于满足任意初始条件 $\Pi_i:\{\sum_{j=1}^{i}(\boldsymbol{z}_j^{\mathrm{T}}\boldsymbol{z}_j+\boldsymbol{\varepsilon}_j^{\mathrm{T}}\boldsymbol{\varepsilon}_j+\boldsymbol{e}_{D_j}^{\mathrm{T}}\boldsymbol{e}_{D_j}+\mathrm{tr}(\tilde{\boldsymbol{W}}_j^{\mathrm{T}}\boldsymbol{\Lambda}_{W_j}^{-1}\tilde{\boldsymbol{W}}_j)+\tilde{\boldsymbol{\theta}}_j^{\mathrm{T}}\boldsymbol{\Lambda}_{\theta_j}^{-1}\tilde{\boldsymbol{\theta}}_j+\tilde{\boldsymbol{b}}_j^{\mathrm{T}}\boldsymbol{\Lambda}_{b_j}^{-1}\tilde{\boldsymbol{b}}_j+\tilde{\boldsymbol{c}}_j^{\mathrm{T}}\boldsymbol{\Lambda}_{\theta_j}^{-1}\tilde{\boldsymbol{c}}_j+\tilde{\varepsilon}_{D_j}^2/\lambda_{\varepsilon_j})<2p_i\}$ 的状态，通过设计合适的控制律 $\boldsymbol{v}$ 使得闭环系统稳定，且输出 $\boldsymbol{y}$ 在具有系统不确定性、外部干扰和输入饱和受限的综合影响下跟踪指定的参考输入信号 $\boldsymbol{y}_{\mathrm{r}}$，其中 $p_i>0$，$i=1,2,\cdots,k$，其他变量后续会逐一介绍。

在对不确定 MIMO 非线性系统式(6.47)进行控制器设计之前需要如下假设：

假设 6.1：对不确定 MIMO 非线性系统式(6.47)，系统所有状态均可测。

假设 6.2[104]：对不确定 MIMO 非线性系统式(6.47)，参考输入信号 $\boldsymbol{y}_r(t)$ 及其导数 $\dot{\boldsymbol{y}}_r(t)$、$\ddot{\boldsymbol{y}}_r(t)$ 有界，即存在某一常数 $B_0>0$ 使得 $\Pi_0:=\{(\boldsymbol{y}_r,\dot{\boldsymbol{y}}_r,\ddot{\boldsymbol{y}}_r):\|\boldsymbol{y}_r\|^2+\|\dot{\boldsymbol{y}}_r\|^2+\|\ddot{\boldsymbol{y}}_r\|^2\leqslant B_0\}$ 成立。

假设 6.3：对不确定 MIMO 非线性系统式(6.47)，复合干扰 $\bar{\boldsymbol{D}}_i(\bar{\boldsymbol{x}}_i,t)=[\bar{d}_{i,1}(\bar{\boldsymbol{x}}_i,t),\cdots,\bar{d}_{i,n}(\bar{\boldsymbol{x}}_i,t)]^{\mathrm{T}}$ 有界，即 $|\bar{d}_{i,j}(\bar{\boldsymbol{x}}_i,t)|\leqslant\bar{\beta}_{i,j}$，其中 $\bar{\beta}_{i,j}>0$ 未知，$i=1,2,\cdots,k$，$j=1,2,\cdots,n$。

假设 6.4[104]：对不确定 MIMO 非线性系统式(6.47)，矩阵 $\boldsymbol{G}_{\mathrm{i}}\in\mathbf{R}^{n\times n}$ $(i=1,2,\cdots,k-1)$ 可逆，且 $\boldsymbol{G}_k\in\mathbf{R}^{n\times m}$ 广义逆存在。同时，存在某一正的常数 $\bar{\lambda}_1$ 使得 $\lambda_{\max}(\boldsymbol{G}_i^{\mathrm{T}}\boldsymbol{G}_i)\leqslant\bar{\lambda}_{\mathrm{i}}$ 成立，$i=1,2,\cdots,k$。

假设 6.5：对不确定 MIMO 非线性系统式(6.47)，饱和函数界限值 u_{iM} 已知，$i=1,2,\cdots,m$。

考虑到双曲正切函数对饱和函数的近似作用(图 6.2)，饱和函数可等价为如下形式

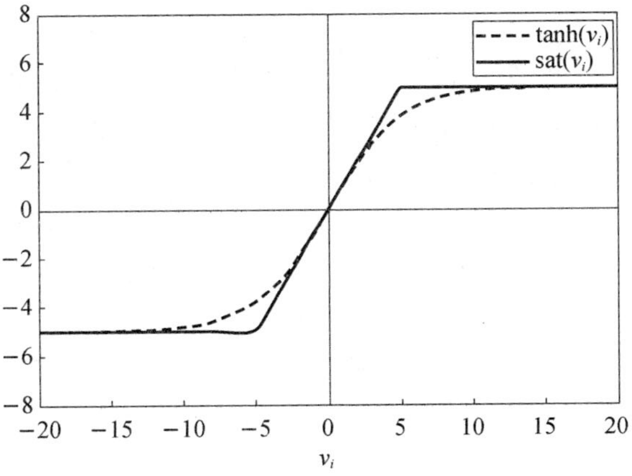

图 6.2　饱和函数与双曲正切函数

$$\mathrm{sat}(v_i)=h_i(v_i)+\bar{\delta}_i(v_i)\tag{6.48}$$

$$h_i(v_i)=u_{iM}\times\tanh\left(\frac{v_i}{u_{iM}}\right)=u_{iM}\frac{\mathrm{e}^{v_i/u_{iM}}-\mathrm{e}^{-v_i/u_{iM}}}{\mathrm{e}^{y_i/u_{iM}}+\mathrm{e}^{-v_i/u_{iM}}}\tag{6.49}$$

式中：$\bar{\delta}_i(v_i)=\mathrm{sat}(v_i)-h_i(v_i)$ 为有界函数，$i=1,2,\cdots,m$。$\bar{\delta}_i(v_i)$ 满足如下的不等式：

$$|\bar{\delta}_i(v_i)| = |\mathrm{sat}(v_i) - h_i(v_i)| \leqslant u_{iM}(1 - \tanh(1)) \tag{6.50}$$

考虑到式(6.48)~式(6.50),不确定 MIMO 非线性系统式(6.47)可等效为如下的形式,即

$$\begin{cases} \dot{\boldsymbol{x}}_i = \boldsymbol{F}_i(\bar{\boldsymbol{x}}_i) + \boldsymbol{G}_i(\bar{\boldsymbol{x}}_i)\boldsymbol{x}_{i+1} + \boldsymbol{D}_i(\bar{\boldsymbol{x}}_i, t) \\ \quad\vdots \\ \dot{\boldsymbol{x}}_k = \boldsymbol{F}_k(\bar{\boldsymbol{x}}_k) + \boldsymbol{G}_k(\bar{\boldsymbol{x}}_k)\boldsymbol{H}(\boldsymbol{v}) + \boldsymbol{D}_k(\bar{\boldsymbol{x}}_k, t) \\ \boldsymbol{y} = \boldsymbol{x}_1 \end{cases} \tag{6.51}$$

式中:$\boldsymbol{D}_i(\bar{\boldsymbol{x}}_i,t) = \bar{\boldsymbol{D}}_i(\bar{\boldsymbol{x}}_i,t), i = 1,2,\cdots,k-1$;$\boldsymbol{D}_k(\bar{\boldsymbol{x}}_k,t) = \bar{\boldsymbol{D}}_k(\bar{\boldsymbol{x}}_k,t) + \boldsymbol{G}_k(\bar{\boldsymbol{x}}_k)[\bar{\delta}_1,\bar{\delta}_2,\cdots,\bar{\delta}_m]^{\mathrm{T}}$;$\boldsymbol{H}(\boldsymbol{v}) = [h_1(v_1),h_2(v_2),\cdots,h_m(v_m)]^{\mathrm{T}} \in \mathbf{R}^m$;可见 $\boldsymbol{D}_i(\bar{\boldsymbol{x}}_k,t) = [d_{i,1},d_{i,2},\cdots,d_{i,n}]^{\mathrm{T}}$ 仍是有界的,为了描述方便,这里不妨统一假设 $|d_{i,j}| \leqslant \beta_{i,j}$,$\boldsymbol{\beta}_i = [\beta_{i,1},\beta_{i,2},\cdots,\beta_{i,n}]^{\mathrm{T}}$,$i = 1,2,\cdots,k$,$j = 1,2,\cdots,n$。

6.4.2 基于 RWNNDO 的输入饱和非线性系统控制器设计

下面利用前文所介绍的 RWNNDO 实现对不确定 MIMO 非线性系统式(6.51)中复合干扰的逼近,基于回馈递推和动态面方法进行控制器设计,具体设计过程如下。

步骤 1:

构造如下的 RWNNDO 动态系统对不确定 MIMO 非线性系统式(6.51)中的复合干扰 $\boldsymbol{D}_1$ 逼近,即

$$\begin{cases} \dot{\boldsymbol{\eta}}_1 = -\sigma_1\boldsymbol{\eta}_1 + \boldsymbol{\psi}_1(\hat{\boldsymbol{W}}_1,\hat{\boldsymbol{\theta}}_1,\hat{\boldsymbol{b}}_1,\hat{\boldsymbol{c}}_1) \\ \boldsymbol{\psi}_1(\hat{\boldsymbol{W}}_1,\hat{\boldsymbol{\theta}}_1,\hat{\boldsymbol{b}}_1,\hat{\boldsymbol{c}}_1) = \sigma_1\boldsymbol{x}_1 + \boldsymbol{F}_1 + \boldsymbol{G}_1\boldsymbol{x}_2 + \hat{\boldsymbol{D}}_1(\hat{\boldsymbol{W}}_1,\hat{\boldsymbol{\theta}}_1,\boldsymbol{b}_1,\hat{\boldsymbol{c}}_1) + \boldsymbol{v}_{r_1} \\ \hat{\boldsymbol{D}}_1(\hat{\boldsymbol{W}}_1,\hat{\boldsymbol{\theta}}_1,\hat{\boldsymbol{b}}_1,\hat{\boldsymbol{c}}_1) = \hat{\boldsymbol{W}}_1^{\mathrm{T}}\hat{\boldsymbol{\Phi}}_1(\hat{\boldsymbol{\theta}}_1,\hat{\boldsymbol{b}}_1,\hat{\boldsymbol{c}}_1) \end{cases} \tag{6.52}$$

式中:设计参数 $\sigma_1 > 0$;$\boldsymbol{v}_{r_1}$ 为补偿项。定义第一个 RWNNDO 误差为

$$\boldsymbol{e}_{D_1} = \boldsymbol{x}_1 - \boldsymbol{\eta}_1 \tag{6.53}$$

考虑式(6.51)和式(6.52),对式(6.53)求导可得

$$\begin{aligned} \dot{\boldsymbol{e}}_{D_1} = & -\sigma_1\boldsymbol{e}_{D_1} + \hat{\boldsymbol{W}}_1^{\mathrm{T}}(\boldsymbol{\Phi}'_{\theta_1}\tilde{\boldsymbol{\theta}}_1 + \boldsymbol{\Phi}'_{b_1}\tilde{\boldsymbol{b}}_1 + \boldsymbol{\Phi}'_{c_1}\tilde{\boldsymbol{c}}_1) + \\ & \tilde{\boldsymbol{W}}_1^{\mathrm{T}}(\hat{\boldsymbol{\Phi}}_1 - \boldsymbol{\Phi}'_{\theta_1}\hat{\boldsymbol{\theta}}_1 - \boldsymbol{\Phi}'_{b_1}\hat{\boldsymbol{b}}_1 - \boldsymbol{\Phi}'_{c_1}\hat{\boldsymbol{c}}_1) + \boldsymbol{\varepsilon}_{D_1} - \boldsymbol{v}_{r_1} \end{aligned} \tag{6.54}$$

式中:$\boldsymbol{\varepsilon}_{D_1} = \tilde{\boldsymbol{W}}_1^{\mathrm{T}}(\boldsymbol{\Phi}'_{\theta_1}\tilde{\boldsymbol{\theta}}_1^* + \boldsymbol{\Phi}'_{b_1}\boldsymbol{b}_1^* + \boldsymbol{\Phi}'_{c_1}\boldsymbol{c}_1^*) + \boldsymbol{W}_1^{*\mathrm{T}}\boldsymbol{O}(\tilde{\boldsymbol{\theta}}_1,\tilde{\boldsymbol{b}}_1,\tilde{\boldsymbol{c}}_1) + \boldsymbol{\varepsilon}_1$,$\|\boldsymbol{\varepsilon}_{D_1}\| \leqslant \bar{\varepsilon}_{D_1}$,$\tilde{\boldsymbol{W}}_1 = \boldsymbol{W}_1^* - \hat{\boldsymbol{W}}_1$。

定义如下变量:

$$\boldsymbol{z}_1 = \boldsymbol{x}_1 - \boldsymbol{y}_r \tag{6.55}$$

取虚拟控制律为

$$\bar{\boldsymbol{\alpha}}_1 = \boldsymbol{G}_1^{-1}(-\boldsymbol{C}_1\boldsymbol{z}_1 - \boldsymbol{F}_1 + \dot{\boldsymbol{y}}_r - \hat{\boldsymbol{D}}_1 - \boldsymbol{v}_{r_1}) \tag{6.56}$$

式中:设计参数 $\boldsymbol{C}_1 = \mathrm{diag}\{c_{1,1},c_{1,2},\cdots,c_{1,n}\} > 0$。

为了避免传统回馈递推控制所带来的"计算膨胀"问题,这里引入动态面方法,即让虚拟控制律 $\bar{\boldsymbol{\alpha}}_1$ 通过如下的一阶滤波器,即有

$$\boldsymbol{\Gamma}_1\dot{\boldsymbol{\alpha}}_1 + \boldsymbol{\alpha}_1 = \bar{\boldsymbol{\alpha}}_1,\quad \boldsymbol{\alpha}_1(0) = \bar{\boldsymbol{\alpha}}(0) \tag{6.57}$$

式中：$\boldsymbol{\Gamma}_1=\mathrm{diag}\{\tau_{1,1},\tau_{1,2},\cdots,\tau_{1,n}\}$，$\tau_{1,j}>0$ 为一阶滤波器的时间常数，$j=1,2,\cdots,n$。

定义如下变量：

$$\boldsymbol{z}_2=\boldsymbol{x}_2-\boldsymbol{a}_1 \tag{6.58}$$

$$\boldsymbol{\varepsilon}_1=\boldsymbol{\alpha}_1-\bar{\boldsymbol{\alpha}}_1 \tag{6.59}$$

考虑到式(6.51)、式(6.56)、式(6.58)和式(6.59)，对式(6.55)求导可得

$$\begin{aligned}\dot{\boldsymbol{z}}_1&=-\boldsymbol{C}_1\boldsymbol{z}_1+\boldsymbol{G}_1\boldsymbol{z}_2+\boldsymbol{G}_1\boldsymbol{\varepsilon}_1+\boldsymbol{D}_1-\hat{\boldsymbol{D}}_1-\boldsymbol{v}_{r_1}\\&=-\boldsymbol{C}_1\boldsymbol{z}_1+\boldsymbol{G}_1\boldsymbol{z}_2+\boldsymbol{G}_1\boldsymbol{\varepsilon}_1+\hat{\boldsymbol{W}}_1^{\mathrm{T}}(\boldsymbol{\Phi}'_{\theta_1}\tilde{\boldsymbol{\theta}}_1+\boldsymbol{\Phi}'_{b_1}\tilde{\boldsymbol{b}}_1+\boldsymbol{\Phi}'_{c_1}\tilde{\boldsymbol{c}}_1)\\&\quad-\tilde{\boldsymbol{W}}^{\mathrm{T}}(\hat{\boldsymbol{\Phi}}_1-\boldsymbol{\Phi}'_{\theta_1}\hat{\boldsymbol{\theta}}_1-\boldsymbol{\Phi}'_{b_1}\hat{\boldsymbol{b}}_1-\boldsymbol{\Phi}'_{c_1}\hat{\boldsymbol{c}}_1)+\boldsymbol{\varepsilon}_{D_1}-\boldsymbol{v}_{r_1}\end{aligned} \tag{6.60}$$

对式(6.59)求导可得

$$\begin{aligned}\dot{\varepsilon}_1&=-\boldsymbol{\Gamma}_1^{-1}\varepsilon_1+\left(-\frac{\partial\bar{\boldsymbol{\alpha}}_1}{\partial\boldsymbol{x}_1}\dot{\boldsymbol{x}}_1-\frac{\partial\bar{\boldsymbol{\alpha}}_1}{\partial\boldsymbol{z}_1}\dot{\boldsymbol{z}}_1-\frac{\partial\bar{\boldsymbol{\alpha}}_1}{\partial\hat{\boldsymbol{W}}_1}\dot{\hat{\boldsymbol{W}}}_1-\frac{\partial\bar{\boldsymbol{\alpha}}_1}{\partial\hat{\boldsymbol{\theta}}_1}\dot{\hat{\boldsymbol{\theta}}}_1-\frac{\partial\bar{\boldsymbol{\alpha}}_1}{\partial\hat{\boldsymbol{b}}_1}\dot{\hat{\boldsymbol{b}}}_1-\frac{\partial\bar{\boldsymbol{\alpha}}_1}{\partial\hat{\boldsymbol{c}}_1}\dot{\hat{\boldsymbol{c}}}+\frac{\partial\bar{\boldsymbol{\alpha}}_1}{\partial\dot{\boldsymbol{y}}_1}\ddot{\boldsymbol{y}}_{\mathrm{r}}\right)\\&=-\boldsymbol{\Gamma}_1^{-1}\boldsymbol{\varepsilon}_1+\boldsymbol{N}_1(\boldsymbol{z}_1,\boldsymbol{z}_2,\boldsymbol{\varepsilon}_1,\hat{\boldsymbol{W}}_1,\hat{\boldsymbol{\theta}}_1,\hat{\boldsymbol{b}}_1,\hat{\boldsymbol{c}}_1,\boldsymbol{y}_{\mathrm{r}},\dot{\boldsymbol{y}}_{\mathrm{r}},\ddot{\boldsymbol{y}}_{\mathrm{r}})\end{aligned} \tag{6.61}$$

式中：$\boldsymbol{N}_1(\cdot)$为关于变量$(\boldsymbol{z}_1,\boldsymbol{z}_2,\boldsymbol{\varepsilon}_1,\hat{\boldsymbol{W}}_1,\hat{\boldsymbol{\theta}}_1,\hat{\boldsymbol{b}}_1,\hat{\boldsymbol{c}}_1,\boldsymbol{y}_{\mathrm{r}},\dot{\boldsymbol{y}}_1,\ddot{\boldsymbol{y}}_{\mathrm{r}})$的连续函数。由于集合$\Pi_0\in\mathbf{R}^{3m}$和$\Pi_1\in\mathbf{R}^{3pq+3n+1}\cup\mathbf{R}^{q\times n}$均是紧集，所以$\Pi_0\times\Pi_1$也是紧集。由连续函数性质可知，$\boldsymbol{N}_1(\cdot)$在$\Pi_0\times\Pi_1$上存在最大值[104]，这里不妨假设为$\bar{\boldsymbol{N}}_1$。故有

$$\dot{\boldsymbol{\varepsilon}}\leqslant-\boldsymbol{\Gamma}_1^{-1}\boldsymbol{\varepsilon}_1+\bar{\boldsymbol{N}}_1 \tag{6.62}$$

选择如下 Lyapunov 函数，即

$$\begin{aligned}V_1&=\frac{1}{2}\boldsymbol{z}_1^{\mathrm{T}}\boldsymbol{z}_1+\frac{1}{2}\boldsymbol{\varepsilon}_1^{\mathrm{T}}\boldsymbol{\varepsilon}_1+\frac{1}{2}\boldsymbol{e}_{D_1}^{\mathrm{T}}\boldsymbol{e}_{D_1}+\frac{1}{2}\mathrm{tr}(\tilde{\boldsymbol{W}}_1^{\mathrm{T}}\boldsymbol{\Lambda}_{W_1}^{-1}\tilde{\boldsymbol{W}}_1)+\frac{1}{2}\tilde{\boldsymbol{\theta}}_1^{\mathrm{T}}\boldsymbol{\Lambda}_{\theta_1}^{-1}\tilde{\boldsymbol{\theta}}_1\\&\quad+\frac{1}{2}\tilde{\boldsymbol{b}}_1^{\mathrm{T}}\boldsymbol{\Lambda}_{b_1}^{-1}\tilde{\boldsymbol{b}}_1+\frac{1}{2}\tilde{\boldsymbol{c}}_1^{\mathrm{T}}\boldsymbol{\Lambda}_{c_1}^{-1}\tilde{\boldsymbol{c}}_1+\frac{1}{2\lambda_{\varepsilon_1}}\tilde{\varepsilon}_{D_1}^2\end{aligned} \tag{6.63}$$

式中：$\boldsymbol{\Lambda}_{W_1}=\boldsymbol{\Lambda}_{W_1}^{\mathrm{T}}>0$、$\boldsymbol{\Lambda}_{\theta_1}=\boldsymbol{\Lambda}_{\theta_1}^{\mathrm{T}}>0$、$\boldsymbol{\Lambda}_{b_1}=\boldsymbol{\Lambda}_{b_1}^{\mathrm{T}}>0$、$\boldsymbol{\Lambda}_{c_1}=\boldsymbol{\Lambda}_{c_1}^{\mathrm{T}}>0$ 和 $\lambda_{\varepsilon_1}>0$ 为待设计参数；$\tilde{\varepsilon}_{D_1}=\bar{\varepsilon}_{D_1}-\hat{\varepsilon}_{D_1}$，$\hat{\varepsilon}_{D_1}$为$\bar{\varepsilon}_{D_1}$的估计值。

考虑到式(6.54)和式(6.60)，对式(6.63)求导可得

$$\begin{aligned}\dot{V}_1&\leqslant-\boldsymbol{z}_1^{\mathrm{T}}\boldsymbol{C}_1\boldsymbol{z}_1+\boldsymbol{z}_1^{\mathrm{T}}\boldsymbol{G}_1\boldsymbol{z}_2+\boldsymbol{z}_1^{\mathrm{T}}\boldsymbol{G}_1\boldsymbol{\varepsilon}_1-\sigma_1\boldsymbol{e}_{D_1}^{\mathrm{T}}\boldsymbol{e}_{D_1}-\boldsymbol{\varepsilon}_1^{\mathrm{T}}\boldsymbol{\Gamma}_1^{-1}\boldsymbol{\varepsilon}_1+|\boldsymbol{\varepsilon}_1|\bar{\boldsymbol{N}}_1+(\boldsymbol{z}_1^{\mathrm{T}}+\boldsymbol{e}_{D_1}^{\mathrm{T}})\hat{\boldsymbol{W}}_1^{\mathrm{T}}\boldsymbol{\Phi}'_{\theta_1}\tilde{\boldsymbol{\theta}}_1\\&\quad+(\boldsymbol{z}_1^{\mathrm{T}}+\boldsymbol{e}_{D_1}^{\mathrm{T}})\hat{\boldsymbol{W}}_1^{\mathrm{T}}\boldsymbol{\Phi}'_{b_1}\tilde{\boldsymbol{b}}_1+(\boldsymbol{z}_1^{\mathrm{T}}+\boldsymbol{e}_{D_1}^{\mathrm{T}})\hat{\boldsymbol{W}}_1^{\mathrm{T}}\boldsymbol{\Phi}'_{c_1}\tilde{\boldsymbol{c}}_1+(\boldsymbol{z}_1^{\mathrm{T}}+\boldsymbol{e}_{D_1}^{\mathrm{T}})\tilde{\boldsymbol{W}}_1^{\mathrm{T}}(\hat{\boldsymbol{\Phi}}_1-\boldsymbol{\Phi}'_{\theta_1}\hat{\boldsymbol{\theta}}_1\\&\quad-\boldsymbol{\Phi}'_{b_1}\hat{\boldsymbol{b}}_1-\boldsymbol{\Phi}'_{c_1}\hat{\boldsymbol{c}}_1)+(\boldsymbol{z}_1^{\mathrm{T}}+\boldsymbol{e}_{D_1}^{\mathrm{T}})\boldsymbol{\varepsilon}_{D_1}-(\boldsymbol{z}_1^{\mathrm{T}}+\boldsymbol{e}_{D_1}^{\mathrm{T}})\boldsymbol{v}_{r_1}-\mathrm{tr}(\tilde{\boldsymbol{W}}_1^{\mathrm{T}}\boldsymbol{\Lambda}_{W_1}^{-1}\dot{\hat{\boldsymbol{W}}}_1)-\tilde{\boldsymbol{\theta}}_1^{\mathrm{T}}\boldsymbol{\Lambda}_{\theta_1}^{-1}\dot{\hat{\boldsymbol{\theta}}}_1\\&\quad-\tilde{\boldsymbol{b}}_1^{\mathrm{T}}\boldsymbol{\Lambda}_{b_1}^{-1}\dot{\hat{\boldsymbol{b}}}_1-\tilde{\boldsymbol{c}}_1^{\mathrm{T}}\boldsymbol{\Lambda}_{c_1}^{-1}\dot{\hat{\boldsymbol{c}}}_1-\frac{1}{\boldsymbol{\lambda}_{\varepsilon_1}}\tilde{\varepsilon}_{D_1}\dot{\hat{\boldsymbol{\varepsilon}}}_{D_1}\\&\leqslant-\lambda_{\min}(\boldsymbol{\Xi}_1)\boldsymbol{z}_1^{\mathrm{T}}\boldsymbol{z}_1-\lambda_{\min}(\boldsymbol{Y}_1)\boldsymbol{\varepsilon}_1^{\mathrm{T}}\boldsymbol{\varepsilon}_1-\sigma_1\boldsymbol{e}_{D_1}^{\mathrm{T}}\boldsymbol{e}_{D_1}+\boldsymbol{z}_1^{\mathrm{T}}\boldsymbol{G}_1\boldsymbol{z}_2+0.5\bar{\boldsymbol{N}}_1^{\mathrm{T}}\bar{\boldsymbol{N}}_1+(\boldsymbol{z}_1^{\mathrm{T}}+\boldsymbol{e}_{D_1}^{\mathrm{T}})\hat{\boldsymbol{W}}_1^{\mathrm{T}}\boldsymbol{\Phi}'_{\theta_1}\tilde{\boldsymbol{\theta}}_1\\&\quad+(\boldsymbol{z}_1^{\mathrm{T}}+\boldsymbol{e}_{D_1}^{\mathrm{T}})\hat{\boldsymbol{W}}_1^{\mathrm{T}}\boldsymbol{\Phi}'_{b_1}\tilde{\boldsymbol{b}}_1+(\boldsymbol{z}_1^{\mathrm{T}}+\boldsymbol{e}_{D_1}^{\mathrm{T}})\hat{\boldsymbol{W}}_1^{\mathrm{T}}\boldsymbol{\Phi}'_{c_1}\tilde{\boldsymbol{c}}_1+(\boldsymbol{z}_1^{\mathrm{T}}+\boldsymbol{e}_{D_1}^{\mathrm{T}})\tilde{\boldsymbol{W}}_1^{\mathrm{T}}(\hat{\boldsymbol{\Phi}}_1-\boldsymbol{\Phi}'_{\theta_1}\hat{\boldsymbol{\theta}}_1\\&\quad-\boldsymbol{\Phi}'_{b_1}\hat{\boldsymbol{b}}_1-\boldsymbol{\Phi}'_{c_1}\hat{\boldsymbol{c}}_1)+(\boldsymbol{z}_1^{\mathrm{T}}+\boldsymbol{e}_{D_1}^{\mathrm{T}})\boldsymbol{\varepsilon}_{\mathrm{D}_1}-(\boldsymbol{z}_1^{\mathrm{T}}+\boldsymbol{e}_{D_1}^{\mathrm{T}})\boldsymbol{v}_{\mathrm{r}_1}-\mathrm{tr}(\tilde{\boldsymbol{W}}_1^{\mathrm{T}}\boldsymbol{\Lambda}_{W_1}^{-1}\dot{\hat{\boldsymbol{W}}}_1)-\tilde{\boldsymbol{\theta}}_1^{\mathrm{T}}\boldsymbol{\Lambda}_{\theta_1}^{-1}\dot{\hat{\boldsymbol{\theta}}}_1\\&\quad-\tilde{\boldsymbol{b}}_1^{\mathrm{T}}\boldsymbol{\Lambda}_{b_1}^{-1}\dot{\hat{\boldsymbol{b}}}_1-\tilde{\boldsymbol{c}}_1^{\mathrm{T}}\boldsymbol{\Lambda}_{c_1}^{-1}\dot{\hat{\boldsymbol{c}}}_1-\frac{1}{\boldsymbol{\lambda}_{\varepsilon_1}}\tilde{\varepsilon}_{D_1}\dot{\hat{\boldsymbol{\varepsilon}}}_{D_1}\end{aligned} \tag{6.64}$$

式中：$\boldsymbol{\Xi}_1=\boldsymbol{C}_1-0.5\bar{\lambda}_1\boldsymbol{I}_n$，$\boldsymbol{Y}_1=\boldsymbol{\Gamma}_1^{-1}-\boldsymbol{I}_n$，$\boldsymbol{I}_n\in\mathbf{R}^{n\times n}$为单位矩阵。

取如下的参数自适应律和控制补偿项，即

$$\dot{\hat{\boldsymbol{W}}}=\boldsymbol{\Lambda}_{W_1}(\hat{\boldsymbol{\Phi}}_1-\boldsymbol{\Phi}'_{\theta_1}\hat{\boldsymbol{\theta}}_1-\boldsymbol{\Phi}'_{b_1}\hat{\boldsymbol{b}}_1-\boldsymbol{\Phi}'_{c_1}\hat{\boldsymbol{c}}_1)(\boldsymbol{z}_1^{\mathrm{T}}+\boldsymbol{e}_{D_1}^{\mathrm{T}})-I_{W_1}\frac{(\boldsymbol{z}_1^{\mathrm{T}}+\boldsymbol{e}_{D_1}^{\mathrm{T}})\hat{\boldsymbol{W}}_1^{\mathrm{T}}\boldsymbol{\Lambda}_{W_1}(\hat{\boldsymbol{\Phi}}_1-\boldsymbol{\Phi}'_{\theta_1}\hat{\boldsymbol{\theta}}_1-\boldsymbol{\Phi}'_{b_1}\hat{\boldsymbol{b}}_1-\boldsymbol{\Phi}'_{c_1}\hat{\boldsymbol{c}}_1)}{\|\hat{\boldsymbol{W}}_1\|^2}\hat{\boldsymbol{W}}_1 \tag{6.65}$$

$$\dot{\hat{\boldsymbol{\theta}}}_1=\boldsymbol{\Lambda}_{\theta_1}\boldsymbol{\Phi}'^{\mathrm{T}}_{\theta_1}\hat{\boldsymbol{W}}_1(\boldsymbol{z}_1+\boldsymbol{e}_{D_1})-I_{\theta_1}\frac{(\boldsymbol{z}_1+\boldsymbol{e}_{D_1})\hat{\boldsymbol{W}}_1^{\mathrm{T}}\boldsymbol{\Phi}'_{\theta_1}\boldsymbol{\Lambda}_{\theta_1}^{\mathrm{T}}\hat{\boldsymbol{\theta}}_1}{\|\hat{\boldsymbol{\theta}}_1\|^2}\hat{\boldsymbol{\theta}}_1 \tag{6.66}$$

$$\dot{\hat{\boldsymbol{b}}}=\boldsymbol{\Lambda}_{b_1}\boldsymbol{\Phi}'^{\mathrm{T}}_{b_1}\hat{\boldsymbol{W}}_1(\boldsymbol{z}_1+\boldsymbol{e}_{D_1})-I_{b_1}\frac{(\boldsymbol{z}_1^{\mathrm{T}}+\boldsymbol{e}_{D_1}^{\mathrm{T}})\hat{\boldsymbol{W}}_1^{\mathrm{T}}\boldsymbol{\Phi}'_{b_1}\boldsymbol{\Phi}'_{b_1}\boldsymbol{\Lambda}_{b_1}^{\mathrm{T}}\hat{\boldsymbol{b}}_1}{\|\hat{\boldsymbol{b}}_1\|^2}\hat{\boldsymbol{b}}_1 \tag{6.67}$$

$$\dot{\hat{\boldsymbol{c}}}_1=\boldsymbol{\Lambda}_{c_1}\boldsymbol{\Phi}'^{\mathrm{T}}_{c_1}\hat{\boldsymbol{W}}_1(\boldsymbol{z}_1+\boldsymbol{e}_{D_1})-I_{c_1}\frac{(\boldsymbol{z}_1+\boldsymbol{e}_{D_1})\hat{\boldsymbol{W}}_1^{\mathrm{T}}\boldsymbol{\Phi}'_{c_1}\boldsymbol{\Lambda}_{c_1}^{\mathrm{T}}\hat{\boldsymbol{c}}_1}{\|\hat{\boldsymbol{c}}_1\|^2}\hat{\boldsymbol{c}}_1 \tag{6.68}$$

$$\dot{\hat{\varepsilon}}_{D_1}=\lambda_{\varepsilon_1}((\boldsymbol{z}_1^{\mathrm{T}}+\boldsymbol{e}_{D_1}^{\mathrm{T}})\tanh((\boldsymbol{z}_1+\boldsymbol{e}_{D_1})/\delta_{\varepsilon_1})-k_{\varepsilon_1}\hat{\varepsilon}_{D_1}) \tag{6.69}$$

$$\boldsymbol{v}_{r_1}=\hat{\varepsilon}_{D_1}\tanh((\boldsymbol{z}_1+\boldsymbol{e}_{D_1})/\delta_{\varepsilon_1}) \tag{6.70}$$

式中：$k_{\varepsilon_1}>0$、$\delta_{\varepsilon_1}>0$为设计参数；I_{W_1}、I_{θ_1}、I_{b_1}和I_{c_1}定义与前文中的I_W等定义相类似，这里不再重复。

将式(6.65)~式(6.70)代入式(6.64)可得

$$\dot{V}_1\leqslant-\lambda_{\min}(\boldsymbol{\Xi}_1)\boldsymbol{z}_1^{\mathrm{T}}\boldsymbol{z}_1-\lambda_{\min}(\boldsymbol{Y}_1)\boldsymbol{\varepsilon}_1^{\mathrm{T}}\boldsymbol{\varepsilon}_1-\sigma_1\boldsymbol{e}_{D_1}^{\mathrm{T}}\boldsymbol{e}_{D_1}+\boldsymbol{z}_1^{\mathrm{T}}\boldsymbol{G}_1\boldsymbol{z}_2+0.5\bar{\boldsymbol{N}}_1^{\mathrm{T}}\bar{\boldsymbol{N}}_1-0.5k_{\varepsilon_1}\tilde{\varepsilon}_{D_1}^2+n\bar{\zeta}\delta_{\varepsilon_1}\bar{\varepsilon}_{D_1}+0.5k_{\varepsilon_1}\bar{\varepsilon}_{D_1}^2 \tag{6.71}$$

步骤$i(2\leqslant i\leqslant k-1)$：

构造如下的RWNNDO动态系统对不确定MIMO非线性系统式(6.51)中的复合干扰$\boldsymbol{D}_i$逼近，即

$$\begin{cases}\dot{\boldsymbol{\eta}}_i=-\sigma_i\boldsymbol{\eta}_i+\boldsymbol{\psi}_i(\hat{\boldsymbol{W}}_i,\hat{\boldsymbol{\theta}}_i,\hat{\boldsymbol{b}}_i,\hat{\boldsymbol{c}}_i)\\ \boldsymbol{\psi}_i(\hat{\boldsymbol{W}}_i,\hat{\boldsymbol{\theta}}_i,\hat{\boldsymbol{b}}_i,\hat{\boldsymbol{c}}_i)=\sigma_i\boldsymbol{x}_i+\boldsymbol{F}_i+\boldsymbol{G}_i\boldsymbol{x}_{i+1}+\hat{\boldsymbol{D}}_i(\hat{\boldsymbol{W}}_i,\hat{\boldsymbol{\theta}}_i,\hat{\boldsymbol{b}}_i,\hat{\boldsymbol{c}}_i)+\boldsymbol{v}_{r_i}\\ \hat{\boldsymbol{D}}_i(\hat{\boldsymbol{W}}_i,\hat{\boldsymbol{\theta}}_i,\hat{\boldsymbol{b}}_i,\hat{\boldsymbol{c}}_i)=\hat{\boldsymbol{W}}_i^{\mathrm{T}}\hat{\boldsymbol{\Phi}}_i(\hat{\boldsymbol{\theta}}_i,\hat{\boldsymbol{b}}_i,\hat{\boldsymbol{c}}_i)\end{cases} \tag{6.72}$$

式中：设计参数$\sigma_i>0$；$\boldsymbol{v}_{r_i}$为补偿项。定义第i个RWNNDO误差为

$$\boldsymbol{e}_{D_i}=\boldsymbol{x}_i-\boldsymbol{\eta}_i \tag{6.73}$$

考虑到式(6.61)和式(6.72)，对式(6.73)求导可得

$$\dot{\boldsymbol{e}}_{D_i}=-\sigma_i\boldsymbol{e}_{D_i}+\hat{\boldsymbol{W}}_i^{\mathrm{T}}(\boldsymbol{\Phi}'_{\theta_i}\tilde{\boldsymbol{\theta}}_i+\boldsymbol{\Phi}'_{b_i}\tilde{\boldsymbol{b}}_i+\boldsymbol{\Phi}'_{c_i}\tilde{\boldsymbol{c}}_i)+\tilde{\boldsymbol{W}}_i^{\mathrm{T}}(\hat{\boldsymbol{\Phi}}_i-\boldsymbol{\Phi}'_{\theta_i}\hat{\boldsymbol{\theta}}_i-\boldsymbol{\Phi}'_{b_i}\hat{\boldsymbol{b}}_i-\boldsymbol{\Phi}'_{c_i}\hat{\boldsymbol{c}}_i)+\boldsymbol{\varepsilon}_{D_i}-\boldsymbol{v}_{r_i} \tag{6.74}$$

其中，$\boldsymbol{\varepsilon}_{D_i}=\tilde{\boldsymbol{W}}_i^{\mathrm{T}}(\boldsymbol{\Phi}'_{\theta_i}\boldsymbol{\theta}_i^*+\boldsymbol{\Phi}'_{b_i}\boldsymbol{b}_i^*+\boldsymbol{\Phi}'_{c_i}\boldsymbol{c}_i^*)+\boldsymbol{W}_i^{*\mathrm{T}}\boldsymbol{O}(\tilde{\boldsymbol{\theta}}_i,\tilde{\boldsymbol{b}}_i,\tilde{\boldsymbol{c}}_i)+\boldsymbol{\varepsilon}_i$，$\|\boldsymbol{\varepsilon}_{D_i}\|\leqslant\bar{\varepsilon}_{D_i}$，$\tilde{\boldsymbol{W}}_i=\boldsymbol{W}_i^*-\hat{\boldsymbol{W}}_i$。

定义如下变量：

$$\boldsymbol{z}_i=\boldsymbol{x}_i-\boldsymbol{\alpha}_{i-1} \tag{6.75}$$

取虚拟控制律如下：

$$\bar{\boldsymbol{\alpha}}_i = \boldsymbol{G}_i^{-1}(-\boldsymbol{C}_i\boldsymbol{z}_i - \boldsymbol{F}_i - \boldsymbol{G}_{i-1}^{\mathrm{T}}\boldsymbol{z}_{i-1} + \dot{\boldsymbol{\alpha}}_{i-1} - \hat{\boldsymbol{D}}_i - \boldsymbol{v}_{r_i}) \tag{6.76}$$

式中：设计参数 $\boldsymbol{C}_i = \mathrm{diag}\{c_{i,1}, c_{i,2}, \cdots, c_{i,n}\} > 0$。

虚拟控制律 $\bar{\boldsymbol{\alpha}}_i$ 通过如下一阶滤波器，即有

$$\boldsymbol{\Gamma}_i\dot{\boldsymbol{\alpha}}_i + \boldsymbol{\alpha}_i = \bar{\boldsymbol{\alpha}}_i, \boldsymbol{\alpha}_i(0) = \bar{\boldsymbol{\alpha}}_i(0) \tag{6.77}$$

式中：$\boldsymbol{\Gamma}_i = \mathrm{diag}\{\tau_{i,1}, \tau_{i,2}, \cdots, \tau_{i,n}\}$，$\tau_{i,j} > 0$ 为一阶滤波器的时间常数，$j = 1, 2, \cdots, n$。

定义如下变量：

$$\boldsymbol{z}_{i+1} = \boldsymbol{x}_{i+1} - \boldsymbol{\alpha}_i \tag{6.78}$$

$$\boldsymbol{\varepsilon}_i = \boldsymbol{\alpha}_i - \bar{\boldsymbol{\alpha}}_i \tag{6.79}$$

考虑到式(6.51)、式(6.76)、式(6.78)和式(6.79)，对式(6.75)求导可得

$$\begin{aligned}
\dot{\boldsymbol{z}}_I &= -\boldsymbol{C}_i\boldsymbol{z}_i + \boldsymbol{G}_i\boldsymbol{z}_{i+1} - \boldsymbol{G}_{i-1}^{\mathrm{T}}\boldsymbol{z}_{i-1} + \boldsymbol{G}_i\boldsymbol{\varepsilon}_i + \boldsymbol{D}_i - \hat{\boldsymbol{D}}_i - \boldsymbol{v}_{r_i} \\
&= -\boldsymbol{C}_i\boldsymbol{z}_i + \boldsymbol{G}_i\boldsymbol{z}_{i+1} - \boldsymbol{G}_{i-1}^{\mathrm{T}}\boldsymbol{z}_{i-1} + \boldsymbol{G}_i\boldsymbol{\varepsilon}_i + \hat{\boldsymbol{W}}_i^{\mathrm{T}}(\boldsymbol{\Phi}'_{\theta_i}\tilde{\boldsymbol{\theta}}_i + \boldsymbol{\Phi}'_{b_i}\tilde{\boldsymbol{b}}_i + \boldsymbol{\Phi}'_{c_i}\tilde{\boldsymbol{c}}_i) \\
&\quad + \tilde{\boldsymbol{W}}_i^{\mathrm{T}}(\hat{\boldsymbol{\Phi}}_i - \boldsymbol{\Phi}'_{\theta_i}\hat{\boldsymbol{\theta}}_i - \boldsymbol{\Phi}'_{b_i}\hat{\boldsymbol{b}}_i - \boldsymbol{\Phi}'_{c_i}\hat{\boldsymbol{c}}_i +)\boldsymbol{\varepsilon}_{D_i} - \boldsymbol{v}_{r_i}
\end{aligned} \tag{6.80}$$

同时，对式(6.79)求导可得

$$\dot{\boldsymbol{\varepsilon}}_i = \dot{\boldsymbol{\alpha}}_i - \dot{\bar{\boldsymbol{\alpha}}} \leqslant -\boldsymbol{\Gamma}_i^{-1}\boldsymbol{\varepsilon}_i + \bar{\boldsymbol{N}}_i \tag{6.81}$$

其中 $\bar{\boldsymbol{N}}_i$ 为连接函数 $N_i(\cdot)$ 的最大值。

选择如下 Lyapunov 函数，即

$$\begin{aligned}
V_i &= \frac{1}{2}\boldsymbol{z}_i^{\mathrm{T}}\boldsymbol{z}_i + \frac{1}{2}\boldsymbol{\varepsilon}_i^{\mathrm{T}}\boldsymbol{\varepsilon}_i + \frac{1}{2}\boldsymbol{e}_{D_i}^{\mathrm{T}}\boldsymbol{e}_{D_i} + \frac{1}{2}\mathrm{tr}(\tilde{\boldsymbol{W}}_i^{\mathrm{T}}\boldsymbol{\Lambda}_{W_i}^{-1}\tilde{\boldsymbol{W}}_i) + \frac{1}{2}\tilde{\boldsymbol{\theta}}_i^{\mathrm{T}}\boldsymbol{\Lambda}_{\theta_i}^{-1}\tilde{\boldsymbol{\theta}}_i + \\
&\quad \frac{1}{2}\tilde{\boldsymbol{b}}_i^{\mathrm{T}}\boldsymbol{\Lambda}_{b_i}^{-1}\tilde{\boldsymbol{b}}_i + \frac{1}{2}\tilde{\boldsymbol{c}}_i^{\mathrm{T}}\boldsymbol{\Lambda}_{c_i}^{-1}\tilde{\boldsymbol{c}}_i + \frac{1}{2\lambda_{\varepsilon_i}}\tilde{\varepsilon}_{D_i}^2
\end{aligned} \tag{6.82}$$

式中：$\boldsymbol{\Lambda}_{W_i} = \boldsymbol{\Lambda}_{W_i}^{\mathrm{T}} > 0$、$\boldsymbol{\Lambda}_{\theta_i} = \boldsymbol{\Lambda}_{\theta_i}^{\mathrm{T}} > 0$、$\boldsymbol{\Lambda}_{b_i} = \boldsymbol{\Lambda}_{b_i}^{\mathrm{T}} > 0$、$\boldsymbol{\Lambda}_{c_i} = \boldsymbol{\Lambda}_{c_i}^{\mathrm{T}} > 0$ 和 $\lambda_{\varepsilon_i} > 0$ 为设计参数；$\tilde{\varepsilon}_{D_i} = \bar{\varepsilon}_{D_i} - \hat{\varepsilon}_{D_i}$，$\hat{\varepsilon}_{D_i}$为 $\bar{\varepsilon}_{D_i}$的估计值。

考虑到式(6.74)、式(6.80)和式(6.81)，对式(6.82)求导可得

$$\begin{aligned}
\dot{V}_i &= -\boldsymbol{z}_i^{\mathrm{T}}\boldsymbol{C}_i\boldsymbol{z}_i + \boldsymbol{z}_i^{\mathrm{T}}\boldsymbol{G}_i\boldsymbol{z}_{i+1} - \boldsymbol{z}_i^{\mathrm{T}}\boldsymbol{G}_{i-1}^{\mathrm{T}}\boldsymbol{z}_{i-1} + \boldsymbol{z}_i^{\mathrm{T}}\boldsymbol{G}_i\boldsymbol{\varepsilon}_i - \sigma_i\boldsymbol{e}_{D_i}^{\mathrm{T}}\boldsymbol{e}_{D_i} - \boldsymbol{\varepsilon}_i^{\mathrm{T}}\boldsymbol{\Gamma}_i^{-1}\boldsymbol{\varepsilon}_i + \boldsymbol{\varepsilon}_i^{\mathrm{T}}\bar{\boldsymbol{N}}_i + (\boldsymbol{z}_i^{\mathrm{T}} + \boldsymbol{e}_{D_i}^{\mathrm{T}})\hat{\boldsymbol{W}}_i^{\mathrm{T}}\boldsymbol{\Phi}'_{\theta_i}\tilde{\boldsymbol{\theta}}_i \\
&\quad + (\boldsymbol{z}_i^{\mathrm{T}} + \boldsymbol{e}_{D_i}^{\mathrm{T}})\hat{\boldsymbol{W}}_i^{\mathrm{T}}\boldsymbol{\Phi}'_{b_i}\tilde{\boldsymbol{b}}_i + (\boldsymbol{z}_i^{\mathrm{T}} + \boldsymbol{e}_{D_i}^{\mathrm{T}})\hat{\boldsymbol{W}}_{\mathrm{i}}^{\mathrm{T}}\boldsymbol{\Phi}'_{c_i}\tilde{\boldsymbol{c}}_i + (\boldsymbol{z}_i^{\mathrm{T}} + \boldsymbol{e}_{D_i}^{\mathrm{T}})\tilde{\boldsymbol{W}}_i^{\mathrm{T}}(\hat{\boldsymbol{\Phi}}_i - \boldsymbol{\Phi}'_{\theta_i}\hat{\boldsymbol{\theta}}_i - \boldsymbol{\Phi}_{b_i}\hat{\boldsymbol{b}}_i - \boldsymbol{\Phi}'_{c_i}\hat{\boldsymbol{c}}_i) \\
&\quad + (\boldsymbol{z}_i^{\mathrm{T}} + \boldsymbol{e}_{D_i}^{\mathrm{T}})\boldsymbol{\varepsilon}_{D_i} - (\boldsymbol{z}_i^{\mathrm{T}} + \boldsymbol{e}_{D_i}^{\mathrm{T}})\boldsymbol{v}_{r_i} - \mathrm{tr}(\tilde{\boldsymbol{W}}_i^{\mathrm{T}}\boldsymbol{\Lambda}_{W_i}^{-1}\dot{\hat{\boldsymbol{W}}}_i) - \tilde{\boldsymbol{\theta}}_i^{\mathrm{T}}\boldsymbol{\Lambda}_{\theta_i}^{-1}\dot{\hat{\boldsymbol{\theta}}}_i - \tilde{\boldsymbol{b}}_i^{\mathrm{T}}\boldsymbol{\Lambda}_{b_i}^{-1}\dot{\hat{\boldsymbol{b}}}_i - \hat{\boldsymbol{c}}_i^{\mathrm{T}}\boldsymbol{\Lambda}_{c_i}^{-1}\dot{\hat{\boldsymbol{c}}}_i - \frac{1}{\lambda_{\varepsilon_1}}\tilde{\varepsilon}_{D_i}\dot{\hat{\varepsilon}}_{D_i} \\
&\leqslant -\lambda_{\min}(\boldsymbol{\Xi}_i)\boldsymbol{z}_i^{\mathrm{T}}\boldsymbol{z}_i - \lambda_{\min}(\boldsymbol{Y}_i)\boldsymbol{\varepsilon}_i^{\mathrm{T}}\boldsymbol{\varepsilon}_i - \sigma_i\boldsymbol{e}_{D_i}^{\mathrm{T}}\boldsymbol{e}_{D_i} + \boldsymbol{z}_i^{\mathrm{T}}\boldsymbol{G}_i\boldsymbol{z}_{i+1} - \boldsymbol{z}_i^{\mathrm{T}}\boldsymbol{G}_{i-1}^{\mathrm{T}}\boldsymbol{z}_{i-1} + 0.5\bar{\boldsymbol{N}}_i^{\mathrm{T}}\bar{\boldsymbol{N}}_i + (\boldsymbol{z}_i^{\mathrm{T}} + \\
&\quad \boldsymbol{e}_{D_i}^{\mathrm{T}})\hat{\boldsymbol{W}}_i^{\mathrm{T}}\boldsymbol{\Phi}'_{\theta_i}\tilde{\boldsymbol{\theta}}_i + (\boldsymbol{z}_i^{\mathrm{T}} + \boldsymbol{e}_{D_i}^{\mathrm{T}})\hat{\boldsymbol{W}}_i^{\mathrm{T}}\boldsymbol{\Phi}'_{b_i}\tilde{\boldsymbol{b}}_{\mathrm{i}} + (\boldsymbol{z}_i^{\mathrm{T}} + \boldsymbol{e}_{D_i}^{\mathrm{T}})\tilde{\boldsymbol{W}}_i^{\mathrm{T}}\boldsymbol{\Phi}'_{c_i}\hat{\boldsymbol{c}}_i + (\boldsymbol{z}_i^{\mathrm{T}} + \boldsymbol{e}_{D_i}^{\mathrm{T}})\tilde{\boldsymbol{W}}_i^{\mathrm{T}}(\hat{\boldsymbol{\Phi}}_i - \boldsymbol{\Phi}'_{\theta_i}\hat{\boldsymbol{\theta}}_i - \\
&\quad \boldsymbol{\Phi}'_{b_i}\hat{\boldsymbol{b}}_i - \boldsymbol{\Phi}'_{c_i}\hat{\boldsymbol{c}}_i) + (\boldsymbol{z}_i^{\mathrm{T}} + \boldsymbol{e}_{D_i}^{\mathrm{T}})\boldsymbol{\varepsilon}_{D_i} - (\boldsymbol{z}_i^{\mathrm{T}} + \boldsymbol{e}_{D_i}^{\mathrm{T}})\boldsymbol{v}_{r_i} - \mathrm{tr}(\tilde{\boldsymbol{W}}_i^{\mathrm{T}}\boldsymbol{\Lambda}_{W_i}^{-1}\dot{\hat{\boldsymbol{W}}}_i) - \tilde{\boldsymbol{\theta}}_i^{\mathrm{T}}\boldsymbol{\Lambda}_{\theta_i}^{-1}\dot{\hat{\boldsymbol{\theta}}}_i - \tilde{\boldsymbol{b}}_i^{\mathrm{T}}\boldsymbol{\Lambda}_{b_i}^{-1}\dot{\hat{\boldsymbol{b}}}_i - \\
&\quad \tilde{\boldsymbol{c}}_i^{\mathrm{T}}\boldsymbol{\Lambda}_{c_i}^{-1}\dot{\hat{\boldsymbol{c}}}_i - \frac{1}{\lambda_{\varepsilon_i}}\tilde{\varepsilon}_{D_i}\dot{\hat{\varepsilon}}_{D_i}
\end{aligned} \tag{6.83}$$

式中：$\boldsymbol{\Xi}_i = \boldsymbol{C}_i - 0.5\bar{\lambda}_i\boldsymbol{I}_n$；$\boldsymbol{Y}_i = \boldsymbol{\Gamma}_i^{-1} - \boldsymbol{I}_n$。

取如下的参数自适应律和控制补偿项，即

$$\dot{\hat{\boldsymbol{W}}}_i = \boldsymbol{\Lambda}_{W_i}(\hat{\boldsymbol{\Phi}}_i - \boldsymbol{\Phi}'_{\theta_i}\hat{\boldsymbol{\theta}}_i - \boldsymbol{\Phi}'_{b_i}\hat{\boldsymbol{b}}_i - \boldsymbol{\Phi}'_{c_i}\hat{\boldsymbol{c}}_i)(\boldsymbol{z}_i^{\mathrm{T}} + \boldsymbol{e}_{D_i}^{\mathrm{T}}) - I_{W_i}\frac{(\boldsymbol{z}_i^{\mathrm{T}} + \boldsymbol{e}_{D_i}^{\mathrm{T}})\hat{\boldsymbol{W}}_i^{\mathrm{T}}\boldsymbol{\Lambda}_{W_i}(\hat{\boldsymbol{\Phi}}_i - \boldsymbol{\Phi}'_{\theta_i}\hat{\boldsymbol{\theta}}_i - \boldsymbol{\Phi}'_{b_i}\hat{\boldsymbol{b}}_i - \boldsymbol{\Phi}'_{c_i}\hat{\boldsymbol{c}}_i)}{\|\hat{\boldsymbol{W}}_i\|^2}\hat{\boldsymbol{W}}_i \tag{6.84}$$

$$\dot{\hat{\boldsymbol{\theta}}}_i = \boldsymbol{\Lambda}_{\theta_i}\boldsymbol{\Phi}'^{\mathrm{T}}_{\theta_i}\hat{\boldsymbol{W}}_i(\boldsymbol{z}_i + \boldsymbol{e}_{D_i}) - I_{\theta_i}\frac{(\boldsymbol{z}_i^{\mathrm{T}} + \boldsymbol{e}_{D_i}^{\mathrm{T}})\hat{\boldsymbol{W}}_i^{\mathrm{T}}\boldsymbol{\Phi}'_{\theta_i}\boldsymbol{\Lambda}_{\theta_i}^{\mathrm{T}}\hat{\boldsymbol{\theta}}_i}{\|\hat{\boldsymbol{\theta}}_i\|^2}\hat{\boldsymbol{\theta}}_i \tag{6.85}$$

$$\dot{\hat{\boldsymbol{b}}}_i = \boldsymbol{\Lambda}_{b_i}\boldsymbol{\Phi}'^{\mathrm{T}}_{b_i}\hat{\boldsymbol{W}}_i(\boldsymbol{z}_i + \boldsymbol{e}_{D_i}) - I_{b_i}\frac{(\boldsymbol{z}_i^{\mathrm{T}} + \boldsymbol{e}_{D_i}^{\mathrm{T}})\hat{\boldsymbol{W}}_i^{\mathrm{T}}\boldsymbol{\Phi}'_{b_i}\boldsymbol{\Lambda}_{b_i}^{\mathrm{T}}\hat{\boldsymbol{b}}_i}{\|\hat{\boldsymbol{b}}_i\|^2}\hat{\boldsymbol{b}}_i \tag{6.86}$$

$$\dot{\hat{\boldsymbol{c}}}_i = \boldsymbol{\Lambda}_{c_i}\boldsymbol{\Phi}'^{\mathrm{T}}_{c_i}\hat{\boldsymbol{W}}_i(\boldsymbol{z}_i + \boldsymbol{e}_{D_i}) - I_{c_i}\frac{(\boldsymbol{z}_i^{\mathrm{T}} + \boldsymbol{e}_{D_i}^{\mathrm{T}})\hat{\boldsymbol{W}}_i^{\mathrm{T}}\boldsymbol{\Phi}'_{c_i}\boldsymbol{\Lambda}_{c_i}^{\mathrm{T}}\hat{\boldsymbol{c}}_i}{\|\hat{\boldsymbol{c}}_i\|^2}\hat{\boldsymbol{c}}_i \tag{6.87}$$

$$\dot{\hat{\varepsilon}}_{D_i} = \lambda_{\varepsilon_i}((\boldsymbol{z}_i^{\mathrm{T}} + \boldsymbol{e}_{D_i}^{\mathrm{T}})\tanh((\boldsymbol{z}_i + \boldsymbol{e}_{D_i})/\delta_{\varepsilon_i}) - k_{\varepsilon_i}\hat{\varepsilon}_{D_i}) \tag{6.88}$$

$$\boldsymbol{v}_{r_i} = \hat{\varepsilon}_{D_i}\tanh((\boldsymbol{z}_i + \boldsymbol{e}_{D_i})/\delta_{\varepsilon_i}) \tag{6.89}$$

式中:$k_{\varepsilon_i}>0$、$\delta_{\varepsilon_i}>0$ 为设计参数;I_{W_i}、I_{θ_i}、I_{b_i}和 I_{c_i}定义与前文中的 I_W等定义相类似,这里不再重复。

将式(6.84)式(6.89)代入式(6.83)可得

$$\dot{V}_i \leqslant -\lambda_{\min}(\boldsymbol{\Xi}_i)\boldsymbol{z}_i^{\mathrm{T}}\boldsymbol{z}_i - \lambda_{\min}(\boldsymbol{\Upsilon}_i)\boldsymbol{\varepsilon}_i^{\mathrm{T}}\boldsymbol{\varepsilon}_i - \sigma_i\boldsymbol{e}_{D_i}^{\mathrm{T}}\boldsymbol{e}_{D_i} + \boldsymbol{z}_i^{\mathrm{T}}\boldsymbol{G}_i\boldsymbol{z}_{i+1} - \boldsymbol{z}_i^{\mathrm{T}}\boldsymbol{G}_{i-1}^{\mathrm{T}}\boldsymbol{z}_{i-1} + 0.5\overline{\boldsymbol{N}}_i^{\mathrm{T}}\overline{\boldsymbol{N}}_i - 0.5k_{\varepsilon_i}\tilde{\varepsilon}_{D_i}^2 + n\bar{\zeta}\delta_{\varepsilon i}\bar{\varepsilon}_{D_i} + 0.5k_{\varepsilon_i}\bar{\varepsilon}_{D_i}^2 \tag{6.90}$$

步骤 k:

构造如下的 RWNNDO 动态系统对不确定 MIMO 非线性系统式(6.51)中的复合干扰 $\boldsymbol{D}_k$ 逼近,即

$$\begin{cases}\dot{\boldsymbol{\eta}}_k = -\sigma_k\boldsymbol{\eta}_k + \boldsymbol{\psi}_k(\hat{\boldsymbol{W}}_k,\boldsymbol{\theta}_k,\hat{\boldsymbol{b}}_k,\hat{\boldsymbol{c}}_k)\\ \boldsymbol{\psi}_k(\hat{\boldsymbol{W}}_k,\hat{\boldsymbol{\theta}}_k,\hat{\boldsymbol{b}}_k,\hat{\boldsymbol{c}}_k) = \sigma_k\boldsymbol{x}_k + \boldsymbol{F}_k + \boldsymbol{G}_k\boldsymbol{H}(\boldsymbol{v}) + \hat{\boldsymbol{D}}_k(\hat{\boldsymbol{W}}_k,\hat{\boldsymbol{\theta}}_k,\hat{\boldsymbol{b}}_k,\hat{\boldsymbol{c}}_k) + \boldsymbol{v}_{r_k}\\ \hat{\boldsymbol{D}}_k(\hat{\boldsymbol{W}}_k,\hat{\boldsymbol{\theta}}_k,\hat{\boldsymbol{b}}_k,\hat{\boldsymbol{c}}_k) = \hat{\boldsymbol{W}}_i^{\mathrm{T}}\hat{\boldsymbol{\Phi}}_k(\hat{\boldsymbol{\theta}}_k,\hat{\boldsymbol{b}}_k,\hat{\boldsymbol{c}}_k)\end{cases} \tag{6.91}$$

式中:设计参数 $\sigma_k>0$;$\boldsymbol{v}_{r_k}$为补偿项。定义第 k 个 RWNNDO 误差为

$$\boldsymbol{e}_{D_k} = \boldsymbol{x}_k - \boldsymbol{\eta}_k \tag{6.92}$$

考虑到式(6.51)和式(6.91),对式(6.92)求导可得

$$\dot{\boldsymbol{e}}_{D_k} = -\sigma_k\boldsymbol{e}_{D_k} + \hat{\boldsymbol{W}}_k^{\mathrm{T}}(\boldsymbol{\Phi}'_{\theta_k}\tilde{\boldsymbol{\theta}}_k + \boldsymbol{\Phi}'_{b_k}\tilde{\boldsymbol{b}}_k + \boldsymbol{\Phi}'_{c_k}\tilde{\boldsymbol{c}}_k) + \tilde{\boldsymbol{W}}_k^{\mathrm{T}}(\hat{\boldsymbol{\Phi}}_k - \boldsymbol{\Phi}'_{\theta_k}\hat{\boldsymbol{\theta}}_k - \boldsymbol{\Phi}'_{b_k}\hat{\boldsymbol{b}}_k - \boldsymbol{\Phi}'_{c_k}\hat{\boldsymbol{c}}_k) + \varepsilon_{D_k} - \boldsymbol{v}_{r_k} \tag{6.93}$$

其中,$\varepsilon_{D_k} = \tilde{\boldsymbol{W}}_k^{\mathrm{T}}(\boldsymbol{\Phi}'_{\theta_k}\boldsymbol{\theta}_k^* + \boldsymbol{\Phi}'_{b_k}\boldsymbol{b}_k^* + \boldsymbol{\Phi}'_{c_k}\boldsymbol{c}_k^*) + \boldsymbol{W}_k^{*\mathrm{T}}\boldsymbol{O}(\tilde{\boldsymbol{\theta}}_k,\tilde{\boldsymbol{b}}_k,\tilde{\boldsymbol{c}}_k) + \varepsilon_k$,$\|\varepsilon_{D_k}\| \leqslant \bar{\varepsilon}_{D_k}$,$\tilde{\boldsymbol{W}}_k = \boldsymbol{W}_k^* - \hat{\boldsymbol{W}}_k$。

定义如下变量:

$$\boldsymbol{z}_k = \boldsymbol{x}_k - \boldsymbol{\alpha}_{k-1} \tag{6.94}$$

取虚拟控制律如下:

$$\bar{\boldsymbol{\alpha}}_k = \boldsymbol{G}_k^{\mathrm{T}}(\boldsymbol{G}_k\boldsymbol{G}_k^{\mathrm{T}})^{-1}(-\boldsymbol{C}_k\boldsymbol{z}_k - \boldsymbol{F}_k - \boldsymbol{G}_{k-1}^{\mathrm{T}}\boldsymbol{z}_{k-1} + \dot{\boldsymbol{\alpha}}_{k-1} - \hat{\boldsymbol{D}}_k - \boldsymbol{v}_{r_k}) \tag{6.95}$$

式中：设计参数 $\boldsymbol{C}_k=\mathrm{diag}\{c_{k,1},c_{k,2},\cdots,c_{k,n}\}>0$。

虚拟控制律 $\bar{\boldsymbol{\alpha}}_k$ 通过如下一阶滤波器，即有

$$\boldsymbol{\Gamma}_k\dot{\boldsymbol{\alpha}}_k+\boldsymbol{\alpha}_k=\bar{\boldsymbol{\alpha}}_k,\boldsymbol{\alpha}_k(0)=\bar{\boldsymbol{\alpha}}_k(0) \tag{6.96}$$

式中：$\boldsymbol{\Gamma}_k=\mathrm{diag}\{\tau_{k,1},\tau_{k,2},\cdots,\tau_{k,m}\}$，$\tau_{k,j}>0$，为一阶滤波器的时间常数，$j=1,2,\cdots,m$。

定义如下变量：

$$\boldsymbol{z}_{k+1}=\boldsymbol{H}(\boldsymbol{v})-\boldsymbol{\alpha}_k \tag{6.97}$$

$$\boldsymbol{\varepsilon}_k=\boldsymbol{\alpha}_k-\bar{\boldsymbol{\alpha}}_k \tag{6.98}$$

考虑到式(6.51)、式(6.95)、式(6.97)和式(6.98)，对式(6.94)求导可得

$$\begin{aligned}\dot{\boldsymbol{z}}_k&=-\boldsymbol{C}_k\boldsymbol{z}_k+\boldsymbol{G}_k\boldsymbol{z}_{k+1}-\boldsymbol{G}_{k-1}^{\mathrm{T}}\boldsymbol{z}_{k-1}+\boldsymbol{G}_k\boldsymbol{\varepsilon}_k+\boldsymbol{D}_k-\hat{\boldsymbol{D}}_k-\boldsymbol{v}_{r_k}\\&=-\boldsymbol{C}_k\boldsymbol{z}_k+\boldsymbol{C}_k\boldsymbol{z}_{k+1}-\boldsymbol{G}_{k-1}^{\mathrm{T}}\boldsymbol{z}_{k-1}+\boldsymbol{G}_k\boldsymbol{\varepsilon}_k+\hat{\boldsymbol{W}}_k^{\mathrm{T}}(\boldsymbol{\Phi}'_{\theta_k}\tilde{\boldsymbol{\theta}}_k+\boldsymbol{\Phi}'_{b_k}\tilde{\boldsymbol{b}}_k+\boldsymbol{\Phi}'_{c_k}\tilde{\boldsymbol{c}}_k)\\&\quad+\tilde{\boldsymbol{W}}_k^{\mathrm{T}}(\hat{\boldsymbol{\Phi}}_k-\boldsymbol{\Phi}'_{\theta_k}\hat{\boldsymbol{\theta}}_k-\boldsymbol{\Phi}'_{b_k}\hat{\boldsymbol{b}}_k-\boldsymbol{\Phi}'_{c_k}\hat{\boldsymbol{c}}_k)+\boldsymbol{\varepsilon}_{D_k}-\boldsymbol{v}_{r_k}\end{aligned} \tag{6.99}$$

同时，对式(6.98)求导可得

$$\dot{\boldsymbol{\varepsilon}}_k=\dot{\boldsymbol{\alpha}}_k-\dot{\bar{\boldsymbol{\alpha}}}_k\leqslant-\boldsymbol{\Gamma}_k^{-1}\boldsymbol{\varepsilon}_k+\bar{\boldsymbol{N}}_k \tag{6.100}$$

选择如下的 Lyapunov 函数，即

$$\begin{aligned}V_k=&\frac{1}{2}\boldsymbol{z}_k^{\mathrm{T}}\boldsymbol{z}_k+\frac{1}{2}\boldsymbol{\varepsilon}_k^{\mathrm{T}}\boldsymbol{\varepsilon}_k+\frac{1}{2}\boldsymbol{e}_{D_k}^{\mathrm{T}}\boldsymbol{e}_{D_k}+\frac{1}{2}\mathrm{tr}(\tilde{\boldsymbol{W}}_k^{\mathrm{T}}\boldsymbol{\Lambda}_{W_k}^{-1}\tilde{\boldsymbol{W}}_k)+\frac{1}{2}\tilde{\boldsymbol{\theta}}_k^{\mathrm{T}}\boldsymbol{\Lambda}_{\theta_k}^{-1}\tilde{\boldsymbol{\theta}}_k+\\&\frac{1}{2}\tilde{\boldsymbol{b}}_k^{\mathrm{T}}\boldsymbol{\Lambda}_{\theta_k}^{-1}\tilde{\boldsymbol{b}}_k+\frac{1}{2}\tilde{\boldsymbol{c}}_k^{\mathrm{T}}\boldsymbol{\Lambda}_{c_k}^{-1}\tilde{\boldsymbol{c}}_k+\frac{1}{2\lambda_{\varepsilon_k}}\tilde{\varepsilon}_{D_k}^2\end{aligned} \tag{6.101}$$

式中：$\boldsymbol{\Lambda}_{W_k}=\boldsymbol{\Lambda}_{W_k}^{\mathrm{T}}>0$、$\boldsymbol{\Lambda}_{\theta_k}=\boldsymbol{\Lambda}_{\theta_k}^{\mathrm{T}}>0$、$\boldsymbol{\Lambda}_{b_k}=\boldsymbol{\Lambda}_{b_k}^{\mathrm{T}}>0$、$\boldsymbol{\Lambda}_{c_k}=\boldsymbol{\Lambda}_{c_k}^{\mathrm{T}}>0$ 和 $\lambda_{\varepsilon_k}>0$ 为待设计参数；$\tilde{\varepsilon}_{D_k}=\bar{\varepsilon}_{D_k}-\hat{\varepsilon}_{D_k}$，$\hat{\varepsilon}_{D_k}$ 为 $\bar{\varepsilon}_{D_k}$ 的估计值。

考虑到式(6.93)、式(6.99)和式(6.100)，对式(6.101)求导可得

$$\begin{aligned}\dot{V}_k=&-\boldsymbol{z}_k^{\mathrm{T}}\boldsymbol{C}_k\boldsymbol{z}_k+\boldsymbol{z}_k^{\mathrm{T}}\boldsymbol{G}_k\boldsymbol{z}_{k+1}-\boldsymbol{z}_k^{\mathrm{T}}\boldsymbol{G}_{k-1}^{\mathrm{T}}\boldsymbol{z}_{k-1}+\boldsymbol{z}_k^{\mathrm{T}}\boldsymbol{G}_k\boldsymbol{\varepsilon}_k-\sigma_k\boldsymbol{e}_{D_k}^{\mathrm{T}}\boldsymbol{e}_{D_k}-\boldsymbol{\varepsilon}_k^{\mathrm{T}}\boldsymbol{\Gamma}_k^{-1}\boldsymbol{\varepsilon}_k+\boldsymbol{\varepsilon}_k^{\mathrm{T}}\bar{\boldsymbol{N}}_k\\&+(\boldsymbol{z}_k^{\mathrm{T}}+\boldsymbol{e}_{D_k}^{\mathrm{T}})\hat{\boldsymbol{W}}_k^{\mathrm{T}}\boldsymbol{\Phi}'_{\theta_k}\tilde{\boldsymbol{\theta}}_k+(\boldsymbol{z}_k^{\mathrm{T}}+\boldsymbol{e}_{D_k}^{\mathrm{T}})\hat{\boldsymbol{W}}_k^{\mathrm{T}}\boldsymbol{\Phi}'_{b_k}\hat{\boldsymbol{b}}_k+(\boldsymbol{z}_k^{\mathrm{T}}+\boldsymbol{e}_{D_k}^{\mathrm{T}})\hat{\boldsymbol{W}}_k^{\mathrm{T}}\boldsymbol{\Phi}'_{c_k}\tilde{\boldsymbol{c}}_k\\&+(\boldsymbol{z}_k^{\mathrm{T}}+\boldsymbol{e}_{D_k}^{\mathrm{T}})\tilde{\boldsymbol{W}}_k^{\mathrm{T}}(\hat{\boldsymbol{\Phi}}_k-\boldsymbol{\Phi}'_{\theta_k}\hat{\boldsymbol{\theta}}_k-\boldsymbol{\Phi}'_{b_k}\hat{\boldsymbol{b}}_k-\boldsymbol{\Phi}'_{c_k}\hat{\boldsymbol{c}}_k)+(\boldsymbol{z}_k^{\mathrm{T}}+\boldsymbol{e}_{D_k}^{\mathrm{T}})\boldsymbol{\varepsilon}_{D_k}-(\boldsymbol{z}_k^{\mathrm{T}}+\boldsymbol{e}_{D_k}^{\mathrm{T}})\boldsymbol{v}_{r_k}\\&-\mathrm{tr}(\tilde{\boldsymbol{W}}_k^{\mathrm{T}}\boldsymbol{\Lambda}_{W_k}^{-1}\dot{\hat{\boldsymbol{W}}}_k)-\tilde{\boldsymbol{\theta}}_k^{\mathrm{T}}\boldsymbol{\Lambda}_{\theta_k}^{-1}\dot{\hat{\boldsymbol{\theta}}}_k-\tilde{\boldsymbol{b}}_k^{\mathrm{T}}\boldsymbol{\Lambda}_{b_k}^{-1}\dot{\hat{\boldsymbol{b}}}_k-\tilde{\boldsymbol{c}}_k^{\mathrm{T}}\boldsymbol{\Lambda}_{c_k}^{-1}\dot{\hat{\boldsymbol{c}}}_k-\frac{1}{\lambda_{\varepsilon_k}}\tilde{\varepsilon}_{D_k}\dot{\hat{\varepsilon}}_{D_k}\\\leqslant&-\lambda_{\min}(\boldsymbol{\Xi}_k)\boldsymbol{z}_k^{\mathrm{T}}\boldsymbol{z}_k-\lambda_{\min}(\boldsymbol{Y}_k)\boldsymbol{\varepsilon}_k^{\mathrm{T}}\boldsymbol{\varepsilon}_k-\sigma_k\boldsymbol{e}_{D_k}^{\mathrm{T}}\boldsymbol{e}_{D_k}-\boldsymbol{z}_k^{\mathrm{T}}\boldsymbol{G}_{k-1}^{\mathrm{T}}\boldsymbol{z}_{k-1}+0.5\boldsymbol{z}_{k+1}^{\mathrm{T}}\boldsymbol{z}_{k+1}+0.5\bar{\boldsymbol{N}}_k^{\mathrm{T}}\bar{\boldsymbol{N}}_k\\&+(\boldsymbol{z}_k^{\mathrm{T}}+\boldsymbol{e}_{D_k}^{\mathrm{T}})\hat{\boldsymbol{W}}_k^{\mathrm{T}}\boldsymbol{\Phi}'_{\theta_k}\tilde{\boldsymbol{\theta}}_k+(\boldsymbol{z}_k^{\mathrm{T}}+\boldsymbol{e}_{D_k}^{\mathrm{T}})\hat{\boldsymbol{W}}_k^{\mathrm{T}}\boldsymbol{\Phi}'_{b_k}\tilde{\boldsymbol{b}}_k+(\boldsymbol{z}_k^{\mathrm{T}}+\boldsymbol{e}_{D_k}^{\mathrm{T}})\hat{\boldsymbol{W}}_k^{\mathrm{T}}\boldsymbol{\Phi}'_{c_k}\tilde{\boldsymbol{c}}_k\\&+(\boldsymbol{z}_k^{\mathrm{T}}+\boldsymbol{e}_{D_k}^{\mathrm{T}})\tilde{\boldsymbol{W}}_k^{\mathrm{T}}(\hat{\boldsymbol{\Phi}}_k-\boldsymbol{\Phi}'_{\theta_k}\hat{\boldsymbol{\theta}}_k-\boldsymbol{\Phi}'_{b_k}\hat{\boldsymbol{b}}_k-\boldsymbol{\Phi}'_{c_k}\hat{\boldsymbol{c}}_k)+(\boldsymbol{z}_k^{\mathrm{T}}+\boldsymbol{e}_{D_k}^{\mathrm{T}})\boldsymbol{\varepsilon}_{D_k}-(\boldsymbol{z}_k^{\mathrm{T}}+\boldsymbol{e}_{D_k}^{\mathrm{T}})\boldsymbol{v}_{r_k}\\&-\mathrm{tr}(\tilde{\boldsymbol{W}}_k^{\mathrm{T}}\boldsymbol{\Lambda}_{W_k}^{-1}\dot{\hat{\boldsymbol{W}}}_k)-\tilde{\boldsymbol{\theta}}_k^{\mathrm{T}}\boldsymbol{\Lambda}_{\theta_k}^{-1}\dot{\hat{\boldsymbol{\theta}}}_k-\tilde{\boldsymbol{b}}_k^{\mathrm{T}}\boldsymbol{\Lambda}_{b_k}^{-1}\dot{\hat{\boldsymbol{b}}}_k-\tilde{\boldsymbol{c}}_k^{\mathrm{T}}\boldsymbol{\Lambda}_{c_k}^{-1}\dot{\hat{\boldsymbol{c}}}_k-\frac{1}{\lambda_{\varepsilon_k}}\tilde{\varepsilon}_{D_k}\dot{\hat{\boldsymbol{\varepsilon}}}_{D_k}\end{aligned} \tag{6.102}$$

式中：$\boldsymbol{\Xi}_k=\boldsymbol{C}_k-\bar{\boldsymbol{\lambda}}_k\boldsymbol{I}_n$；$\boldsymbol{Y}_k=\boldsymbol{\Gamma}_k^{-1}-\boldsymbol{I}_m$。

取如下的参数自适应律和控制补偿项，即

$$\dot{\hat{\boldsymbol{W}}}=\boldsymbol{\Lambda}_{W_k}(\hat{\boldsymbol{\Phi}}_k-\boldsymbol{\Phi}'_{\theta_k}\hat{\boldsymbol{\theta}}_k-\boldsymbol{\Phi}'_{b_k}\hat{\boldsymbol{b}}_k-\boldsymbol{\Phi}'_{c_k}\hat{\boldsymbol{c}}_k)(\boldsymbol{z}_k^{\mathrm{T}}+\boldsymbol{e}_{D_k}^{\mathrm{T}})$$

$$-I_{W_k}\frac{(z_k^{\mathrm{T}}+e_{D_k}^{\mathrm{T}})\hat{W}_k^{\mathrm{T}}\Lambda_{W_k}(\hat{\Phi}_k-\Phi'_{\theta_k}\hat{\theta}_k-\Phi'_{b_k}\hat{b}_k-\Phi'_{c_k}\hat{c}_k)}{\|\hat{W}_k\|^2}\hat{W}_k \tag{6.103}$$

$$\dot{\hat{\theta}}_k=\Lambda_{\theta_k}\Phi'^{\mathrm{T}}_{\theta_k}\hat{W}_k(z_k+e_{D_k})-I_{\theta_k}\frac{(z_k^{\mathrm{T}}+e_{D_k}^{\mathrm{T}})\hat{W}_k^{\mathrm{T}}\Phi'_{\theta_k}\Lambda_{\theta_k}^{\mathrm{T}}\hat{\theta}_k}{\|\hat{\theta}_k\|^2}\hat{\theta}_k \tag{6.104}$$

$$\dot{\hat{b}}=\Lambda_{b_k}\Phi'^{\mathrm{T}}_{b_k}\hat{W}_k(z_k+e_{D_k})-I_{b_k}\frac{(z_k^{\mathrm{T}}+e_{D_k}^{\mathrm{T}})\hat{W}_k^{\mathrm{T}}\Phi'_{b_k}\Lambda_{b_k}^{\mathrm{T}}\hat{b}_k}{\|\hat{b}_k\|^2}\hat{b}_k \tag{6.105}$$

$$\dot{\hat{c}}_k=\Lambda_{c_k}\Phi'^{\mathrm{T}}_{c_k}\hat{W}_k(z_k+e_{D_k})-I_{c_k}\frac{(z_k^{\mathrm{T}}+e_{D_k}^{\mathrm{T}})\hat{W}_k^{\mathrm{T}}\Phi'_{c_k}\Lambda_{c_k}^{\mathrm{T}}\hat{c}_k}{\|\hat{c}_k\|^2}\hat{c}_k \tag{6.106}$$

$$\dot{\hat{\varepsilon}}_{D_k}=\lambda_{\varepsilon_k}((z_k^{\mathrm{T}}+e_{D_k}^{\mathrm{T}})\tanh((z_k+e_{D_k})/\delta_{\varepsilon_k})-k_{\varepsilon_k}\hat{\varepsilon}_{D_k}) \tag{6.107}$$

$$v_{r_k}=\hat{\varepsilon}_{D_k}\tanh((z_k+e_{D_k})/\delta_{\varepsilon_k}) \tag{6.108}$$

式中:$k_{\varepsilon_k}>0$、$\delta_{\varepsilon_k}>0$ 为设计参数;I_{W_k}、I_{θ_k}、I_{b_k} 和 I_{c_k} 定义与前文中的 I_W 等定义相类似,这里不再重复。

将式(6.103)~式(6.108)代入式(6.102)可得

$$\begin{aligned}\dot{V}_k\leqslant&-\lambda_{\min}(\Xi_k)z_k^{\mathrm{T}}z_k-\lambda_{\min}(\Upsilon_k)\varepsilon_k^{\mathrm{T}}\varepsilon_k-\sigma_k e_{D_k}^{\mathrm{T}}e_{D_k}-z_k^{\mathrm{T}}G_{k-1}^{\mathrm{T}}z_{k-1}+0.5z_{k+1}^{\mathrm{T}}z_{k+1}+0.5\bar{N}_k^{\mathrm{T}}\bar{N}_k\\&-0.5k_{\varepsilon_k}\tilde{\varepsilon}_{D_k}^2+n\zeta\delta_{\varepsilon_k}\bar{\varepsilon}_{D_k}+0.5k_{\varepsilon_k}\bar{\varepsilon}_{D_k}^2\end{aligned} \tag{6.109}$$

步骤 $k+1$:为了有效处理不确定 MIMO 非线性系统式(6.51)中的输入饱和问题,这里通过额外增加一个子系统来进行控制律的设计,具体过程如下[50]。

设计如下的控制律,即

$$\dot{v}=-\bar{C}v+w \tag{6.110}$$

$$w=N(\chi)\bar{w} \tag{6.111}$$

$$\bar{w}=-C_{k+1}z_{k+1}+\xi\bar{C}v+\dot{\alpha}_k \tag{6.112}$$

$$\dot{\chi}=\gamma_\chi\mathrm{diag}\{\bar{w}_1,\bar{w}_2,\cdots,\bar{w}_m\}z_{k+1} \tag{6.113}$$

其中,设计参数 $\bar{C}=\mathrm{diag}\{\bar{c}_1,\bar{c}_2,\cdots,\bar{c}_m\}>0$,$C_{k+1}=\mathrm{diag}\{c_{k+1,1},c_{k+1,2},\cdots,c_{k+1,m}\}>0$,$\gamma_\chi=\mathrm{diag}\{\gamma_{\chi 1},\gamma_{\chi 2},\cdots,\gamma_{\chi m}\}>0$,$N(\chi)=\mathrm{diag}(N_1(\chi_1),N_2(\chi_2),\cdots,N_m(\chi_m))$,$N_j(\chi_j)=\chi_j^2\cos(\chi_j)$,$\xi=\mathrm{diag}\{\xi_1,\xi_2,\cdots,\xi_M\}$,$\xi_j=\partial h_j(v_j)/\partial v_j=4/(\mathrm{e}^{v_j/u_{jM}}+\mathrm{e}^{-v_j/u_{jM}})^2>0$,$\chi=[\chi_1,\chi_2,\cdots,\chi_m]^{\mathrm{T}}$,$\bar{w}=[\bar{w}_1,\bar{w}_2,\cdots,\bar{w}_m]^{\mathrm{T}}$,$j=1,2,\cdots,m$。

考虑到式(6.110)~式(6.112),对式(6.97)求导可得

$$\begin{aligned}\dot{z}_{k+1}&=\xi(-\bar{C}v+w)-\dot{\alpha}_k=-\xi\bar{C}v+(\xi N(\chi)-I_m)\bar{w}-\dot{\alpha}_k+\bar{w}\\&=-C_{k+1}z_{k+1}+(\xi N(\chi)-I_m)\bar{w}\end{aligned} \tag{6.114}$$

选择如下的 Lyapunov 函数,即

$$V_{k+1}=\sum_{j=1}^m V_{k+1,j}=\sum_{j=1}^m\frac{1}{2}z_{k+1,j}^2=\frac{1}{2}z_{k+1}^{\mathrm{T}}z_{k+1} \tag{6.115}$$

考虑到式(6.113)和式(6.114),对 $V_{k+1,j}$ 求导可得

$$\dot{V}_{k+1,j}=z_{k+1,j}\dot{z}_{k+1,j}=-c_{k+1,j}z_{k+1,j}^2+z_{k+1,j}(\xi_jN_j(\chi_j)-1)\bar{w}_j$$

$$\leqslant -\bar{c}_{k+1,j}V_{k+1,j}+M_{k+1,j}+\frac{1}{\gamma_{\chi_j}}(\xi_jN_j(\chi_j)-1)\dot{\chi}_j \tag{6.116}$$

式中：$\bar{c}_{k+1,j}=2c_{k+1,j}$；常数 $M_{k+1,j}>0$。

对式(6.116)积分可得

$$V_{k+1,j}\leqslant V_{k+1,j}(0)\mathrm{e}^{-\bar{c}_{k+1,j}t}+\frac{M_{k+1,j}}{\bar{c}_{k+1,j}}(1-\mathrm{e}^{-\bar{c}_{k+1,j}t})\frac{\mathrm{e}^{-\bar{c}_{k+1,j}t}}{\gamma_{x_j}}\int_0^t(\xi_jN_j(\chi_j)\dot{\chi}_j-\dot{\chi}_j)e^{\bar{c}_{k+1,j}t}\mathrm{d}\tau \tag{6.117}$$

根据引理 6.1 可知 $V_{k+1,j}$ 和 χ_j 均是有界的，进而可得 V_{k+1}、$\boldsymbol{z}_{k+1}$ 和 $\boldsymbol{\chi}$ 有界，这里不妨假设 $|z_{k+1,j}|\leqslant\bar{z}_{k+1,j}$，$j=1,2,\cdots,m$，简记 $|\boldsymbol{z}_{k+1}|\leqslant\bar{\boldsymbol{z}}_{k+1}$。

由上述分析可知，步骤 $k+1$ 中的子系统所有信号都是有界的，即该子系统是自稳定系统。考虑到步骤 $1\sim k$ 所有信号的收敛性，选择如下的 Lyapunov 函数，即

$$\begin{aligned} V=&\sum_{i=1}^{k}V_i=\sum_{i=1}^{k}\left(\frac{1}{2}\boldsymbol{z}_i^{\mathrm{T}}\boldsymbol{z}_i+\frac{1}{2}\boldsymbol{\varepsilon}_i^{\mathrm{T}}\boldsymbol{\varepsilon}_i+\frac{1}{2}\boldsymbol{e}_{D_i}^{\mathrm{T}}\boldsymbol{e}_{D_i}+\frac{1}{2}\mathrm{tr}(\tilde{\boldsymbol{W}}_i^{\mathrm{T}}\boldsymbol{\Lambda}_{W_i}^{-1}\tilde{\boldsymbol{W}}_i)\right)\\ &+\sum_{i=1}^{k}\left(\frac{1}{2}\tilde{\boldsymbol{\theta}}_i^{\mathrm{T}}\boldsymbol{\Lambda}_{\theta_i}^{-1}\tilde{\boldsymbol{\theta}}_i+\frac{1}{2}\tilde{\boldsymbol{b}}_i^{\mathrm{T}}\boldsymbol{\Lambda}_{b_i}^{-1}\tilde{\boldsymbol{b}}_i+\frac{1}{2}\tilde{\boldsymbol{c}}_i^{\mathrm{T}}\boldsymbol{\Lambda}_{c_i}^{-1}\tilde{\boldsymbol{c}}_i+\frac{1}{2\lambda_{\varepsilon_i}}\tilde{\varepsilon}_{D_i}^2\right) \end{aligned} \tag{6.118}$$

根据式(6.71)、式(6.90)、式(6.109)和 $\boldsymbol{z}_{k+1}$ 的有界性，对式(6.118)求导可得

$$\begin{aligned} \dot{V}\leqslant&-\sum_{i=1}^{k}(\lambda_{\min}(\boldsymbol{\Xi}_i)\boldsymbol{z}_i^{\mathrm{T}}\boldsymbol{z}_i+\lambda_{\min}(\boldsymbol{Y}_i)\boldsymbol{\varepsilon}_i^{\mathrm{T}}\boldsymbol{\varepsilon}_i+\sigma_i\boldsymbol{e}_{D_i}^{\mathrm{T}}\boldsymbol{e}_{D_i}+0.5k_{\varepsilon_i}\tilde{\varepsilon}_{D_i}^2)\\ &+\sum_{i=1}^{k}(0.5\bar{\boldsymbol{N}}_i^{\mathrm{T}}\bar{\boldsymbol{N}}_i+n\zeta\bar{\delta}_{\varepsilon_i}\bar{\varepsilon}_{D_i}+0.5k_{\varepsilon_i}\bar{\varepsilon}_{D_i}^2)+0.5\bar{\boldsymbol{z}}_{k+1}^{\mathrm{T}}\bar{\boldsymbol{z}}_{k+1} \end{aligned} \tag{6.119}$$

若闭环系统误差信号满足如下不等式，则有 $\dot{V}\leqslant 0$。

$$\begin{aligned} &\sum_{i=1}^{k}(\lambda_{\min}(\boldsymbol{\Xi}_i)\boldsymbol{z}_i^{\mathrm{T}}\boldsymbol{z}_i+\lambda_{\min}(\boldsymbol{Y}_i)\boldsymbol{\varepsilon}_i^{\mathrm{T}}\boldsymbol{\varepsilon}_i+\sigma_i\boldsymbol{e}_{D_i}^{\mathrm{T}}\boldsymbol{e}_{D_i}+0.5k_{\varepsilon_i}\tilde{\varepsilon}_{D_i}^2)\\ &\geqslant\sum_{i=1}^{k}(0.5\bar{\boldsymbol{N}}_i^{\mathrm{T}}\bar{\boldsymbol{N}}_i+n\zeta\bar{\delta}_{\varepsilon_i}\bar{\varepsilon}_{D_i}+0.5k_{\varepsilon_i}\bar{\varepsilon}_{D_i}^2)+0.5\bar{\boldsymbol{z}}_{k+1}^{\mathrm{T}}\bar{\boldsymbol{z}}_{k+1} \end{aligned} \tag{6.120}$$

根据上述分析过程可得如下定理：

定理 6.2：针对满足假设 6.1 ~ 假设 6.5 不确定 MIMO 非线性系统式(6.51)，RWNNDO 动态系统按式(6.52)、式(6.72)和式(6.91)设计，相应的补偿项设计成式(6.70)、式(6.89)和式(6.108)的形式，参数自适应律取为式(6.65) ~ 式(6.69)、式(6.84) ~ 式(6.88)、式(6.103) ~ 式(6.107)和式(6.113)，虚拟控制律由式(6.56)、式(6.76)和式(6.95)给出，控制器按式(6.110) ~ 式(6.112)设计，则闭环系统所有信号都是有界的。

证明：选择式(6.115)和式(6.118)的 Lyapunov 函数。根据上述分析过程式(6.115) ~ 式(6.120)可知，若式(6.120)成立，则有 $\dot{V}\leqslant 0$。因此，闭环系统所有信号均是有界的。

证毕。

6.5 NSV 姿态控制仿真研究

本节将 6.4 节所设计的控制器应用于 NSV 的姿态角跟踪控制中。仿真初始条件取为 $\alpha_0=1°$，$\beta_0=2°$，$\mu_0=1°$，$p_0=q_0=r_0=0\mathrm{rad/s}$，$H_0=22000\mathrm{m}$，$V_0=500\mathrm{m/s}$，且机翼后掠角 $\Lambda=50°$，各舵

面偏转角幅值如式(2.1)和式(2.2)所示。期望姿态角信号为

$$\alpha_c = (4 + 3.5\sin(0.2\pi t))^\circ,$$

$$\beta_c = 5^\circ, \mu_c = \begin{cases} 0^\circ, (5k)\,\mathrm{s} \leqslant t < 5(k+1)\,\mathrm{s} \\ 2.5^\circ, 5(k+1)\,\mathrm{s} \leqslant t < 5(k+2)\,\mathrm{s} \end{cases}, k = 0,2,4,\cdots \tag{6.121}$$

系统参数不确定性为 −30%，且外部干扰全部以力矩的形式作用于快回路，数值为

$$\boldsymbol{d}_{Mf}(t) = \begin{bmatrix} 5 \times 10^5(\sin(5t)) \\ 8 \times 10^6(\cos(5t) + 0.5) \\ 8 \times 10^6(\sin(5t) + 0.3) \end{bmatrix} \mathrm{N \cdot m} \tag{6.122}$$

在仿真中，利用式(4.63)所示的指令参考模型来获得连续有界的期望姿态角和相对应的导数信号。控制器中相关参数取为 $\boldsymbol{C}_1 = \mathrm{diag}\{5,5,5\}$，$\boldsymbol{\Gamma}_1 = \mathrm{diag}\{0.02,0.02,0.02\}$，$\sigma_1 = 0.5$，$\boldsymbol{\Lambda}_{W_1} = \mathrm{diag}\{1\}_{5\times5}$，$\boldsymbol{\Lambda}_{\theta_1} = \mathrm{diag}\{10\}_{15\times15}$，$\boldsymbol{\Lambda}_{b_1} = \mathrm{diag}\{10\}_{15\times15}$，$\boldsymbol{\Lambda}_{c_1} = \mathrm{diag}\{10\}_{15\times15}$，$\lambda_{\varepsilon_1} = 0.1$，$\gamma_{\varepsilon_1} = 5.5$，$k_{\varepsilon_1} = 3$，$\boldsymbol{C}_2 = \mathrm{diag}\{4,4,4\}$，$\boldsymbol{\Gamma}_2 = \mathrm{diag}\{0.02,0.02,0.02,0.02,0.02\}$，$\sigma_2 = 5$，$\boldsymbol{\Lambda}_{W_2} = \mathrm{diag}\{10\}_{5\times5}$，$\boldsymbol{\Lambda}_{\theta_2} = \mathrm{diag}\{30\}_{5\times5}$，$\boldsymbol{\Lambda}_{b_2} = \mathrm{diag}\{30\}_{15\times15}$，$\boldsymbol{\Lambda}_{c_2} = \mathrm{diag}\{30\}_{15\times15}$，$\lambda_{\varepsilon_2} = 0.1$，$\gamma_{\varepsilon_2} = 8.5$，$k_{\varepsilon_2} = 3$，$\boldsymbol{C}_3 = \mathrm{diag}\{6,6,6,6,6\}$，$\overline{\boldsymbol{C}} = \mathrm{diag}\{5,5,5,5,5\}$，$\gamma_\chi = \mathrm{diag}\{0.008,0.008,0.008,0.6,0.2\}$。基于所设计控制方案作用下的 NSV 姿态跟踪仿真结果如图 6.3 和图 6.4 所示。

从图 6.3 和图 6.4 可以看出，在本章所设计的控制方案作用下，一方面，NSV 姿态角很好地跟踪了期望的指令信号；另一方面，利用双曲正切和 Nussbaum 函数来处理输入饱和问题，通过双曲正切函数的有界性来时刻保证 NSV 的舵面偏转角始终处于饱和范围内，从而很好地解决了输入饱和受限问题，最终实现了对 NSV 姿态角的有效控制。

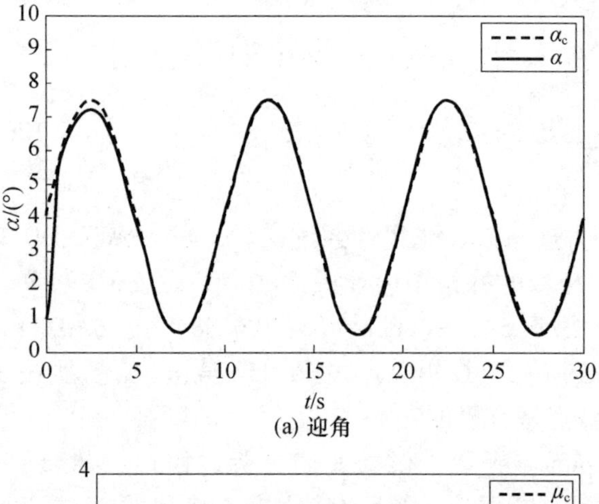

(a) 迎角

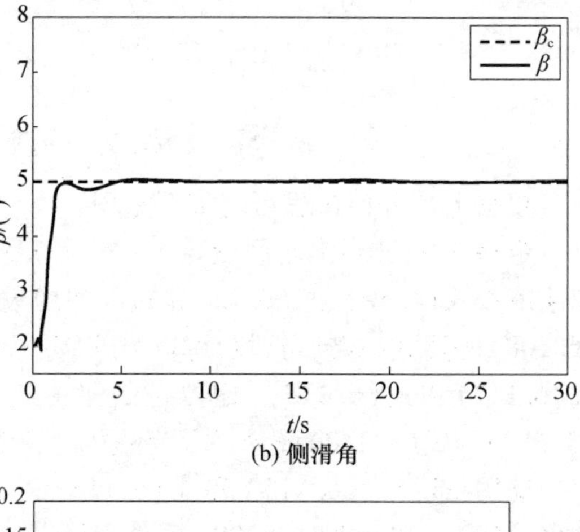

(b) 侧滑角

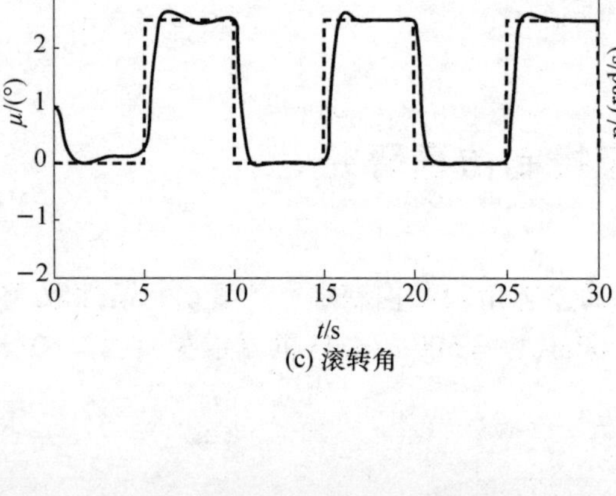

(c) 滚转角

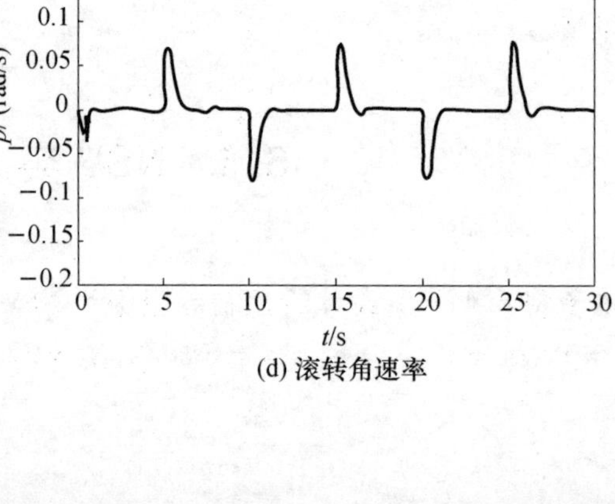

(d) 滚转角速率

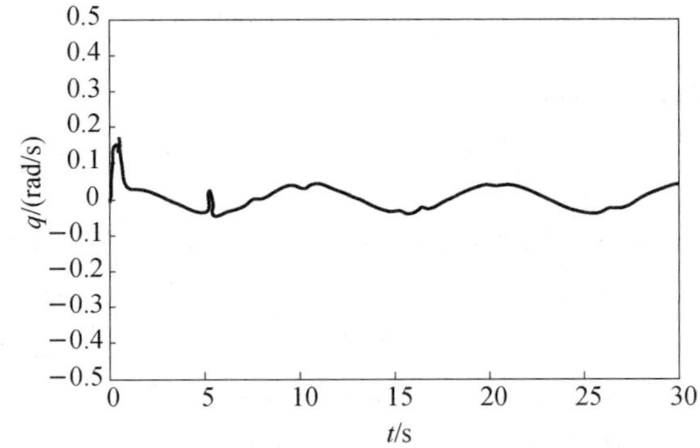

(e) 俯仰角速率

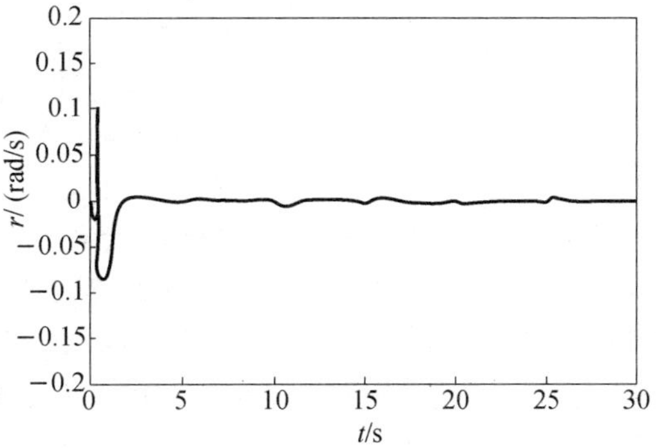

(f) 偏航角速率

图 6.3　基于 RWNNDO 和 BC 的 NSV 姿态角和角速率仿真曲线图

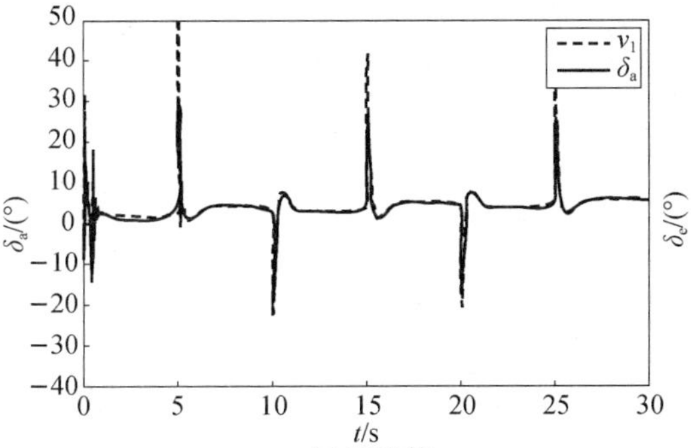

(a) 副翼舵

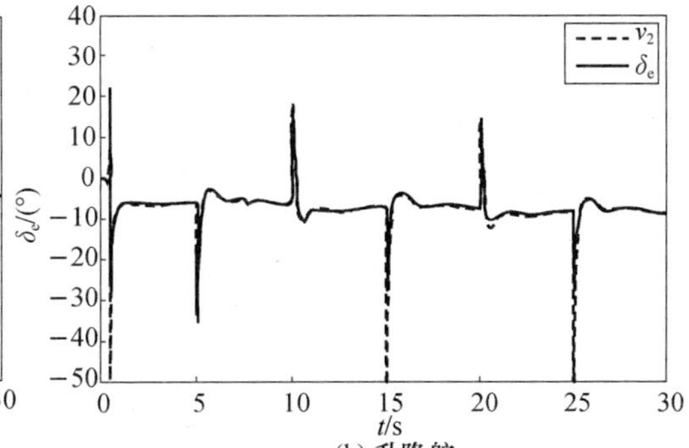

(b) 升降舵

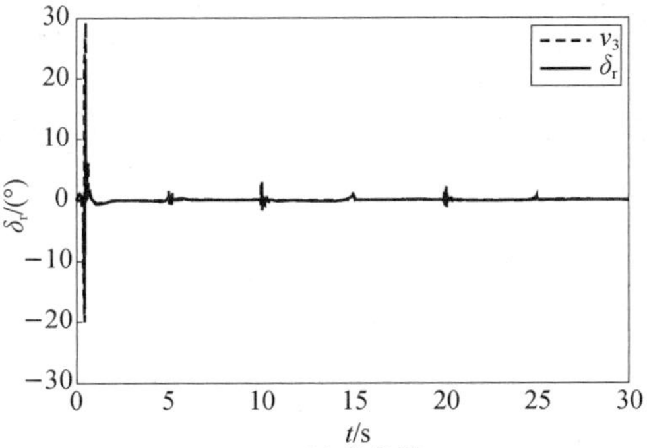

(c) 方向舵

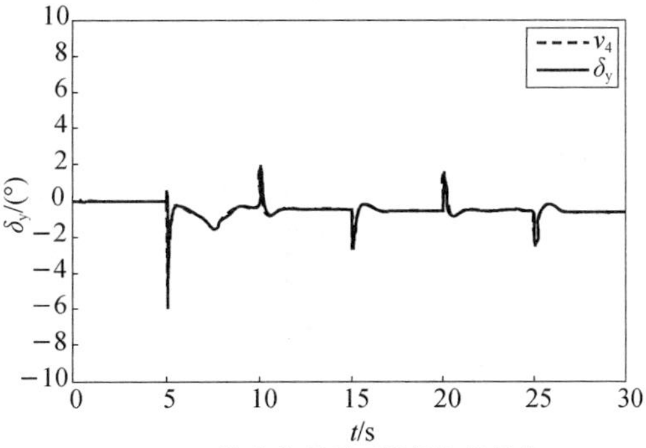

(d) 推力矢量舵面沿侧向偏转角

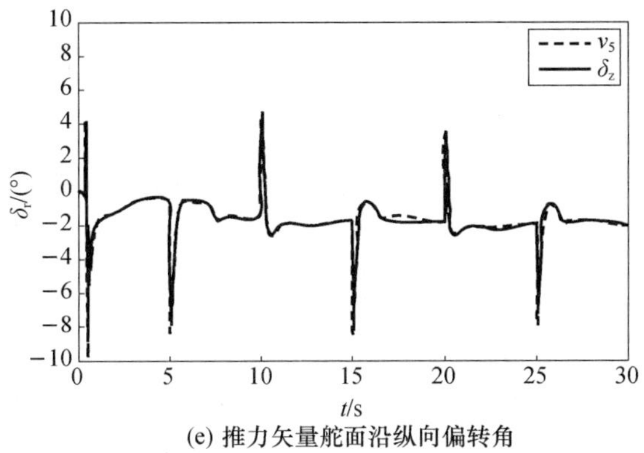

(e) 推力矢量舵面沿纵向偏转角

图 6.4　基于 RWNNDO 和 BC 的 NSV 舵面偏转角仿真曲线图

6.6 小　结

本章针对输入饱和问题利用双曲正切函数对原 MIMO 非线性系统进行等效变换,在此基础上提出了一种鲁棒控制方法。通过在传统回馈递推方法的最后一步额外增加一个子系统,引入 Nussbaum 函数对输入饱和进行处理。同时,利用递归小波神经网络设计了一种新型智能干扰观测器,基于回馈递推和动态面方法完成了系统控制器的设计,并通过 Lyapunov 理论严格分析了闭环系统的稳定性。最后,通过 NSV 姿态跟踪控制仿真验证了所提控制方案的有效性。

第7章 具有输入饱和的NSV姿态自适应动态面控制

7.1 引　言

由于 NSV 具有非线性强、强耦合、飞行包络大以及强动态不确定性等特点,因而控制系统的可靠性和准确性成为 NSV 控制系统设计中最重要的问题之一。近几年许多学者提出了各种有效的控制方案[112,113]。当 NSV 正在执行某特定任务时,将不可避免地受各种不确定因素影响,如外部时变强气流等,在此情况下要求舵面提供足够大的偏转角,以便完成所分配的任务。然而,NSV 每个舵面可提供的偏转角是有限的,即执行器具有饱和特性,因此 NSV 姿态运动模型可描述为一类特殊的具有外部未知复合干扰和执行器输入饱和的不确定非线性系统。倘若在控制器设计过程中忽略执行器输入饱和对系统的影响,将会降低闭环系统的性能,甚至使闭环系统不稳定。由于工业控制系统执行器仅可提供有限的控制力和力矩,因此执行器输入饱和是最常见的非线性特性。许多学者针对具有输入饱和的非线性系统已经给出许多解决方案[114-117]。

文献[114]针对在固定无向拓扑结构条件下具有输入饱和约束的离散多智能体系统控制问题,首先基于执行机构测量状态,给出了闭环系统全局稳定的充要条件。对于执行器数学模型的不同,分别给出了线性与非线性控制器,成功地保证了闭环系统在执行器饱和约束条件下的稳定性。文献[115]考虑了具有输入饱和的混沌系统的控制问题,给出了 backstepping 自适应模糊神经网络控制器(AFNNC)。对于许多实际动态系统,硬件的物理特性决定控制信号存在上下界限制即存在输入饱和受限问题。执行器饱和是控制系统中一个不可忽略的问题,通常情况下限制了系统的稳态性能,甚至降低控制精度或致使闭环系统不稳定。为处理控制饱和问题,构造了一个新的辅助系统,将实际输入与期望输入之间的误差作为辅助系统的输入,以产生辅助信号来补偿饱和问题对系统控制性能的影响。文献[116]针对具有系统不确定性、外部干扰、输入饱和以及输入速率饱和受限的船舶跟踪系统,给出了自适应神经网络控制器。结合自适应技术和径向基函数神经网络技术处理外部干扰与船舶动态不确定性,又考虑应对输入幅值及输入速率变化的约束,引入辅助变量对系统进行补偿。最后将此输出反馈控制器应用于船舶控制中,仿真曲线说明了该控制策略可确保较高的跟踪精度。文献[117]考虑一类具有系统不确定性和非线性输入饱和的 MIMO 非线性系统控制问题,给出了鲁棒自适应神经网络(NN)控制器。同时,结合变结构控制(VSC)与 Lyapunov 方法设计了自适应神经网络控制器来处理非对称饱和与死区非线性输入对系统的影响,解决了未知控制系数矩阵的奇异性、神经网络逼近误差、控制输入受限等问题。通过 Lyapunov 方法证明了所提出的鲁棒 backstepping 控制器能保证闭环系统所有信号半全局一致最终有界。

基于 Lyapunov 函数的 backstepping 方法已广泛应用于一类串级不确定非线性系统的控制[118-121]。但是,由于 backstepping 控制方法存在“微分爆炸问题”,从而随着系统阶数的增加控制方案的复杂性将会陡然增加。动态面技术[122,123](DSC)是在 backstepping 设计虚拟控制律的步骤时引入了一阶滤波器来处理微分爆炸问题。因此,DSC 技术可应用于处理 backstepping 控制设计中的“微分爆炸”。然而,对于具有未知外部扰动与系统不确定的非线性 MIMO 系统,基于干扰观测器的 backstepping 控制方法却很少被研究。为了提高系统对外部未知干扰的抑制能力与鲁棒性,本章使用了干扰观测器技术[124-127]。基于干扰观测器的控制策略可利用已知系统信息来逼近系统的未知干扰项且能补偿复合干扰对系统产生的影响。

针对具有外部扰动和输入饱和的多输入多输出非线性近空间姿态动力学系统,本章提出一种基于干扰观测器的 backstepping 自适应动态面控制方法,利用滑模干扰观测器有效地处理外部干扰和系统不确定性,通过将滤波器与自适应动态面相结合来消除传统滑模控制中的颤振现象。对于输入饱和现象,本章利用辅助系统信号来抵消输入饱和受限对系统稳定性的不利影响。即将实际输入与控制律的输入的差值作为辅助系统的输入,产生一系列信号并与动态面控制方法相结合来抵消输入饱和对系统产生的影响。通过 Lyapunov 方法证明了在动态面 backstepping 滑模控制器作用下,闭环系统信号半全局一致有界收敛,且轨迹跟踪误差与干扰观测器误差都收敛到接近于零的一个小的邻域里。最后,仿真实例表明在具有外部干扰及输入饱和的情况下 NSV 飞行控制系统可以得到满意的跟踪性能。

7.2 基于干扰观测器的动态面控制

7.2.1 问题描述

不失一般性,和第 6 章类似考虑如下不确定 MIMO 非线性系统,即

$$\begin{cases} \dot{\boldsymbol{x}}_i = \boldsymbol{F}_i(\bar{\boldsymbol{x}}_i) + \boldsymbol{G}_i(\bar{\boldsymbol{x}}_i)\boldsymbol{x}_{i+1} + \boldsymbol{D}_i(\boldsymbol{x}_i,t) \\ \dot{\boldsymbol{x}}_m = \boldsymbol{F}_m(\bar{\boldsymbol{x}}_m) + \boldsymbol{G}_m(\bar{\boldsymbol{x}}_m)\boldsymbol{u}(\boldsymbol{v}) + \boldsymbol{D}_m(\boldsymbol{x}_m,t) \\ \boldsymbol{y} = \boldsymbol{x}_1 \end{cases} \tag{7.1}$$

其中,$\boldsymbol{x}_i \in \mathbf{R}^n$ 为状态向量,$\bar{\boldsymbol{x}}_i = [\boldsymbol{x}_1^T, \boldsymbol{x}_2^T, \cdots, \boldsymbol{x}_i^T]^{\mathrm{T}}$,$\boldsymbol{y} \in \mathbf{R}^n$ 为系统输出,$\boldsymbol{F}_i(\boldsymbol{x}_i) \in \mathbf{R}^n$ 为已知非线性系统状态函数向量,$\boldsymbol{G}_i(\bar{\boldsymbol{x}}_i) \in \mathbf{R}^{n\times n}$ 与 $\boldsymbol{G}_m(\bar{\boldsymbol{x}}_m) \in \mathbf{R}^{n\times n}$ 为已知非零矩阵。$\boldsymbol{D}_i(\boldsymbol{x}_i,t) = \Delta\boldsymbol{F}_i(\boldsymbol{x}_i) + \boldsymbol{d}_i(t)$ 为复合外部干扰,$\boldsymbol{d}_i(t)$ 为外部未知干扰;$\Delta\boldsymbol{F}_i(\boldsymbol{x}_i)$ 为未知的系统不确定性,$i = 1,2,\cdots,m$。$\boldsymbol{v} \in \mathbf{R}^n$ 是系统的控制输入,$\boldsymbol{u}(\boldsymbol{v}) \in \mathbf{R}^n$ 表示受到饱和函数作用后的系统实际输入,可写为:

$$u(v_i) = \mathrm{sat}(v_i) = \begin{cases} \mathrm{sign}(v_i)u_{iM}, & |v_i(t)| \geqslant u_{iM} \\ v_i(t), & |v_i(t)| < u_{iM} \end{cases} \tag{7.2}$$

其中,u_{iM} 为 $u(v_i)$ 的已知上界,$\boldsymbol{u}(\boldsymbol{v}) = [u(v_1), u(v_2), \cdots, u(v_n)]^{\mathrm{T}}$,$\boldsymbol{u}(\boldsymbol{v}) = \boldsymbol{v}(\boldsymbol{t}) + \Delta\boldsymbol{u}$,$\Delta\boldsymbol{u}$ 为 $\boldsymbol{u}(\boldsymbol{v})$ 与 $\boldsymbol{v}$ 的差值且 $\Delta\boldsymbol{u}$ 假设有界。

本章的控制目标是使非线性系统式(7.1)能在 backstepping 自适应动态面控制器的作用下跟踪有界参考输出信号 $\boldsymbol{y}_r = [y_{r1}, y_{r2}, \cdots, y_{rn}]^{\mathrm{T}}$。

为了便于控制器设计，首先给出以下假设和引理：

假设7.1：对于非线性系统式(7.1)所有状态都是可测的。

假设7.2：对于系统中的复合干扰，存在未知的正实数 θ_i，使得 $\|\dot{\boldsymbol{D}}_i(\boldsymbol{x}_i,t)\| \leqslant \theta_i$ 成立 $i=1,2,\cdots,m$。

假设7.3：对于MIMO非线性系统期望输出信号 $\boldsymbol{y}_{r1}$ 及其导数 $\dot{\boldsymbol{y}}_{r1}$，$\ddot{\boldsymbol{y}}_{r1}$ 有界，且存在一未知正实数 $B_0>0$，满足 $\Pi_0:\{(\boldsymbol{y}_{r1},\dot{\boldsymbol{y}}_{r1},\ddot{\boldsymbol{y}}_{r1}):\|\boldsymbol{y}_{r1}\|^2+\|\dot{\boldsymbol{y}}_{r1}\|^2+\|\ddot{\boldsymbol{y}}_{r1}\|^2\leqslant B_0\}$。

假设7.4：对于MIMO非线性系统，矩阵 $\boldsymbol{G}_i(\bar{\boldsymbol{x}}_i)$、$\boldsymbol{G}_m(\bar{\boldsymbol{x}}_m)$ 可逆，此外存在未知正数 $\bar{\lambda}_i$，满足 $\lambda_{\max}(\boldsymbol{G}_i\boldsymbol{G}_i^{\mathrm{T}})\leqslant\bar{\lambda}_i, i=1,2,\cdots,m$。

假设7.5：对于MIMO非线性系统，受饱和限制的实际输出 $\boldsymbol{u}(\boldsymbol{v})$ 与控制器输出 $\boldsymbol{v}$ 之间的差值 $\Delta\boldsymbol{u}$ 有界。

引理7.1：对于任意常数 $\psi>0$ 及 $\bar{z}$，存在不等式，即

$$0<|\bar{z}|-\bar{z}\tanh\left(\frac{\bar{z}}{\psi}\right)\leqslant\zeta_0\psi \tag{7.3}$$

式中：$\zeta_0=\mathrm{e}^{-(\bar{\kappa}+1)}$，$\bar{\kappa}=0.2785$。

由于在干扰观测器方案设计中引入了Nussbaum函数，现对其相关内容进行介绍。

定义7.1[110]：若连续函数 $N(s):\mathbf{R}\to\mathbf{R}$ 满足如下两个条件，则称 $N(s)$ 为Nussbaum函数，即

$$\lim_{s\to\infty}\sup\left(\frac{1}{s}\int_0^s N(\zeta)\mathrm{d}\zeta\right)=+\infty \tag{7.4}$$

$$\lim_{s\to\infty}\inf\left(\frac{1}{s}\int_0^s N(\zeta)\mathrm{d}\zeta\right)=-\infty \tag{7.5}$$

常见的Nussbaum函数有 $\zeta^2\cos\zeta$，$\zeta^2\sin\zeta$ 等。下面给出Nussbaum函数的一个重要性质：

引理7.2[110]：定义在 $[0,t_f]$ 上的光滑函数 $V(\cdot)$ 和 $\chi(\cdot)$，其中 $V(t)\geqslant0\ \forall t\in[0,t_f]$，$N(\chi)$ 为Nussbaum偶函数。若不等式(7.6)成立，则 $V(\cdot)$ 和 $\chi(\cdot)$ 在 $[0,t_f]$ 上必有界，即

$$V\leqslant V(0)\mathrm{e}^{-ct}+\frac{M}{c}(1-\mathrm{e}^{-ct})+\frac{\mathrm{e}^{-ct}}{\gamma_x}\int_0^t(\xi N(\chi)\dot{\chi}-\dot{\chi})\mathrm{e}^{c\tau}\mathrm{d}\tau \tag{7.6}$$

式中：常数 $c>0$、$\gamma_x>0$、$M>0$、$\xi>0$。

7.2.2 基于干扰观测器的动态面控制器设计

在假设7.1～假设7.5的条件下，一般MIMO非线性系统可表示为

$$\dot{\boldsymbol{x}}=\boldsymbol{F}(\boldsymbol{x})+\boldsymbol{G}(\boldsymbol{x})\boldsymbol{u}+\boldsymbol{D}(\boldsymbol{x},t) \tag{7.7}$$

其中，$\boldsymbol{x}\in\mathbf{R}^n$ 为状态向量，$\boldsymbol{F}(x)\in\mathbf{R}^n$ 为已知非线性状态函数向量，$\boldsymbol{G}(x)\in\mathbf{R}^{n\times n}$ 为充分光滑的非零非线性函数矩阵，$\boldsymbol{u}\in\mathbf{R}^n$ 为系统输入，$\boldsymbol{D}(\boldsymbol{x},t)=\Delta\boldsymbol{F}(\boldsymbol{x})+\boldsymbol{d}(t)$ 称为复合干扰向量，$\boldsymbol{d}(t)$ 为外部干扰向量，$\Delta\boldsymbol{F}(\boldsymbol{x})$ 为未知系统不确定性。

对于上述的MIMO系统，Nussbaum非线性干扰观测器设计为

$$\begin{cases}\dot{\eta}_j=F(x)_j+(G(x)u)_j+\hat{D}_j\\ \chi_j=\gamma_j w_j(x_j-\eta_j)\\ \dot{\phi}_j=w_j(\xi_j N(\chi_j)-1)\\ \hat{D}_j=\rho_j(x_j-\eta_j)-\phi_j\end{cases} \tag{7.8}$$

式中：η_j、χ_j 与 ϕ_j 为状态量；$\gamma_j>0,w_j>0,\rho_j>\frac{1}{2},0<\xi_j<1$ 为设计的正实数参数；$\hat{D}_j$ 为 Nussbaum 干扰观测器的输出；$\tilde{D}_j=D_j-\hat{D}_j$ 为 Nussbaum 干扰观测器的估计误差 $j=1,2,\cdots,n$；$F(x)_j$ 为 $\boldsymbol{F}(\boldsymbol{x})$ 的第 j 个分量；$(G(x)u)_j$ 为 $\boldsymbol{G}(\boldsymbol{x})\boldsymbol{u}$ 的第 j 个分量。

根据所设计的 Nussbaum 干扰观测器可得

$$\begin{cases}\dot{x}_j-\dot{\eta}_j=F(x)_j+(G(x)u)_j+D_j-(F(x)_j+(G(x)u)_j+\hat{D})=\tilde{D}_j\\ \dot{\chi}_j=\gamma_jw_j(\dot{x}_j-\dot{\eta}_j)=\gamma_jw_j\tilde{D}_j\end{cases}\tag{7.9}$$

选取 Lyapunov 函数为 $V_{dj}=\frac{1}{2}\tilde{D}_j^2$。对 V_{dj} 求导，将 $\dot{\chi}_j$ 代入可得

$$\begin{aligned}\dot{V}_{dj}&=\tilde{D}_j\dot{\tilde{D}}_j=\tilde{D}_j(\dot{D}_j-\dot{\hat{D}}_j)=\tilde{D}_j\dot{D}_j-\tilde{D}_j\dot{\hat{D}}_j\\&\leqslant\frac{1}{2}\tilde{D}_j^2+\frac{1}{2}\theta_j^2-\tilde{D}_j(\rho_j(\dot{x}_j-\dot{\eta}_j)-\dot{\phi}_j(\chi_j))\\&=\frac{1}{2}\tilde{D}_j^2+\frac{1}{2}\theta_j^2-\rho_j\tilde{D}_j^2+\tilde{D}_jw_j(\xi_jN(\chi_j)-1)\\&=-\left(\rho_j-\frac{1}{2}\right)\tilde{D}_j^2+\frac{1}{2}\theta_j^2+\frac{1}{\gamma_j}(\xi_jN(\chi_j)-1)\dot{\chi}_j\\&=-\bar{\rho}_jV_{dj}+M_j+\frac{1}{\gamma_j}(\xi_jN(\chi_j)-1)\dot{\chi}_j\end{aligned}\tag{7.10}$$

式中：$\bar{\rho}_j=2\left(\rho_j-\frac{1}{2}\right)$；$M_j=\frac{1}{2}\theta_j^2$。

对式(7.10)两边积分有

$$0\leqslant V_{dj}\leqslant V_{dj}(0)\mathrm{e}^{-\bar{\rho}_jt}+\frac{M_j}{\bar{\rho}_j}(1-\mathrm{e}^{-\bar{\rho}_jt})+\frac{\mathrm{e}^{-\bar{\rho}_jt}}{\gamma_j}\int_0^t(\xi_jN(\chi_j)\dot{\chi}_j-\dot{\chi}_j)\mathrm{e}^{\bar{\rho}_j\tau}\mathrm{d}\tau\tag{7.11}$$

根据引理 7.2 可得 Lyapunov 函数 V_{dj} 是半全局有界收敛，也就是说干扰估计误差 $\tilde{D}_j$ 存在上界 β_j，且满足 $|\tilde{D}_j|\leqslant\beta_j$。

在所设计的 Nussbaum 非线性干扰观测器的基础上，下面对不确定 MIMO 非线性系统式(7.1)设计动态面控制器。为抵消输入饱和对系统的影响构造如下辅助方程，有

$$\begin{cases}\dot{\boldsymbol{\lambda}}_1=\boldsymbol{G}_1\boldsymbol{\lambda}_2-\boldsymbol{c}_1\boldsymbol{\lambda}_1\\ \dot{\boldsymbol{\lambda}}_i=\boldsymbol{G}_i\boldsymbol{\lambda}_{i+1}-\boldsymbol{c}_i\boldsymbol{\lambda}_i\\ \dot{\boldsymbol{\lambda}}_m=-\boldsymbol{c}_m\boldsymbol{\lambda}_m+\boldsymbol{G}_m(\bar{\boldsymbol{x}}_m)\Delta\boldsymbol{u}\end{cases}\tag{7.12}$$

其中，$\boldsymbol{\lambda}_i=[\lambda_{i1},\lambda_{i2},\cdots,\lambda_{in}]^{\mathrm{T}}$ 为辅助系统的状态向量，$\boldsymbol{c}_i>0,\Delta\boldsymbol{u}=\boldsymbol{u}(\boldsymbol{v})-\boldsymbol{v}$。

为设计动态面控制器，定义如下辅助变量，有

$$\boldsymbol{z}_1=\boldsymbol{x}_1-\boldsymbol{y}_r-\boldsymbol{\lambda}_1\tag{7.13}$$

$$\boldsymbol{z}_i=\boldsymbol{x}_i-\boldsymbol{y}_r^{(i-1)}-\boldsymbol{\lambda}_i-\boldsymbol{a}_{i-1},i=2,3,\cdots,n\tag{7.14}$$

式中：$\boldsymbol{a}_{i-1}$ 为待设计的第$(i-1)$步虚拟控制量。

步骤 1：为处理复合干扰 $\boldsymbol{D}_1$，Nussbaum 干扰观测器设计为

$$\begin{cases}\dot{\eta}_{1j} = F_1(\bar{x}_1)_j + (G_1(\bar{x}_1)x_2)_j + \hat{D}_{1j}\\ \chi_{1j} = \gamma_{1j}w_{1j}(x_{1j} - \eta_{1j})\\ \dot{\phi}_{1j} = (\xi_{1j}N(\chi_{1j}) - 1)w_{1j}\\ \hat{D}_{1j} = \rho_{1j}(x_{1j} - \eta_{1j}) - \phi_{1j}\end{cases} \tag{7.15}$$

式中：$\hat{D}_{1j}$为 Nussbaum 干扰观测器的输出；$\gamma_{1j}>0, w_{1j}>0, \rho_{1j}>\frac{1}{2}, 0<\xi_{1j}<1$ 为设计的正实数参数；$F_1(\bar{x}_1)_j$ 为 $\boldsymbol{F}_1(\bar{\boldsymbol{x}}_1)$的第 j 个分量；$(G_1(\bar{x}_1)x_2)_j$ 为 $\boldsymbol{G}_1(\bar{\boldsymbol{x}}_1)\boldsymbol{x}_2$ 的第 j 个分量。$\tilde{D}_{1j}=D_{1j}-\hat{D}_{1j}$为 Nussbaum 干扰估计误差且$|\tilde{D}_{1j}|\leqslant\beta_{1j}$。

对 z_1 求导可得

$$\dot{\boldsymbol{z}}_1 = \dot{\boldsymbol{x}}_1 - \dot{\boldsymbol{y}}_1 - \dot{\boldsymbol{\lambda}}_1 = \boldsymbol{F}_1 + \boldsymbol{G}_1\boldsymbol{x}_2 + \boldsymbol{D}_1 - \dot{\boldsymbol{y}}_r - \dot{\boldsymbol{\lambda}}_1 \tag{7.16}$$

对于 MIMO 非线性系统中 x_2 的虚拟控制器 $\bar{\boldsymbol{a}}_1$ 设计为如下形式，即

$$\bar{\boldsymbol{a}}_1 = \hat{\beta}_{1j} - \dot{\boldsymbol{y}}_r + \boldsymbol{G}_1^{-1}\left(-\boldsymbol{K}_1\boldsymbol{z}_1 - \boldsymbol{F}_1 - \hat{\boldsymbol{D}}_1 + \dot{\boldsymbol{y}}_r - \boldsymbol{c}_1\boldsymbol{\lambda}_1 - \hat{\boldsymbol{\beta}}_1\tanh\left(\frac{\boldsymbol{z}_1}{\boldsymbol{\psi}_1}\right)\right) \tag{7.17}$$

式中：$\boldsymbol{K}_1^{\mathrm{T}}=\boldsymbol{K}_1>0$ 为设计矩阵；$\hat{\boldsymbol{\beta}}_1=\mathrm{diag}\{\hat{\beta}_{11},\hat{\beta}_{12},\cdots,\hat{\beta}_{1n}\}$，$\tanh\left(\frac{\boldsymbol{z}_1}{\boldsymbol{\psi}_1}\right)=\left[\tanh\left(\frac{z_{11}}{\psi_{11}}\right),\tanh\left(\frac{z_{12}}{\psi_{12}}\right),\cdots,\tanh\left(\frac{z_{1n}}{\psi_{1n}}\right)\right]^{\mathrm{T}}$；$\hat{\beta}_1$ 是 β_{1j}的估计值，$j=1,2,\cdots,n$。

为处理传统 backstepping 法中微分爆炸问题将 $\bar{\boldsymbol{a}}_1$ 通过如下一阶微分器得到 $\boldsymbol{a}_1$，即

$$\boldsymbol{\Gamma}_1\dot{\boldsymbol{a}}_1 + \boldsymbol{a}_1 = \bar{\boldsymbol{a}}_1, \boldsymbol{a}_1(0) = \bar{\boldsymbol{a}}_1(0) \tag{7.18}$$

式中：$\boldsymbol{\Gamma}_1=\mathrm{diag}\{\tau_{11},\tau_{12},\cdots,\tau_{1n}\}>0$ 为一阶微分器的时间矩阵。

为便于设计鲁棒控制器，定义

$$\boldsymbol{\varepsilon}_1 = \boldsymbol{a}_1 - \bar{\boldsymbol{a}}_1 \tag{7.19}$$

根据式(7.14)可得

$$\boldsymbol{z}_2 = \boldsymbol{x}_2 - \dot{\boldsymbol{y}}_r - \boldsymbol{\lambda}_2 - \boldsymbol{a}_1 \tag{7.20}$$

考虑式(7.20)和式(7.19)得出

$$\boldsymbol{x}_2 = \boldsymbol{z}_2 + \boldsymbol{\varepsilon}_1 + \bar{\boldsymbol{a}}_1 + \dot{\boldsymbol{y}}_r + \boldsymbol{\lambda}_2 \tag{7.21}$$

将式(7.21)代入式(7.16)可得

$$\dot{\boldsymbol{z}}_1 = \boldsymbol{F}_1 + \boldsymbol{G}_1(\boldsymbol{z}_2 + \boldsymbol{\varepsilon}_1 + \bar{\boldsymbol{a}}_1 + \dot{\boldsymbol{y}}_r + \boldsymbol{\lambda}_2) + \boldsymbol{D}_1 - \dot{\boldsymbol{y}}_r - \boldsymbol{G}_1\boldsymbol{\lambda}_2 + \boldsymbol{c}_1\boldsymbol{\lambda}_1 \tag{7.22}$$

将虚拟控制器 $\bar{\boldsymbol{a}}_1$ 代入式(7.22)有

$$\dot{\boldsymbol{z}}_1 = \boldsymbol{G}_1\boldsymbol{z}_2 + \boldsymbol{G}_1\boldsymbol{\varepsilon}_1 - \boldsymbol{K}_1\boldsymbol{z}_1 + \tilde{\boldsymbol{D}}_1 - \hat{\boldsymbol{\beta}}_1\tanh\left(\frac{\boldsymbol{z}_1}{\boldsymbol{\psi}_1}\right) \tag{7.23}$$

式中：$\tilde{\boldsymbol{D}}_1=\boldsymbol{D}_1-\hat{\boldsymbol{D}}_1$。

对 ε_1 求导代入式(7.18)可得

$$\begin{aligned}\dot{\boldsymbol{\varepsilon}}_1 &= \dot{\boldsymbol{a}}_1 - \dot{\bar{\boldsymbol{a}}}_1\\ &= -\boldsymbol{\Gamma}_1^{-1}\boldsymbol{\varepsilon}_1 + \left(-\frac{\partial\bar{\boldsymbol{a}}_1}{\partial\boldsymbol{x}_1}\dot{\boldsymbol{x}}_1 - \frac{\partial\bar{\boldsymbol{a}}_1}{\partial z_1}\dot{z}_1 - \frac{\partial\bar{\boldsymbol{a}}_1}{\partial\boldsymbol{\sigma}_1}\dot{\boldsymbol{\sigma}}_1 - \frac{\partial\bar{\boldsymbol{a}}_1}{\partial\hat{\boldsymbol{\beta}}_1}\dot{\hat{\boldsymbol{\beta}}} - \frac{\partial\bar{\boldsymbol{a}}_1}{\partial\boldsymbol{y}_r}\dot{\boldsymbol{y}}_r - \frac{\partial\bar{\boldsymbol{a}}_1}{\partial\boldsymbol{y}_r}\ddot{\boldsymbol{y}}_r\right)\end{aligned} \tag{7.24}$$

其中，$B_1(\cdot)$为关于$\Pi_1:(\boldsymbol{x}_1,z_1,\boldsymbol{\sigma}_1,\hat{\boldsymbol{\beta}}_1,\boldsymbol{y}_r,\dot{\boldsymbol{y}}_r,\ddot{\boldsymbol{y}}_r)$的充分光滑函数，因为$\Pi_0$与$\Pi_1$都是紧集，从而$\Pi_0\times\Pi_1$也为紧集，所以$B_1(\cdot)$在紧集$\Pi_0\times\Pi_1$中存在最大值$\overline{B}_1$。

从而，可以得到

$$\dot{\boldsymbol{\varepsilon}}_1 \leqslant -\boldsymbol{\Gamma}_1^{-1}\boldsymbol{\varepsilon}_1+\overline{\boldsymbol{B}}_1 \tag{7.25}$$

考虑如下 Lyapunov 函数，即

$$V_1=\frac{1}{2}z_1^{\mathrm{T}}z_1+\frac{1}{2}\boldsymbol{\varepsilon}_1^{\mathrm{T}}\boldsymbol{\varepsilon}_1+\sum_{j=1}^{n}\frac{1}{2\gamma_{1j}}\tilde{\beta}_{1j}^2 \tag{7.26}$$

式中：γ_{1j}为设计的正参数；$\tilde{\beta}_{1j}=\beta_{1j}-\hat{\beta}_{1j}$，$\dot{\tilde{\beta}}_{1j}=\dot{\beta}_{1j}-\dot{\hat{\beta}}_{1j}=-\dot{\hat{\beta}}_{1j}$。

对V_1求导，考虑式(7.23)和式(7.24)与假设7.4可得

$$\begin{aligned}
\dot{V}_1&=z_1^{\mathrm{T}}\dot{z}_1+\boldsymbol{\varepsilon}_1^{\mathrm{T}}\dot{\boldsymbol{\varepsilon}}_1-\sum_{j=1}^{n}\frac{1}{\gamma_{1j}}\tilde{\beta}_{1j}\dot{\hat{\beta}}_{1j}\\
&\leqslant z_1^{\mathrm{T}}\boldsymbol{G}_1z_2+z_1^{\mathrm{T}}\boldsymbol{G}_1\boldsymbol{\varepsilon}_1-z_1^{\mathrm{T}}\boldsymbol{K}_1z_1+z_1^{\mathrm{T}}\tilde{\boldsymbol{D}}_1-\sum_{j=1}^{n}\hat{\beta}_{1j}z_{1j}\tanh\left(\frac{z_{1j}}{\psi_{1j}}\right)-\boldsymbol{\varepsilon}_1^{\mathrm{T}}\boldsymbol{\Gamma}_1^{-1}\boldsymbol{\varepsilon}_1+\boldsymbol{\varepsilon}_1^{\mathrm{T}}\overline{\boldsymbol{B}}_1-\sum_{j=1}^{n}\frac{1}{\gamma_{1j}}\tilde{\beta}_{1j}\dot{\hat{\beta}}_{1j}\\
&\leqslant z_1^{\mathrm{T}}\boldsymbol{G}_1z_2+0.5z_1^{\mathrm{T}}\boldsymbol{G}_1\boldsymbol{G}_1^{\mathrm{T}}z_1+0.5\boldsymbol{\varepsilon}_1^{\mathrm{T}}\boldsymbol{\varepsilon}_1-z_1^{\mathrm{T}}\boldsymbol{K}_1z_1+\sum_{j=1}^{n}|z_{1j}|\beta_{1j}-\sum_{j=1}^{n}\hat{\beta}_{1j}z_{1j}\tanh\left(\frac{z_{1j}}{\psi_{1j}}\right)\\
&\quad-\boldsymbol{\varepsilon}_1^{\mathrm{T}}\boldsymbol{\Gamma}_1^{-1}\boldsymbol{\varepsilon}_1+0.5\boldsymbol{\varepsilon}_1^{\mathrm{T}}\boldsymbol{\varepsilon}_1+0.5\overline{\boldsymbol{B}}_1^{\mathrm{T}}\overline{\boldsymbol{B}}_1-\sum_{j=1}^{n}\frac{1}{\gamma_{1j}}\tilde{\beta}_{1j}\dot{\hat{\beta}}_{1j}\\
&\leqslant-(\lambda_{\min}(\boldsymbol{K}_1)-0.5\overline{\lambda}_1)z_1^{\mathrm{T}}z_1-(\lambda_{\min}(\boldsymbol{\Gamma}_1^{-1})-1)\boldsymbol{\varepsilon}_1^{\mathrm{T}}\boldsymbol{\varepsilon}_1+z_1^{\mathrm{T}}\boldsymbol{G}_1z_2+\sum_{j=1}^{n}|z_{1j}|\beta_{1j}\\
&\quad-\sum_{j=1}^{n}\hat{\beta}_{1j}z_{1j}\tanh\left(\frac{z_{1j}}{\psi_{1j}}\right)+0.5\overline{\boldsymbol{B}}_1^{\mathrm{T}}\overline{\boldsymbol{B}}_1-\sum_{j=1}^{n}\frac{1}{\gamma_{1j}}\tilde{\beta}_{1j}\dot{\hat{\beta}}_{1j}
\end{aligned} \tag{7.27}$$

参数$\hat{\beta}_{1j}$的自适应律设计为

$$\dot{\hat{\beta}}_{1j}=\gamma_{1j}\left(z_{1j}\tanh\left(\frac{z_{1j}}{\psi_{1j}}\right)-k_\beta\hat{\beta}_{1j}\right) \tag{7.28}$$

式中：$k_\beta>0$为设计参数。

将式(7.28)代入式(7.27)可得

$$\begin{aligned}
\dot{V}_1&\leqslant-(\lambda_{\min}(\boldsymbol{K}_1)-0.5\overline{\lambda}_1)z_1^{\mathrm{T}}z_1-(\lambda_{\min}(\boldsymbol{\Gamma}_1^{-1})-1)\boldsymbol{\varepsilon}_1^{\mathrm{T}}\boldsymbol{\varepsilon}_1+z_1^{\mathrm{T}}\boldsymbol{G}_1z_2+\sum_{j=1}^{n}|z_{1j}|\beta_{1j}\\
&\quad-\sum_{j=1}^{n}\hat{\beta}_{1j}z_{1j}\tanh\frac{z_{1j}}{\psi_{1j}}+0.5\overline{\boldsymbol{B}}_1^{\mathrm{T}}\overline{\boldsymbol{B}}_1-\sum_{j=1}^{n}\tilde{\beta}_{1j}\left(z_{1j}\tanh\frac{z_{1j}}{\psi_{1j}}-k_\beta\hat{\beta}_{1j}\right)\\
&\leqslant-(\lambda_{\min}(\boldsymbol{K}_1)-0.5\overline{\lambda}_1)z_1^{\mathrm{T}}z_1-(\lambda_{\min}(\boldsymbol{\Gamma}_1^{-1})-1)\boldsymbol{\varepsilon}_1^{\mathrm{T}}\boldsymbol{\varepsilon}_1+z_1^{\mathrm{T}}\boldsymbol{G}_1z_2+\sum_{j=1}^{n}|z_{1j}|\beta_{1j}\\
&\quad-\sum_{j=1}^{n}\beta_{1j}z_{1j}\tanh\left(\frac{z_{1j}}{\psi_{1j}}\right)+0.5\overline{\boldsymbol{B}}_1^{\mathrm{T}}\overline{\boldsymbol{B}}_1+k_\beta\sum_{j=1}^{n}\tilde{\beta}_{1j}(\beta_{1j}-\tilde{\beta}_{1j})\\
&\leqslant-(\lambda_{\min}(\boldsymbol{K}_1)-0.5\overline{\lambda}_1)z_1^{\mathrm{T}}z_1-(\lambda_{\min}(\boldsymbol{\Gamma}_1^{-1})-1)\boldsymbol{\varepsilon}_1^{\mathrm{T}}\boldsymbol{\varepsilon}_1+z_1^{\mathrm{T}}\boldsymbol{G}_1z_2\\
&\quad+\sum_{j=1}^{n}\beta_{1j}\left(|z_{1j}|-z_{1j}\tan\left(\frac{z_{1j}}{\psi_{1j}}\right)\right)+0.5\overline{\boldsymbol{B}}_1^{\mathrm{T}}\overline{\boldsymbol{B}}_1-0.5k_\beta\sum_{j=1}^{n}\tilde{\beta}_{1j}^2+0.5k_\beta\sum_{j=1}^{n}\beta_{1j}^2
\end{aligned} \tag{7.29}$$

考虑引理7.1可得

$$\dot{V}_1 \leqslant -(\lambda_{\min}(\boldsymbol{K}_1) - 0.5\overline{\lambda}_1)\boldsymbol{z}_1^{\mathrm{T}}\boldsymbol{z}_1 - (\lambda_{\min}(\boldsymbol{\Gamma}^{-1}) - 1)\boldsymbol{\varepsilon}_1^{\mathrm{T}}\boldsymbol{\varepsilon}_1 - 0.5k_\beta\sum_{j=1}^{n}\tilde{\beta}_{1j}^2$$
$$+ \boldsymbol{z}_1^{\mathrm{T}}\boldsymbol{G}_1\boldsymbol{z}_2 + \sum_{j=1}^{n}\beta_{1j}\xi_0\psi_{1j} + 0.5\overline{\boldsymbol{B}}_1^{\mathrm{T}}\overline{\boldsymbol{B}}_1 + 0.5k_\beta\sum_{j=1}^{n}\beta_{1j}^2 \tag{7.30}$$

步骤 $i(1<i<m)$：为处理复合干扰 $\boldsymbol{D}_i$，Nussbaum 干扰观测器设计为

$$\begin{cases}\dot{\eta}_{ij} = F_i(\overline{x}_i)_j + (G_i(\overline{x}_i)x_{i+1})_j + \hat{D}_{ij}\\ \chi_{ij} = \gamma_{ij}w_{ij}(x_{ij} - \eta_{ij})\\ \dot{\phi}_{ij} = w_{ij}(\xi_{ij}N(\chi_{ij}) - 1)\\ \hat{D}_{ij} = \rho_{ij}(x_{ij} - \eta_{ij}) - \phi_{ij}\end{cases} \tag{7.31}$$

其中：$\hat{\boldsymbol{D}}_{1j}$为 Nussbaum 干扰观测器的输出；$\gamma_{ij}>0$，$w_{ij}>0$，$\rho_{ij}>\dfrac{1}{2}$，$0<\xi_{ij}<1$ 为设计的正实数参数；$F_i(\overline{x}_i)_j$ 为 $\boldsymbol{F}_i(\overline{\boldsymbol{x}}_i)$的第 j 个分量；$(G_i(\overline{x}_i)x_{i+1})_j$ 为 $\boldsymbol{G}_i(\overline{\boldsymbol{x}}_i)\boldsymbol{x}_{i+1}$的第 j 个分量。$\tilde{D}_{ij}=D_{ij}-\hat{D}_{ij}$为 Nussbaum 干扰估计误差且$|\tilde{D}_{ij}|\leqslant\beta_{ij}$。

对 $\boldsymbol{z}_i$ 求导，考虑式(7.12)，可得

$$\begin{aligned}\dot{\boldsymbol{z}}_i &= \dot{\boldsymbol{x}}_i - \boldsymbol{y}_{\mathrm{r}}^{(i)} - \dot{\boldsymbol{\lambda}}_i - \dot{\boldsymbol{a}}_{i-1}\\ &= \boldsymbol{F}_i + \boldsymbol{G}_i\boldsymbol{x}_{i+1} + \boldsymbol{D}_i - \boldsymbol{y}_{\mathrm{r}}^{(i)} - \dot{\boldsymbol{\lambda}}_i - \dot{\boldsymbol{a}}_{i-1}\end{aligned} \tag{7.32}$$

根据式(7.32)，虚拟控制律 $\overline{\boldsymbol{a}}_i$ 设计为

$$\overline{\boldsymbol{a}}_i = -\boldsymbol{y}_{\mathrm{r}}^{(i)} + \boldsymbol{G}_i^{-1}\left(-\boldsymbol{K}_i\boldsymbol{z}_i - \boldsymbol{G}_{i-1}^{\mathrm{T}}\boldsymbol{z}_{i-1} - \boldsymbol{F}_i - \hat{\boldsymbol{D}}_i + \boldsymbol{y}_{\mathrm{r}}^{(i)} + \dot{\boldsymbol{a}}_{i-1} - \boldsymbol{c}_i\boldsymbol{\lambda}_i - \hat{\boldsymbol{\beta}}_i\tanh\left(\frac{\boldsymbol{z}_i}{\boldsymbol{\psi}_i}\right)\right) \tag{7.33}$$

其中，$\boldsymbol{K}_i^{\mathrm{T}}=\boldsymbol{K}_i>0$ 为设计矩阵，$\hat{\boldsymbol{\beta}}_i=\mathrm{diag}\{\hat{\beta}_{i1},\hat{\beta}_{i2},\cdots,\hat{\beta}_{in}\}$，$\tanh\left(\dfrac{\boldsymbol{z}_i}{\boldsymbol{\psi}_i}\right)=\left[\tanh\left(\dfrac{z_{i1}}{\psi_{i1}}\right),\tanh\left(\dfrac{z_{i2}}{\psi_{i2}}\right),\cdots,\tanh\left(\dfrac{z_{in}}{\psi_{in}}\right)\right]^{\mathrm{T}}$，$\hat{\beta}_{ij}$是 β_{ij}的估计值，$j=1,2,\cdots,n$。

将 $\overline{\boldsymbol{a}}_i$通过如下一阶滤波器得到 $\boldsymbol{a}_i$，即

$$\boldsymbol{\Gamma}_i\dot{\boldsymbol{a}}_i + \boldsymbol{a}_i = \overline{\boldsymbol{a}}_i,\boldsymbol{a}_i(0) = \overline{\boldsymbol{a}}_i(0) \tag{7.34}$$

式中，$\boldsymbol{\Gamma}_i=\mathrm{diag}\{\tau_{i1},\tau_{i2},\cdots,\tau_{in}\}>0$ 为一阶滤波器的时间矩阵。

为便于设计鲁棒控制器，定义

$$\boldsymbol{\varepsilon}_i = \boldsymbol{a}_i - \overline{\boldsymbol{a}}_i \tag{7.35}$$

考虑式(7.32)和式(7.35)可得

$$\boldsymbol{x}_{i+1} = \boldsymbol{z}_{i+1} + \boldsymbol{\varepsilon}_i + \overline{\boldsymbol{a}}_i + \boldsymbol{y}_{\mathrm{r}}^{(i)} + \boldsymbol{\lambda}_{i+1} \tag{7.36}$$

将式(7.33)和式(7.36)代入式(7.32)可得

$$\dot{\boldsymbol{z}}_i = \boldsymbol{G}_i\boldsymbol{z}_{i+1} + \boldsymbol{G}_i\boldsymbol{\varepsilon}_i - \boldsymbol{K}_i\boldsymbol{z}_i - \boldsymbol{G}_{i-1}^{\mathrm{T}}\boldsymbol{z}_{i-1} + \hat{\boldsymbol{D}}_i - \hat{\boldsymbol{\beta}}_i\tanh\left(\frac{\boldsymbol{z}_i}{\boldsymbol{\psi}_i}\right) \tag{7.37}$$

对 $\boldsymbol{\varepsilon}_i$ 求导可得

$$\dot{\boldsymbol{\varepsilon}}_i = \dot{\boldsymbol{a}}_i - \dot{\overline{\boldsymbol{a}}}_i = -\boldsymbol{\Gamma}_i^{-1}\boldsymbol{\varepsilon}_i + \boldsymbol{B}_i(\cdot) \tag{7.38}$$

其中，$\boldsymbol{B}_i(\cdot)$为关于 $\boldsymbol{\Pi}_i$：$(x_1,\cdots,x_i,z_i,\cdots,z_{i+q},\sigma_1,\cdots,\sigma_i,\hat{\beta}_1,\cdots,\hat{\beta}_i,y_{\mathrm{r}},\dot{y}_{\mathrm{r}},\ddot{y}_{\mathrm{r}})$的充分光滑函数，

因为 Π_0 与 Π_i 为紧集,则 $\Pi_0 \times \Pi_i$ 也为紧集,从而 $\boldsymbol{B}_i(\cdot)$ 在 $\Pi_0 \times \Pi_i$ 中存在上界 $\overline{\boldsymbol{B}}_i$。

考虑式(7.38),有

$$\dot{\boldsymbol{\varepsilon}}_i \leqslant -\boldsymbol{\Gamma}_i^{-1}\boldsymbol{\varepsilon}_i + \overline{\boldsymbol{B}}_i \tag{7.39}$$

选取如下 Lyapunov 函数,即

$$V_i = \frac{1}{2}\boldsymbol{z}_i^{\mathrm{T}}\boldsymbol{z}_i + \frac{1}{2}\boldsymbol{\varepsilon}_i^{\mathrm{T}}\boldsymbol{\varepsilon}_i + \sum_{j=1}^{n}\frac{1}{2\gamma_{ij}}\tilde{\beta}_{ij}^2 \tag{7.40}$$

式中:$\gamma_{ij}>0$ 为设计参数;$\tilde{\beta}_{ij}=\beta_{ij}-\hat{\beta}_{ij}$,$\dot{\tilde{\beta}}_{ij}=\dot{\beta}_{ij}-\dot{\hat{\beta}}_{ij}=-\dot{\hat{\beta}}_{ij}$。

对 V_i 求导,考虑式(7.37)和式(7.38)以及假设 7.4 可得

$$\begin{aligned}
\dot{V}_i &= \boldsymbol{z}_i^{\mathrm{T}}\dot{\boldsymbol{z}}_i + \boldsymbol{\varepsilon}_i^{\mathrm{T}}\dot{\boldsymbol{\varepsilon}}_i - \sum_{j=1}^{n}\frac{1}{\gamma_{ij}}\tilde{\beta}_{ij}\dot{\hat{\beta}}_{ij} \\
&\leqslant \boldsymbol{z}_i^{\mathrm{T}}\boldsymbol{G}_i\boldsymbol{z}_{i+1} + \boldsymbol{z}_i^{\mathrm{T}}\boldsymbol{G}_i\boldsymbol{\varepsilon}_i - \boldsymbol{z}_i^{\mathrm{T}}\boldsymbol{K}_i\boldsymbol{z}_i - \boldsymbol{z}_i^{\mathrm{T}}\boldsymbol{G}_{i-1}^{\mathrm{T}}\boldsymbol{z}_{i-1} + \boldsymbol{z}_i^{\mathrm{T}}\tilde{\boldsymbol{D}}_i - \sum_{j=1}^{n}\hat{\beta}_{ij}z_{ij}\tanh\left(\frac{z_{ij}}{\psi_{ij}}\right) \\
&\quad - \boldsymbol{\varepsilon}_i^{\mathrm{T}}\boldsymbol{\Gamma}_i^{-1}\boldsymbol{\varepsilon}_i + \boldsymbol{\varepsilon}_i^{\mathrm{T}}\overline{\boldsymbol{B}}_i - \sum_{j=1}^{n}\frac{1}{\gamma_{ij}}\tilde{\beta}_{ij}\dot{\hat{\beta}}_{ij} \\
&\leqslant \boldsymbol{z}_i^{\mathrm{T}}\boldsymbol{G}_i\boldsymbol{z}_{i+1} + 0.5\boldsymbol{z}_i^{\mathrm{T}}\boldsymbol{G}_i\boldsymbol{G}_i^{\mathrm{T}}\boldsymbol{z}_i + 0.5\boldsymbol{\varepsilon}_i^{\mathrm{T}}\boldsymbol{\varepsilon}_i - \boldsymbol{z}_i^{\mathrm{T}}\boldsymbol{K}_i\boldsymbol{z}_i - \boldsymbol{z}_{i-1}^{\mathrm{T}}\boldsymbol{G}_{i-1}\boldsymbol{z}_i + \sum_{j=1}^{n}|z_{ij}|\beta_{ij} \\
&\quad - \sum_{j=1}^{n}\hat{\beta}_{ij}z_{ij}\tanh\left(\frac{z_{ij}}{\psi_{ij}}\right) - \boldsymbol{\varepsilon}_i^{\mathrm{T}}\boldsymbol{\Gamma}_i^{-1}\boldsymbol{\varepsilon}_i + 0.5\boldsymbol{\varepsilon}_i^{\mathrm{T}}\boldsymbol{\varepsilon}_i + 0.5\overline{\boldsymbol{B}}_i^{\mathrm{T}}\overline{\boldsymbol{B}}_i - \sum_{j=1}^{n}\frac{1}{\gamma_{ij}}\tilde{\beta}_{ij}\dot{\hat{\beta}}_{ij} \\
&\leqslant -(\lambda_{\min}(\boldsymbol{K}_i) - 0.5\overline{\lambda}_1)\boldsymbol{z}_i^{\mathrm{T}}\boldsymbol{z}_i - (\lambda_{\min}(\boldsymbol{\Gamma}_i^{-1}) - 1)\boldsymbol{\varepsilon}_i^{\mathrm{T}}\boldsymbol{\varepsilon}_i + \boldsymbol{z}_i^{\mathrm{T}}\boldsymbol{G}_i\boldsymbol{z}_{i+1} \\
&\quad - \boldsymbol{z}_{i-1}^{\mathrm{T}}\boldsymbol{G}_{i-1}\boldsymbol{z}_i + \sum_{j=1}^{n}|z_{ij}|\beta_{ij} - \sum_{j=1}^{n}\hat{\beta}_{ij}z_{ij}\tanh\left(\frac{z_{ij}}{\psi_{ij}}\right) + 0.5\overline{\boldsymbol{B}}_i^{\mathrm{T}}\overline{\boldsymbol{B}}_i - \sum_{j=1}^{n}\frac{1}{\gamma_{ij}}\tilde{\beta}_{ij}\dot{\hat{\beta}}_{ij}
\end{aligned} \tag{7.41}$$

参数 $\hat{\beta}_{ij}$ 的自适应律设计为

$$\dot{\hat{\beta}}_{ij} = \gamma_{ij}\left(z_{ij}\tanh\left(\frac{z_{ij}}{\psi_{ij}}\right) - k_\beta\hat{\beta}_{ij}\right) \tag{7.42}$$

式中:$k_\beta>0$ 为设计参数。

将式(7.42)代入式(7.41)可得

$$\begin{aligned}
\dot{V} &\leqslant -(\lambda_{\min}(\boldsymbol{K}_i) - 0.5\overline{\lambda}_i)\boldsymbol{z}_i^{\mathrm{T}}\boldsymbol{z}_i - (\lambda_{\min}(\boldsymbol{\Gamma}_i^{-1}) - 1)\boldsymbol{\varepsilon}_i^{\mathrm{T}}\boldsymbol{\varepsilon}_i + \boldsymbol{z}_i^{\mathrm{T}}\boldsymbol{G}_i\boldsymbol{z}_{i+1} - \boldsymbol{z}_{i-1}^{\mathrm{T}}\boldsymbol{G}_{i-1}\boldsymbol{z}_i + \sum_{j=1}^{n}|z_{ij}|\beta_{ij} \\
&\quad - \sum_{j=1}^{n}\hat{\beta}_{ij}z_{ij}\tanh\left(\frac{z_{ij}}{\psi_{ij}}\right) + 0.5\overline{\boldsymbol{B}}_i^{\mathrm{T}}\overline{\boldsymbol{B}}_i - \sum_{j=1}^{n}\tilde{\beta}_{ij}\left(z_{ij}\tanh\left(\frac{z_{ij}}{\psi_{ij}}\right) - k_\beta\hat{\beta}_{ij}\right) \\
&\leqslant -(\lambda_{\min}(\boldsymbol{K}_i) - 0.5\overline{\lambda}_i)\boldsymbol{z}_i^{\mathrm{T}}\boldsymbol{z}_i - (\lambda_{\min}(\boldsymbol{\Gamma}_i^{-1}) - 1)\boldsymbol{\varepsilon}_i^{\mathrm{T}}\boldsymbol{\varepsilon}_i + \boldsymbol{z}_i^{\mathrm{T}}\boldsymbol{G}_i\boldsymbol{z}_{i+1} - \boldsymbol{z}_{i-1}^{\mathrm{T}}\boldsymbol{G}_{i-1}\boldsymbol{z}_i \\
&\quad + \sum_{j=1}^{n}\beta_{ij}\left(|z_{ij}| - z_{ij}\tanh\left(\frac{z_{ij}}{\psi_{ij}}\right)\right) + 0.5\overline{\boldsymbol{B}}_i^{\mathrm{T}}\overline{\boldsymbol{B}}_i - 0.5k_\beta\sum_{j=1}^{n}\tilde{\beta}_{ij}^2 + 0.5k_\beta\sum_{j=1}^{n}\beta_{ij}^2
\end{aligned} \tag{7.43}$$

考虑引理 7.1 有

$$\begin{aligned}
\dot{V} &\leqslant -(\lambda_{\min}(\boldsymbol{K}_i) - 0.5\overline{\lambda}_i)\boldsymbol{z}_i^{\mathrm{T}}\boldsymbol{z}_i - (\lambda_{\min}(\boldsymbol{\Gamma}_i^{-1}) - 1)\boldsymbol{\varepsilon}_i^{\mathrm{T}}\boldsymbol{\varepsilon}_i - 0.5k_\beta\sum_{j=1}^{n}\tilde{\beta}_{ij}^2 + \boldsymbol{z}_i^{\mathrm{T}}\boldsymbol{G}_i\boldsymbol{z}_{i+1} \\
&\quad - \boldsymbol{z}_{i-1}^{\mathrm{T}}\boldsymbol{G}_{i-1}\boldsymbol{z}_i + \sum_{j=1}^{n}\beta_{ij}\xi_0\psi_{ij} + 0.5\overline{\boldsymbol{B}}_i^{\mathrm{T}}\overline{\boldsymbol{B}}_i + 0.5k_\beta\sum_{j=1}^{n}\beta_{ij}^2
\end{aligned} \tag{7.44}$$

步骤 $\boldsymbol{m}$：为处理复合干扰 $\boldsymbol{D}_m$，Nussbaum 干扰观测器设计为

$$\begin{cases}\dot{\eta}_{mj} = F_m(\bar{x}_m)_j + (G_m(\bar{x}_m)u(v))_j + \hat{D}_{mj}\\ \chi_{mj} = \gamma_{mj}w_{mj}(x_{mj} - \eta_{mj})\\ \dot{\phi}_{mj} = w_{mj}(\xi_{mj}N(\chi_{mj}) - 1)\\ \hat{D}_{mj} = \rho_{mj}(x_{mj} - \eta_{mj}) - \phi_{mj}\end{cases} \tag{7.45}$$

式中：$\hat{\boldsymbol{D}}_m$ 为 Nussbaum 干扰观测器的输出；$\gamma_{mj}>0, w_{mj}>0, \rho_{mj}>\frac{1}{2}, 0<\xi_{mj}<1$ 为设计的正实数参数；$F_m(\bar{x}_m)_j$ 为 $\boldsymbol{F}_m(\bar{\boldsymbol{x}}_m)$ 的第 j 个分量；$(G_m(\bar{x}_m)u(v))_j$ 为 $\boldsymbol{G}_m(\bar{\boldsymbol{x}}_m)\boldsymbol{u}(\boldsymbol{v})$ 的第 j 个分量。$\tilde{D}_{mj} = D_{mj} - \hat{D}_{mj}$ 为 Nussbaum 干扰估计误差且 $|\tilde{D}_{mj}| \leqslant \beta_{mj}$。

对 z_m 求导可得

$$\begin{aligned}\dot{\boldsymbol{z}}_m &= \dot{\boldsymbol{x}}_m - \boldsymbol{y}_{\mathrm{r}}^{(m)} - \dot{\boldsymbol{\lambda}}_m - \dot{\boldsymbol{a}}_{m-1}\\ &= \boldsymbol{F}_m + \boldsymbol{G}_m\boldsymbol{u}(\boldsymbol{v}) + \boldsymbol{D}_m - \boldsymbol{y}_{\mathrm{r}}^{(m)} - \dot{\boldsymbol{\lambda}}_m - \dot{\boldsymbol{a}}_{m-1}\\ &= \boldsymbol{F}_m + \boldsymbol{G}_m\boldsymbol{u}(\boldsymbol{v}) + \boldsymbol{D}_m - \boldsymbol{y}_{\mathrm{r}}^{(m)} + \boldsymbol{c}_m\boldsymbol{\lambda}_m - \boldsymbol{G}_m\Delta\boldsymbol{u} - \dot{\boldsymbol{a}}_{m-1}\\ &= \boldsymbol{F}_m + \boldsymbol{G}_m\boldsymbol{v} + \boldsymbol{D}_m - \boldsymbol{y}_{\mathrm{r}}^{(m)} + \boldsymbol{c}_m\boldsymbol{\lambda}_m - \dot{\boldsymbol{a}}_{m-1}\end{aligned} \tag{7.46}$$

MIMO 非线性系统的控制输入 $\boldsymbol{v}$ 设计为

$$\boldsymbol{v} = \boldsymbol{G}_m^{-1}\left(-\boldsymbol{K}_m\boldsymbol{z}_m - \boldsymbol{G}_{m-1}^{\mathrm{T}}\boldsymbol{z}_{m-1} - \boldsymbol{F}_m - \hat{\boldsymbol{D}}_m + \dot{\boldsymbol{a}}_{m-1} + \boldsymbol{y}_{\mathrm{r}}^{(m)} - \boldsymbol{c}_m\boldsymbol{\lambda}_m - \hat{\boldsymbol{\beta}}_m\tanh\left(\frac{\boldsymbol{z}_m}{\boldsymbol{\psi}_m}\right)\right) \tag{7.47}$$

式中：$\boldsymbol{K}_m^{\mathrm{T}} = \boldsymbol{K}_m > 0$ 为设计矩阵；$\hat{\boldsymbol{\beta}}_m = \mathrm{diag}\{\hat{\beta}_{m1}, \hat{\beta}_{m2}, \cdots, \hat{\beta}_{mn}\}$；$\tanh\left(\frac{\boldsymbol{z}_m}{\boldsymbol{\psi}_m}\right) = \left[\tanh\left(\frac{z_{m1}}{\psi_{m1}}\right), \tanh\left(\frac{z_{m2}}{\psi_{m2}}\right), \cdots, \tanh\left(\frac{z_{mn}}{\psi_{mn}}\right)\right]^{\mathrm{T}}$；$\hat{\beta}_{mj}$ 是 β_{mj} 的估计值，$j=1,2,\cdots,n$。

将式(7.47)代入式(7.46)可得

$$\dot{\boldsymbol{z}}_m = -\boldsymbol{K}_m\boldsymbol{z}_m - \boldsymbol{G}_{m-1}^{\mathrm{T}}\boldsymbol{z}_{m-1} + \tilde{\boldsymbol{D}}_m - \hat{\boldsymbol{\beta}}_m\tanh\left(\frac{\boldsymbol{z}_m}{\boldsymbol{\psi}_m}\right) \tag{7.48}$$

选取如下 Lyapunov 函数，即

$$\boldsymbol{V}_m = \frac{1}{2}z_m^{\mathrm{T}}z_m + \sum_{j=1}^{n}\frac{1}{2\gamma_{mj}}\tilde{\beta}_{mj}^2 \tag{7.49}$$

式中：$\gamma_{mj}>0$ 为设计参数；$\tilde{\beta}_{mj} = \beta_{mj} - \hat{\beta}_{mj}$，$\dot{\tilde{\beta}}_{mj} = \dot{\beta}_{mj} - \dot{\hat{\beta}}_{mj} = -\dot{\hat{\beta}}_{mj}$。

对 V_m 求导可得

$$\begin{aligned}\dot{V}_m &= z_m^{\mathrm{T}}\dot{z}_m - \sum_{j=1}^{n}\frac{1}{\gamma_{mj}}\tilde{\beta}_{mj}\dot{\hat{\beta}}_{mj}\\ &\leqslant -z_m^{\mathrm{T}}\boldsymbol{K}_m z_m - z_m^{\mathrm{T}}\boldsymbol{G}_{m-1}^{\mathrm{T}}z_{m-1} + z_m^{\mathrm{T}}\tilde{\boldsymbol{D}}_m - \sum_{j=1}^{n}\hat{\beta}_{mj}z_{mj}\tanh\left(\frac{z_{mj}}{\psi_{mj}}\right) - \sum_{j=1}^{n}\frac{1}{\gamma_{mj}}\tilde{\beta}_{mj}\dot{\hat{\beta}}_{mj}\\ &\leqslant -z_m^{\mathrm{T}}\boldsymbol{K}_m z_m - z_m^{\mathrm{T}}\boldsymbol{G}_{m-1}^{\mathrm{T}}z_{m-1} + \sum_{j=1}^{n}|z_{mj}|\beta_{mj} - \sum_{j=1}^{n}\hat{\beta}_{mj}z_{mj}\tanh\left(\frac{z_{mj}}{\psi_{mj}}\right) - \sum_{j=1}^{n}\frac{1}{\gamma_{mj}}\tilde{\beta}_{mj}\dot{\tilde{\beta}}_{mj}\end{aligned} \tag{7.50}$$

参数$\hat{\beta}_{mj}$的自适应律设计为

$$\dot{\hat{\beta}}_{mj} = \gamma_{mj}\left(z_{mj}^{\mathrm{T}}\tanh\left(\frac{z_{mj}}{\psi_{mj}}\right) - k_\beta \hat{\beta}_{mj}\right) \tag{7.51}$$

式中，$k_\beta > 0$ 为设计参数。

将式(7.51)代入式(7.50)可得

$$\begin{aligned}\dot{V}_m \leqslant & - z_m^{\mathrm{T}}\boldsymbol{K}_m z_m - z_{m-1}^{\mathrm{T}}\boldsymbol{G}_{m-1}z_m + \sum_{j=1}^{n} | z_{mj} | \beta_{mj} - \sum_{j=1}^{n}\hat{\beta}_{mj}z_{mj}\tanh\left(\frac{z_{mj}}{\psi_{mj}}\right) \\ & - \sum_{j=1}^{n}\tilde{\beta}_{mj}\left(z_{mj}\tanh\left(\frac{z_{mj}}{\psi_{mj}}\right) - k_\beta\hat{\beta}_{mj}\right) \\ \leqslant & - \lambda_{\min}(\boldsymbol{K}_m)z_m^{\mathrm{T}}z_m - z_{m-1}{}^{\mathrm{T}}\boldsymbol{G}_{m-1}z_m + \sum_{j=1}^{n}\beta_{mj}\left(| z_{mj} | - z_{mj}\tanh\left(\frac{z_{mj}}{\psi_{mj}}\right)\right) \\ & - 0.5k_\beta\sum_{j=1}^{n}\tilde{\beta}_{mj}^2 + 0.5k_\beta\sum_{j=1}^{n}\beta_{mj}^2\end{aligned} \tag{7.52}$$

根据引理 7.1 有

$$\begin{aligned}\dot{V}_m \leqslant & - \lambda_{\min}(\boldsymbol{K}_m)z_m^{\mathrm{T}}z_m - z_{m-1}{}^{\mathrm{T}}\boldsymbol{G}_{m-1}z_m \\ & - 0.5k_\beta\sum_{j=1}^{n}\tilde{\beta}_{mj}^2 + \sum_{j=1}^{n}\beta_{mj}\xi_0\psi_{mj} + 0.5k_\beta\sum_{j=1}^{n}\beta_{mj}^2\end{aligned} \tag{7.53}$$

为了证明整个闭环系统的稳定性，选取如下扩展的 Lyapunov 函数，即

$$V = \sum_{i=1}^{m}V_i = \sum_{i=1}^{m}\frac{1}{2}z_i^{\mathrm{T}}z_i + \sum_{i=1}^{m-1}\frac{1}{2}\boldsymbol{\varepsilon}_i^{\mathrm{T}}\boldsymbol{\varepsilon}_i + \sum_{i=1}^{m}\sum_{j=1}^{n}\frac{1}{2\gamma_{ij}}\tilde{\beta}_{ij}^2 \tag{7.54}$$

对 V 求导，将式(7.30)、式(7.44)和式(7.53)代入可得

$$\begin{aligned}\dot{V} \leqslant & - \sum_{i=1}^{m-1}(\lambda_{\min}(\boldsymbol{K}_i) - 0.5\bar{\lambda}_i)z_i^{\mathrm{T}}z_i - \lambda_{\min}(\boldsymbol{K}_m)z_m^{\mathrm{T}}z_m \\ & - \sum_{i=1}^{m-1}(\lambda_{\min}(\boldsymbol{\Gamma}_i^{-1}) - 1)\boldsymbol{\varepsilon}_i^{\mathrm{T}}\boldsymbol{\varepsilon}_i - \sum_{i=1}^{m}\sum_{j=1}^{n}0.5k_\beta\tilde{\beta}_{ij}^2 \\ & + \sum_{i=1}^{m-1}0.5\bar{\boldsymbol{B}}_i^{\mathrm{T}}\bar{\boldsymbol{B}}_i + \sum_{i=1}^{m}\sum_{j=1}^{n}(\beta_{ij}\xi_0\psi_{ij} + 0.5k_\beta\beta_{ij}^2) \\ \leqslant & - \kappa V + M\end{aligned} \tag{7.55}$$

其中，$\kappa = \min(2\lambda_{\min}(\boldsymbol{K}_i) - \bar{\lambda}_i, 2\lambda_{\min}(\boldsymbol{K}_n), 2\lambda_{\min}(\boldsymbol{\Gamma}_i^{-1}) - 2, k_\beta\gamma_{ij}) > 0$，$M = \sum_{i=1}^{m-1}0.5\bar{\boldsymbol{B}}_i^{\mathrm{T}}\bar{\boldsymbol{B}}_i + \sum_{i=1}^{m}\sum_{j=1}^{n}(\beta_{ij}\zeta_0\psi_{ij} + 0.5k_\beta\beta_{ij}^2)$，$j = 1,2,\cdots,n$。

对式(7.55)积分可得

$$0 \leqslant V \leqslant \frac{M}{\kappa} + \left(V(0) - \frac{M}{\kappa}\right)\mathrm{e}^{-\kappa t} \tag{7.56}$$

通过以上分析可得出以下定理：

定理 7.1：对于具有外部干扰和输入饱和的 MIMO 非线性系统式(7.1)，Nussbaum 干扰观测器设计成如式(7.15)、式(7.31)及式(7.45)的形式，参数自适应律设计为式(7.28)、式(7.42)与式(7.51)的形式，在动态面控制律式(7.17)、式(7.33)及式(7.47)作用下，闭环系统状态满足

$$\lim_{t\to\infty}\boldsymbol{x}_1-\boldsymbol{y}_r-\boldsymbol{\lambda}_1\to 0 \tag{7.57}$$

且系统跟踪误差满足

$$\|\boldsymbol{x}_1-\boldsymbol{y}_r\|\leqslant\sqrt{2\left(\frac{M}{\kappa}+V(0)\right)}+\sqrt{2\left(\frac{M_\lambda}{\kappa_\lambda}+V_\lambda(0)\right)} \tag{7.58}$$

式中：$V_\lambda=\sum_i^m\frac{1}{2}\boldsymbol{\lambda}_i{}^{\mathrm{T}}\boldsymbol{\lambda}_i$；$\kappa_\lambda=\min(\bar{c}_i,i=1,\cdots,n)$，$M_\lambda=0.5\bar{\lambda}_m\|\Delta\boldsymbol{u}\|^2$，$\bar{c}_1=c_1-0.5\bar{\lambda}_1$，$\bar{c}_1=c_i-0.5-0.5\bar{\lambda}_i$，$(i=1,\cdots,n-1)$，$\bar{c}_m=c_m-1$。

证明：考虑式(7.56)可得，V 最终一致有界，从而 $\boldsymbol{x}_i,z_i,\boldsymbol{\varepsilon}_i,\tilde{\boldsymbol{\beta}}_i,i=1,\cdots,n-1$，一致有界。根据假设 7.5 可知，$\Delta\boldsymbol{u}=\boldsymbol{u}(\boldsymbol{v})-\boldsymbol{v}$ 有界。当 $t\to\infty$ 时，$\lim_{t\to\infty}z_i\to 0$，也就是说$\lim_{t\to\infty}\boldsymbol{x}_1-\boldsymbol{y}_r-\boldsymbol{\lambda}_1\to 0$，根据式(7.13)可得

$$\begin{aligned}\frac{1}{2}\|z_1\|^2&=\frac{1}{2}\|\boldsymbol{x}_1-\boldsymbol{y}_r-\boldsymbol{\lambda}_1\|^2\leqslant V(t)\\&\leqslant\frac{M}{\kappa}+\left(V(0)-\frac{M}{\kappa}\right)\mathrm{e}^{-\kappa t}\leqslant\frac{M}{\kappa}+V(0)\end{aligned} \tag{7.59}$$

从而可以得出

$$\|\boldsymbol{x}_1-\boldsymbol{y}_r-\boldsymbol{\lambda}_1\|\leqslant\sqrt{2\left(\frac{M}{\kappa}+V(0)\right)} \tag{7.60}$$

现在考虑 $\boldsymbol{\lambda}_1$ 的边界问题，取以下 Lyapunov 函数，即

$$V_\lambda=\sum_i^m\frac{1}{2}\boldsymbol{\lambda}_i^{\mathrm{T}}\boldsymbol{\lambda}_i \tag{7.61}$$

对其求导可得

$$\begin{aligned}\dot{V}_\lambda&=-c_1\boldsymbol{\lambda}_1^{\mathrm{T}}\lambda_1+\boldsymbol{\lambda}_1^{\mathrm{T}}\boldsymbol{G}_1\boldsymbol{\lambda}_2-c_2\boldsymbol{\lambda}_2^{\mathrm{T}}\boldsymbol{\lambda}_2+\boldsymbol{\lambda}_2^{\mathrm{T}}\boldsymbol{G}_2\boldsymbol{\lambda}_3+\cdots+\boldsymbol{\lambda}_{m-1}{}^{\mathrm{T}}\boldsymbol{G}_{m-1}\boldsymbol{\lambda}_m-c_m\boldsymbol{\lambda}_m^{\mathrm{T}}\boldsymbol{\lambda}_m+\boldsymbol{\lambda}_m^{\mathrm{T}}\boldsymbol{G}_m\Delta\boldsymbol{u}\\&\leqslant-c_1\boldsymbol{\lambda}_1^{\mathrm{T}}\boldsymbol{\lambda}_1+0.5\boldsymbol{\lambda}_1^{\mathrm{T}}\boldsymbol{G}_1\boldsymbol{G}_1^{\mathrm{T}}\boldsymbol{\lambda}_1+0.5\boldsymbol{\lambda}_2^{\mathrm{T}}\boldsymbol{\lambda}_2-c_2\boldsymbol{\lambda}_2^{\mathrm{T}}\boldsymbol{\lambda}_2+0.5\boldsymbol{\lambda}_2^{\mathrm{T}}\boldsymbol{G}_2\boldsymbol{G}_2^{\mathrm{T}}\boldsymbol{\lambda}_2+0.5\boldsymbol{\lambda}_3^{\mathrm{T}}\boldsymbol{\lambda}_3+\cdots\\&\quad+0.5\boldsymbol{\lambda}_m^{\mathrm{T}}\boldsymbol{\lambda}_m-c_m\boldsymbol{\lambda}_m^{\mathrm{T}}\boldsymbol{\lambda}_m+0.5\boldsymbol{\lambda}_m^{\mathrm{T}}\boldsymbol{\lambda}_m+0.5\boldsymbol{G}_m\boldsymbol{G}_m^{\mathrm{T}}\|\Delta\boldsymbol{u}\|^2\\&\leqslant\sum_{i=1}^n-\bar{c}_i\boldsymbol{\lambda}_i^{\mathrm{T}}\boldsymbol{\lambda}_i+0.5\bar{\boldsymbol{\lambda}}_m\|\Delta\boldsymbol{u}\|^2\\&\leqslant-\kappa_\lambda V_\lambda+M_\lambda\end{aligned} \tag{7.62}$$

式中：$\kappa_\lambda=\min(\bar{c}_i,i=1,\cdots,m)$；$M_\lambda=0.5\bar{\lambda}_m\|\Delta\boldsymbol{u}\|^2$；$\bar{c}_1=c_1-0.5\bar{\lambda}_1>0$；$\bar{c}_i=c_i-0.5-0.5\bar{\lambda}_i>0$，$i=1,\cdots,m-1$，$\bar{c}_m=c_m-1>0$。

对式(7.62)积分可得

$$0\leqslant V_\lambda\leqslant\frac{M_\lambda}{\kappa_\lambda}+\left(V_\lambda(0)-\frac{M_\lambda}{\kappa_\lambda}\right)\mathrm{e}^{-\kappa_\lambda t} \tag{7.63}$$

根据式(7.61)可得

$$\frac{1}{2}\|\boldsymbol{\lambda}_1\|^2\leqslant V_\lambda(t)\leqslant\frac{M_\lambda}{\kappa_\lambda}+\left(V_\lambda(0)-\frac{M_\lambda}{\kappa_\lambda}\right)\mathrm{e}^{-\kappa_\lambda t}\leqslant\frac{M_\lambda}{\kappa_\lambda}+V_\lambda(0) \tag{7.64}$$

从而可以得出

$$\| \boldsymbol{\lambda}_1 \| \leqslant \sqrt{2\left(\frac{M_\lambda}{\kappa_\lambda} + V_\lambda(0)\right)} \tag{7.65}$$

结合式(7.60)与式(7.65)可得

$$\| \boldsymbol{x}_1 - \boldsymbol{y}_r \| \leqslant \sqrt{2\left(\frac{M}{\kappa} + V(0)\right)} + \sqrt{2\left(\frac{M_\lambda}{\kappa_\lambda} + V_\lambda(0)\right)} \tag{7.66}$$

证毕。

7.3 NSV 姿态控制仿真研究

本节将通过给出仿真实例来说明本章所研究的动态面控制抗饱和方法对 NSV 控制的有效性。NSV 的姿态动态非线性运动模型如下

$$\begin{cases} \dot{\boldsymbol{\Omega}} = \boldsymbol{f}_s(\boldsymbol{\Omega}) + \boldsymbol{g}_s(\boldsymbol{\Omega})\boldsymbol{\omega} + \boldsymbol{D}_s(t,\boldsymbol{\Omega}) \\ \dot{\boldsymbol{\omega}} = \boldsymbol{f}_f(\boldsymbol{\omega}) + \boldsymbol{g}_f\boldsymbol{u}(\boldsymbol{v}) + \boldsymbol{D}_f(t,\boldsymbol{\omega}) \\ \boldsymbol{y} = \boldsymbol{\Omega} \end{cases}$$

式中:$\boldsymbol{\Omega} = [\alpha,\beta,\mu]^{\mathrm{T}}$ 为姿态角向量,分别为迎角、侧滑角与滚转角;$\boldsymbol{\omega} = [p,q,r]^{\mathrm{T}}$ 为姿态角速率向量,分别为滚转角速率、俯仰角速率以及偏航角速率;$\boldsymbol{u}(\boldsymbol{v}) = [l_{\mathrm{ctr}}, m_{\mathrm{ctr}}, n_{\mathrm{ctr}}]^{\mathrm{T}}$ 为受限控制力矩。$\boldsymbol{f}_f(\boldsymbol{\Omega})$ 与 $\boldsymbol{f}_f(\boldsymbol{\omega})$ 为状态方程向量,$\boldsymbol{g}_s(\boldsymbol{\Omega})$ 与 $\boldsymbol{g}_f$ 为系统矩阵;$\boldsymbol{D}_s(\mathrm{t},\boldsymbol{\Omega}) = \Delta\boldsymbol{f}_s(\boldsymbol{\Omega}) + \boldsymbol{d}_s(t)$ 与 $\boldsymbol{D}_f(t,\boldsymbol{\omega}) = \Delta\boldsymbol{f}_f(\boldsymbol{\omega}) + \boldsymbol{d}_f(t)$ 为复合干扰。$\Delta\boldsymbol{f}_s(\boldsymbol{\Omega})$ 与 $\Delta\boldsymbol{f}_f(\boldsymbol{\omega})$ 为模型误差即系统不确定性;$\boldsymbol{d}_s(t)$、$\boldsymbol{d}_f(t)$ 为未知外部干扰。

系统状态初始值选为 $\alpha_0 = 1°, \beta_0 = 1°, \mu_0 = -1°, p_0 = q_0 = r_0 = 0\mathrm{rad/s}$,参考跟踪轨迹信号为

$$\alpha_N = \begin{cases} 5° & 4(2k) \leqslant t < 4(2k+1), k = 0,1,2,\cdots \\ 2° & 4(2k+1) \leqslant t < 8(k+1) \end{cases}$$

$$\beta_N = \begin{cases} -1° & 0 \leqslant t \leqslant 5 \\ 2° & 5 < t \end{cases}$$

$$\mu_N = \sin(4t) + 0.5\sin(t)°$$

假设系统气动参数与动态力矩参数分别存在 $-20\% \sim +20\%$ 上下浮动。此外受到外部未知干扰力矩为 $\Delta M = 5\times10^5[\sin6t + 0.3, \cos7t + 0.1, \sin6t]^{\mathrm{T}}\mathrm{N\cdot m}$。

仿真过程中 Nussbaum 干扰观测器设计为式(7.5)、式(7.15)、式(7.31)、式(7.45)的形式。基于 Nussbaum 干扰观测器的控制器设计为式(7.47)的形式。其他参数设计为

$$\boldsymbol{\Gamma}_1 = \boldsymbol{\Gamma}_2 = \mathrm{diag}\{0.5,0.5,0.5\}, \boldsymbol{\gamma}_1 = \boldsymbol{\gamma}_2 = [0.3,0.3,0.3]^{\mathrm{T}},$$

$$\boldsymbol{w}_1 = \boldsymbol{w}_2 = [0.2,0.2,0.2]^{\mathrm{T}}, \boldsymbol{\rho}_1 = \boldsymbol{\rho}_2 = [0.8,0.8,0.8]^{\mathrm{T}},$$

$$\gamma_d = k_\theta = k_\beta = 0.01, c_1 = c_2 = 5,$$

$$K_1 = 5, K_2 = 2, \xi_1 = \xi_2 = 2。$$

在基于 Nussbaum 干扰观测器的自适应动态面控制器作用下,不确定非线性系统的跟踪曲线如图 7.1 和图 7.2 所示,轨迹跟踪误差如图 7.3 所示,系统控制输入如图 7.4 可示。从图 7.1 ~ 图 7.3得出在存在外部干扰及输入饱和的情况下可得到满意的跟踪效果,姿态角跟踪误差较小

且姿态角速度稳定收敛。

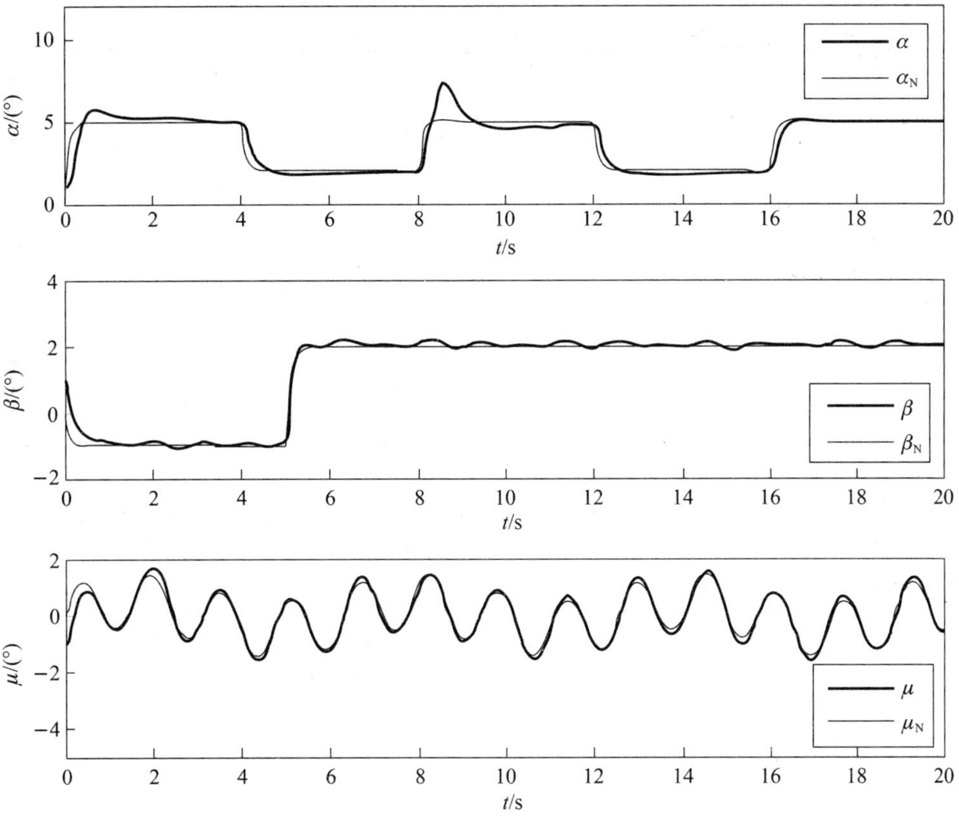

图 7.1　NSV 姿态角响应曲线

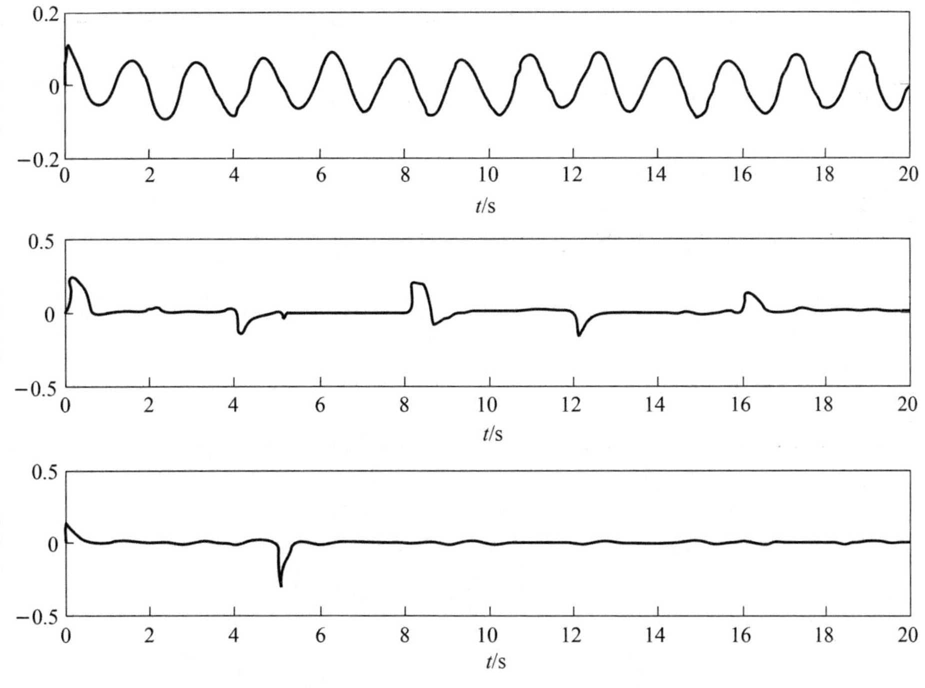

图 7.2　NSV 姿态角速率响应曲线

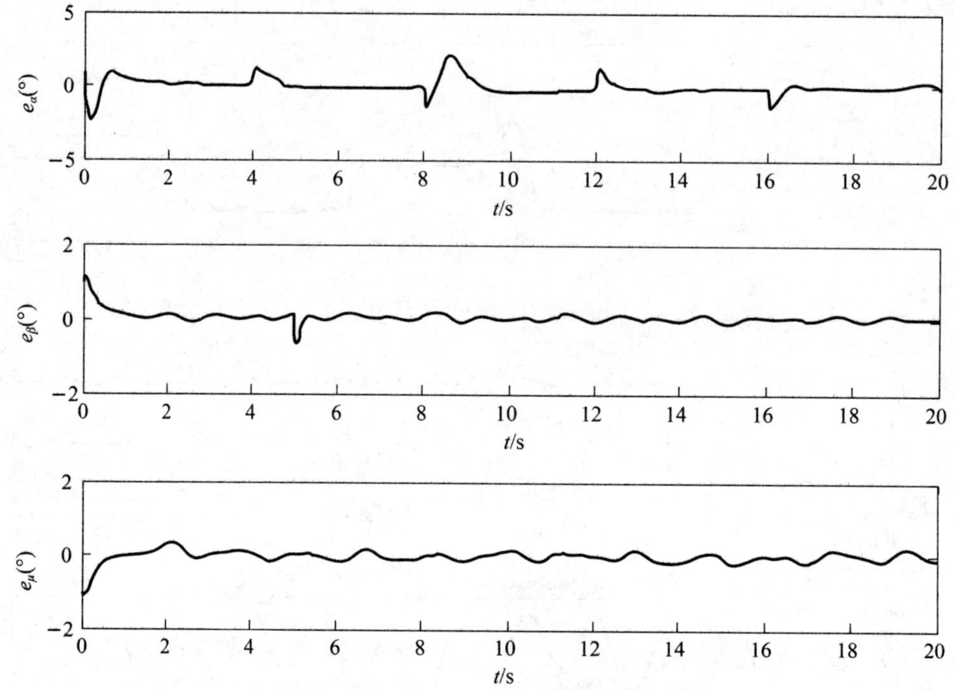

图 7.3　NSV 姿态角跟踪误差曲线

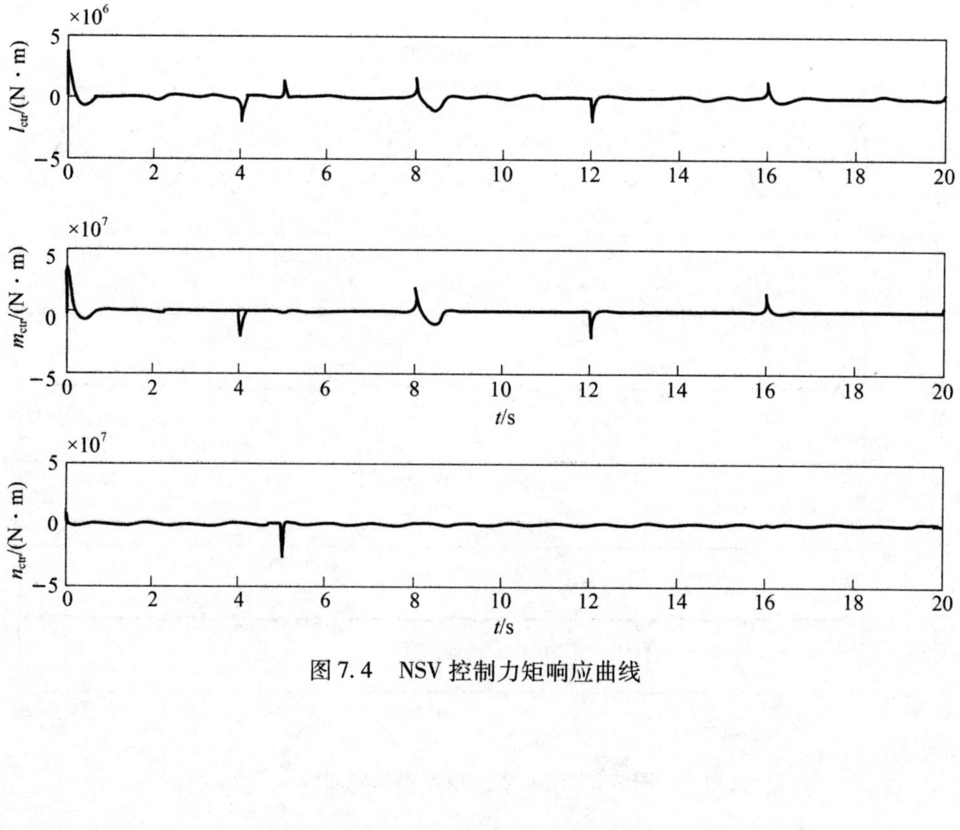

图 7.4　NSV 控制力矩响应曲线

7.4 小　　结

本章针对存在外部未知复合干扰与输入饱和的 NSV 非线性 MIMO 系统，给出了一种有效的 backstepping 动态面控制策略。为处理外部干扰与系统不确定性，设计了 Nussbaum 干扰观测器与自适应控制器。引入一阶微分器动态面技术，解决了传统 backstepping 中微分膨胀问题，且设计了以控制律输出与实际输出的差值为输入的辅助系统，并产生一系列信号来补偿输入饱和对系统的影响。通过 Lyapunov 方法证明了闭环系统所有信号一致有界且半全局收敛。最后仿真例子证明了所给出的控制策略的有效性。

第 8 章 具有输入饱和的NSV姿态保性能跟踪控制

8.1 引　言

本章主要针对具有控制输入饱和的 NSV 系统,采用 backstepping 方法设计可保证瞬态性能和稳态性能的姿态控制器。为提高 NSV 的鲁棒控制性能,将采用参数自适应方法来减小未知时变扰动和控制输入饱和对系统闭环性能造成的不利影响。基于参数估计输出与 backstepping 方法给出了具有输入饱和的 NSV 鲁棒姿态控制方案。此外,本章还将给出基于收敛速度及跟踪误差的规定性能界限鲁棒姿态控制器。采用 Lyapunov 方法证明在所设计的鲁棒姿态控制器作用下闭环系统信号一致渐近收敛。最后,仿真结果表明所提出的鲁棒约束姿态控制方案的有效性。

8.2 问题描述

本章根据 NSV 六自由度十二状态非线性模型,考虑如下的 NSV 非线性仿射姿态运动模型[69],即

$$\begin{aligned}\dot{\boldsymbol{x}}_1 &= \boldsymbol{F}_{\mathrm{s}}(\boldsymbol{x}_1) + \boldsymbol{G}_{\mathrm{s}}(\boldsymbol{x}_1)\boldsymbol{x}_2 \\ \dot{\boldsymbol{x}}_2 &= \boldsymbol{F}_{\mathrm{f}}(\bar{\boldsymbol{x}}_2) + \boldsymbol{G}_{\mathrm{f}}(\bar{\boldsymbol{x}}_2)\mathrm{sat}(\boldsymbol{u}) + \boldsymbol{D}(t) \\ \boldsymbol{y} &= \boldsymbol{x}_1\end{aligned} \tag{8.1}$$

其中,$\boldsymbol{x}_1=[\alpha,\beta,\mu]^{\mathrm{T}}$ 为姿态角向量,包括迎角、侧滑角和滚转角,$\boldsymbol{x}_2=[p,q,r]^{\mathrm{T}}$ 为姿态角速率向量,$\bar{\boldsymbol{x}}_2=[\boldsymbol{x}_1^{\mathrm{T}},\boldsymbol{x}_2^{\mathrm{T}}]^{\mathrm{T}}$,$\boldsymbol{u}=[l_{\mathrm{ctr}},m_{\mathrm{ctr}},n_{\mathrm{ctr}}]^{\mathrm{T}}$ 为控制力矩向量,包含滚转、俯仰和偏航力矩。$\boldsymbol{F}_{\mathrm{s}}$、$\boldsymbol{G}_{\mathrm{s}}$、$\boldsymbol{F}_{\mathrm{f}}$ 以及 $\boldsymbol{G}_{\mathrm{f}}$ 的详细描述可参看第 2 章,$\boldsymbol{D}(t)\in\mathbf{R}^3$ 代表时变未知的外部干扰。因为执行器有瞬间力矩约束以及控制输入饱和存在,因此采用饱和函数 $\mathrm{sat}(\boldsymbol{u})$ 对 $\boldsymbol{u}$ 进行限制,且定义为

$$\mathrm{sat}(\boldsymbol{u}) = [\mathrm{sat}(u_1),\ \mathrm{sat}(u_2),\ \mathrm{sat}(u_3)]^{\mathrm{T}} \tag{8.2}$$

这里 $\mathrm{sat}(u_i)$,$i=1,2,3$ 由下式给出

$$\begin{aligned}\mathrm{sat}(u_1) &= \mathrm{sign}(u_1)\min\{u_{1\max},\ |u_1|\} \\ \mathrm{sat}(u_2) &= \mathrm{sign}(u_2)\min\{u_{2\max},\ |u_2|\} \\ \mathrm{sat}(u_3) &= \mathrm{sign}(u_3)\min\{u_{3\max},\ |u_3|\}\end{aligned} \tag{8.3}$$

式中,$u_{i\max}$, $i=1,2,3$ 代表控制输入的饱和值。

显然,所需的控制输入可能大于实际提供的控制能量。在这种情况下,理想的控制输入和实际控制输入之间存在差值,且可描述为

$$\Delta \boldsymbol{u} = \mathrm{sat}(\boldsymbol{u}) - \boldsymbol{u} \tag{8.4}$$

式中,$\boldsymbol{u}$ 是需要设计的控制指令。

从实际控制系统的观点出发,期望的控制输入 $\boldsymbol{u}$ 和实际提供的控制输入 $\mathrm{sat}(\boldsymbol{u})$ 之间的差异不能太大,因为当控制输入饱和出现时,NSV 系统的可控性也应当满足。因此,假设 $\Delta \boldsymbol{u}$ 满足如下条件,即

$$\| \Delta \boldsymbol{u} \| \leqslant \boldsymbol{h}(\boldsymbol{x}_1, \boldsymbol{x}_2)\boldsymbol{\theta}^* \tag{8.5}$$

式中:$\boldsymbol{h}(x_1, x_2) \in \mathbf{R}^{1\times 3}$是已知的连续函数向量;$\boldsymbol{\theta}^* \in \mathbf{R}^{3\times 1}$是未知的常数向量。

本章的控制目标是设计鲁棒自适应姿态控制器,保证在时变外部干扰和控制输入饱和出现的情况下 NSV 姿态系统能够跟踪给定的期望姿态运动输出 $\boldsymbol{y}_c$,且所设计的鲁棒自适应姿态控制器能够保证闭环系统所有的信号一致渐近收敛,同时能保证预先给定的性能指标要求。

为便于对具有时变未知干扰和控制输入饱和的 NSV 姿态运动系统(8.1)设计鲁棒自适应控制器,需要给出如下假设:

假设 8.1:NSV 的姿态运动模型式(8.1)中矩阵 $\boldsymbol{G}_s$、$\boldsymbol{G}_f$ 可逆。

假设 8.2:对于所有的 $t>0$,存在 $\Delta_i>0$,使得 $\| \boldsymbol{y}_c^{(i)}(t) \| \leqslant \Delta_i, i=1,2$。

假设 8.3:对于时变外部干扰 $\boldsymbol{D}(t)$,存在已知的连续函数矩阵 $\boldsymbol{\psi}(\boldsymbol{x}_1, \boldsymbol{x}_2) \in \mathbf{R}^{3\times 3}$以及未知的常数向量 $\boldsymbol{\phi}^* \in \mathbf{R}^{3\times 1}$,使得 $\boldsymbol{D}(\mathrm{t}) = \boldsymbol{\psi}(\boldsymbol{x}_1, \boldsymbol{x}_2)\boldsymbol{\phi}^*$。

8.3　具有输入饱和的 NSV 鲁棒飞行控制器设计

本节主要研究 NSV 鲁棒自适应抗饱和姿态控制问题,其中假设所有状态变量可测。在鲁棒姿态控制设计中,采用 backstepping 方法,其具体的设计步骤如下:

步骤 1: 为得到鲁棒姿态控制方案,定义

$$\boldsymbol{e}_1 = \boldsymbol{y} - \boldsymbol{y}_c, \boldsymbol{e}_2 = \boldsymbol{x}_2 - \boldsymbol{\alpha}_1 \tag{8.6}$$

式中,$\boldsymbol{\alpha}_1$ 是需要设计的虚拟控制律。

考虑式(8.1)并对 $\boldsymbol{e}_1$ 求导可得

$$\dot{\boldsymbol{e}}_1 = \dot{\boldsymbol{y}} - \dot{\boldsymbol{y}}_c = \dot{\boldsymbol{x}}_1 - \dot{\boldsymbol{y}}_c = \boldsymbol{F}_s + \boldsymbol{G}_s\boldsymbol{x}_2 - \dot{\boldsymbol{y}}_c \tag{8.7}$$

考虑到式(8.6)有

$$\dot{\boldsymbol{e}}_1 = \boldsymbol{F}_s + \boldsymbol{G}_s(\boldsymbol{e}_2 + \boldsymbol{\alpha}_1) - \dot{\boldsymbol{y}}_c \tag{8.8}$$

虚拟控制律 $\boldsymbol{\alpha}_1$ 设计为

$$\boldsymbol{\alpha}_1 = -\boldsymbol{G}_s^{-1}(\boldsymbol{F}_s + \boldsymbol{\Lambda}_1\boldsymbol{e}_1 - \dot{\boldsymbol{y}}_c) \tag{8.9}$$

式中,$\boldsymbol{\Lambda}_1 = \boldsymbol{\Lambda}_1^{\mathrm{T}} > 0$ 为设计矩阵。

将式(8.9)带入式(8.8)可得

$$\dot{\boldsymbol{e}}_1 = -\boldsymbol{\Lambda}_1\boldsymbol{e}_1 + \boldsymbol{G}_s\boldsymbol{e}_2 \tag{8.10}$$

选取 Lyapunov 函数为

$$V_1 = 0.5\boldsymbol{e}_1^{\mathrm{T}}\boldsymbol{e}_1 \tag{8.11}$$

根据式(8.10),V_1 对时间的导数可写为

$$\dot{V}_1 = -\boldsymbol{e}_1^{\mathrm{T}}\boldsymbol{\Lambda}_1\boldsymbol{e}_1 + \boldsymbol{e}_1^{\mathrm{T}}\boldsymbol{G}_{\mathrm{s}}\boldsymbol{e}_2 \tag{8.12}$$

对式(8.12)来说,等式右边的第一项很明显是稳定的,第二项将在下一步中消除。

步骤2:考虑式(8.1),$\boldsymbol{e}_2$ 对时间求导可得

$$\dot{\boldsymbol{e}}_2 = \dot{\boldsymbol{x}}_2 - \dot{\boldsymbol{\alpha}}_1 = \boldsymbol{F}_{\mathrm{f}} + \boldsymbol{G}_{\mathrm{f}}\mathrm{sat}(\boldsymbol{u}) + \boldsymbol{D}(t) - \dot{\boldsymbol{\alpha}}_1 \tag{8.13}$$

利用假设8.3,式(8.13)可写为

$$\dot{\boldsymbol{e}}_2 = \boldsymbol{F}_{\mathrm{f}} + \boldsymbol{G}_{\mathrm{f}}\mathrm{sat}(\boldsymbol{u}) + \boldsymbol{\psi}(\boldsymbol{x}_1,\boldsymbol{x}_2)\boldsymbol{\phi}^* - \dot{\boldsymbol{\alpha}}_1 \tag{8.14}$$

考虑到式(8.4)有

$$\dot{\boldsymbol{e}}_2 = \boldsymbol{F}_{\mathrm{f}} + \boldsymbol{G}_{\mathrm{f}}\boldsymbol{u} + \boldsymbol{G}_{\mathrm{f}}\Delta\boldsymbol{u} + \boldsymbol{\psi}(\boldsymbol{x}_1,\boldsymbol{x}_2)\boldsymbol{\phi}^* - \dot{\boldsymbol{\alpha}}_1 \tag{8.15}$$

利用参数的逼近输出,姿态控制律 $\boldsymbol{u}$ 设计为

$$\boldsymbol{u} = -\boldsymbol{G}_{\mathrm{f}}^{-1}(\boldsymbol{F}_{\mathrm{f}} + \boldsymbol{\Lambda}_2\boldsymbol{e}_2 - \dot{\boldsymbol{\alpha}}_1 + \boldsymbol{\psi}(\boldsymbol{x}_1,\boldsymbol{x}_2)\hat{\boldsymbol{\phi}} + \boldsymbol{G}_{\mathrm{s}}^{\mathrm{T}}\boldsymbol{e}_1 - \boldsymbol{u}_{\mathrm{c}}) \tag{8.16}$$

式中:$\boldsymbol{\Lambda}_2 = \boldsymbol{\Lambda}_2^{\mathrm{T}} > 0$ 为设计矩阵参数;$\hat{\boldsymbol{\phi}}$ 是未知参数 $\boldsymbol{\phi}^*$ 的估计。控制项 $\boldsymbol{u}_{\mathrm{c}}$ 是辅助控制器用以补偿控制输入饱和的影响,具体设计为

$$\boldsymbol{u}_{\mathrm{c}} = \begin{cases} -\dfrac{\|\boldsymbol{G}_{\mathrm{f}}(\bar{\boldsymbol{x}}_2)\|\boldsymbol{e}_2\boldsymbol{h}(\boldsymbol{x}_1,\boldsymbol{x}_2)\hat{\boldsymbol{\theta}}}{\|\boldsymbol{e}_2\|}, & \|\boldsymbol{e}_2\| \geqslant \sigma \\ 0, & \|\boldsymbol{e}_2\| \leqslant \sigma \end{cases} \tag{8.17}$$

式中:$\hat{\boldsymbol{\theta}}$ 是未知参数 $\boldsymbol{\theta}^*$ 的估计;σ 为一个小的正设计参数。

将式(8.16)带入式(8.15)可得

$$\begin{aligned}\dot{\boldsymbol{e}}_2 &= -\boldsymbol{\Lambda}_2\boldsymbol{e}_2 + \boldsymbol{\psi}(\boldsymbol{x}_1,\boldsymbol{x}_2)\boldsymbol{\phi}* - \boldsymbol{\psi}(\boldsymbol{x}_1,\boldsymbol{x}_2)\hat{\boldsymbol{\phi}} - \boldsymbol{G}_{\mathrm{s}}^{\mathrm{T}}\boldsymbol{e}_1 + \boldsymbol{u}_{\mathrm{c}} + \boldsymbol{G}_{\mathrm{f}}\Delta\boldsymbol{u} \\ &= -\boldsymbol{\Lambda}_2\boldsymbol{e}_2 + \boldsymbol{\psi}(\boldsymbol{x}_1,\boldsymbol{x}_2)\tilde{\boldsymbol{\phi}} - \boldsymbol{G}_{\mathrm{s}}^{\mathrm{T}}\boldsymbol{e}_1 + \boldsymbol{u}_{\mathrm{c}} + \boldsymbol{G}_{\mathrm{f}}\Delta\boldsymbol{u}\end{aligned} \tag{8.18}$$

式中:$\tilde{\boldsymbol{\phi}} = \boldsymbol{\phi}^* - \hat{\boldsymbol{\phi}}$。

考虑到参数逼近误差信号 $\hat{\boldsymbol{\phi}}$ 的稳定性,选取如下形式的 Lyapunov 函数,即

$$V_2 = 0.5\boldsymbol{e}_2^{\mathrm{T}}\boldsymbol{e}_2 + 0.5\tilde{\boldsymbol{\phi}}^{\mathrm{T}}\tilde{\boldsymbol{\phi}} \tag{8.19}$$

V_2 对时间的导数为

$$\dot{V}_2 = \boldsymbol{e}_2^{\mathrm{T}}\dot{\boldsymbol{e}}_2 + \tilde{\boldsymbol{\phi}}^{\mathrm{T}}\dot{\tilde{\boldsymbol{\phi}}} \tag{8.20}$$

根据式(8.18),则式(8.20)可写为

$$\dot{V}_2 = -\boldsymbol{e}_2^{\mathrm{T}}\boldsymbol{\Lambda}_2\boldsymbol{e}_2 + \boldsymbol{e}_2^{\mathrm{T}}\boldsymbol{\psi}(\boldsymbol{x}_1,\boldsymbol{x}_2)\tilde{\boldsymbol{\phi}} + \tilde{\boldsymbol{\phi}}^{\mathrm{T}}\dot{\tilde{\boldsymbol{\phi}}} - \boldsymbol{e}_2^{\mathrm{T}}\boldsymbol{G}_{\mathrm{s}}^{\mathrm{T}}\boldsymbol{e}_1 + \boldsymbol{e}_2^{\mathrm{T}}\boldsymbol{u}_{\mathrm{c}} + \boldsymbol{e}_2^{\mathrm{T}}\boldsymbol{G}_{\mathrm{f}}\Delta\boldsymbol{u} \tag{8.21}$$

参数 $\hat{\boldsymbol{\phi}}$ 的自适应律设计为

$$\dot{\hat{\boldsymbol{\phi}}} = \boldsymbol{\psi}(\boldsymbol{x}_1,\boldsymbol{x}_2)^{\mathrm{T}}\boldsymbol{e}_2 \tag{8.22}$$

定义 $\tilde{\boldsymbol{\theta}} = \boldsymbol{\theta}^* - \hat{\boldsymbol{\theta}}$。整个闭环系统的 Lyapunov 函数选为

$$V = V_1 + V_2 + 0.5\tilde{\boldsymbol{\theta}}^{\mathrm{T}}\tilde{\boldsymbol{\theta}} \tag{8.23}$$

考虑式(8.12)和式(8.21),V 对时间的导数可写为

$$\begin{aligned}\dot{V} &= -\boldsymbol{e}_1^{\mathrm{T}}\boldsymbol{\Lambda}_1\boldsymbol{e}_1 - \boldsymbol{e}_2^{\mathrm{T}}\boldsymbol{\Lambda}_2\boldsymbol{e}_2 + \boldsymbol{e}_2^{\mathrm{T}}\boldsymbol{\psi}(\boldsymbol{x}_1,\boldsymbol{x}_2)\tilde{\boldsymbol{\phi}} + \tilde{\boldsymbol{\phi}}^{\mathrm{T}}\dot{\tilde{\boldsymbol{\phi}}} + \boldsymbol{e}_2^{\mathrm{T}}\boldsymbol{u}_{\mathrm{c}} + \boldsymbol{e}_2^{\mathrm{T}}\boldsymbol{G}_{\mathrm{f}}\Delta\boldsymbol{u} + \tilde{\boldsymbol{\theta}}^{\mathrm{T}}\dot{\tilde{\boldsymbol{\theta}}} \\ &\leqslant -\boldsymbol{e}_1^{\mathrm{T}}\boldsymbol{\Lambda}_1\boldsymbol{e}_1 - \boldsymbol{e}_2^{\mathrm{T}}\boldsymbol{\Lambda}_2\boldsymbol{e}_2 + \boldsymbol{e}_2^{\mathrm{T}}\boldsymbol{\psi}(\boldsymbol{x}_1,\boldsymbol{x}_2)\tilde{\boldsymbol{\phi}} + \tilde{\boldsymbol{\phi}}^{\mathrm{T}}\dot{\tilde{\boldsymbol{\phi}}} + \boldsymbol{e}_2^{\mathrm{T}}\boldsymbol{u}_{\mathrm{c}} \\ &\quad + \|\boldsymbol{e}_2\|\,\|\boldsymbol{G}_{\mathrm{f}}\|\boldsymbol{h}(\boldsymbol{x}_1,\boldsymbol{x}_2)\boldsymbol{\theta}^* + \tilde{\boldsymbol{\theta}}^{\mathrm{T}}\dot{\tilde{\boldsymbol{\theta}}}\end{aligned} \tag{8.24}$$

考虑到 $\dot{\tilde{\boldsymbol{\phi}}} = -\dot{\hat{\boldsymbol{\phi}}}$ 以及式(8.22)可得

$$\dot{V} \leqslant -\boldsymbol{e}_1^{\mathrm{T}}\boldsymbol{\Lambda}_1\boldsymbol{e}_1 - \boldsymbol{e}_2^{\mathrm{T}}\boldsymbol{\Lambda}_2\boldsymbol{e}_2 + \boldsymbol{e}_2^{\mathrm{T}}\boldsymbol{u}_{\mathrm{c}} + \|\boldsymbol{e}_2\|\,\|\boldsymbol{G}_{\mathrm{f}}\|\boldsymbol{h}(\boldsymbol{x}_1,\boldsymbol{x}_2)\boldsymbol{\theta}^* + \tilde{\boldsymbol{\theta}}^{\mathrm{T}}\dot{\tilde{\boldsymbol{\theta}}} \tag{8.25}$$

将式(8.17)带入式(8.25)，V 对时间的导数可写为

$$\dot{V} \leqslant -\boldsymbol{e}_1^{\mathrm{T}}\boldsymbol{\Lambda}_1\boldsymbol{e}_1 - \boldsymbol{e}_2^{\mathrm{T}}\boldsymbol{\Lambda}_2\boldsymbol{e}_2 + \|\boldsymbol{e}_2\|\,\|\boldsymbol{G}_{\mathrm{f}}\|\boldsymbol{h}(\boldsymbol{x}_1,\boldsymbol{x}_2)\tilde{\boldsymbol{\theta}} + \tilde{\boldsymbol{\theta}}^{\mathrm{T}}\dot{\tilde{\boldsymbol{\theta}}} \tag{8.26}$$

参数 $\hat{\boldsymbol{\theta}}$ 的自适应律设计为

$$\dot{\hat{\boldsymbol{\theta}}} = \boldsymbol{h}(\boldsymbol{x}_1,\boldsymbol{x}_2)^{\mathrm{T}}\|\boldsymbol{e}_2\|\,\|\boldsymbol{G}_{\mathrm{f}}\| \tag{8.27}$$

利用 $\tilde{\boldsymbol{\theta}} = \boldsymbol{\theta}^* - \hat{\boldsymbol{\theta}}$ 以及式(8.27)，V 对时间的导数可写为

$$\dot{V} \leqslant -\boldsymbol{e}_1^{\mathrm{T}}\boldsymbol{\Lambda}_1\boldsymbol{e}_1 - \boldsymbol{e}_2^{\mathrm{T}}\boldsymbol{\Lambda}_2\boldsymbol{e}_2 \leqslant 0 \tag{8.28}$$

上面所设计的 NSV 鲁棒姿态控制可用如下定理进行概括：

定理 8.1：考虑具有未知外部干扰和控制输入饱和的 NSV 非线性姿态运动模型式(8.1)，参数自适应律采用式(8.22)和式(8.27)进行设计，鲁棒姿态控制方案按式(8.16)和式(8.17)设计，则所设计的鲁棒姿态控制方案可以保证 NSV 的跟踪误差一致渐近有界。

显然，通过恰当地选取设计参数矩阵 $\boldsymbol{\Lambda}_1$、$\boldsymbol{\Lambda}_2$，定理 8.1 很容易通过不等式(8.28)证明得到。上面的证明只考虑了 $\|\boldsymbol{e}_2\| \geqslant \sigma$ 时的闭环系统稳定性，当 $\|\boldsymbol{e}_2\| < \sigma$ 时认为控制目标已实现。

8.4　保性能鲁棒姿态抗饱和控制

本节的控制目标为设计鲁棒姿态控制器来保证 *NSV* 有良好的跟踪性能，并满足预先给定的性能指标的要求，即设计保性能控制器来保证在有输入饱和及外部未知干扰下跟踪误差 $\boldsymbol{e}_1(t) = \boldsymbol{y}(t) - \boldsymbol{y}_{\mathrm{c}}(t)$ 能够稳定在一定范围内。与文献[128 – 132]类似设计，在具有输入饱和条件下，选择平滑递减函数 $\rho_i(t):\mathbf{R}+ \to \mathbf{R}+\{0\}$，$\lim_{t\to\infty}\rho_i(t) = \rho_{i\infty} > 0$ 作为跟踪误差 $\boldsymbol{e}_1$ 每个元素的性能函数，其中 $i = 1,2,3$。例如，$\rho(t) = (\rho_{i0} - \rho_{i\infty})\mathrm{e}^{-\eta_i t} + \rho_{i\infty}$ 其中 $\rho_{i0} > \rho_{i\infty}$ 且 $\eta_i > 0$。

对于规定的标量 $0 < \underline{\varepsilon}_i \leqslant 1$ 与 $0 < \overline{\varepsilon}_i \leqslant 1$，如果满足以下条件，则系统动态性能能够得到保证，即

$$-\underline{\varepsilon}_i\rho_i(t) < e_{1i}(t) < \overline{\varepsilon}_i\rho_i(t),\ \forall t \geqslant 0, i = 1,2,3 \tag{8.29}$$

式中：$-\underline{\varepsilon}_i\rho_i(0)$ 与 $\overline{\varepsilon}_i\rho_i(0)$ 为 $e_{1i}(t)$ 的上下界，$\rho_i(0)$ 代表 $e_{1i}(t)$ 下界的收敛速率。

考虑跟踪误差约束条件式(8.29)，目前控制任务就是对 NSV 控制系统设计鲁棒控制器，使得原系统具有渐近跟踪能力。为设计保性能跟踪控制器，给出严格递增函数 $T_i(v_i)$ 且具有以下特性[128]，即

$$-\underline{\varepsilon}_i < T_i(v_i) < \overline{\varepsilon}_i \tag{8.30}$$

$$\lim_{v_i \to +\infty} T_i(v_i) = \overline{\varepsilon}_i, \lim_{v_i \to -\infty} T_i(v_i) = -\underline{\varepsilon}_i \tag{8.31}$$

$$T_i(0) = 0 \tag{8.32}$$

根据变换函数 $T_i(v_i)$ 如式(8.31)和式(8.32)所给出的两个性质,式(8.29)可写为

$$e_{1i}(t) = \rho_i(t) T_i(v_i) \tag{8.33}$$

因为变换函数 $T_i(v_i)$ 严格单调且 $\rho_i(t) \neq 0$,则有反函数

$$v_i = T_i^{-1}\left(\frac{e_{1i}(t)}{\rho_i(t)}\right) \tag{8.34}$$

其中,v_i 为变换误差,如果通过设计控制律能使得 $-\underline{\varepsilon}_i\rho_i(t) < e_{1i}(t) < \overline{\varepsilon}_i\rho_i(t)$ 且 $v_i(t)$ 有界,则存在 $-\underline{\varepsilon}_i < e_{1i}(t)/\rho_i(t) < \overline{\varepsilon}_i$。此外,由式(8.32)给出的 $T_i(v_i)$ 性质有:如果$\lim_{t\to\infty} v_i(t) = 0$ 则跟踪误差有 $\lim_{t\to\infty} e_{1i}(t) = 0$。

本节中将变换函数 $T_i(v_i)$ 设计为如下形式,即

$$T_i(v_i) = \frac{\overline{\varepsilon}_i e^{(v_i+\tau_i)} - \underline{\varepsilon}_i e^{-(v_i+\tau_i)}}{e^{(v_i+\tau_i)} + e^{-(v_i+\tau_i)}} \tag{8.35}$$

其中,$\tau_i = \ln(\underline{\varepsilon}_i/\overline{\varepsilon}_i)/2$,显然 $T_i(v_i)$ 具有如式(8.30)、式(8.31)和式(8.32)所给出的三个性质。

根据式(8.35),变换误差 v_i 可写成如下形式,即

$$v_i = T_i^{-1}(\kappa_i(t)) = 0.5\ln(\overline{\varepsilon}_i\kappa_i(t) + \overline{\varepsilon}_i\underline{\varepsilon}_i) - 0.5\ln(\overline{\varepsilon}_i\underline{\varepsilon}_i - \underline{\varepsilon}_i\kappa_i(t)) \tag{8.36}$$

式中,$\kappa_i(t) = e_{1i}(t)/\rho_i(t)$。

考虑式(8.36),v_i 的导数可写为

$$\begin{aligned}\dot{v}_i &= \frac{\partial T_i^{-1}}{\partial \kappa_i}\dot{\kappa}_i = 0.5\left[\frac{1}{\kappa_i + \underline{\varepsilon}_i} - \frac{1}{\kappa_i - \overline{\varepsilon}_i}\right]\left(\frac{\dot{e}_{1i}}{\rho_i} - \frac{e_{1j}\dot{\rho}_i}{\rho_i^2}\right) \\ &= \xi_i\left(\dot{e}_{1i} - \frac{e_{1i}\dot{\rho}_i}{\rho_i}\right) = \xi_i\left(\dot{y}_i - \dot{y}_{ic} - \frac{e_{1j}\dot{\rho}_i}{\rho_i}\right)\end{aligned} \tag{8.37}$$

其中 ξ_i 定义为

$$\xi_i = \frac{1}{2\rho_i}\left[\frac{1}{\kappa_i + \underline{\varepsilon}_i} - \frac{1}{\kappa_i - \overline{\varepsilon}_i}\right] \tag{8.38}$$

根据 $T_i(v_i)$ 的性质式(8.30)和式(8.31)可知 $\xi_i \neq 0$。根据式(8.37)可知,可将受限条件带入初始 NSV 姿态运动系统式(8.1)中。用 $\dot{\boldsymbol{v}}$ 代替 $\dot{\boldsymbol{x}}_1$,NSV 姿态运动方程(8.1)可表示为

$$\begin{aligned}\dot{\boldsymbol{v}} &= \boldsymbol{\xi}(\dot{\boldsymbol{y}} - \dot{\boldsymbol{y}}_c - \boldsymbol{\rho}^{-1}\dot{\boldsymbol{\rho}}\boldsymbol{e}_1) = \boldsymbol{\xi}(\boldsymbol{F}_s(\boldsymbol{x}_1) + \boldsymbol{G}_s(\boldsymbol{x}_1)\boldsymbol{x}_2 - \dot{\boldsymbol{y}}_c - \boldsymbol{\rho}^{-1}\dot{\boldsymbol{\rho}}\boldsymbol{e}_1) \\ \dot{\boldsymbol{x}}_2 &= \boldsymbol{F}_f(\overline{\boldsymbol{x}}_2) + \boldsymbol{G}_f(\overline{\boldsymbol{x}}_2)\text{sat}(\boldsymbol{u}) + \boldsymbol{D}(t) \\ \boldsymbol{y} &= \boldsymbol{x}_1\end{aligned} \tag{8.39}$$

式中,$\boldsymbol{\xi} = \text{diag}\{\xi_1, \xi_2, \xi_3\}$,$\boldsymbol{v} = [v_1, v_2, v_3]^{\mathrm{T}}$,$\boldsymbol{e} = [e_{11}, e_{12}, e_{13}]^{\mathrm{T}}$,$\boldsymbol{\rho} = \text{diag}\{\rho_1, \rho_2, \rho_2\}$,$\dot{\boldsymbol{\rho}} = \text{diag}\{\dot{\rho}_1, \dot{\rho}_2, \dot{\rho}_3\}$。

通过 backstepping 方法设计姿态控制律,定义如下变量,即

$$\boldsymbol{e}_1 = \boldsymbol{v}, \boldsymbol{e}_2 = \boldsymbol{x}_2 - \boldsymbol{\alpha}_1 \tag{8.40}$$

式中,$\boldsymbol{\alpha}_1$ 为设计的虚拟控制律。

考虑式(8.39),对 $\boldsymbol{e}_1$ 求导可得

$$\dot{\boldsymbol{e}} = \dot{\boldsymbol{v}} = \boldsymbol{\xi}(\boldsymbol{F}_s(\boldsymbol{x}_1) + \boldsymbol{G}_s(\boldsymbol{x}_1)\boldsymbol{x}_2 - \dot{\boldsymbol{y}}_c - \boldsymbol{\rho}^{-1}\dot{\boldsymbol{\rho}}\boldsymbol{e}_1) \tag{8.41}$$

考虑 $\boldsymbol{e}_2$ 的表达式,上式可变为

$$\dot{\boldsymbol{e}}_1 = \boldsymbol{\xi}(\boldsymbol{F}_{\mathrm{s}}(\boldsymbol{x}_1) + \boldsymbol{G}_{\mathrm{s}}(\boldsymbol{x}_1)(\boldsymbol{e}_2 + \boldsymbol{\alpha}_1) - \dot{\boldsymbol{y}}_{\mathrm{c}} - \boldsymbol{\rho}^{-1}\dot{\boldsymbol{\rho}}\boldsymbol{e}_1) \tag{8.42}$$

将虚拟控制律设计为

$$\boldsymbol{\alpha}_1 = -\boldsymbol{G}_{\mathrm{s}}^{-1}(\boldsymbol{F}_{\mathrm{s}} + \boldsymbol{\Lambda}_1\boldsymbol{\xi}^{-1}\boldsymbol{e}_1 - \dot{\boldsymbol{y}}_{\mathrm{c}} - \boldsymbol{\rho}^{-1}\boldsymbol{\rho}\boldsymbol{e}_1) \tag{8.43}$$

式中,$\boldsymbol{\Lambda}_1 = \boldsymbol{\Lambda}_1^{\mathrm{T}} > 0$ 为设计参数。

将式(8.43)带入式(8.42)可得

$$\dot{\boldsymbol{e}}_1 = -\boldsymbol{\Lambda}_1\boldsymbol{e}_1 + \boldsymbol{\xi}\boldsymbol{G}_{\mathrm{s}}\boldsymbol{e}_2 \tag{8.44}$$

Lyapunov 函数选取为

$$V_1 = 0.5\boldsymbol{e}_1^{\mathrm{T}}\boldsymbol{e}_1 \tag{8.45}$$

根据式(8.44),对 V_1 求导可得

$$\dot{V}_1 = -\boldsymbol{e}_1^{\mathrm{T}}\boldsymbol{\Lambda}_1\boldsymbol{e}_1 + \boldsymbol{\xi}\boldsymbol{e}_1^{\mathrm{T}}\boldsymbol{G}_{\mathrm{s}}\boldsymbol{e}_2 \tag{8.46}$$

从上式可看出,式(8.46)第一项是稳定的,第二项将在下面的设计中抵消。

考虑式(8.39),对 $\boldsymbol{e}_2$ 求导得

$$\dot{\boldsymbol{e}}_2 = \dot{\boldsymbol{x}}_2 - \dot{\boldsymbol{\alpha}}_1 = \boldsymbol{F}_{\mathrm{f}} + \boldsymbol{G}_{\mathrm{f}}\mathrm{sat}(u) + \boldsymbol{D}(\mathrm{t}) - \dot{\boldsymbol{\alpha}}_1 \tag{8.47}$$

考虑假设 8.3 及式(8.4),可得

$$\dot{\boldsymbol{e}}_2 = \boldsymbol{F}_{\mathrm{f}} + \boldsymbol{G}_{\mathrm{f}}\boldsymbol{u} + \boldsymbol{G}_{\mathrm{f}}\Delta\boldsymbol{u} + \boldsymbol{\psi}(\boldsymbol{x}_1,\boldsymbol{x}_2)\boldsymbol{\phi}^* - \dot{\boldsymbol{\alpha}}_1 \tag{8.48}$$

考虑参数估计的输出,鲁棒姿态控制律 $\boldsymbol{u}$ 设计为

$$\boldsymbol{u} = -\boldsymbol{G}_{\mathrm{f}}^{-1}(\boldsymbol{F}_{\mathrm{f}} + \boldsymbol{\Lambda}_2\boldsymbol{e}_2 - \dot{\boldsymbol{\alpha}}_1 + \boldsymbol{\psi}(\boldsymbol{x}_1,\boldsymbol{x}_2)\hat{\boldsymbol{\phi}} + \boldsymbol{G}_{\mathrm{s}}^{\mathrm{T}}\boldsymbol{e}_1\boldsymbol{\xi} - \boldsymbol{u}_{\mathrm{c}}) \tag{8.49}$$

式中:$\boldsymbol{\Lambda}_2 = \boldsymbol{\Lambda}_2^{\mathrm{T}} > 0$ 为设计参数;$\hat{\boldsymbol{\phi}}$ 为 $\boldsymbol{\phi}^*$ 的估计值。$\boldsymbol{u}_{\mathrm{c}}$ 为辅助控制器,设计为式(8.17)的形式且用于补偿输入饱和对系统造成的影响。

将式(8.49)带入式(8.48),可得

$$\begin{aligned}\dot{\boldsymbol{e}}_2 &= -\boldsymbol{\Lambda}_2\boldsymbol{e}_2 + \boldsymbol{\psi}(\boldsymbol{x}_1,\boldsymbol{x}_2)\boldsymbol{\phi}^* - \boldsymbol{\psi}(\boldsymbol{x}_1,\boldsymbol{x}_2)\hat{\boldsymbol{\phi}} - \boldsymbol{G}_{\mathrm{s}}^{\mathrm{T}}\boldsymbol{e}_1\boldsymbol{\xi} + \boldsymbol{u}_{\mathrm{c}} + \boldsymbol{G}_{\mathrm{f}}\Delta\boldsymbol{u} \\ &= -\boldsymbol{\Lambda}_2\boldsymbol{e}_2 + \boldsymbol{\psi}(\boldsymbol{x}_1,\boldsymbol{x}_2)\tilde{\boldsymbol{\phi}} - \boldsymbol{G}_{\mathrm{s}}^{\mathrm{T}}\boldsymbol{e}_1\boldsymbol{\xi} + \boldsymbol{u}_{\mathrm{c}} + \boldsymbol{G}_{\mathrm{f}}\Delta\boldsymbol{u}\end{aligned} \tag{8.50}$$

式中,$\tilde{\boldsymbol{\phi}} = \boldsymbol{\phi}^* - \hat{\boldsymbol{\phi}}$。

考虑参数估计误差信号 $\tilde{\boldsymbol{\phi}}$ 的稳定性,Lyapunov 函数选为

$$V_2 = 0.5\boldsymbol{e}_2^{\mathrm{T}}\boldsymbol{e}_2 + 0.5\tilde{\boldsymbol{\phi}}^{\mathrm{T}}\tilde{\boldsymbol{\phi}} \tag{8.51}$$

对 V_2 求导得

$$\dot{V}_2 = \boldsymbol{e}_2^{\mathrm{T}}\dot{\boldsymbol{e}}_2 + \tilde{\boldsymbol{\phi}}^{\mathrm{T}}\dot{\tilde{\boldsymbol{\phi}}} \tag{8.52}$$

考虑式(8.50)、式(8.52)可写为

$$\dot{V}_2 = -\boldsymbol{e}_2^{\mathrm{T}}\boldsymbol{\Lambda}_2\boldsymbol{e}_2 + \boldsymbol{e}_2^{\mathrm{T}}\boldsymbol{\psi}(\boldsymbol{x}_1,\boldsymbol{x}_2)\tilde{\boldsymbol{\phi}} + \tilde{\boldsymbol{\phi}}^{\mathrm{T}}\dot{\tilde{\boldsymbol{\phi}}} - \boldsymbol{e}_2^{\mathrm{T}}\boldsymbol{G}_{\mathrm{s}}^{\mathrm{T}}\boldsymbol{e}_1\boldsymbol{\xi} + \boldsymbol{e}_2^{\mathrm{T}}\boldsymbol{u}_{\mathrm{c}} + \boldsymbol{e}_2^{\mathrm{T}}\boldsymbol{G}_{\mathrm{f}}\Delta\boldsymbol{u} \tag{8.53}$$

整个闭环系统的 Lyapunov 函数选为

$$V = V_1 + V_2 + 0.5\tilde{\boldsymbol{\theta}}^{\mathrm{T}}\boldsymbol{\theta} \tag{8.54}$$

式中,$\tilde{\boldsymbol{\theta}} = \boldsymbol{\theta}^* - \hat{\boldsymbol{\theta}}$。

考虑 $\dot{\tilde{\boldsymbol{\phi}}} = -\dot{\hat{\boldsymbol{\phi}}}$ 及式(8.5)、式(8.17)、式(8.46)和式(8.53),V 的导数为

$$\begin{aligned}\dot{V} &= -\boldsymbol{e}_1^{\mathrm{T}}\boldsymbol{\Lambda}_1\boldsymbol{e}_1 - \boldsymbol{e}_2^{\mathrm{T}}\boldsymbol{\Lambda}_2\boldsymbol{e}_2 + \boldsymbol{e}_2^{\mathrm{T}}\boldsymbol{\psi}(\boldsymbol{x}_1,\boldsymbol{x}_2)\tilde{\boldsymbol{\phi}} + \tilde{\boldsymbol{\phi}}^{\mathrm{T}}\dot{\tilde{\boldsymbol{\phi}}} + \boldsymbol{e}_2^{\mathrm{T}}\boldsymbol{u}_{\mathrm{c}} + \boldsymbol{e}_2^{\mathrm{T}}\boldsymbol{G}_{\mathrm{f}}\Delta\boldsymbol{u} + \boldsymbol{\theta}^{\mathrm{T}}\dot{\tilde{\boldsymbol{\theta}}} \\ &\leqslant -\boldsymbol{e}_1^{\mathrm{T}}\boldsymbol{\Lambda}_1\boldsymbol{e}_1 - \boldsymbol{e}_2^{\mathrm{T}}\boldsymbol{\Lambda}_2\boldsymbol{e}_2 + \boldsymbol{e}_2^{\mathrm{T}}\boldsymbol{\psi}(\boldsymbol{x}_1,\boldsymbol{x}_2)\tilde{\boldsymbol{\phi}} + \boldsymbol{\phi}^{\mathrm{T}}\dot{\tilde{\boldsymbol{\phi}}} + \boldsymbol{e}_2^{\mathrm{T}}\boldsymbol{u}_{\mathrm{c}} + \|\boldsymbol{e}_2\|\,\|\boldsymbol{G}_{\mathrm{f}}\|\,\boldsymbol{h}(\boldsymbol{x}_1,\boldsymbol{x}_2)\boldsymbol{\theta}^* + \tilde{\boldsymbol{\theta}}^{\mathrm{T}}\dot{\tilde{\boldsymbol{\theta}}} \\ &\leqslant -\boldsymbol{e}_1^{\mathrm{T}}\boldsymbol{\Lambda}_1\boldsymbol{e}_1 - \boldsymbol{e}_2^{\mathrm{T}}\boldsymbol{\Lambda}_2\boldsymbol{e}_2 + \|\boldsymbol{e}_2\|\,\|\boldsymbol{G}_{\mathrm{f}}\|\,\boldsymbol{h}(\boldsymbol{x}_1,\boldsymbol{x}_2)\tilde{\boldsymbol{\theta}} + \tilde{\boldsymbol{\theta}}^{\mathrm{T}}\dot{\tilde{\boldsymbol{\theta}}}\end{aligned} \tag{8.55}$$

考虑 $\tilde{\boldsymbol{\theta}} = \boldsymbol{\theta}^* - \hat{\boldsymbol{\theta}}$ 及式(8.27)有

$$\dot{V} = -\boldsymbol{e}_1^{\mathrm{T}}\boldsymbol{\Lambda}_1\boldsymbol{e}_1 - \boldsymbol{e}_2^{\mathrm{T}}\boldsymbol{\Lambda}_2\boldsymbol{e}_2 \leqslant 0 \tag{8.56}$$

以上设计控制律的过程可总结出以下定理：

定理 8.2：针对具有外部干扰和输入受限的 NSV 姿态运动模型式(8.1)，参数自适应律为式(8.22)与式(8.27)的形式，控制律设计为式(8.17)及式(8.49)的形式，则所有闭环系统信号及姿态跟踪误差 $\boldsymbol{e}_1(t)$ 最终一致渐近有界。此外，系统的瞬态性能及跟踪误差 $\boldsymbol{e}_1(t)$ 维持在给定的预设性能范围内，即 $-\underline{\varepsilon}_i\rho_i(t) < e_{1i}(t) < \overline{\varepsilon}_i\rho_i(t)$，$i=1,2,3$。

定理 8.2 可以通过不等式(8.56)得到证明。

8.5 仿真研究

为证明所提出的鲁棒姿态控制方案的有效性，这里给出了两种情况下的 NSV 仿真结果。对于 NSV，假设初始速度为 $V=2200\text{m/s}$，飞行高度为 $h=35\text{km}$。初始姿态及姿态角速度值为 $\alpha_0=1°$，$\beta_0=0°$，$\mu_0=0°$，$p_0=q_0=r_0=0\text{rad/s}$。此外，未知时变干扰选为

$$\begin{aligned}D_1(t) &= 160000(\sin(5t)+0.25)\text{N}\cdot\text{m} \\ D_2(t) &= 250000(\sin(5t)+0.2)\text{N}\cdot\text{m} \\ D_3(t) &= 250000(\sin(5t)+0.1)\text{N}\cdot\text{m}\end{aligned} \tag{8.57}$$

在仿真中，所有鲁棒姿态控制器参数选取为 $\boldsymbol{\Lambda}_1=\boldsymbol{\Lambda}_2=\text{diag}\{25\}_{3\times3}$。

情况一：对具有输入饱和的 NSV 系统的鲁棒飞行控制器设计。

针对具有外部时变干扰、输入饱和的 NSV 系统，根据式(8.22)与式(8.27)设计参数自适应律，根据式(8.16)和式(8.17)设计控制律。飞行姿态参考信号选为

$$\alpha_{\mathrm{c}} = \begin{cases}0°, 0\text{s} \leqslant t < 2\text{s} \\ 2°, 2\text{s} \leqslant t < 4\text{s} \\ 0°, 4\text{s} \leqslant t < 6\text{s} \\ 5°, 6\text{s} \leqslant t < 8\text{s} \\ 0°, 9\text{s} \leqslant t < 10\text{s}\end{cases}, \beta_{\mathrm{c}} = 1°, \mu_{\mathrm{c}} = 0° \tag{8.58}$$

在设计的鲁棒姿态控制器作用下，姿态跟踪结果及控制力矩如图 8.1 和图 8.2 所示。从图 8.1 可知，对于具有时变外部干扰及输入饱和的 NSV 系统，时变的参考姿态角信号得到了满意的跟踪效果。从图 8.2 可知，系统输入信号收敛且有界。

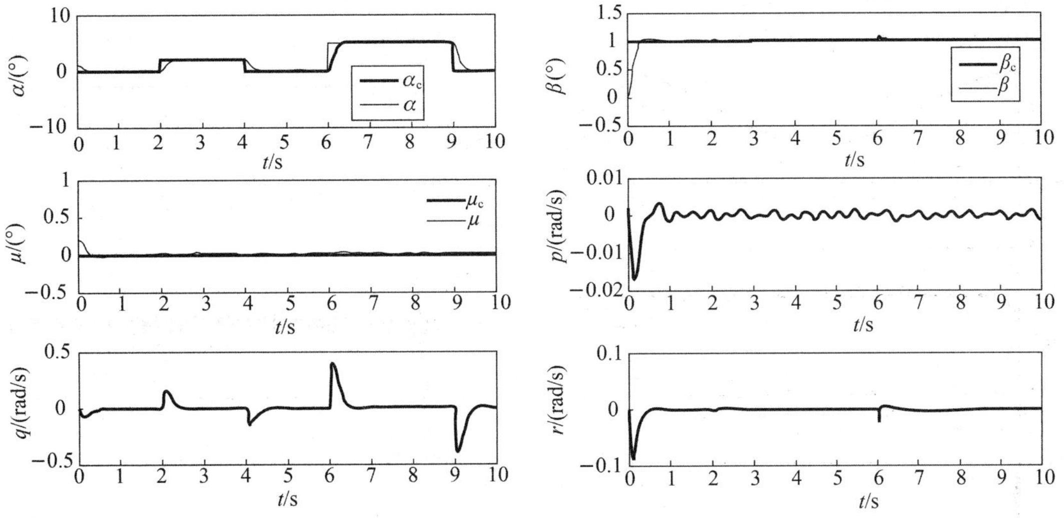

图 8.1　姿态跟踪控制结果

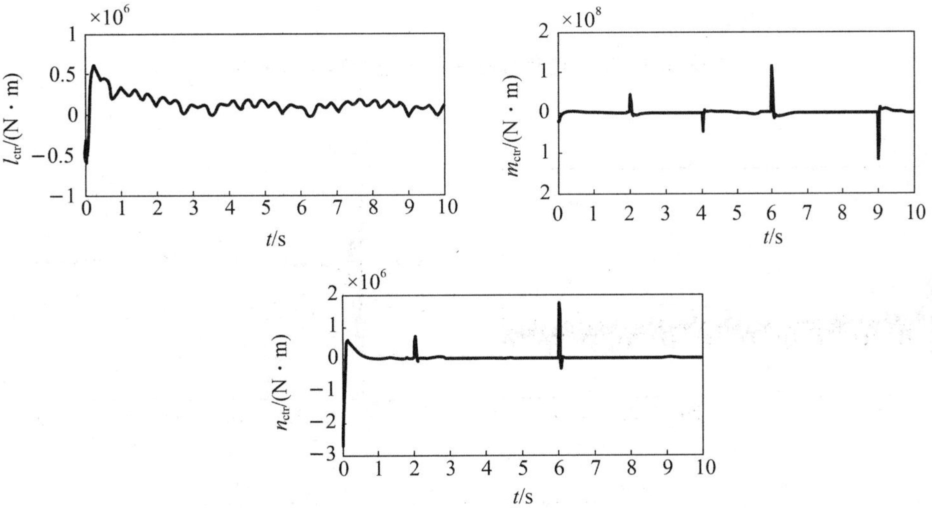

图 8.2　鲁棒姿态控制器输出力矩

情况二:保性能的鲁棒姿态飞行控制。

针对具有外部时变干扰、规定性能界限、输入饱和的 NSV 系统,根据式(8.22)与式(8.27)设计参数自适应律,根据式(8.17)及式(8.49)设计控制律。飞行姿态参考信号选为

$$\alpha_c = 5\cos(0.2t), \beta_c = 1°, \mu_c = 0° \tag{8.59}$$

规定性能界限的递减平滑函数设计为

$$\rho_1 = 4e^{-0.5t} + 0.2, \quad \rho_2 = e^{-2t} + 0.1, \quad \rho_3 = e^{-t} + 0.2 \tag{8.60}$$

在考虑了规定性能界限的鲁棒姿态控制器作用下,姿态跟踪结果、控制力矩与姿态跟踪误差如图 8.3 ~ 图 8.5 所示。从图 8.3 可知,对于具有时变外部干扰及输入饱和的 NSV 系统,通过控制得到了满意的跟踪效果。从图 8.4 可知,系统输入信号收敛且有界。根据图 8.5 可知,

针对时变参考跟踪信号，跟踪误差维持在预先设定的性能界限之内。

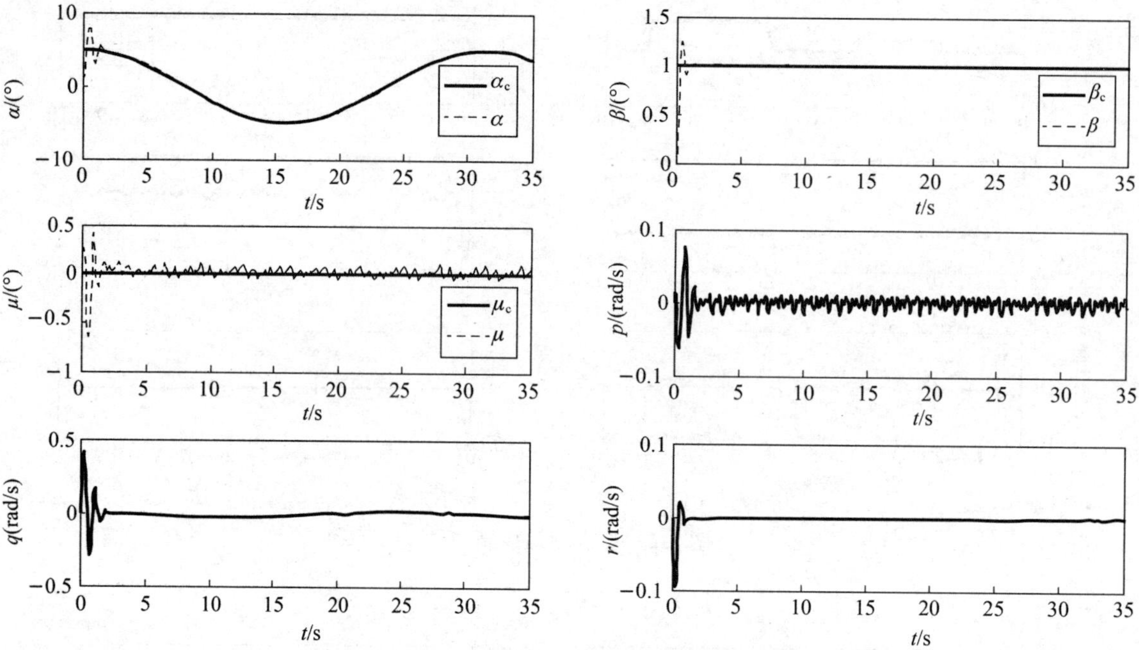

图 8.3　保性能鲁棒控制的姿态跟踪结果曲线

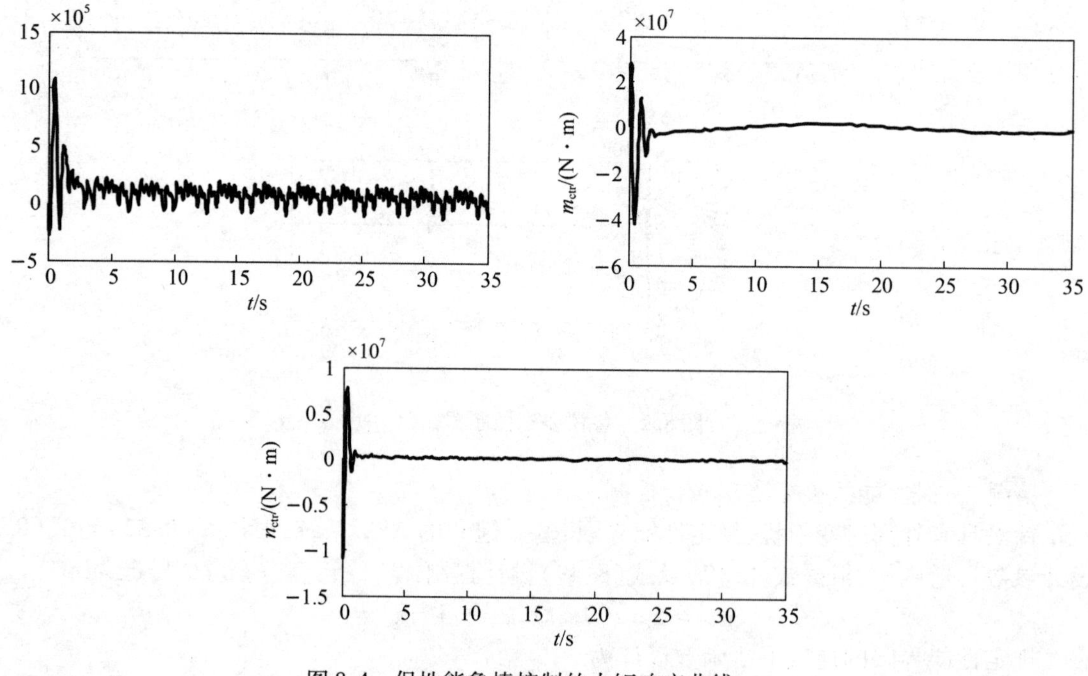

图 8.4　保性能鲁棒控制的力矩响应曲线

以上仿真结果证明了针对具有时变外部干扰及输入饱和的 NSV 系统，两种鲁棒姿态控制器的有效性。

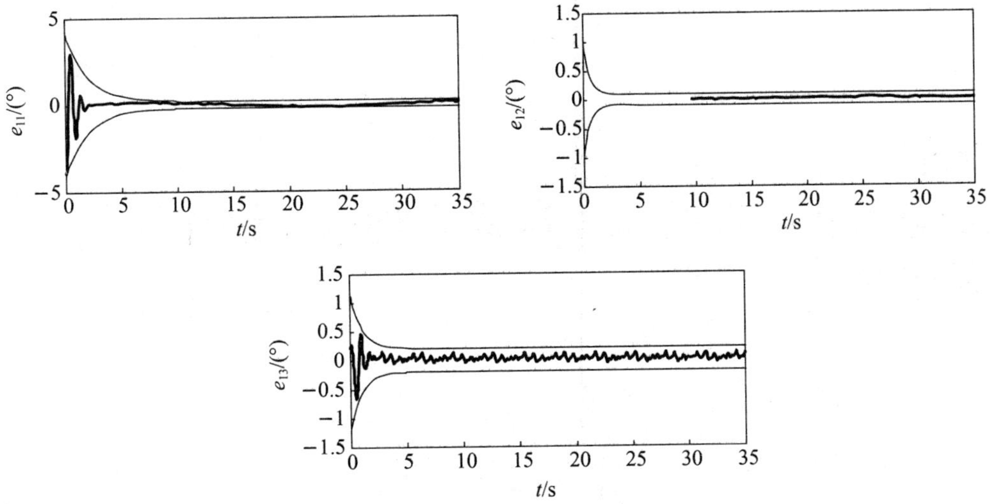

图 8.5　保性能鲁棒控制的姿态跟踪误差曲线

8.6　小　结

本章主要针对具有时变外部干扰及输入饱和的 NSV 系统，设计了两种鲁棒姿态控制器。使用自适应参数估计方法来处理时变外部未知干扰及输入饱和对 NSV 的影响。基于参数估计输出，设计了鲁棒自适应姿态控制器及保性能鲁棒姿态控制器。通过 Lyapunov 方法证明了 NSV 闭环姿态控制系统的稳定性。仿真结果验证了所研究的鲁棒姿态控制器的有效性。

第9章 考虑输入非线性的NSV自适应神经网络保性能姿态控制

9.1 引　言

目前大多数针对NSV跟踪控制问题的研究主要集中在稳态性能的研究中,如保证跟踪误差收敛于有界集或者渐进收敛到原点,而对瞬态性能的研究还很少。事实上瞬态性能在改进NSV控制系统性能上起着重要作用。例如,较大的超调量可能会要求执行机构输出大于物理限制下所能输出的最大值,从而导致闭环系统不稳定。因此,在NSV控制器设计中需要对瞬态和稳态性能同时进行研究。为解决该问题,本章继续研究考虑具有输入非线性的NSV自适应神经网络保性能姿态控制。通过性能函数的选取,同时对跟踪误差的瞬态性能和稳态性能进行约束,并通过误差转换技术将受约束的跟踪误差转换为不受约束的信号,通过证明该信号的有界性来保证跟踪误差的预设性能。

同时,NSV在实际飞行中其舵面和发动机推力会受到诸多限制,如幅值、带宽、频率等,从而执行器可能会产生诸如饱和、死区、间隙等非线性特性,在NSV姿态模型中表现为输入非线性特性。为解决饱和与死区组成的输入非线性问题,将死区的右逆函数人为地放置于系统输入非线性模块之前,从而将该两个输入非线性综合等效为一个输入饱和环节,从而采用辅助系统方法解决输入非线性问题。辅助系统方法是通过构造一个辅助的外部系统,将其状态引入到误差信号中,减小或抵消输入非线性的影响。该方法简单有效,易于实现。同时采用RBFNNs对系统中未知的不确定进行逼近[133],并在虚拟控制律和控制器设计中进行补偿。最后基于辅助系统和RBFNNs输出,采用backstepping技术进行自适应神经网络跟踪控制器的设计。

9.2 问题描述与说明

9.2.1 问题描述

NSV姿态动态非线性模型可以表示为如下形式[26],即

$$\begin{cases}\dot{\boldsymbol{\Omega}} = \boldsymbol{F}_1(\boldsymbol{\Omega}) + \Delta\boldsymbol{F}_1(\boldsymbol{\Omega}) + \boldsymbol{G}_1(\boldsymbol{\Omega})\boldsymbol{\omega} + \boldsymbol{d}_1 \\ \dot{\boldsymbol{\omega}} = \boldsymbol{F}_2(\boldsymbol{\Omega},\boldsymbol{\omega}) + \Delta\boldsymbol{F}_2(\boldsymbol{\Omega},\boldsymbol{\omega}) + \boldsymbol{G}_2(\boldsymbol{\Omega},\boldsymbol{\omega})\boldsymbol{\phi}(\boldsymbol{M}_c) + \boldsymbol{d}_2 \\ \boldsymbol{y} = \boldsymbol{\Omega}\end{cases} \tag{9.1}$$

式中：$\boldsymbol{\Omega}=[\alpha,\beta,\mu]^{\mathrm{T}}$ 为姿态角向量，分别表示迎角、侧滑角和滚转角；$\boldsymbol{\omega}=[p,q,r]^{\mathrm{T}}$ 为姿态角速率向量，分别表示滚转角速率、俯仰角速率和偏航角速率；$\boldsymbol{M}_{\mathrm{c}}=[l_{\mathrm{c}},m_{\mathrm{c}},n_{\mathrm{c}}]^{\mathrm{T}}$ 为控制力矩向量，分别表示滚转、俯仰和偏航力矩；$\boldsymbol{F}_1\in\mathbf{R}^3,\boldsymbol{F}_2\in\mathbf{R}^3$ 为已知的状态函数向量；$\boldsymbol{G}_1\in\mathbf{R}^{3\times3}$、$\boldsymbol{G}_2\in\mathbf{R}^{3\times3}$ 为已知的系统控制增益矩阵；$\Delta\boldsymbol{F}_1\in\mathbf{R}^3$、$\Delta\boldsymbol{F}_2\in\mathbf{R}^3$ 为未知的光滑函数向量，表示系统建模误差；$\boldsymbol{d}_1\in\mathbf{R}^3$、$\boldsymbol{d}_2\in\mathbf{R}^3$ 为未知外部干扰。如图 9.1 所示，输入非线性环节 $\overline{\boldsymbol{M}}_{\mathrm{c}}=\boldsymbol{\phi}(\boldsymbol{M}_{\mathrm{c}})=[\varphi(l_{\mathrm{c}}),\varphi(m_{\mathrm{c}}),\varphi(n_{\mathrm{c}})]^{\mathrm{T}}$ 可以表示为串级结构，包括非对称的输入饱和环节和死区环节。

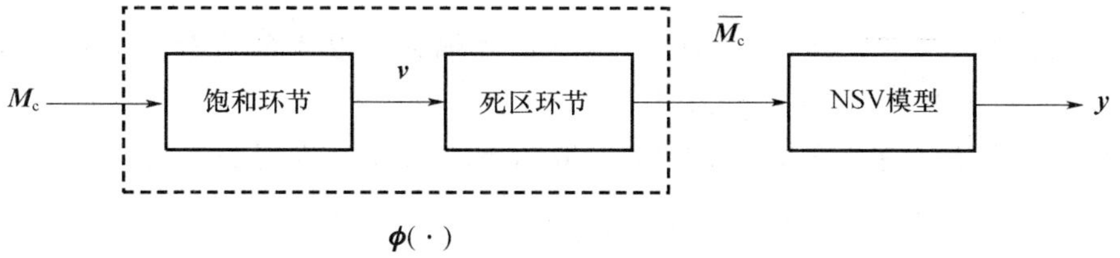

图 9.1　输入非线性 $\boldsymbol{\phi}(\boldsymbol{M}_{\mathrm{c}})$ 串级结构图

由图 9.2 可以看到，饱和函数 sat(·)可以表示为

$$v_i=\mathrm{sat}(M_{\mathrm{c}i})=\begin{cases}M_{\mathrm{cmax}i}, M_{\mathrm{c}i}\geqslant M_{\mathrm{cmax}i}\\ M_{\mathrm{c}i}, M_{\mathrm{cmin}i}\leqslant M_{\mathrm{c}i}\leqslant M_{\mathrm{cmax}i}, i=1,2,3\\ M_{\mathrm{cmin}i}, M_{\mathrm{c}i}\leqslant M_{\mathrm{cmin}i}\end{cases}\tag{9.2}$$

式中：$M_{\mathrm{cmax}i}$，$M_{\mathrm{cmin}i}$表示第 i 个控制输入力矩的上下界。

由图 9.3 可以得到，死区函数 $D_{\mathrm{b}}(\cdot)$可以表示为

$$\overline{M}_{\mathrm{c}i}=D_{\mathrm{b}}(v_i)=\begin{cases}m_{\mathrm{r}i}(v_i-b_{\mathrm{r}i}), v_i\geqslant b_{\mathrm{r}i}\\ 0, b_{\mathrm{l}i}<v_i<b_{\mathrm{r}i}\qquad, i=1,2,3\\ m_{\mathrm{l}i}(v_i-b_{\mathrm{l}i}), v_i\leqslant b_{\mathrm{l}i}\end{cases}\tag{9.3}$$

式中：$b_{\mathrm{r}i}>0$、$b_{\mathrm{l}i}<0$ 为已知的死区区间参数；$m_{\mathrm{r}i}>0$ 和 $m_{\mathrm{l}i}>0$ 为斜率参数。

本章的控制目标为针对 NSV 姿态系统式(9.1)设计自适应神经网络跟踪控制器，保证所有的闭环系统信号有界，输出 $\boldsymbol{y}$ 能够跟踪期望信号 $\boldsymbol{y}_{\mathrm{d}}$ 并满足预设性能。也就是，跟踪误差 $\boldsymbol{e}(t)=\boldsymbol{y}-\boldsymbol{y}_{\mathrm{d}}$不仅有界，还要满足预先设定的瞬态性能。

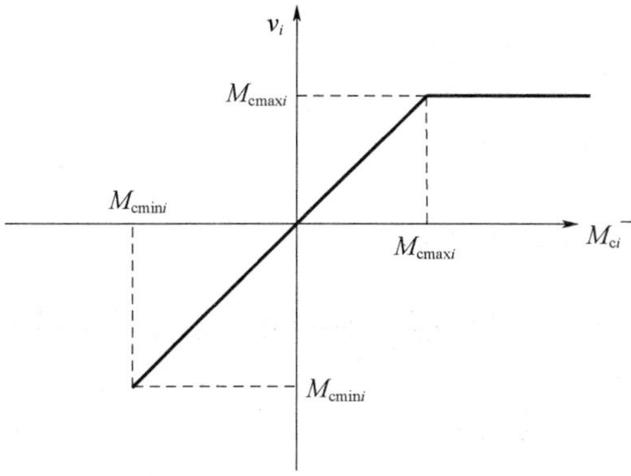

图 9.2　输入饱和函数 sat(·)

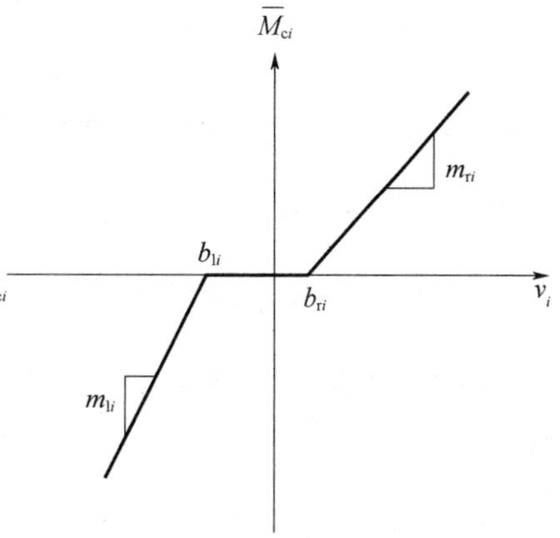

图 9.3　死区函数 $\boldsymbol{D}_{\mathrm{b}}(\cdot)$

为实现控制目标,首先给出如下的假设和引理:

假设 9.1:针对 NSV 非线性姿态模型式(9.1),矩阵 $\boldsymbol{G}_1$、$\boldsymbol{G}_2$ 均可逆,而且存在着未知正实数 $\bar{g}_i$ 使得 $\lambda_{\max}(\boldsymbol{G}_i\boldsymbol{G}_i^{\mathrm{T}}) \leqslant \bar{g}_i^2, i=1,2$ 成立。

假设 9.2:针对外部时变未知扰动 $\boldsymbol{d}_i(t)$,存在着未知正实数 η_i 使得 $\|\boldsymbol{d}_i\| \leqslant \eta_i, i=1,2$ 成立。

假设 9.3:针对期望跟踪信号 $\boldsymbol{y}_{\mathrm{d}}$,其 i 阶导数存在且有界,即 $\|\boldsymbol{y}_{\mathrm{d}}^{(i)}\| \leqslant \zeta_i$,其中 $\zeta_i > 0, i=0,1,2$。

假设 9.4:针对 NSV 非线性姿态模型式(9.1),其输入非线性环节总的饱和度远远大于死区边界,即 $M_{\mathrm{cmax}i} > b_{\mathrm{r}i}, M_{\mathrm{cmin}i} < b_{\mathrm{l}i}, i=1,2,3$。

引理 9.1[35]:对于任意的变量 $\bar{z}$ 和常数 $b>0$,下面的不等式总是成立,即

$$0 \leqslant |\bar{z}| - \bar{z}\tanh\left(\frac{\bar{z}}{b}\right) \leqslant \zeta b, \zeta = 0.2785 \tag{9.4}$$

9.2.2 预设性能

为保证预先设定的瞬态性能和稳态误差有界,在本节中具体介绍预设性能函数(Prescribed Performance Function,PPF)的概念。

定义 9.1[131]:光滑有界函数 $\varphi(t): \mathbf{R}^+ \times \{0\} \to \mathbf{R}^+$ 若严格递减,且满足 $|e(0)| < \varphi(0)$ 和 $\lim\limits_{t\to\infty}\varphi(t) = \varphi_\infty > 0$,则该函数称为性能函数。

如果下面的条件成立,即

$$\begin{aligned} -Q\varphi(t) < e(t) < \varphi(t), e(0) \geqslant 0 \\ -\varphi(t) < e(t) < Q\varphi(t), e(0) \leqslant 0 \end{aligned} \tag{9.5}$$

则预设性能能够满足,其中 $0 \leqslant Q \leqslant 1$ 为设计参数。预设性能函数一般选择为下面的指数函数形式[132],即

$$\varphi(t) = (\varphi(0) - \varphi(\infty))\mathrm{e}^{-lt} + \varphi(\infty) \tag{9.6}$$

式中:$\varphi(0) > \varphi(\infty)$;$l > 0$。因此,满足条件式(9.5)的预设性能函数式(9.6)如图 9.4 所示。

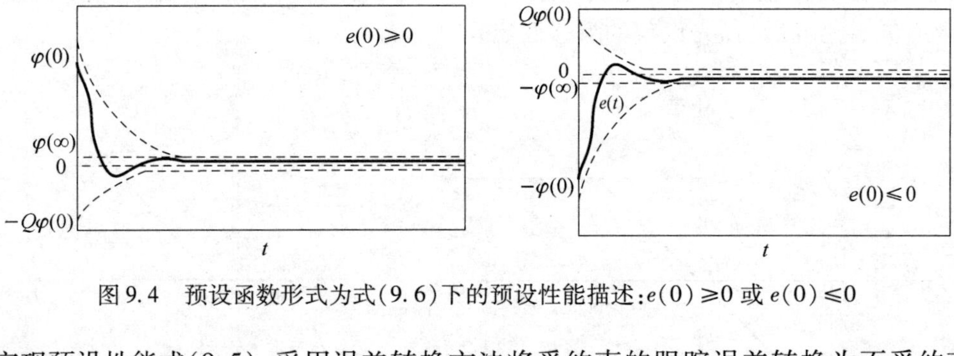

图 9.4 预设函数形式为式(9.6)下的预设性能描述:$e(0) \geqslant 0$ 或 $e(0) \leqslant 0$

为实现预设性能式(9.5),采用误差转换方法将受约束的跟踪误差转换为不受约束信号,误差转换函数定义为

$$\begin{aligned} e(t) &= \varphi(t)S(\sigma), \\ \sigma(t) &= S^{-1}\left(\frac{e(t)}{\varphi(t)}\right) \end{aligned} \tag{9.7}$$

式中,σ 为新的转换误差,转换函数 $S(\sigma)$ 严格递增并满足

$$\begin{cases}\lim\limits_{\sigma\to-\infty} S(\sigma) = -Q, e(0)\geqslant 0\\ \lim\limits_{\sigma\to-\infty} S(\sigma) = -1, e(0)\leqslant 0\end{cases},\begin{cases}\lim\limits_{\sigma\to\infty} S(\sigma) = 1, e(0)\geqslant 0\\ \lim\limits_{\sigma\to\infty} S(\sigma) = Q, e(0)\leqslant 0\end{cases} \tag{9.8}$$

可知有界的转换误差 $\sigma(t)$ 能够保证跟踪误差 $e(t)$ 的预设性能[132]。因此本章的控制目标转化为设计鲁棒自适应控制器保证转换误差 $\sigma(t)$ 有界。

9.2.3　神经网络

作为一种线性参数化的神经网络(Neural Networks, NNs),径向基函数(Radial Basis Function, RBF)神经网络被广泛地用于逼近未知建模误差。因此,RBFNNs 可以用于逼近任意的未知连续函数 $F(\boldsymbol{Z}):\mathbf{R}^p\to\mathbf{R}$[134],即

$$\hat{F}(\boldsymbol{Z}) = \hat{\boldsymbol{W}}^{\mathrm{T}}\boldsymbol{S}(\boldsymbol{Z}) + \varepsilon \tag{9.9}$$

式中:$\boldsymbol{Z}\in\mathbf{R}^p$ 为神经网络输入向量;$\hat{\boldsymbol{W}}\in\mathbf{R}^q$ 为权值向量;$\boldsymbol{S}(\boldsymbol{Z})\in\mathbf{R}^q$ 为基函数,一般选择为高斯函数;ε 为逼近误差,并满足 $|\varepsilon|\leqslant\bar{\varepsilon}$,其中 $\bar{\varepsilon}>0$。

根据其万能逼近能力,在有着充足节点的情况下,RBF 神经网络能够以任意精度逼近任意连续函数 $F(\boldsymbol{Z})$,即

$$F(\boldsymbol{Z}) = \boldsymbol{W}^{*\mathrm{T}}\boldsymbol{S}(\boldsymbol{Z}) + \varepsilon^{*} \tag{9.10}$$

式中,$\boldsymbol{W}^{*}$ 为最优权值向量,能够使逼近误差 ε^{*} 最小并满足 $|\varepsilon^{*}|\leqslant\bar{\varepsilon}^{*}$,其中 $\bar{\varepsilon}^{*}>0$ 为逼近误差的上界。

9.2.4　输入非线性环节分析

在控制器设计之前,本小节将对输入非线性的特性进行分析。根据输入非线性的定义,我们知道该非线性特性比较复杂且很难直接处理。因此,为解决该问题,引入死区函数 $D_{\mathrm{b}}(\cdot)$ 的右逆函数 $D_{\mathrm{b}}^{+}(\cdot)$,该函数满足 $D_{\mathrm{b}}D_{\mathrm{b}}^{+}=I$,定义为[135]

$$M_{ci} = D_{\mathrm{b}}^{+}(\hat{M}_{ci}) = \begin{cases}\hat{M}_{ci}/m_{ri} + b_{ri}, \hat{M}_{ci} > 0\\ 0, \hat{M}_{ci} = 0, i = 1,2,3\\ \hat{M}_{ci}/m_{li} + b_{li}, \hat{M}_{ci} < 0\end{cases} \tag{9.11}$$

将上述函数 $D_{\mathrm{b}}^{+}(\cdot)$ 放置在输入非线性环节之前,产生新的串级非线性环节,如图 9.5 所示,其中 $\hat{\boldsymbol{M}}_{\mathrm{c}}=[\hat{M}_{\mathrm{c1}},\hat{M}_{\mathrm{c2}},\hat{M}_{\mathrm{c3}}]^{\mathrm{T}}$ 为设计的控制律。下面,根据不同情况对该环节进行详细分析。

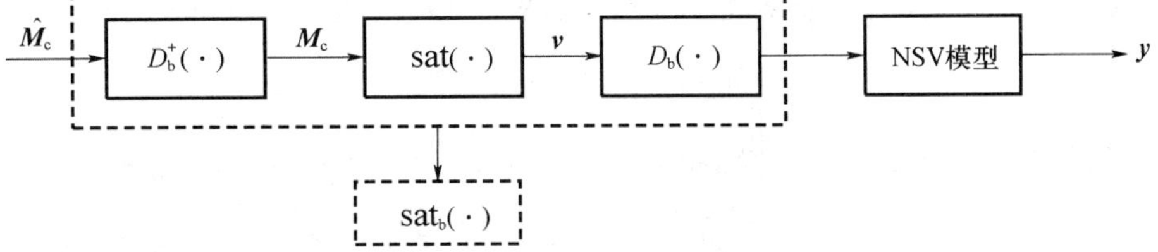

图 9.5　输入非线性 $\phi(\cdot)$ 与 $D_{\mathrm{b}}^{+}(\cdot)$ 相结合的串级结构

情况1：当 $\hat{M}_{ci}>0$ 时，根据饱和函数 sat(·)和右逆函数 $D_b^+(\cdot)$ 的定义可得

$$\operatorname{sat}(D_b^+(\hat{M}_{ci})) = \operatorname{sat}(\hat{M}_{ci}/m_{ri}+b_{ri}) = \begin{cases} M_{cmaxi}, \hat{M}_{ci}/m_{ri}+b_{ri} \geq M_{cmaxi} \\ \hat{M}_{ci}/m_{ri}+b_{ri}, \hat{M}_{ci}/m_{ri}+b_{ri} < M_{cmaxi} \end{cases} \tag{9.12}$$

又由假设9.4可知 $\operatorname{sat}(D_b^+(\hat{M}_{ci}))>b_{ri}$。因此，根据死区函数 $D_b(\cdot)$ 的定义可知

$$\begin{aligned} D_b(\operatorname{sat}(D_b^+(\hat{M}_{ci}))) &= m_r(\operatorname{sat}(D_b^+(\hat{M}_{ci}))-b_{ri}) \\ &= \begin{cases} m_{ri}(M_{cmaxi}-b_{ri}), \hat{M}_{ci}/m_{ri}+b_{ri} \geq M_{cmaxi} \\ \hat{M}_{ci}, \hat{M}_{ci}/m_{ri}+b_{ri} < M_{cmaxi} \end{cases} \end{aligned} \tag{9.13}$$

上述方程可以改写为

$$D_b(\operatorname{sat}(D_b^+(\hat{M}_{ci}))) = \begin{cases} m_{ri}(M_{cmaxi}-b_{ri}), \hat{M}_{ci} \geq m_{ri}(M_{cmaxi}-b_{ri}) \\ \hat{M}_{ci}, \hat{M}_{ci} < m_{ri}(M_{cmaxi}-b_{ri}) \end{cases} \tag{9.14}$$

情况2：当 $\hat{M}_{ci}<0$ 时，与情况1类似，根据饱和函数 sat(·)和右逆函数 $D_b^+(\cdot)$ 的定义可得

$$\operatorname{sat}(D_b^+(\hat{M}_{ci})) = \operatorname{sat}(\hat{M}_{ci}/m_{li}+b_{li}) = \begin{cases} M_{cmini}, \hat{M}_{ci}/m_{li}+b_{li} \leq M_{cmini} \\ \hat{M}_{ci}/m_{li}+b_{li}, \hat{M}_{ci}/m_{li}+b_{li} > M_{cmini} \end{cases} \tag{9.15}$$

同时根据假设9.4可知 $\operatorname{sat}(D_b^+(\hat{M}_{ci}))<b_{li}$。因此，根据死区函数 $D_b(\cdot)$ 的定义可知

$$D_b(\operatorname{sat}(D_b^+(\hat{M}_{ci}))) = m_{li}(\operatorname{sat}(D_b^+(\hat{M}_{ci}))-b_{li}) = \begin{cases} m_{li}(M_{cmini}-b_{li}), \hat{M}_{ci}/m_{li}+b_{li} \leq M_{cmini} \\ \hat{M}_{ci}, \hat{M}_{ci}/m_{li}+b_{li} > M_{cmini} \end{cases} \tag{9.16}$$

上述方程可以改写为

$$D_b(\operatorname{sat}(D_b^+(\hat{M}_{ci}))) = \begin{cases} m_{li}(M_{cmini}-b_{li}), \hat{M}_{ci} \leq m_{li}(M_{cmini}-b_{li}) \\ \hat{M}_{ci}, \hat{M}_{ci} > m_{li}(M_{cmini}-b_{li}) \end{cases} \tag{9.17}$$

情况3：当 $\hat{M}_{ci}=0$ 时，$\operatorname{sat}(D_b^+(\hat{M}_{ci}))=0$，从而 $D_b(\operatorname{sat}(D_b^+(\hat{M}_{ci})))=0$。因此有

$$D_b(\operatorname{sat}(D_b^+(\hat{M}_{ci}))) = \hat{M}_{ci} = 0 \tag{9.18}$$

综合考虑上述三种情况，并根据式(9.14)、式(9.17)和式(9.18)，可得

$$D_b(\operatorname{sat}(D_b^+(\hat{M}_{ci}))) = \begin{cases} m_{ri}(M_{cmaxi}-b_{ri}), \hat{M}_{ci} \geq m_{ri}(M_{cmaxi}-b_{ri}) \\ \hat{M}_{ci}, m_{li}(M_{cmini}-b_{li}) < \hat{M}_{ci} < m_{ri}(M_{cmaxi}-b_{ri}) \\ m_{li}(M_{cmini}-b_{li}), \hat{M}_{ci} \leq m_{li}(M_{cmini}-b_{li}) \end{cases} \tag{9.19}$$

式(9.19)意味着 $D_b(\operatorname{sat}(D_b^+(\hat{M}_{ci})))=\operatorname{sat}_b(\hat{M}_{ci})$，即所有的非线性环节可以整体地看作为新的饱和环节。因此，如图9.5所示，如果将死区函数的右逆函数放置于系统输入非线性环节

前,就可以采用一般的受限控制方法来处理输入非线性控制问题。

在设计控制器之前,还需做如下假设:

假设 9.5:针对输入饱和环节式(9.19),存在着一个正实数 ρ 使得式 $\|\Delta\hat{\boldsymbol{M}}_c\| \leqslant \rho$ 成立,其中 $\Delta\hat{\boldsymbol{M}}_c = \mathrm{sat}_b(\hat{\boldsymbol{M}}_c) - \hat{\boldsymbol{M}}_c$。

注 9.1:事实上,假设 9.5 总是合理的。这是因为如果理想控制输入和实际控制输入之间的差值 $\Delta\hat{\boldsymbol{M}}_c$ 无界的话,期望的姿态运动也将变得不可控。

9.3　NSV 鲁棒保性能跟踪控制器设计

本节将针对存在输入非线性的 NSV 系统(9.1)设计基于预设性能的自适应神经网络跟踪控制器,整体的控制结构如图 9.6 所示。根据 NSV 姿态动态特性,姿态控制系统可分为快回路和慢回路,分别代表了角速率回路和姿态角回路。在慢回路控制中,构造辅助系统减小输入非线性的影响。在每个控制回路中,采用神经网络对系统不确定进行逼近。另外,通过误差转换函数将受约束的跟踪误差信号转换为不受约束的信号。图 9.6 中各个变量的定义将在后面进行详细说明。

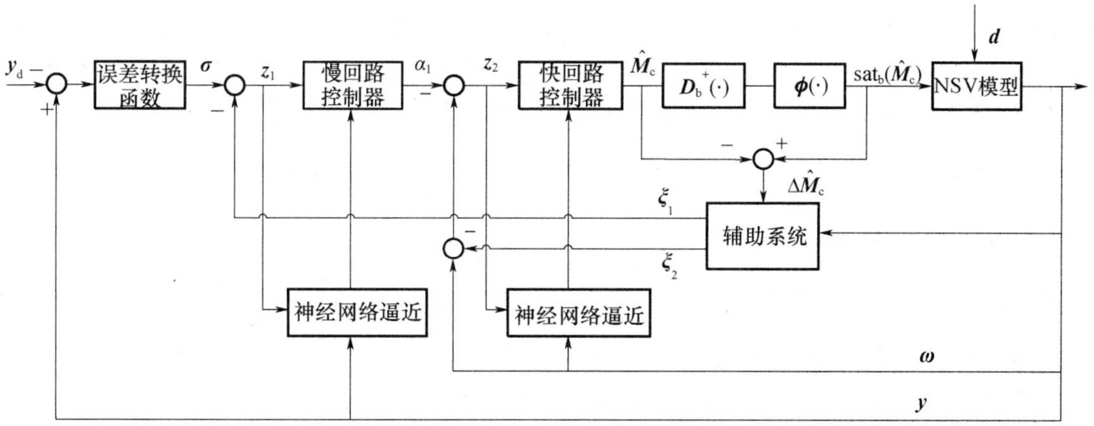

图 9.6　控制系统总体结构框图

由于死区右逆环节的引入,NSV 非线性姿态系统式(9.1)可以改写为

$$\begin{cases}\dot{\boldsymbol{\Omega}} = \boldsymbol{F}_1(\boldsymbol{\Omega}) + \Delta\boldsymbol{F}_1(\boldsymbol{\Omega}) + \boldsymbol{G}_1(\boldsymbol{\Omega})\boldsymbol{\omega} + \boldsymbol{d}_1 \\ \dot{\boldsymbol{\omega}} = \boldsymbol{F}_2(\boldsymbol{\Omega},\boldsymbol{\omega}) + \Delta\boldsymbol{F}_2(\boldsymbol{\Omega},\boldsymbol{\omega}) + \boldsymbol{G}_2(\boldsymbol{\Omega},\boldsymbol{\omega})\mathrm{sat}_b(\hat{\boldsymbol{M}}_c) + \boldsymbol{d}_2 \\ \boldsymbol{y} = \boldsymbol{\Omega}\end{cases} \tag{9.20}$$

其中,$\mathrm{sat}_b(\cdot)$为新的饱和函数,其定义如式(9.19)所示。

为了不失一般性,跟踪误差满足如下性能,即

$$\boldsymbol{e}_l(t) \leqslant \boldsymbol{e}(t) \leqslant \boldsymbol{e}_u(t) \tag{9.21}$$

式中,$\boldsymbol{e}(t) = [e^1(t), e^2(t), e^3(t)]^{\mathrm{T}}$,$\boldsymbol{e}_l(t) = [e_l^1(t), e_l^2(t), e_l^3(t)]^{\mathrm{T}}$ 和 $\boldsymbol{e}_u(t) =$

$[e_u^1(t),e_u^2(t),e_u^3(t)]^{\mathrm{T}}$ 为预设性能函数的上下界函数,并满足 $e_l^i(t)<0<e_{\mathrm{u}}^i(t),i=1,2,3$。明显可以看出,跟踪误差信号的超调量保持在$(e_l^i(0),e_{\mathrm{u}}^i(0))$区间内,最大容许稳态误差必须满足 $e_l^i(\infty)\leqslant e^i(\infty)\leqslant e_{\mathrm{u}}^i(\infty)$。因此,跟踪误差的预设瞬态性能和稳态性能可以通过选择合适的性能函数来实现。

为实现预设性能,引入性能转换函数将受预设性能约束的跟踪误差信号转换为不受约束的信号,该函数设计为[136]

$$
\begin{aligned}
e^i &= \frac{e_{\mathrm{u}}^i - e_l^i}{\pi}\arctan(\sigma_i) + \frac{e_{\mathrm{u}}^i + e_l^i}{2} \\
\sigma_i &= \tan\left(\frac{\pi}{2}\times\frac{2e^i - e_{\mathrm{u}}^i - e_l^i}{e_{\mathrm{u}}^i - e_l^i}\right),i=1,2,3
\end{aligned}
\tag{9.22}
$$

其中,$\boldsymbol{\sigma}=[\sigma_1,\sigma_2,\sigma_3]^{\mathrm{T}}$ 为转换误差信号。

根据转换函数的定义可知[136]

$$
\begin{cases}
\lim\limits_{\sigma_i\to-\infty} e^i = e_l^i \\
\lim\limits_{\sigma_i\to\infty} e^i = e_u^i
\end{cases}
\tag{9.23}
$$

另外,又由式(9.22),可以得到跟踪误差 e^i 关于 σ_i 的偏导数为

$$
\frac{\partial e^i}{\partial\sigma_i} = \frac{e_u^i - e_l^i}{\pi(1+\sigma_i^{\ 2})} > 0
\tag{9.24}
$$

上式表明跟踪误差 e^i 和转换误差 σ_i 为严格递增关系。因此,根据式(9.23),如果转换误差 σ_i 有界,则不等式(9.21)总是成立,即转换误差 $\boldsymbol{\sigma}$ 的有界性可以保证跟踪误差 $\boldsymbol{e}$ 的预设性能。

与式(9.24)类似,可以求得转换误差 σ_i 关于跟踪误差 e^i 的偏导数为

$$
\frac{\partial\sigma^i}{\partial e^i} = \frac{\pi}{e_{\mathrm{u}}^i - e_l^i}\cos\left(\frac{\pi}{2}\times\frac{2e^i - e_u^i - e_l^i}{e_{\mathrm{u}}^i - e_l^i}\right)^{-2} > 0
\tag{9.25}
$$

定义函数矩阵 $\boldsymbol{M}(\boldsymbol{e},\boldsymbol{e}_{\mathrm{u}},\boldsymbol{e}_l)$ 为

$$
\boldsymbol{M}(\boldsymbol{e},\boldsymbol{e}_{\mathrm{u}},\boldsymbol{e}_l) = \frac{\partial\boldsymbol{\sigma}}{\partial\boldsymbol{e}} = \mathrm{diag}\left\{\frac{\partial\sigma_1}{\partial e^1},\frac{\partial\sigma_2}{\partial e^2},\frac{\partial\sigma_3}{\partial e^3}\right\} > 0
\tag{9.26}
$$

因此,$\boldsymbol{M}(\boldsymbol{e},\boldsymbol{e}_{\mathrm{u}},\boldsymbol{e}_l)$的逆总是存在。

根据跟踪误差 $\boldsymbol{e}$ 的定义和系统式(9.20),对误差进行求导可得

$$
\dot{\boldsymbol{e}} = \dot{\boldsymbol{y}} - \dot{\boldsymbol{y}}_{\mathrm{d}} = \boldsymbol{F}_1 + \Delta\boldsymbol{F}_1 + \boldsymbol{G}_1\boldsymbol{\omega} + \boldsymbol{d}_1 - \dot{\boldsymbol{y}}_{\mathrm{d}}
\tag{9.27}
$$

因此,根据式(9.22)、式(9.25)和式(9.27),对转换误差 $\boldsymbol{\sigma}$ 关于时间求导可得

$$
\dot{\boldsymbol{\sigma}} = \frac{\partial\boldsymbol{\sigma}}{\partial\boldsymbol{e}}\dot{\boldsymbol{e}} + \frac{\partial\boldsymbol{\sigma}}{\partial\boldsymbol{e}_{\mathrm{u}}}\dot{\boldsymbol{e}}_{\mathrm{u}} + \frac{\partial\boldsymbol{\sigma}}{\partial\boldsymbol{e}_l}\dot{\boldsymbol{e}}_l = \boldsymbol{M}(\boldsymbol{e},\boldsymbol{e}_{\mathrm{u}},\boldsymbol{e}_l)(\boldsymbol{F}_1 + \Delta\boldsymbol{F}_1 + \boldsymbol{G}_1\boldsymbol{\omega} + \boldsymbol{d}_1 - \dot{\boldsymbol{y}}_{\mathrm{d}}) + \boldsymbol{N}(\boldsymbol{e},\boldsymbol{e}_{\mathrm{u}},\boldsymbol{e}_l)
\tag{9.28}
$$

其中,$\boldsymbol{N}(\boldsymbol{e},\boldsymbol{e}_{\mathrm{u}},\boldsymbol{e}_{\mathrm{l}}) = \dfrac{\partial\sigma}{\partial e_{\mathrm{u}}}\dot{e}_{\mathrm{u}} + \dfrac{\partial\sigma}{\partial e_l}\dot{e}_l$,因为变量 $\boldsymbol{\sigma}$、$\boldsymbol{e}$、$\boldsymbol{e}_{\mathrm{u}}$、$\boldsymbol{e}_l$、$\dot{\boldsymbol{e}}_{\mathrm{u}}$,$\dot{\boldsymbol{e}}_l$ 均已知,所以函数 $\boldsymbol{N}(\boldsymbol{e},\boldsymbol{e}_{\mathrm{u}},\boldsymbol{e}_l)$也是已知的,可直接用于控制器的设计。

将转换误差动态(9.28)代入系统式(9.1)中可得新的误差系统为

$$
\begin{cases}
\dot{\boldsymbol{\sigma}} = \boldsymbol{M}(\boldsymbol{e},\boldsymbol{e}_{\mathrm{u}},\boldsymbol{e}_l)(\boldsymbol{F}_1(\boldsymbol{\Omega}) + \Delta\boldsymbol{F}_1(\boldsymbol{\Omega}) + \boldsymbol{G}_1(\boldsymbol{\Omega})\boldsymbol{\omega} + \boldsymbol{d}_1 - \dot{\boldsymbol{y}}_{\mathrm{d}}) + \boldsymbol{N}(\boldsymbol{e},\boldsymbol{e}_{\mathrm{u}},\boldsymbol{e}_l) \\
\dot{\boldsymbol{\omega}} = \boldsymbol{F}_2(\boldsymbol{\Omega},\boldsymbol{\omega}) + \Delta\boldsymbol{F}_2(\boldsymbol{\Omega},\boldsymbol{\omega}) + \boldsymbol{G}_2(\boldsymbol{\Omega},\boldsymbol{\omega})\mathrm{sat}_{\mathrm{b}}(\hat{\boldsymbol{M}}_{\mathrm{c}}) + \boldsymbol{d}_2
\end{cases}
\tag{9.29}
$$

该误差转换系统仍然为严格反馈形式，因此可以采用 backstepping 技术进行控制器设计。为减小或消除输入非线性的影响，构造如下形式的辅助系统[137]，即

$$\begin{cases}\dot{\boldsymbol{\xi}}_1 = -\boldsymbol{C}_1\boldsymbol{\xi}_1 + \boldsymbol{G}_1\boldsymbol{\xi}_2 \\ \dot{\boldsymbol{\xi}}_2 = -\boldsymbol{C}_2\boldsymbol{\xi}_2 + \boldsymbol{G}_2\Delta\hat{\boldsymbol{M}}_c\end{cases} \tag{9.30}$$

式中：$\boldsymbol{\xi}_1 \in \mathbf{R}^3$、$\boldsymbol{\xi}_2 \in \mathbf{R}^3$ 为辅助系统状态变量；设计矩阵 $\boldsymbol{C}_1 = \boldsymbol{C}_1^{\mathrm{T}} > 0$，$\boldsymbol{C}_2 = \boldsymbol{C}_2^{\mathrm{T}} > 0$ 满足 $\lambda_{\min}(\boldsymbol{C}_1) > \frac{1}{2}$，$\lambda_{\min}(\boldsymbol{C}_2) > \bar{g}_1^{\,2} + \frac{1}{2}$。

下面采用 backstepping 技术进行控制器设计。

步骤1：定义误差变量，即

$$\begin{aligned} z_1 &= \boldsymbol{\sigma} - \boldsymbol{\xi}_1 \\ z_2 &= \boldsymbol{\omega} - \boldsymbol{\alpha}_1 - \boldsymbol{\xi}_2 \end{aligned} \tag{9.31}$$

式中，α_1 为虚拟控制律。

根据式(9.29)和式(9.31)，变量 z_1 关于时间的导数为

$$\begin{aligned} \dot{z}_1 &= \boldsymbol{M}(\boldsymbol{e},\boldsymbol{e}_u,\boldsymbol{e}_l)(\boldsymbol{F}_1 + \Delta\boldsymbol{F}_1 + \boldsymbol{G}_1\boldsymbol{\omega} + \boldsymbol{d}_1 - \dot{\boldsymbol{y}}_d) + \boldsymbol{N}(\boldsymbol{e},\boldsymbol{e}_u,\boldsymbol{e}_l) + \boldsymbol{C}_1\boldsymbol{\xi}_1 - \boldsymbol{G}_1\boldsymbol{\xi}_2 \\ &= \boldsymbol{M}(\boldsymbol{e},\boldsymbol{e}_u,\boldsymbol{e}_l)(\boldsymbol{F}_1 + \boldsymbol{G}_1(z_2 + \boldsymbol{\alpha}_1) + \Delta\boldsymbol{F}_1 + \boldsymbol{d}_1 - \dot{\boldsymbol{y}}_d) \\ &\quad + \boldsymbol{N}(\boldsymbol{e},\boldsymbol{e}_u,\boldsymbol{e}_l) + \boldsymbol{C}_1\boldsymbol{\xi}_1 + (\boldsymbol{M}(\boldsymbol{e},\boldsymbol{e}_u,\boldsymbol{e}_l) - \boldsymbol{I})\boldsymbol{G}_1\boldsymbol{\xi}_2 \end{aligned} \tag{9.32}$$

如9.2.3节所示，采用RBF神经网络逼近未知不确定 $\Delta\boldsymbol{F}_1$，其最优逼近为

$$\Delta\boldsymbol{F}_1 = \boldsymbol{W}_1^{*\mathrm{T}}\boldsymbol{S}(\boldsymbol{\Omega}) + \boldsymbol{\varepsilon}_1^* \tag{9.33}$$

式中，$\|\boldsymbol{\varepsilon}_1^*\| \leqslant \bar{\varepsilon}_1^{\,*}$ 为逼近误差，且 $\bar{\varepsilon}_1^{\,*} > 0$。

将式(9.33)带入式(9.32)可得

$$\begin{aligned} \dot{z}_1 &= \boldsymbol{M}(\boldsymbol{e},\boldsymbol{e}_u,\boldsymbol{e}_l)(\boldsymbol{F}_1 + \boldsymbol{G}_1(z_2 + \boldsymbol{\alpha}_1) + \boldsymbol{W}_1^{*\mathrm{T}}\boldsymbol{S}(\boldsymbol{\Omega}) + \boldsymbol{D}_1 - \dot{\boldsymbol{y}}_d) \\ &\quad + \boldsymbol{N}(\boldsymbol{e},\boldsymbol{e}_u,\boldsymbol{e}_l) + \boldsymbol{C}_1\boldsymbol{\xi}_1 + (\boldsymbol{M}(\boldsymbol{e},\boldsymbol{e}_u,\boldsymbol{e}_l) - \boldsymbol{I})\boldsymbol{G}_1\boldsymbol{\xi}_2 \end{aligned} \tag{9.34}$$

式中，$\boldsymbol{D}_1 = \boldsymbol{d}_1 + \boldsymbol{\varepsilon}_1^*$ 为复合干扰。由假设9.2可知，复合干扰 $\boldsymbol{D}_1$ 范数有界，即 $\|\boldsymbol{D}_1\| \leqslant \delta_1$，其中 $\delta_1 > 0$。

虚拟控制律 $\boldsymbol{\alpha}_1$ 设计为

$$\begin{aligned} \boldsymbol{\alpha}_1 = &-\boldsymbol{G}_1^{-1}\Bigg(\boldsymbol{F}_1(\boldsymbol{x}_1) + \hat{\boldsymbol{W}}_1^{\mathrm{T}}\boldsymbol{S}(\boldsymbol{\Omega}) - \dot{\boldsymbol{y}}_d + \hat{\delta}_1\mathrm{Tanh}\left(\frac{\boldsymbol{M}(\boldsymbol{e},\boldsymbol{e}_u,\boldsymbol{e}_l)z_1}{\boldsymbol{b}_1}\right) \\ &+ \boldsymbol{M}(\boldsymbol{e},\boldsymbol{e}_u,\boldsymbol{e}_l)^{-1}\bigg(\Big(\boldsymbol{K}_1 + \frac{1}{2}(\boldsymbol{M}(\boldsymbol{e},\boldsymbol{e}_u,\boldsymbol{e}_l) - \boldsymbol{I})(\boldsymbol{M}(\boldsymbol{e},\boldsymbol{e}_u,\boldsymbol{e}_l) - \boldsymbol{I})^{\mathrm{T}}\Big)z_1 + \\ &\boldsymbol{C}_1\boldsymbol{\xi}_1 + \boldsymbol{N}(\boldsymbol{e},\boldsymbol{e}_u,\boldsymbol{e}_l)\bigg)\Bigg) \end{aligned} \tag{9.35}$$

式中：$\mathrm{Tanh}\left(\frac{\boldsymbol{M}(\boldsymbol{e},\boldsymbol{e}_u,\boldsymbol{e}_l)z_1}{\boldsymbol{b}_1}\right) = \left[\tanh\left(\frac{M_{11}z_{11}}{b_{11}}\right), \tanh\left(\frac{M_{22}z_{12}}{b_{12}}\right), \tanh\left(\frac{M_{33}z_{13}}{b_{13}}\right)\right]^{\mathrm{T}}$，$b_{1i} > 0$ 为设计参数；$\boldsymbol{K}_1 = \boldsymbol{K}_1^{\mathrm{T}} > 0$ 为设计反馈矩阵；$\boldsymbol{M}(\boldsymbol{e},\boldsymbol{e}_u,\boldsymbol{e}_l) = \mathrm{diag}\{M_{11}, M_{22}, M_{33}\}$；$\hat{\boldsymbol{W}}_1$ 为 $\boldsymbol{W}_1^*$ 的逼近值；$\hat{\delta}_1$ 为 δ_1 的逼近值，其自适应律设计为

$$\dot{\hat{\delta}}_1 = \beta_1\left(\sum_{i=1}^{3} M_{ii}z_{1i}\tanh\left(\frac{M_{ii}z_{1i}}{b_{1i}}\right) - \hat{\delta}_1\right) \tag{9.36}$$

式中,$\beta_1>0$ 为设计参数。

定义逼近误差 $\tilde{\boldsymbol{W}}_1=\boldsymbol{W}_1^*-\hat{\boldsymbol{W}}_1$,将虚拟控制律 $\boldsymbol{\alpha}_1$ 带入式(9.34)可得

$$
\begin{aligned}
\dot{z}_1 &= \boldsymbol{M}(\boldsymbol{e},\boldsymbol{e}_{\mathrm{u}},\boldsymbol{e}_l)(\boldsymbol{G}_1 z_2+\tilde{\boldsymbol{W}}_1^{\mathrm{T}}\boldsymbol{S}(\boldsymbol{\Omega})+\boldsymbol{D}_1)-\left[\boldsymbol{K}_1+\frac{1}{2}(\boldsymbol{M}(\boldsymbol{e},\boldsymbol{e}_{\mathrm{u}},\boldsymbol{e}_l)-\boldsymbol{I})(\boldsymbol{M}(\boldsymbol{e},\boldsymbol{e}_{\mathrm{u}},\boldsymbol{e}_l)-\boldsymbol{I})^{\mathrm{T}}\right]z_1\\
&\quad-\hat{\delta}_1\boldsymbol{M}(\boldsymbol{e},\boldsymbol{e}_{\mathrm{u}},\boldsymbol{e}_l)\mathrm{Tanh}\left(\frac{\boldsymbol{M}(\boldsymbol{e},\boldsymbol{e}_{\mathrm{u}},\boldsymbol{e}_l)z_1}{\boldsymbol{b}_1}\right)+(\boldsymbol{M}(\boldsymbol{e},\boldsymbol{e}_{\mathrm{u}},\boldsymbol{e}_l)-\boldsymbol{I})\boldsymbol{G}_1\boldsymbol{\xi}_2
\end{aligned}
\tag{9.37}
$$

选取 Lyapunov 函数

$$
V_1=\frac{1}{2}z_1^{\mathrm{T}}z_1+\frac{1}{2}\mathrm{tr}(\tilde{\boldsymbol{W}}_1^{\mathrm{T}}\boldsymbol{P}_1\tilde{\boldsymbol{W}}_1)+\frac{1}{2\beta_1}\tilde{\delta}_1^2+\frac{1}{2}\boldsymbol{\xi}_1^{\mathrm{T}}\boldsymbol{\xi}_1 \tag{9.38}
$$

式中,$\boldsymbol{P}_1=\boldsymbol{P}_1^{\mathrm{T}}>0$ 为设计参数。定义估计误差 $\tilde{\delta}_1=\hat{\delta}_1-\delta_1$,并根据式(9.37)和引理 9.1,对 Lyapunov函数关于时间求导可得

$$
\begin{aligned}
\dot{V}_1 &= -z_1^{\mathrm{T}}\boldsymbol{K}_1z_1-\frac{1}{2}z_1^{\mathrm{T}}(\boldsymbol{M}(\boldsymbol{e},\boldsymbol{e}_{\mathrm{u}},\boldsymbol{e}_l)-\boldsymbol{I})(\boldsymbol{M}(\boldsymbol{e},\boldsymbol{e}_{\mathrm{u}},\boldsymbol{e}_l)-\boldsymbol{I})^{\mathrm{T}})z_1+z_1^{\mathrm{T}}\boldsymbol{M}(\boldsymbol{e},\boldsymbol{e}_{\mathrm{u}},\boldsymbol{e}_l)\tilde{\boldsymbol{W}}_1^{\mathrm{T}}\boldsymbol{S}(\boldsymbol{\Omega})\\
&\quad+z_1^{\mathrm{T}}\boldsymbol{M}(\boldsymbol{e},\boldsymbol{e}_{\mathrm{u}},\boldsymbol{e}_l)\boldsymbol{G}_1z_2+z_1^{\mathrm{T}}\boldsymbol{M}(\boldsymbol{e},\boldsymbol{e}_{\mathrm{u}},\boldsymbol{e}_l)\boldsymbol{D}_1+z_1^{\mathrm{T}}(\boldsymbol{M}(\boldsymbol{e},\boldsymbol{e}_{\mathrm{u}},\boldsymbol{e}_l)-\boldsymbol{I})\boldsymbol{G}_1\boldsymbol{\xi}_2\\
&\quad-\mathrm{tr}(\tilde{\boldsymbol{W}}_1^{\mathrm{T}}\boldsymbol{P}_1\dot{\hat{\boldsymbol{W}}}_1)-\delta_1\sum_{i=1}^{3}\boldsymbol{M}_{ii}z_{1i}\tanh\left(\frac{\boldsymbol{M}_{ii}z_{1i}}{b_{1i}}\right)-\tilde{\delta}_1\dot{\hat{\delta}}_1-\boldsymbol{\xi}_1^{\mathrm{T}}\boldsymbol{C}_1\boldsymbol{\xi}_1+\boldsymbol{\xi}_1^{\mathrm{T}}\boldsymbol{G}_1\boldsymbol{\xi}_2\\
&\leqslant -z_1^{\mathrm{T}}\boldsymbol{K}_1z_1-\frac{1}{2}z_1^{\mathrm{T}}(\boldsymbol{M}(\boldsymbol{e},\boldsymbol{e}_{\mathrm{u}},\boldsymbol{e}_l)-\boldsymbol{I})(\boldsymbol{M}(\boldsymbol{e},\boldsymbol{e}_{\mathrm{u}},\boldsymbol{e}_l)-\boldsymbol{I})^{\mathrm{T}})z_1+z_1^{\mathrm{T}}\boldsymbol{M}(\boldsymbol{e},\boldsymbol{e}_{\mathrm{u}},\boldsymbol{e}_l)\tilde{\boldsymbol{W}}_1^{\mathrm{T}}\boldsymbol{S}(\boldsymbol{\Omega})\\
&\quad+\delta_1\|z_1^{\mathrm{T}}\boldsymbol{M}(\boldsymbol{e},\boldsymbol{e}_{\mathrm{u}},\boldsymbol{e}_l)\|+z_1^{\mathrm{T}}(\boldsymbol{M}(\boldsymbol{e},\boldsymbol{e}_{\mathrm{u}},\boldsymbol{e}_l)-\boldsymbol{I})\boldsymbol{G}_1\boldsymbol{\xi}_2-\mathrm{tr}(\tilde{\boldsymbol{W}}_1^{\mathrm{T}}\boldsymbol{P}_1\dot{\hat{\boldsymbol{W}}}_1)\\
&\quad-\delta_1\sum_{i=1}^{3}|\boldsymbol{M}_{ii}z_{1i}|+\delta_1\zeta\sum_{i=1}^{3}b_{1i}-\tilde{\delta}_1\dot{\hat{\delta}}_1+z_1^{\mathrm{T}}\boldsymbol{M}(\boldsymbol{e},\boldsymbol{e}_{\mathrm{u}},\boldsymbol{e}_l)\boldsymbol{G}_1z_2-\boldsymbol{\xi}_1^{\mathrm{T}}\boldsymbol{C}_1\boldsymbol{\xi}_1+\boldsymbol{\xi}_1^{\mathrm{T}}\boldsymbol{G}_1\boldsymbol{\xi}_2\\
&\leqslant -z_1^{\mathrm{T}}\boldsymbol{K}_1z_1-\frac{1}{2}z_1^{\mathrm{T}}(\boldsymbol{M}(\boldsymbol{e},\boldsymbol{e}_{\mathrm{u}},\boldsymbol{e}_l)-\boldsymbol{I})(\boldsymbol{M}(\boldsymbol{e},\boldsymbol{e}_{\mathrm{u}},\boldsymbol{e}_l)-\boldsymbol{I})^{\mathrm{T}})z_1+z_1^{\mathrm{T}}\boldsymbol{M}(\boldsymbol{e},\boldsymbol{e}_{\mathrm{u}},\boldsymbol{e}_l)\tilde{\boldsymbol{W}}_1^{\mathrm{T}}\boldsymbol{S}(\boldsymbol{\Omega})\\
&\quad+z_1^{\mathrm{T}}(\boldsymbol{M}(\boldsymbol{e},\boldsymbol{e}_{\mathrm{u}},\boldsymbol{e}_l)-\boldsymbol{I})\boldsymbol{G}_1\boldsymbol{\xi}_2-\mathrm{tr}(\tilde{\boldsymbol{W}}_1^{\mathrm{T}}\boldsymbol{P}_1\dot{\hat{\boldsymbol{W}}}_1)-\tilde{\delta}_1\dot{\hat{\delta}}_1+\delta_1\zeta\sum_{i=1}^{3}b_{1i}+z_1^{\mathrm{T}}\boldsymbol{M}(\boldsymbol{e},\boldsymbol{e}_{\mathrm{u}},\boldsymbol{e}_l)\boldsymbol{G}_1z_2\\
&\quad-\boldsymbol{\xi}_1^{\mathrm{T}}\boldsymbol{C}_1\boldsymbol{\xi}_1+\boldsymbol{\xi}_1^{\mathrm{T}}\boldsymbol{G}_1\boldsymbol{\xi}_2
\end{aligned}
\tag{9.39}
$$

又可知

$$
\begin{aligned}
z_1^{\mathrm{T}}(\boldsymbol{M}(\boldsymbol{e},\boldsymbol{e}_{\mathrm{u}},\boldsymbol{e}_l)-\boldsymbol{I})\boldsymbol{G}_1\boldsymbol{\xi}_2 &\leqslant \frac{1}{2}z_1^{\mathrm{T}}(\boldsymbol{M}(\boldsymbol{e},\boldsymbol{e}_{\mathrm{u}},\boldsymbol{e}_l)-\boldsymbol{I})(\boldsymbol{M}(\boldsymbol{e},\boldsymbol{e}_{\mathrm{u}},\boldsymbol{e}_l)-\boldsymbol{I})^{\mathrm{T}}z_1+\frac{1}{2}\boldsymbol{\xi}_2^{\mathrm{T}}\boldsymbol{G}_1^{\mathrm{T}}\boldsymbol{G}_1\boldsymbol{\xi}_2\\
\boldsymbol{\xi}_1^{\mathrm{T}}\boldsymbol{G}_1\boldsymbol{\xi}_2 &\leqslant \frac{1}{2}\boldsymbol{\xi}_1^{\mathrm{T}}\boldsymbol{\xi}_1+\frac{1}{2}\boldsymbol{\xi}_2^{\mathrm{T}}\boldsymbol{G}_1^{\mathrm{T}}\boldsymbol{G}_1\boldsymbol{\xi}_2
\end{aligned}
\tag{9.40}
$$

自适应律 $\hat{\boldsymbol{W}}_1$ 设计为

$$
\dot{\hat{\boldsymbol{W}}}_1=\boldsymbol{P}_1^{-1}(\boldsymbol{S}(\boldsymbol{\Omega})z_1^{\mathrm{T}}\boldsymbol{M}(\boldsymbol{e},\boldsymbol{e}_{\mathrm{u}},\boldsymbol{e}_l)-\tau_1\hat{\boldsymbol{W}}_1) \tag{9.41}
$$

式中,$\tau_1>0$ 为设计参数。

将式(9.40)和式(9.41)带入式(9.39)可得

$$
\begin{aligned}
\dot{V}_1 \leqslant & -z_1^{\mathrm{T}}\boldsymbol{K}_1z_1+\tau_1\mathrm{tr}(\tilde{\boldsymbol{W}}_1^{\mathrm{T}}\hat{\boldsymbol{W}}_1)-\tilde{\delta}_1\dot{\hat{\delta}}_1+\delta_1\zeta\sum_{i=1}^{3}\boldsymbol{b}_{1i}+\\
& z_1^{\mathrm{T}}\boldsymbol{M}(\boldsymbol{e},\boldsymbol{e}_{\mathrm{u}},\boldsymbol{e}_l)\boldsymbol{G}_1z_2-\bar{\boldsymbol{C}}_1\|\boldsymbol{\xi}_1\|^2+\boldsymbol{\xi}_2^{\mathrm{T}}\boldsymbol{G}_1^{\mathrm{T}}\boldsymbol{G}_1\boldsymbol{\xi}_2
\end{aligned}
\tag{9.42}
$$

式中，$\bar{C}_1=\lambda_{\min}(C_1)-\dfrac{1}{2}>0$。

另外可知

$$\tau_1\mathrm{tr}(\tilde{W}_1^{\mathrm{T}}\hat{W}_1)=-\frac{\tau_1}{2}\|\tilde{W}_1\|^2-\frac{\tau_1}{2}\|\hat{W}_1\|^2+\frac{\tau_1}{2}\|W_1^*\|^2\leqslant-\frac{\tau_1}{2}\|\tilde{W}_1\|^2+\frac{\tau_1}{2}\|W_1^*\|^2$$

$$2\tilde{\delta}_1\hat{\delta}_1=\tilde{\delta}_1^2+\hat{\delta}_1^2-\delta_1^2\geqslant\tilde{\delta}_1^2-\delta_1^2 \tag{9.43}$$

因此，式(9.42)可以改写为

$$\dot{V}_1\leqslant-z_1^{\mathrm{T}}K_1z_1-\frac{\tau_1}{2}\|\tilde{W}_1\|^2-\bar{C}_1\|\xi_1\|^2-\frac{1}{2}\tilde{\delta}_1^2+\frac{\tau_1}{2}\|W_1^*\|^2+\frac{1}{2}\delta_1^2$$
$$+\delta_1\zeta\sum_{i=1}^{3}b_{1i}+z_1^{\mathrm{T}}M(e,e_{\mathrm{u}},e_l)G_1z_2+\xi_2^{\mathrm{T}}G_1^{\mathrm{T}}G_1\xi_2 \tag{9.44}$$

步骤 2：根据式(9.29)和式(9.31)，对变量 z_2 关于时间求导可得

$$\dot{z}_2=F_2+\Delta F_2+G_2\hat{M}_{\mathrm{c}}+d_2-\dot{\alpha}_1+C_2\xi_2 \tag{9.45}$$

与步骤 1 类似，采用 RBF 神经网络逼近未知不确定 ΔF_2，其最优逼近可以写为

$$\Delta F_2=W_2^{*\mathrm{T}}S(\Omega,\omega)+\varepsilon_2^* \tag{9.46}$$

其中，$\|\varepsilon_2^*\|\leqslant\bar{\varepsilon}_2^*$ 为逼近误差，且 $\bar{\varepsilon}_2^*>0$。

将式(9.46)带入式(9.44)可得

$$\dot{z}_2=F_2+G_2M_{\mathrm{c}}+W_2^{*\mathrm{T}}S(\Omega,\omega)+D_2-\dot{\alpha}_1+C_2\xi_2 \tag{9.47}$$

式中，$D_2=d_2+\varepsilon_2^*$。与步骤 1 类似，假设干扰 D_2 满足 $\|D_2\|\leqslant\delta_2$，其中 $\delta_2>0$。

控制律 $\hat{M}_{\mathrm{c}}$ 设计为

$$\hat{M}_{\mathrm{c}}=-G_2^{-1}\left(K_2z_2+G_1^{\mathrm{T}}M(e,e_{\mathrm{u}},e_l)z_1+F_2+\hat{W}_2^{\mathrm{T}}S(\Omega,\omega)+\hat{\delta}_2\mathrm{Tanh}\left(\frac{z_2}{b_2}\right)-\dot{\alpha}_1+C_2\xi_2\right) \tag{9.48}$$

式中：$\mathrm{Tanh}\left(\dfrac{z_2}{b_2}\right)=\left[\tanh\left(\dfrac{z_{21}}{b_{21}}\right),\tanh\left(\dfrac{z_{22}}{b_{22}}\right),\tanh\left(\dfrac{z_{23}}{b_{23}}\right)\right]^{\mathrm{T}}$；$b_{2i}>0$ 和 $K_2=K_2^T>0$ 为设计参数和矩阵；$\hat{W}_2$ 为 W_2^* 的逼近值；$\hat{\delta}_2$ 为 δ_2 的逼近值，其自适应律设计为

$$\dot{\hat{\delta}}_2=\beta_2\left(\sum_{i=1}^{3}z_{2i}\tanh\left(\frac{z_{2i}}{b_{2i}}\right)-\hat{\delta}_2\right) \tag{9.49}$$

式中，$\beta_2>0$ 为设计参数。

定义逼近误差 $\tilde{W}_2=W_2^*-\hat{W}_2$，将控制律 $\hat{M}_{\mathrm{c}}$ 带入式(9.47)可得

$$\dot{z}_2=-K_2z_2-G_1^{\mathrm{T}}M(e,e_{\mathrm{u}},e_l)z_1+\tilde{W}_2^{\mathrm{T}}S(\Omega,\omega)-\hat{\delta}_2\mathrm{Tanh}\left(\frac{z_2}{b_2}\right)+D_2 \tag{9.50}$$

选择 Lyapunov 函数为

$$V_2=V_1+\frac{1}{2}z_2^{\mathrm{T}}z_2+\frac{1}{2}\mathrm{tr}(\tilde{W}_2^{\mathrm{T}}P_2\tilde{W}_2)+\frac{1}{2\beta_2}\tilde{\delta}_2^2+\frac{1}{2}\xi_2^{\mathrm{T}}\xi_2 \tag{9.51}$$

式中，$P_2=P_2^{\mathrm{T}}>0$。定义估计误差 $\tilde{\delta}_1=\hat{\delta}_1-\delta_1$，并根据式(9.50)和引理 9.1，对 Lyapunov 函数 V_2 关于时间求导可得

$$
\begin{aligned}
\dot{V}_2 &= \dot{V}_1 - z_2^{\mathrm{T}}\boldsymbol{K}_2 z_2 - z_2^{\mathrm{T}}\boldsymbol{G}_1^{\mathrm{T}}\boldsymbol{M}(\boldsymbol{e},\boldsymbol{e}_{\mathrm{u}},\boldsymbol{e}_l)z_1 + z_2^{\mathrm{T}}\tilde{\boldsymbol{W}}_2^{\mathrm{T}}\boldsymbol{S}(\boldsymbol{\Omega},\boldsymbol{\omega}) + z_2^{\mathrm{T}}\boldsymbol{D}_2 \\
&\quad - \mathrm{tr}(\tilde{\boldsymbol{W}}_2^{\mathrm{T}}\boldsymbol{P}_2\dot{\hat{\boldsymbol{W}}}_2) - \delta_2\sum_{i=1}^{3} z_{2i}\tanh\left(\frac{z_{2i}}{b_{2i}}\right) - \tilde{\delta}_2\hat{\delta}_2 - \boldsymbol{\xi}_2^{\mathrm{T}}\boldsymbol{C}_2\boldsymbol{\xi}_2 + \boldsymbol{\xi}_2^{\mathrm{T}}\boldsymbol{G}_2\Delta\hat{\boldsymbol{M}}_{\mathrm{c}} \\
&\leqslant \dot{V}_1 - z_2^{\mathrm{T}}\boldsymbol{K}_2 z_2 - z_2^{\mathrm{T}}\boldsymbol{G}_1^{\mathrm{T}}\boldsymbol{M}(\boldsymbol{e},\boldsymbol{e}_{\mathrm{u}},\boldsymbol{e}_l)z_1 + z_2^{\mathrm{T}}\tilde{\boldsymbol{W}}_2^{\mathrm{T}}\boldsymbol{S}(\boldsymbol{\Omega},\boldsymbol{\omega}) + \delta_2\|z_2\| \\
&\quad - \mathrm{tr}(\tilde{\boldsymbol{W}}_2^{\mathrm{T}}\boldsymbol{P}_2\dot{\hat{\boldsymbol{W}}}_2) - \delta_2\sum_{i=1}^{3}|z_{2i}| + \delta_2\zeta\sum_{i=1}^{3} b_{2i} - \tilde{\delta}_2\hat{\delta}_2 - \xi_2^{\mathrm{T}}\boldsymbol{C}_2\boldsymbol{\xi}_2 + \boldsymbol{\xi}_2^{\mathrm{T}}\boldsymbol{G}_2\Delta\hat{\boldsymbol{M}}_{\mathrm{c}} \\
&\leqslant \dot{V}_1 - z_2^{\mathrm{T}}\boldsymbol{K}_2 z_2 - z_2^{\mathrm{T}}\boldsymbol{G}_1^{\mathrm{T}}\boldsymbol{M}(\boldsymbol{e},\boldsymbol{e}_{\mathrm{u}},\boldsymbol{e}_l)z_1 + z_2^{\mathrm{T}}\tilde{\boldsymbol{W}}_2^{\mathrm{T}}\boldsymbol{S}(\boldsymbol{\Omega},\boldsymbol{\omega}) - \mathrm{tr}(\tilde{\boldsymbol{W}}_2^{\mathrm{T}}\boldsymbol{P}_2\dot{\hat{\boldsymbol{W}}}_2) \\
&\quad + \delta_2\zeta\sum_{i=1}^{3} b_{2i} - \tilde{\delta}_2\hat{\delta}_2 - \boldsymbol{\xi}_2^{\mathrm{T}}\boldsymbol{C}_2\boldsymbol{\xi}_2 + \boldsymbol{\xi}_2^{\mathrm{T}}\boldsymbol{G}_2\Delta\hat{\boldsymbol{M}}_{\mathrm{c}}
\end{aligned} \tag{9.52}
$$

根据假设 9.1 和假设 9.5,可得

$$
\boldsymbol{\xi}_2^{\mathrm{T}}\boldsymbol{G}_2\Delta\hat{\boldsymbol{M}}_{\mathrm{c}} \leqslant \frac{1}{2}\boldsymbol{\xi}_2^{\mathrm{T}}\boldsymbol{\xi}_2 + \frac{1}{2}\bar{g}_2^{\,2}\rho^2 \tag{9.53}
$$

自适应律 $\hat{\boldsymbol{W}}_2$ 设计为

$$
\dot{\hat{\boldsymbol{W}}}_2 = \boldsymbol{P}_2^{-1}(\boldsymbol{S}(\boldsymbol{\Omega},\boldsymbol{\omega})z_2^{\mathrm{T}} - \tau_2\hat{\boldsymbol{W}}_2) \tag{9.54}
$$

其中,$\tau_2>0$ 为设计参数。

因此,将式(9.53)和式(9.54)带入式(9.52)可得

$$
\begin{aligned}
\dot{V}_2 \leqslant \dot{V}_1 &+ z_2^{\mathrm{T}}\boldsymbol{K}_2 z_2 + \tau_2\mathrm{tr}(\tilde{\boldsymbol{W}}_2^{\mathrm{T}}\hat{\boldsymbol{W}}_2) + \delta_2\zeta\sum_{i=1}^{3} b_{2i} - \tilde{\delta}_2\hat{\delta}_2 \\
&- z_2^{\mathrm{T}}\boldsymbol{G}_1^{\mathrm{T}}\boldsymbol{M}(\boldsymbol{e},\boldsymbol{e}_{\mathrm{u}},\boldsymbol{e}_l)z_1 - \boldsymbol{\xi}_2^{\mathrm{T}}\boldsymbol{C}_2\boldsymbol{\xi}_2 + \frac{1}{2}\boldsymbol{\xi}_2^{\mathrm{T}}\boldsymbol{\xi}_2 + \frac{1}{2}\bar{g}_2^2\rho^2
\end{aligned} \tag{9.55}
$$

根据如下不等式

$$
\begin{aligned}
&\tau_2\mathrm{tr}(\tilde{\boldsymbol{W}}_2^{\mathrm{T}}\hat{\boldsymbol{W}}_2) \leqslant -\frac{\tau_2}{2}\|\tilde{\boldsymbol{W}}_2\|^2 + \frac{\tau_2}{2}\|\boldsymbol{W}_2^*\|^2 \\
&2\tilde{\delta}_2\hat{\delta}_2 \geqslant \tilde{\delta}_2^{\,2} - \delta_2^2
\end{aligned} \tag{9.56}
$$

同时根据式(9.56),可将式(9.55)改写为

$$
\begin{aligned}
\dot{V}_2 &\leqslant -\sum_{j=1}^{2}\lambda_{\min}(K_j)\|z_j\|^2 - \frac{1}{2}\sum_{j=1}^{2}\tau_j\|\tilde{\boldsymbol{W}}_j\|^2 - \frac{1}{2}\sum_{j=1}^{2}\tilde{\delta}_j^{\,2} - \sum_{j=1}^{2}\bar{\boldsymbol{C}}_j\|\boldsymbol{\xi}_j\|^2 \\
&\quad + \frac{1}{2}\sum_{j=1}^{2}\tau_j\|\boldsymbol{W}_j^*\|^2 + \frac{1}{2}\sum_{j=1}^{2}\delta_j^2 + \zeta\sum_{i=1}^{3}\sum_{j=1}^{2}\delta_j b_{ji} + \frac{1}{2}\bar{g}_2^2\rho^2 \\
&\leqslant -\kappa V_2 + \chi
\end{aligned} \tag{9.57}
$$

其中

$$
\begin{aligned}
&\bar{\boldsymbol{C}}_2 = \lambda_{\min}(\boldsymbol{C}_2) - \bar{g}_1^{\,2} - \frac{1}{2} > 0 \\
&\kappa = \min\left\{\lambda_{\substack{\min\\ j=1,2}}(2\boldsymbol{K}_i), \min_{j=1,2}\frac{\tau_j}{\lambda_{\max}(P_{j\zeta})}, \min_{j=1,2}\beta_j, \min_{j=1,2}(2\bar{\boldsymbol{C}}_j)\right\} \\
&\chi = \frac{1}{2}\sum_{j=1}^{2}\tau_j\|\boldsymbol{W}_j^*\|^2 + \frac{1}{2}\sum_{j=1}^{2}\delta_j^2 + \zeta\sum_{i=1}^{3}\sum_{j=1}^{2}\delta_j b_{ji} + \frac{1}{2}\bar{g}_2^2\rho^2
\end{aligned} \tag{9.58}
$$

因此,根据 Lyapunov 稳定性理论,所有的闭环系统信号均半全局一致有界,即变量 z_1,z_2,估

计误差 $\tilde{\delta}_1$、$\tilde{\delta}_2$，辅助系统变量 ξ_1、ξ_2 和神经网络参数逼近误差 $\tilde{\boldsymbol{W}}_1$、$\tilde{\boldsymbol{W}}_2$ 均有界。从而可得

$$\|\boldsymbol{z}_1\| \leqslant \sqrt{\frac{\chi}{\lambda_{\min}(\boldsymbol{K}_1)}},\ \|\boldsymbol{\xi}_1\| \leqslant \sqrt{\frac{\chi}{\boldsymbol{C}_1}} \tag{9.59}$$

由变量 $\boldsymbol{z}_1$ 的定义明显可得

$$\|\boldsymbol{\sigma}\| \leqslant \|\boldsymbol{z}_1\| + \|\boldsymbol{\xi}_1\| \leqslant \sqrt{\frac{\chi}{\lambda_{\min}(\boldsymbol{K}_1)}} + \sqrt{\frac{\chi}{\boldsymbol{C}_1}} \tag{9.60}$$

因此，转换误差信号 $\boldsymbol{\sigma}$ 有界。根据转换性能式(9.23)和式(9.24)的分析可知，在设计的控制器作用下，转换误差 $\boldsymbol{\sigma}$ 的有界性可以保证跟踪误差 $\boldsymbol{e}$ 的预设性能式(9.21)。

9.4 仿真分析

本节将针对 NSV 姿态运动模型进行仿真分析，以验证所设计的保性能自适应神经网络跟踪控制算法的有效性。NSV 姿态动态模型如系统式(9.1)所示[26]。由于系统中存在不确定，假设 NSV 空气动力学和运动学系数存在 20% 的不确定性。同时根据 NSV 特性，认为所有的外部扰动作用在快回路中，且为如下形式

$$\boldsymbol{d}_2 = [5\times10^3(\sin(4t)+1), 5\times10^3(\cos(5t)+1.2), 5\times10^3\sin(4t)]^{\mathrm{T}}\mathrm{kN\cdot m} \tag{9.61}$$

控制力矩向量 $\boldsymbol{M}_{\mathrm{c}}$ 的饱和度为 $M_{\mathrm{cmax}} = 10^4\times[0.2,2,2]^{\mathrm{T}}\mathrm{kN\cdot m}$，且 $M_{\mathrm{cmin}} = -M_{\mathrm{cmax}}$。死区范围为 $b_{ri} = -b_{li} = 100$，斜率参数为 $m_{ri} = m_{li} = 1$，$i = 1,2,3$。

系统初始状态为 $\alpha_0 = 2°$，$\beta_0 = -1°$，$\mu_0 = 1°$，$p = q = r = 0(°)/\mathrm{s}$，巡航高度为 $H_0 = 21000\mathrm{m}$，速度为 $V_0 = 4000\mathrm{m/s}$。期望信号 $\boldsymbol{y}_{\mathrm{d}}$ 为

$$\boldsymbol{y}_{\mathrm{d}} = \begin{cases} \alpha_{\mathrm{d}} = \begin{cases} -2°, (6k)\mathrm{s} \leqslant t \leqslant (6k+3)\mathrm{s} \\ 2°, (6k+3)\mathrm{s} \leqslant t \leqslant (6k+6)\mathrm{s} \end{cases} \\ \beta_{\mathrm{d}} = \begin{cases} -2°, t \leqslant 4\mathrm{s} \\ 2°, t > 5\mathrm{s} \end{cases} \\ \mu_{\mathrm{d}} = (2.7\sin(0.8\pi t) + \sin(0.3\pi t))° \end{cases} \tag{9.62}$$

为避免期望信号 α_{d}，β_{d} 不连续，在期望信号后加入一阶滤波环节 $\frac{8}{s+8}$。

形式如式(9.6)所示，系统输出上下界可以表示为

$$\boldsymbol{e}_l(t) = \begin{bmatrix} e_l^1(t) \\ e_l^1(t) \\ e_l^1(t) \end{bmatrix} = \begin{bmatrix} -7e^{-t} - 2.4 \\ -10e^{-t} - 2.4 \\ -7e^{-t} - 2.4 \end{bmatrix}, \boldsymbol{e}_{\mathrm{u}}(t) = \begin{bmatrix} e_{\mathrm{u}}^{1}(t) \\ e_{\mathrm{u}}^{2}(t) \\ e_{\mathrm{u}}^{3}(t) \end{bmatrix} = \begin{bmatrix} 10e^{-t} + 2.4 \\ 7e^{-t} + 2.4 \\ 10e^{-t} + 2.4 \end{bmatrix} \tag{9.63}$$

控制器参数设计为 $\boldsymbol{K}_1 = \mathrm{diag}\{0.6, 0.6, 0.6\}$，$\boldsymbol{K}_2 = \mathrm{diag}\{2,2,2\}$，$\boldsymbol{P}_1 = \boldsymbol{P}_2 = \boldsymbol{I}_3$，$\beta_1 = 0.4$，$\beta_2 = 1$，$\tau_1 = \tau_2 = 2$，$b_{11} = b_{12} = b_{13} = 20$，$b_{21} = b_{22} = b_{23} = 10$，辅助系统参数设计为 $\boldsymbol{C}_1 = \mathrm{diag}\{20,20,20\}$，$\boldsymbol{C}_2 = \mathrm{diag}\{80,80,80\}$，自适应控制器和辅助系统分别按式(9.48)和式(9.30)设计。

控制器作用下的 NSV 姿态控制仿真结果如图 9.7 ~ 图 9.10 所示。由图 9.7 可以看出，在所设计的控制器作用下，可以得到满意的 NSV 姿态角跟踪性能。图 9.9 表明跟踪误差能够快

速收敛到有界集合，并一直保持在预先设定的上下界范围内，且超调较小。同时，由图 9.8 可知，系统的状态姿态角速率在跟踪控制过程中能够保持稳定。控制力矩 l_c,m_c,n_c 的响应如图 9.10 所示，可以看到，尽管存在着控制约束，控制力矩仍然能够有效地消除输入非线性的影响，保证存在未知不确定和外部干扰情况下的闭环系统稳定性。

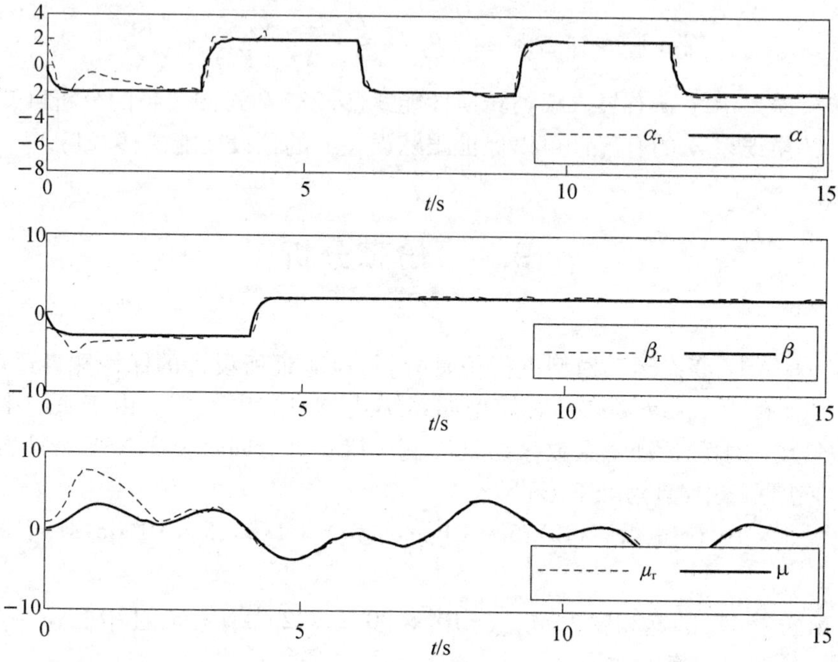

图 9.7 姿态角跟踪输出响应

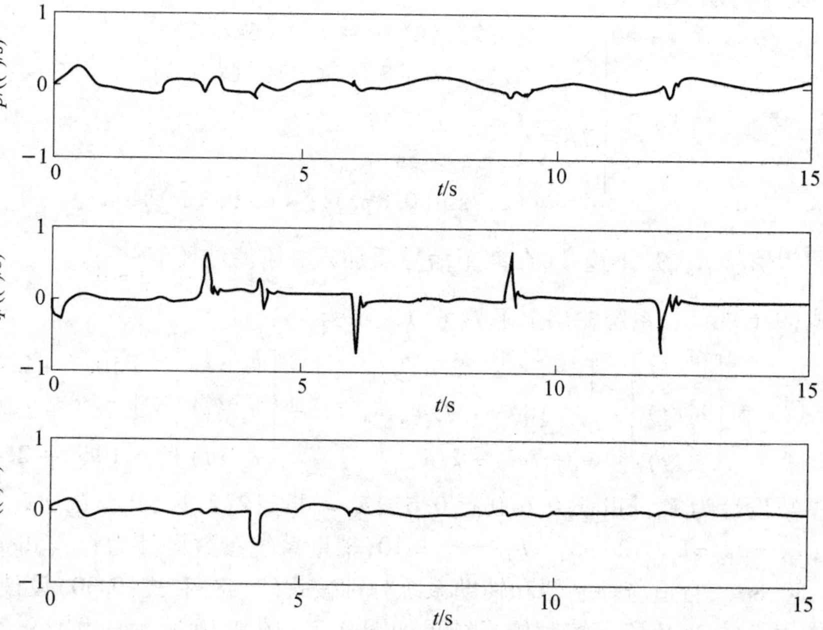

图 9.8 姿态角速率输出响应

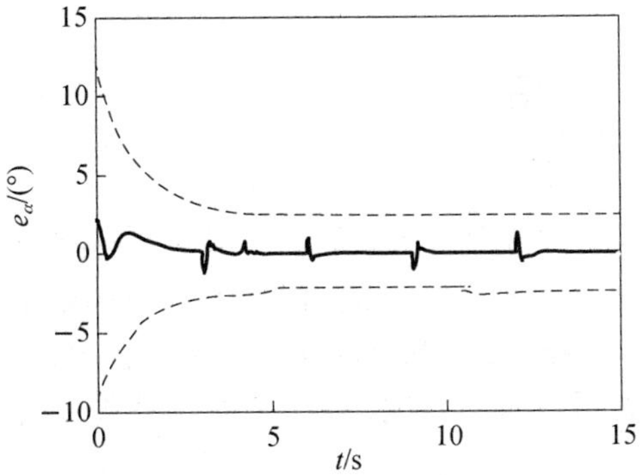

(a) $e_\alpha=\alpha-\alpha_d$

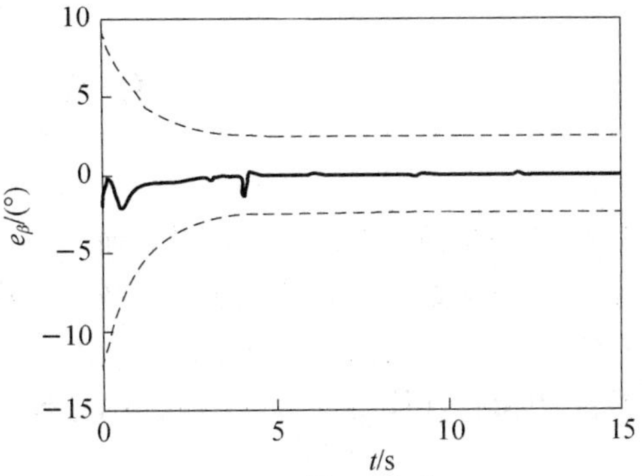

(b) $e_\beta=\beta-\beta_d$

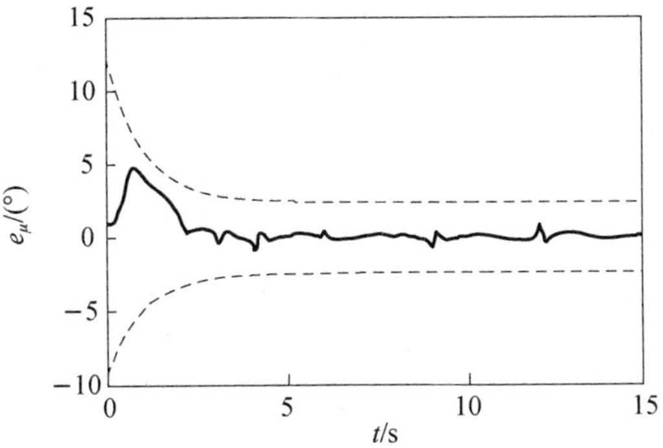

(c) $e_u=u-u_d$

图 9.9　系统跟踪误差响应及约束

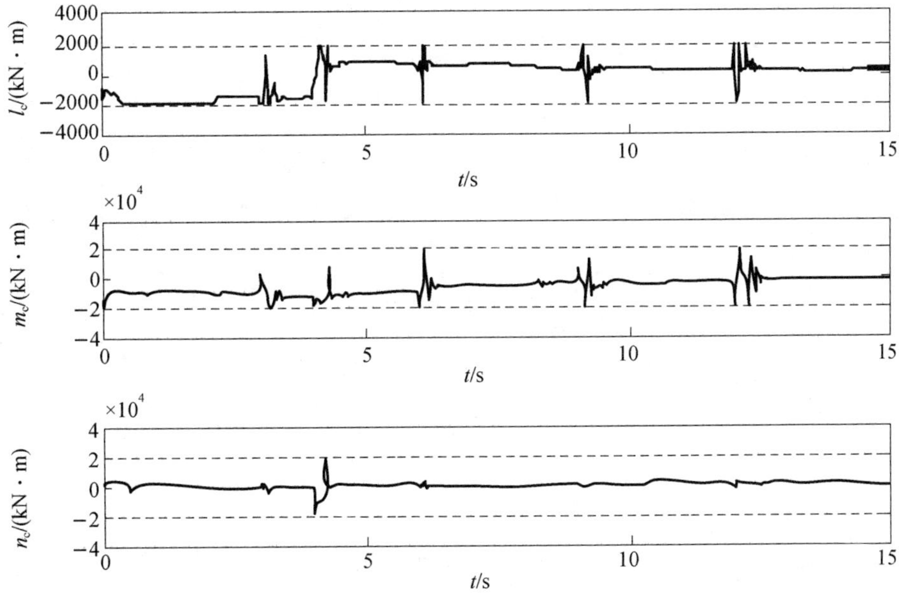

图 9.10　系统控制输入

因此,根据上述仿真分析,在设计基于预设性能的鲁棒控制器作用下,系统能够得到满意的瞬态性能和稳态性能,即证明了该控制方法的有效性。

9.5 小　结

本章针对存在输入非线性、未知不确定和外部干扰的 NSV 姿态模型，设计了一种保性能自适应神经网络控制方法。首先，使用 RBF 神经网络逼近系统不确定，构造辅助系统来消除输入非线性的影响。然后，设计基于预设性能的自适应神经网络 backstepping 控制器，保证跟踪误差的有界性和瞬态性能。最后，将设计的控制方法用于仿真研究，验证了所设计控制算法的有效性。

第 10 章 基于神经网络的NSV动态受限控制分配

10.1 引　言

本章将针对具有系统不确定和未知时变外部干扰的 NSV 研究一种基于神经网络的动态受限控制分配方法。为了得到期望控制指令，首先在考虑非对称输入饱和约束的情况下，设计一个自适应神经网络控制器，使得闭环系统的所有信号能够保证半全局一致渐近有界。将得到的控制指令经由受限控制分配器提供给 NSV 的各个作动器，且在控制分配器的设计过程中考虑作动器偏转位置限制和速率限制，并将受限控制分配问题作为凸非线性规划问题，同时采用递归神经网络进行求解。最后通过在 NSV 上进行数值仿真，验证本章所研究的自适应神经网络姿态控制律以及受限控制分配方法的有效性。

10.2 问题描述

为了对 NSV 进行有效控制，在控制器设计中必须考虑所有作动器的动力学以及相应的约束条件。动态控制分配器在飞控系统中的作用和位置如控制框图 10.1 所示。在图 10.1 中，$\boldsymbol{y}_{\mathrm{d}}$ 为期望姿态跟踪信号，$\boldsymbol{v}_{\mathrm{d}}$ 为由姿态控制器产生的期望控制指令，$\boldsymbol{u}$ 为控制分配器输出到作动器的输入向量，$\boldsymbol{\delta}$ 为作动器的输出向量，$\boldsymbol{x}_1$、$\boldsymbol{x}_2$ 为 NSV 的姿态状态。

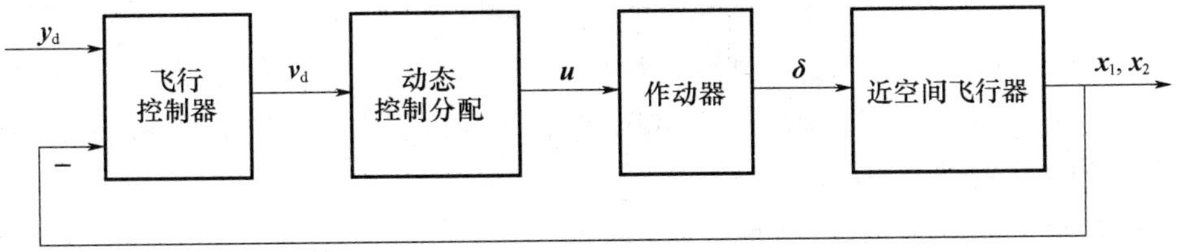

图 10.1　NSV 控制结构框图

首先根据 NSV 的六自由度十二状态非线性运动方程，考虑如下仿射非线性的姿态运动模型，即

$$
\begin{aligned}
\dot{\boldsymbol{x}}_1 &= \boldsymbol{F}_{\mathrm{s}}(\boldsymbol{x}_1) + \Delta\boldsymbol{F}_{\mathrm{s}}(\boldsymbol{x}_1) + \boldsymbol{G}_{\mathrm{s}}(\boldsymbol{x}_1)\boldsymbol{x}_2 + \boldsymbol{d}_1(t) \\
\dot{\boldsymbol{x}}_2 &= \boldsymbol{F}_{\mathrm{f}}(\bar{\boldsymbol{x}}_2) + \Delta\boldsymbol{F}_{\mathrm{f}}(\bar{\boldsymbol{x}}_2) + \boldsymbol{G}_{\mathrm{f}}(\bar{\boldsymbol{x}}_2)\boldsymbol{v}_{\mathrm{d}} + \boldsymbol{d}_2(t)
\end{aligned}
\tag{10.1}
$$

式中：$\boldsymbol{x}_1 = [\alpha, \beta, \mu]^{\mathrm{T}} \in \mathbf{R}^3$ 为包含迎角、侧滑角和滚转角的姿态角向量；$\boldsymbol{x}_2 = [p, q, r]^{\mathrm{T}} \in \mathbf{R}^3$ 为

姿态角速度向量;$\bar{\boldsymbol{x}}_2=[\boldsymbol{x}_1^{\mathrm{T}},\boldsymbol{x}_2^{\mathrm{T}}]^{\mathrm{T}}\in\mathbf{R}^6$,$\boldsymbol{v}_{\mathrm{d}}=[l_{\mathrm{ctr}},m_{\mathrm{ctr}},n_{\mathrm{ctr}}]^{\mathrm{T}}\in\mathbf{R}^3$ 为包含滚转、俯仰和偏航力矩的控制力矩向量;$\boldsymbol{y}$ 为输出向量;$\boldsymbol{d}_1\in\mathbf{R}^3$,$\boldsymbol{d}_2\in\mathbf{R}^3$ 为未知时变外部干扰。飞行器动力学和运动学由 $\boldsymbol{F}_{\mathrm{s}}$、$\boldsymbol{F}_{\mathrm{f}}$、$\boldsymbol{G}_{\mathrm{s}}$、$\boldsymbol{G}_{\mathrm{f}}$ 表示,系统不确定由 $\Delta\boldsymbol{F}_{\mathrm{s}}\in\mathbf{R}^3$ 和 $\Delta\boldsymbol{F}_{\mathrm{f}}\in\mathbf{R}^3$ 进行描述。

NSV 动态受限控制分配流程图如图 10.2 所示。控制分配器输出 $\boldsymbol{u}\in\mathbf{R}^m$ 经由作动器作用到 NSV 器上,以达到姿态跟踪的目的。因而我们期望 $\boldsymbol{v}_0$ 与 $\boldsymbol{v}_{\mathrm{d}}$ 之间的误差越小越好。

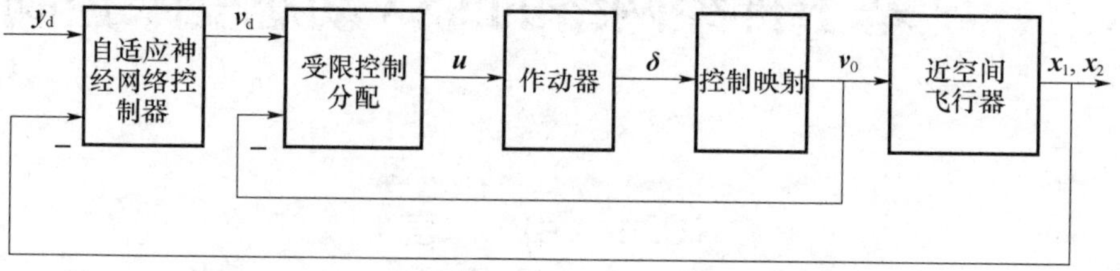

图 10.2　NSV 受限控制分配系统结构框图

一般地,实际控制输入 $\boldsymbol{v}_0$ 与控制分配输出 $\boldsymbol{u}$ 之间存在以下非线性映射关系,即

$$\boldsymbol{v}_0(t)=\zeta(\bar{\boldsymbol{x}}_2,\boldsymbol{u},\boldsymbol{\delta})\tag{10.2}$$

式中:$\zeta(\cdot)$为一个光滑连续的非线性函数。

通常首先采用线性化方法将非线性关系在指定初始点$(\bar{\boldsymbol{x}}_2(0),\boldsymbol{u}(0),\boldsymbol{\delta}(0))$进行线性化,可得

$$\boldsymbol{v}_0(t)=\boldsymbol{B}\boldsymbol{u}\tag{10.3}$$

式中:$\boldsymbol{B}\in\mathbf{R}^{3\times m}$为 NSV 作动器的控制效能矩阵。

受限控制分配的总目标是使得实际控制输入 $\boldsymbol{v}_0$ 能够跟踪上期望控制指令 $\boldsymbol{v}_{\mathrm{d}}$。控制目标可由下式进行表示,即

$$\lim_{t\to+\infty}\boldsymbol{z}(t)=0\tag{10.4}$$

式中:$\boldsymbol{z}(t)=\boldsymbol{v}_0(t)-\boldsymbol{v}_{\mathrm{d}}(t)$。

在受限控制分配器的设计过程中,假设作动器期望控制输入信号 $\boldsymbol{u}_{\mathrm{d}}$ 是可达的,并且解是唯一的。考虑到施加到 $\boldsymbol{u}$ 上的约束,控制分配问题可以表示为

$$\begin{gathered}\min_{u}\|\boldsymbol{W}_1(\boldsymbol{u}-\boldsymbol{u}_{\mathrm{d}})\|\\ \text{subject to }\underline{\boldsymbol{u}}\leqslant\boldsymbol{u}\leqslant\bar{\boldsymbol{u}}\end{gathered}\tag{10.5}$$

式中:$\bar{\boldsymbol{u}}=\min\{u_{\max},\boldsymbol{u}(t-T)+T\rho_{\max}\}$,$\underline{\boldsymbol{u}}=\max\{u_{\min},\boldsymbol{u}(t-T)+T\rho_{\min}\}$;$\boldsymbol{u}_{\max}$,$\boldsymbol{u}_{\min}$ 分别为作动器的偏转上界和下界;$\rho_{\max}$,$\rho_{\min}$ 分别为作动器的偏转速率上界和下界;T 为采样时间;$\boldsymbol{W}_1\in\mathbf{R}^{m\times m}$ 为权值矩阵;$\boldsymbol{u}_{\mathrm{d}}$ 为控制分配器中的设计参数。

同时,为了达到控制分配目标式(10.4),动态控制分配问题还可以采用以下优化问题进行描述,即

$$\begin{gathered}\min_{u}\|\boldsymbol{W}_2(\boldsymbol{B}\boldsymbol{u}-\boldsymbol{v}_{\mathrm{d}})\|\\ \text{subject to }\underline{\boldsymbol{u}}\leqslant\boldsymbol{u}\leqslant\bar{\boldsymbol{u}}\end{gathered}\tag{10.6}$$

式中:$\boldsymbol{W}_2\in\mathbf{R}^{3\times3}$为权值矩阵。

将两个优化问题式(10.5)和式(10.6)相结合,则可表示为如下所示的一个最优控制分配问题,即

$$\min_{u}\left(\|\boldsymbol{W}_1(\boldsymbol{u}-\boldsymbol{u}_{\mathrm{d}})\|^2+\|\boldsymbol{W}_2(\boldsymbol{B}\boldsymbol{u}-\boldsymbol{\nu}_{\mathrm{d}})\|^2\right)$$
$$\text{subject to } \underline{\boldsymbol{u}}\leqslant\boldsymbol{u}\leqslant\overline{\boldsymbol{u}} \tag{10.7}$$

为了跟踪期望姿态指令信号 y_{d}，本章的设计目标为设计一个受限控制器和一个基于递归神经网络的动态受限控制分配方案，使得姿态跟踪误差在有作动器偏转位置和速率限制的情况下能够渐近有界。

本章中受限控制分配律的设计过程分为两个步骤：(1)针对 NSV 设计一个自适应神经网络姿态控制器，实现在非对称输入饱和情况下产生期望的幅值受限控制指令；(2)基于递归神经网络设计一个动态受限控制分配方案，将幅值受限的控制指令分配给每一个作动器，最终在所有作动器的共同作用下达到期望的跟踪控制性能。

10.3　基于神经网络的 NSV 受限姿态控制设计

由于 NSV 的作动器存在约束，控制输入 $\boldsymbol{\nu}_{\mathrm{d}}$ 受到一定的非对称饱和限制。为了产生受限控制指令 $\boldsymbol{\nu}_{\mathrm{d}}$ 并将它分配至各个作动器，需要在考虑输入饱和的情况下设计一个自适应神经网络姿态控制律来生成待分配的受限总控制指令。

考虑 $\boldsymbol{\nu}_{\mathrm{d}}$ 的非对称饱和约束，定义如下：

$$\boldsymbol{\nu}_{\mathrm{d}}=\mathrm{sat}(\boldsymbol{\nu})=[\mathrm{sat}(v_1),\mathrm{sat}(v_2),\mathrm{sat}(v_3)]^{\mathrm{T}} \tag{10.8}$$

式中，sat(·)为输入饱和算子，且 $\mathrm{sat}(v_i),i=1,2,3$ 可表示如下：

$$\mathrm{sat}(v_i)=\begin{cases}v_{ri\max}, & \text{if } v_i>v_{ri\max}\\ v_i, & \text{if } v_{li\max}\leqslant v_i\leqslant v_{ri\max}\\ v_{li\max}, & \text{if } v_i<v_{li\max}\end{cases} \tag{10.9}$$

式中，$v_{ri\max}>0,v_{li\max}<0,i=1,2,3$ 为控制输入的已知饱和界。

由于所设计的控制输入 $\boldsymbol{\nu}$ 有可能大于实际所提供的控制输入 $\boldsymbol{\nu}_{\mathrm{d}}$，因此，在期望控制输入和实际控制输入之间存在误差且可写为

$$\Delta\boldsymbol{u}=\boldsymbol{\nu}_{\mathrm{d}}-\boldsymbol{\nu} \tag{10.10}$$

为了采用自适应神经网络控制方法进行控制器设计，首先给出以下一些假设和引理：

假设 10.1：对于过驱动 NSV 的姿态运动模型式(10.1)，系统矩阵 $\boldsymbol{G}_{\mathrm{s}}$ 和 $\boldsymbol{G}_{\mathrm{f}}$ 是可逆的。

假设 10.2：当 $t>0$ 时，存在 $\Delta_1>0$ 和 $\Delta_2>0$ 使得 $\|\dot{\boldsymbol{y}}_{\mathrm{d}}\|\leqslant\Delta_1$，$\|\ddot{\boldsymbol{y}}_{\mathrm{d}}\|\leqslant\Delta_2$。

假设 10.3：当 $t>0$ 时，存在 $\Delta_{3i}>0$ 和 $\Delta_{4i}>0$ 使得 $\|\boldsymbol{d}_i(t)\|\leqslant\Delta_{3i}$，$\|\dot{\boldsymbol{d}}_i(t)\|\leqslant\Delta_{4i},i=1,2$。

假设 10.4：为了保证所研究 NSV 姿态系统式(10.1)的可控性，从实际控制角度来看必须保证 $\boldsymbol{\nu}_{\mathrm{d}}$ 与 $\boldsymbol{\nu}$ 之间的误差即 $\Delta\boldsymbol{u}$ 是有界的。不失一般性，我们假设存在未知常数 Δ_{5i}，满足 $|\Delta u_i|\leqslant\Delta_{5i}$，其中 $\Delta_{5i}>0,i=1,2,3$。

引理 10.1：[138]对于有界初始条件，如果存在一个 C^1 函数和一个正定 Lyapunov 函数 $V(x)$，满足 $\gamma_1(\|\boldsymbol{x}\|)\leqslant V(x)\leqslant\gamma_2(\|\boldsymbol{x}\|)$，使得 $\dot{V}(x)\leqslant-\kappa V(x)+c$，其中，$\gamma_1,\gamma_2:\mathbf{R}^n\to\mathbf{R}$ 为 K 类函数，κ 和 c 为正常数，则解 $x(t)$ 是一致有界的。

引理 10.2：[139]由于连续函数 $f(\boldsymbol{Z}):\mathbf{R}^q\to\mathbf{R}$ 可采用一类线性参数化神经网络来进行逼近，表示如下：

$$f(\boldsymbol{Z})=\hat{\Theta}^{\mathrm{T}}\boldsymbol{\phi}(\boldsymbol{Z})+\varepsilon \tag{10.11}$$

式中：$\boldsymbol{Z}=[z_1,z_2,\cdots,z_q]^{\mathrm{T}}\in\mathbf{R}^q$ 为输入向量；$\hat{\boldsymbol{\Theta}}\in\mathbf{R}^p$ 为权值向量；$\boldsymbol{\phi}(\boldsymbol{Z})=[\phi_1(Z),\phi_2(Z),\cdots,\phi_p(Z)]^{\mathrm{T}}\in\mathbf{R}^p$ 为基函数，ε 为神经网络近似误差。RBFNN 的最优权值可表示为

$$\boldsymbol{\Theta}^*=\arg\min_{\hat{\Theta}\in\Omega_f}\left[\sup_{z\in S_z}\left|\hat{f}(\boldsymbol{Z}|\hat{\Theta})-f(\boldsymbol{Z})\right|\right] \tag{10.12}$$

式中：$\Omega_{\mathrm{f}}=\{\hat{\boldsymbol{\Theta}}:\|\hat{\boldsymbol{\Theta}}\|\leqslant M\}$ 为估计参数 $\hat{\boldsymbol{\Theta}}$ 的可行域，M 为设计参数；$S_Z\subset\mathbf{R}^n$ 为状态向量的一个容许集。$\boldsymbol{\Theta}*$ 为最优权值，则最优逼近输出可写为：

$$\begin{gathered}f(\boldsymbol{Z})=\boldsymbol{\Theta}^{*\mathrm{T}}\boldsymbol{\phi}(\boldsymbol{Z})+\varepsilon^*\\|\varepsilon^*|\leqslant\bar{\varepsilon}\end{gathered} \tag{10.13}$$

式中：ε^* 为最小逼近误差；$\bar{\varepsilon}>0$ 为逼近误差的上界。

引理 10.3：[140] 对于任意 $\varepsilon>0$ 和任意 $\eta\in R$，以下不等式成立，即

$$0\leqslant|\eta|-\eta\tanh\left(\frac{\eta}{\varepsilon}\right)\leqslant k_{\mathrm{p}}\varepsilon \tag{10.14}$$

式中：k_{p} 为某个常数，满足 $k_{\mathrm{p}}=\mathrm{e}^{-k_{\mathrm{p}}+1}$，如 $k_{\mathrm{p}}=0.2758$。

本节假设过驱动 *NSV* 所有状态都是可用的，在这种情况下利用 backstepping 方法设计自适应神经网络姿态控制器。

根据第 2 章模型知识和假设 10.4 可得，$\boldsymbol{\Psi}=[\Psi_1,\Psi_2,\Psi_3]^{\mathrm{T}}=\boldsymbol{G}_{\mathrm{f}}(\bar{x}_2)\Delta\boldsymbol{u}$ 是有界的。因此，可以得出 $|\Psi_j|\leqslant\Delta_{6j}$。$\hat{\boldsymbol{\Delta}}_6=[\hat{\Delta}_{61},\hat{\Delta}_{62},\hat{\Delta}_{63}]^{\mathrm{T}}$ 且 $\hat{\Delta}_{6j}(j=1,2,3)$ 为未知常数 Δ_{6j} 的估计值。为了对非对称输入饱和进行处理，首先构建以下辅助系统来对输入饱和所产生的影响进行补偿，辅助系统的维数与非线性姿态运动系统相同，其具体表达式可以写为[141]

$$\begin{aligned}\dot{\boldsymbol{\xi}}_1&=-\boldsymbol{P}_1\boldsymbol{\xi}_1+\boldsymbol{G}_{\mathrm{s}}(\boldsymbol{x}_1)\boldsymbol{\xi}_2\\\dot{\boldsymbol{\xi}}_2&=-\boldsymbol{P}_2\boldsymbol{\xi}_2-\boldsymbol{G}_{\mathrm{s}}^{\mathrm{T}}(\boldsymbol{x}_1)\boldsymbol{\xi}_1+\boldsymbol{G}_{\mathrm{f}}(\bar{\boldsymbol{x}}_2)\Delta\boldsymbol{u}-\mathrm{Tanh}(\boldsymbol{\xi}_2)\hat{\boldsymbol{\Delta}}_6\end{aligned} \tag{10.15}$$

式中：$\boldsymbol{\xi}_i\in\mathbf{R}^3(i=1,2)$ 为辅助系统状态；$\mathrm{Tanh}(\boldsymbol{\xi}_2):=\mathrm{diag}\left\{\tanh\left(\frac{\xi_{2j}}{\varepsilon_j}\right)\right\}$，$\varepsilon_j>0$，$j=1,2,3$；$\hat{\boldsymbol{\Delta}}_6$ 为未知常数 $\boldsymbol{\Delta}_6$ 的估计值；$\boldsymbol{P}_i=\boldsymbol{P}_i^{\mathrm{T}}>0$ 为设计矩阵。

基于辅助系统式(10.15)，采用 backstepping 方法分两步来设计鲁棒姿态控制律，详细的设计过程如下：

步骤 1：为了设计自适应神经网络姿态控制器，首先定义

$$\begin{aligned}\boldsymbol{e}_1&=\boldsymbol{y}-\boldsymbol{y}_{\mathrm{d}}-\boldsymbol{\xi}_1\\\boldsymbol{e}_2&=\boldsymbol{x}_2-\boldsymbol{\omega}_1-\boldsymbol{\xi}_2\end{aligned} \tag{10.16}$$

式中：$\boldsymbol{\omega}_1\in\mathbf{R}^3$ 为虚拟控制律。将式(10.1)代入同时对 $\boldsymbol{e}_1$ 求导，可得

$$\dot{\boldsymbol{e}}_1=\dot{\boldsymbol{x}}_1-\dot{\boldsymbol{y}}_{\mathrm{d}}-\dot{\boldsymbol{\xi}}_1=\boldsymbol{F}_{\mathrm{s}}(\boldsymbol{x}_1)+\Delta\boldsymbol{F}_{\mathrm{s}}(x_1)+\boldsymbol{G}_{\mathrm{s}}(\boldsymbol{x}_1)\boldsymbol{x}_2-\dot{\boldsymbol{y}}_{\mathrm{d}}+\boldsymbol{P}_1\boldsymbol{\xi}_1-\boldsymbol{G}_{\mathrm{s}}(\boldsymbol{x}_1)\boldsymbol{\xi}_2+\boldsymbol{d}_1(t) \tag{10.17}$$

采用 RBFNN 来对系统中的不确定 $\boldsymbol{\psi}_1(\boldsymbol{x}_1)=\boldsymbol{L}_1\Delta\boldsymbol{F}_{\mathrm{s}}(\boldsymbol{x}_1)$ 进行逼近，并表示如下：

$$\boldsymbol{\psi}_1(\boldsymbol{x}_1)=\boldsymbol{\Theta}_1^{*\mathrm{T}}\boldsymbol{\phi}_1(\boldsymbol{x}_1)+\boldsymbol{\varepsilon}_1^* \tag{10.18}$$

式中：$\boldsymbol{L}_1=\boldsymbol{L}_1^{\mathrm{T}}>0$ 为非线性干扰观测器的设计矩阵；$\boldsymbol{\Theta}_1^*$ 为最优权值矩阵；$\boldsymbol{\phi}_1(\boldsymbol{x}_1)$ 为高斯基函数向量；$\boldsymbol{\varepsilon}_1^*$ 为神经网络最小逼近误差。

定义 $\boldsymbol{D}_1=\boldsymbol{d}_1+\boldsymbol{L}_1^{-1}\boldsymbol{\varepsilon}_1^*$，将式(10.18)代入式(10.17)并考虑到式(10.16)，可得

$$\begin{aligned}\dot{\boldsymbol{e}}_1&=\boldsymbol{F}_s(\boldsymbol{x}_1)+\boldsymbol{L}_1^{-1}\boldsymbol{\Theta}_1^{*\mathrm{T}}\boldsymbol{\phi}_1(\boldsymbol{x}_1)+\boldsymbol{D}_1(t)+\boldsymbol{G}_s(\boldsymbol{x}_1)\boldsymbol{x}_2-\dot{\boldsymbol{y}}_d+\boldsymbol{P}_1\boldsymbol{\xi}_1-\boldsymbol{G}_s(\boldsymbol{x}_1)\boldsymbol{\xi}_2\\&=\boldsymbol{F}_s(\boldsymbol{x}_1)+\boldsymbol{L}_1^{-1}\boldsymbol{\Theta}_1^{*\mathrm{T}}\boldsymbol{\phi}_1(\boldsymbol{x}_1)+\boldsymbol{D}_1(t)+\boldsymbol{G}_s(\boldsymbol{x}_1)\boldsymbol{e}_2-\dot{\boldsymbol{y}}_d+\boldsymbol{P}_1\boldsymbol{\xi}_1+\boldsymbol{G}_s(\boldsymbol{x}_1)\boldsymbol{\omega}_1\end{aligned}\tag{10.19}$$

由于 $\boldsymbol{D}_1(t)$ 未知，因而不能用来设计虚拟控制律。这里采用非线性干扰观测器对 $\boldsymbol{D}_1(t)$ 进行估计。非线性干扰观测器设计为

$$\begin{aligned}&\hat{\boldsymbol{D}}_1=\boldsymbol{L}_1(\boldsymbol{e}_1-\boldsymbol{\chi}_1)\\&\dot{\boldsymbol{\chi}}_1=\boldsymbol{F}_s(\boldsymbol{x}_1)+\boldsymbol{L}_1^{-1}\hat{\boldsymbol{\Theta}}_1^{\mathrm{T}}\boldsymbol{\phi}_1(\boldsymbol{x}_1)+\boldsymbol{G}_s(\boldsymbol{x}_1)\boldsymbol{e}_2+\hat{\boldsymbol{D}}_1-\dot{\boldsymbol{y}}_d+\boldsymbol{P}_1\boldsymbol{\xi}_1+\boldsymbol{G}_s(\boldsymbol{x}_1)\boldsymbol{\omega}_1\end{aligned}\tag{10.20}$$

考虑到式(10.19)和式(10.20)，可得

$$\dot{\hat{\boldsymbol{D}}}_1=\boldsymbol{L}_1(\dot{\boldsymbol{e}}_1-\dot{\boldsymbol{\chi}}_1)=\boldsymbol{L}_1(\boldsymbol{D}_1-\hat{\boldsymbol{D}}_1)+(\boldsymbol{\Theta}_1^{*\mathrm{T}}\boldsymbol{\phi}(\boldsymbol{x}_1)-\hat{\boldsymbol{\Theta}}_1^{\mathrm{T}}\boldsymbol{\phi}(\boldsymbol{x}_1))\tag{10.21}$$

定义 $\tilde{\boldsymbol{D}}_1=\hat{\boldsymbol{D}}_1-\boldsymbol{D}_1$，$\tilde{\boldsymbol{\Theta}}=\hat{\boldsymbol{\Theta}}_1-\boldsymbol{\Theta}_1^*$，考虑到式(10.21)可得

$$\dot{\tilde{\boldsymbol{D}}}_1=\dot{\hat{\boldsymbol{D}}}_1-\dot{\boldsymbol{D}}_1=-\boldsymbol{L}_1\tilde{\boldsymbol{D}}_1-\tilde{\boldsymbol{\Theta}}_1^{\mathrm{T}}\boldsymbol{\phi}_1(\boldsymbol{x}_1)-\dot{\boldsymbol{D}}_1\tag{10.22}$$

根据式(10.22)可得

$$\tilde{\boldsymbol{D}}_1^{\mathrm{T}}\dot{\tilde{\boldsymbol{D}}}_1=-\tilde{\boldsymbol{D}}_1^{\mathrm{T}}\boldsymbol{L}_1\tilde{\boldsymbol{D}}_1-\tilde{\boldsymbol{D}}_1^{\mathrm{T}}\tilde{\boldsymbol{\Theta}}_1^{\mathrm{T}}\boldsymbol{\phi}_1(\boldsymbol{x}_1)-\tilde{\boldsymbol{D}}_1^{\mathrm{T}}\dot{\boldsymbol{D}}_1\tag{10.23}$$

从 $\boldsymbol{D}_1$ 的定义和假设 10.3 可知 $\|\dot{\boldsymbol{D}}_1\|\leqslant\tau_1$，$\tau_1>0$。考虑到以下不等式，即

$$-\tilde{\boldsymbol{D}}_1^{\mathrm{T}}\tilde{\boldsymbol{\Theta}}_1^{\mathrm{T}}\boldsymbol{\phi}_1(\boldsymbol{x}_1)\leqslant0.5\lambda_{20}\lambda_{10}^2\|\tilde{\boldsymbol{D}}_1\|^2+\frac{1}{2\lambda_{20}}\|\tilde{\boldsymbol{\Theta}}_1\|^2\tag{10.24}$$

可以得到

$$\tilde{\boldsymbol{D}}_1^{\mathrm{T}}\dot{\tilde{\boldsymbol{D}}}_1\leqslant-\tilde{\boldsymbol{D}}_1^{\mathrm{T}}(L_1-\lambda_{30}\boldsymbol{I}_3)\tilde{\boldsymbol{D}}_1+\frac{1}{2\lambda_{20}}\|\tilde{\boldsymbol{\Theta}}_1\|^2+0.5\tau_1^2\tag{10.25}$$

式中：$\|\boldsymbol{\phi}_1(\boldsymbol{x}_1)\|\leqslant\lambda_{10}$；$\lambda_{20}>0$ 为设计常数；$\lambda_{30}=0.5\lambda_{20}\lambda_{10}^2+0.5$；$\boldsymbol{I}_3$ 为 3×3 的单位矩阵。

虚拟控制律 $\boldsymbol{\omega}_1$ 可设计为

$$\boldsymbol{\omega}_1=-\boldsymbol{G}_s^{-1}(\boldsymbol{x}_1)\boldsymbol{\omega}_0\tag{10.26}$$

式中：$\boldsymbol{\omega}_0=\boldsymbol{F}_s(\boldsymbol{x}_1)+\boldsymbol{L}_1^{-1}\hat{\boldsymbol{\Theta}}_1^{\mathrm{T}}\boldsymbol{\phi}_1(\boldsymbol{x}_1)+\hat{\boldsymbol{D}}_1+\boldsymbol{\Lambda}_1\boldsymbol{e}_1-\dot{\boldsymbol{y}}_d+\boldsymbol{P}_1\boldsymbol{\xi}_1$，$\boldsymbol{\Lambda}_1=\boldsymbol{\Lambda}_1^{\mathrm{T}}>0$ 为设计矩阵。如果 $\boldsymbol{G}_s^{-1}(\boldsymbol{x}_1)$ 的逆不存在，可使用伪逆代替。

将式(10.26)代入式(10.19)可得

$$\dot{\boldsymbol{e}}_1=-\boldsymbol{\Lambda}_1\boldsymbol{e}_1+\boldsymbol{L}_1^{-1}\boldsymbol{\Theta}_1^{*\mathrm{T}}\boldsymbol{\phi}_1(\boldsymbol{x}_1)-\boldsymbol{L}_1^{-1}\hat{\boldsymbol{\Theta}}_1^{\mathrm{T}}\boldsymbol{\phi}_1(\boldsymbol{x}_1)+\boldsymbol{D}_1(t)-\hat{\boldsymbol{D}}_1(t)+\boldsymbol{G}_s(\boldsymbol{x}_1)\boldsymbol{e}_2\tag{10.27}$$

将 $\tilde{\boldsymbol{D}}_1=\hat{\boldsymbol{D}}_1-\boldsymbol{D}_1$ 和 $\tilde{\boldsymbol{\Theta}}_1=\hat{\boldsymbol{\Theta}}_1-\boldsymbol{\Theta}_1^*$ 代入式(10.27)，可得

$$\dot{\boldsymbol{e}}_1=-\boldsymbol{\Lambda}_1\boldsymbol{e}_1-\boldsymbol{L}_1^{-1}\tilde{\boldsymbol{\Theta}}_1^{\mathrm{T}}\boldsymbol{\phi}_1(\boldsymbol{x}_1)-\tilde{\boldsymbol{D}}_1(t)+\boldsymbol{G}_s(\boldsymbol{x}_1)\boldsymbol{e}_2\tag{10.28}$$

将式(10.28)两边左乘 $\boldsymbol{e}_1^{\mathrm{T}}$，可得

$$\boldsymbol{e}_1^{\mathrm{T}}\dot{\boldsymbol{e}}_1=-\boldsymbol{e}_1^{\mathrm{T}}\boldsymbol{\Lambda}_1\boldsymbol{e}_1-\boldsymbol{e}_1^{\mathrm{T}}\boldsymbol{L}_1^{-1}\tilde{\boldsymbol{\Theta}}_1^{\mathrm{T}}\boldsymbol{\phi}_1(\boldsymbol{x}_1)-\boldsymbol{e}_1^{\mathrm{T}}\tilde{\boldsymbol{D}}_1+\boldsymbol{e}_1^{\mathrm{T}}\boldsymbol{G}_s(\boldsymbol{x}_1)\boldsymbol{e}_2\tag{10.29}$$

参数 $\hat{\boldsymbol{\Theta}}_1$ 的自适应律设计如下：

$$\dot{\hat{\boldsymbol{\Theta}}}_1=\boldsymbol{\Lambda}_3(\boldsymbol{\phi}_1(\boldsymbol{x}_1)\boldsymbol{L}_1^{-1}\boldsymbol{e}_1-\sigma_1\hat{\boldsymbol{\Theta}}_1)\tag{10.30}$$

式中：$\boldsymbol{\Lambda}_3=\boldsymbol{\Lambda}_3^{\mathrm{T}}>0$ 为设计矩阵；$\sigma_1>0$ 为设计常数。

考虑以下 Lyapunov 函数，即

$$V_1=\frac{1}{2}\boldsymbol{e}_1^{\mathrm{T}}\boldsymbol{e}_1+\frac{1}{2}\boldsymbol{\xi}_1^{\mathrm{T}}\boldsymbol{\xi}_1+\frac{1}{2}\tilde{\boldsymbol{D}}_1^{\mathrm{T}}\tilde{\boldsymbol{D}}_1+\frac{1}{2}\tilde{\boldsymbol{\Theta}}_1^{\mathrm{T}}\boldsymbol{\Lambda}_3^{-1}\tilde{\boldsymbol{\Theta}}_1\tag{10.31}$$

考虑式(10.27)和式(10.31)可得

$$\dot{V}_1 = -\boldsymbol{e}_1^{\mathrm{T}}\boldsymbol{\Lambda}_1\boldsymbol{e}_1 + \boldsymbol{e}_1^{\mathrm{T}}\boldsymbol{G}_{\mathrm{s}}(\boldsymbol{x}_1)\boldsymbol{e}_2 - \boldsymbol{\xi}_1^{\mathrm{T}}\boldsymbol{P}_1\boldsymbol{\xi}_1 + \boldsymbol{\xi}_1^{\mathrm{T}}\boldsymbol{G}_{\mathrm{s}}(\boldsymbol{x}_1)\boldsymbol{\xi}_2 - \boldsymbol{e}_1^{\mathrm{T}}\widetilde{\boldsymbol{D}}_1(t) - \boldsymbol{e}_1^{\mathrm{T}}\boldsymbol{L}_1^{-1}\widetilde{\boldsymbol{\Theta}}_1^{\mathrm{T}}\boldsymbol{\phi}_1(\boldsymbol{x}_1)$$
$$+ \widetilde{\boldsymbol{\Theta}}_1^{\mathrm{T}}\boldsymbol{\Lambda}_3^{-1}\dot{\hat{\boldsymbol{\Theta}}}_1 - \widetilde{\boldsymbol{D}}_1^{\mathrm{T}}(\boldsymbol{L}_1 - \lambda_{30}\boldsymbol{I}_3)\widetilde{\boldsymbol{D}}_1 + \frac{1}{2\lambda_{20}}\|\widetilde{\boldsymbol{\Theta}}_1\|^2 + 0.5\tau_1^2 \tag{10.32}$$

将式(10.30)代入式(10.32)可得

$$\dot{V}_1 \leqslant -\boldsymbol{e}_1^{\mathrm{T}}(\boldsymbol{\Lambda}_1 - 0.5\boldsymbol{I}_3)\boldsymbol{e}_1 - \boldsymbol{\xi}_1^{\mathrm{T}}\boldsymbol{P}_1\boldsymbol{\xi}_1 - \widetilde{\boldsymbol{D}}_1^{\mathrm{T}}(\boldsymbol{L}_1 - (\lambda_{30} + 0.5)\boldsymbol{I}_3)\widetilde{\boldsymbol{D}}_1 + \boldsymbol{e}_1^{\mathrm{T}}\boldsymbol{G}_{\mathrm{s}}(\boldsymbol{x}_1)\boldsymbol{e}_2$$
$$+ \boldsymbol{\xi}_1^{\mathrm{T}}\boldsymbol{G}_{\mathrm{s}}(\boldsymbol{x}_1)\boldsymbol{\xi}_2 - \sigma\widetilde{\boldsymbol{\Theta}}_1^{\mathrm{T}}\hat{\boldsymbol{\Theta}}_1 + \frac{1}{2\lambda_{20}}\|\widetilde{\boldsymbol{\Theta}}_1\|^2 + 0.5\tau_1^2 \tag{10.33}$$

考虑到下式

$$2\widetilde{\boldsymbol{\Theta}}_1^{\mathrm{T}}\hat{\boldsymbol{\Theta}}_1 = \|\widetilde{\boldsymbol{\Theta}}_1\|^2 + \|\hat{\boldsymbol{\Theta}}_1\|^2 - \|\boldsymbol{\Theta}_1^*\|^2 \geqslant \|\widetilde{\boldsymbol{\Theta}}_1\|^2 - \|\boldsymbol{\Theta}_1^*\|^2 \tag{10.34}$$

可得

$$\dot{V}_1 \leqslant -\boldsymbol{e}_1^{\mathrm{T}}(\boldsymbol{\Lambda}_1 - 0.5\boldsymbol{I}_3)\boldsymbol{e}_1 - \boldsymbol{\xi}_1^{\mathrm{T}}\boldsymbol{P}_1\boldsymbol{\xi}_1 - \widetilde{\boldsymbol{D}}_1^{\mathrm{T}}(\boldsymbol{L}_1 - (\lambda_{30} + 0.5)\boldsymbol{I}_3)\widetilde{\boldsymbol{D}}_1 - \left(\frac{\sigma_1}{2} - \frac{1}{2\lambda_0}\right)\|\widetilde{\boldsymbol{\Theta}}_1\|^2$$
$$+ 0.5\sigma_1\|\boldsymbol{\Theta}_1^*\|^2 + 0.5\tau_1^2 + \boldsymbol{e}_1^{\mathrm{T}}\boldsymbol{G}_{\mathrm{s}}(\boldsymbol{x}_1)\boldsymbol{e}_2 + \boldsymbol{\xi}_1^{\mathrm{T}}\boldsymbol{G}_{\mathrm{s}}(\boldsymbol{x}_1)\boldsymbol{\xi}_2 \tag{10.35}$$

步骤2:考虑到式(10.1)、式(10.10)和式(10.15),可得

$$\begin{aligned}\dot{\boldsymbol{e}}_2 &= \dot{\boldsymbol{x}}_2 - \dot{\boldsymbol{\omega}}_1 - \dot{\boldsymbol{\xi}}_2 \\ &= \boldsymbol{F}_{\mathrm{f}}(\bar{\boldsymbol{x}}_2) + \Delta\boldsymbol{F}_{\mathrm{f}}(\bar{\boldsymbol{x}}_2) + \boldsymbol{G}_{\mathrm{f}}(\bar{\boldsymbol{x}}_2)\boldsymbol{v} + \boldsymbol{d}_2(t) - \dot{\boldsymbol{\omega}}_1 + \boldsymbol{P}_2\boldsymbol{\xi}_2 + \boldsymbol{G}_s^{\mathrm{T}}(\boldsymbol{x}_1)\boldsymbol{\xi}_1 + \mathrm{Tanh}(\boldsymbol{\xi}_2)\hat{\boldsymbol{\Delta}}_6\end{aligned} \tag{10.36}$$

因为系统不确定$\Delta\boldsymbol{F}_{\mathrm{f}}(\bar{\boldsymbol{x}}_2)$是未知的,所以它不能直接被用来设计姿态控制律。因此需利用RBFNN来逼近这项不确定。系统不确定$\boldsymbol{\psi}_2(\bar{\boldsymbol{x}}_2) = \boldsymbol{L}_2\Delta\boldsymbol{F}_{\mathrm{f}}(\bar{\boldsymbol{x}}_2)$用RBFNN逼近,可写为

$$\boldsymbol{\psi}_2(\bar{\boldsymbol{x}}_2) = \boldsymbol{\Theta}_2^*\boldsymbol{\phi}_2(\bar{\boldsymbol{x}}_2) + \boldsymbol{\varepsilon}_2^* \tag{10.37}$$

式中:$\boldsymbol{L}_2 = \boldsymbol{L}_2^{\mathrm{T}} > 0$为非线性干扰观测器的设计参数矩阵;$\boldsymbol{\Theta}_2^*$是最优的权值矩阵;$\boldsymbol{\phi}_2(\bar{\boldsymbol{x}}_2)$是高斯基函数向量;$\boldsymbol{\varepsilon}_2^*$是最小逼近误差。

定义$\boldsymbol{D}_2 = \boldsymbol{d}_2 + \boldsymbol{L}_2^{-1}\boldsymbol{\varepsilon}_2^*$。将式(10.37)代入式(10.36)得到

$$\dot{\boldsymbol{e}}_2 = \boldsymbol{F}_{\mathrm{f}}(\bar{\boldsymbol{x}}_2) + \boldsymbol{L}_2^{-1}\boldsymbol{\Theta}_2^{*\mathrm{T}}\boldsymbol{\phi}_2(\bar{\boldsymbol{x}}_2) + \boldsymbol{G}_{\mathrm{f}}(\bar{\boldsymbol{x}}_2)\boldsymbol{v} + \boldsymbol{D}_2(t) - \dot{\boldsymbol{\omega}}_1$$
$$+ \boldsymbol{P}_2\boldsymbol{\xi}_2 + \boldsymbol{G}_{\mathrm{s}}^{\mathrm{T}}(\boldsymbol{x}_1)\boldsymbol{\xi}_1 + \mathrm{Tanh}(\boldsymbol{\xi}_2)\hat{\boldsymbol{\Delta}}_6 \tag{10.38}$$

由于$\boldsymbol{D}_2(t)$未知,它不能直接用于自适应神经网络姿态控制器的设计。因此利用一个非线性干扰观测器对它进行估计。非线性干扰观测器设计为

$$\begin{aligned}\hat{\boldsymbol{D}}_2 &= \boldsymbol{L}_2(\boldsymbol{e}_2 - \boldsymbol{\chi}_2) \\ \dot{\boldsymbol{\chi}}_2 &= \boldsymbol{F}_{\mathrm{f}}(\bar{\boldsymbol{x}}_2) + L_2^{-1}\hat{\boldsymbol{\Theta}}_2^{\mathrm{T}}\boldsymbol{\phi}_2(\bar{\boldsymbol{x}}_2) + \boldsymbol{G}_{\mathrm{f}}(\bar{\boldsymbol{x}}_2)\boldsymbol{v} + \hat{\boldsymbol{D}}_2 - \dot{\boldsymbol{\omega}}_1 + \boldsymbol{P}_2\boldsymbol{\xi}_2 + \boldsymbol{G}_{\mathrm{s}}^{\mathrm{T}}(\boldsymbol{x}_1)\boldsymbol{\xi}_1 + \mathrm{Tanh}(\boldsymbol{\xi}_2)\hat{\boldsymbol{\Delta}}_6\end{aligned} \tag{10.39}$$

结合式(10.38)和式(10.39)得到

$$\dot{\hat{\boldsymbol{D}}}_2 = \boldsymbol{L}_2(\dot{\boldsymbol{e}}_2 - \dot{\boldsymbol{\chi}}_2) = \boldsymbol{L}_2(\boldsymbol{D}_2 - \hat{\boldsymbol{D}}_2) + (\boldsymbol{\Theta}_2^{*\mathrm{T}}\boldsymbol{\phi}_2(\bar{\boldsymbol{x}}_2) - \hat{\boldsymbol{\Theta}}_2^{\mathrm{T}}\boldsymbol{\phi}_2(\bar{\boldsymbol{x}}_2)) \tag{10.40}$$

定义$\widetilde{\boldsymbol{D}}_2 = \hat{\boldsymbol{D}}_2 - \boldsymbol{D}_2$,$\widetilde{\boldsymbol{\Theta}}_2 = \hat{\boldsymbol{\Theta}}_2 - \boldsymbol{\Theta}_2^*$,同时结合式(10.40)可得

$$\dot{\widetilde{\boldsymbol{D}}}_2=\dot{\hat{\boldsymbol{D}}}_2-\dot{\boldsymbol{D}}_2=-\boldsymbol{L}_2\widetilde{\boldsymbol{D}}_2-\widetilde{\boldsymbol{\Theta}}_2^{\mathrm{T}}\boldsymbol{\phi}_2(\bar{\boldsymbol{x}}_2)-\dot{\boldsymbol{D}}_2 \tag{10.41}$$

根据式(10.41)有

$$\widetilde{\boldsymbol{D}}_2^{\mathrm{T}}\dot{\widetilde{\boldsymbol{D}}}_2=-\widetilde{\boldsymbol{D}}_2^{\mathrm{T}}\boldsymbol{L}_2\widetilde{\boldsymbol{D}}_2-\widetilde{\boldsymbol{D}}_2^{\mathrm{T}}\widetilde{\boldsymbol{\Theta}}_2^{\mathrm{T}}\boldsymbol{\phi}_2(\bar{\boldsymbol{x}}_2)-\widetilde{\boldsymbol{D}}_2^{\mathrm{T}}\dot{\boldsymbol{D}}_2 \tag{10.42}$$

由 $\boldsymbol{D}_2$ 的定义以及假设 10.3 可知 $\|\dot{\boldsymbol{D}}_2\|\leqslant\tau_2,\tau_2>0$，并结合以下条件，即

$$-\widetilde{\boldsymbol{D}}_2^{\mathrm{T}}\widetilde{\boldsymbol{\Theta}}_2^{\mathrm{T}}\boldsymbol{\phi}_2(\bar{\boldsymbol{x}}_2)\leqslant 0.5\lambda_{21}\lambda_{11}^2\|\widetilde{\boldsymbol{D}}_2\|^2+\frac{1}{2\lambda_{21}}\|\widetilde{\boldsymbol{\Theta}}_2\|^2 \tag{10.43}$$

可得

$$\widetilde{\boldsymbol{D}}_2^{\mathrm{T}}\dot{\widetilde{\boldsymbol{D}}}_2\leqslant-\widetilde{\boldsymbol{D}}_2^{\mathrm{T}}(\boldsymbol{L}_2-\lambda_{31}\boldsymbol{I}_3)\widetilde{\boldsymbol{D}}_2+\frac{1}{2\lambda_{21}}\|\widetilde{\boldsymbol{\Theta}}_2\|^2+0.5\tau_2^2 \tag{10.44}$$

其中，$\|\boldsymbol{\phi}_2(\bar{\boldsymbol{x}}_2)\|\leqslant\lambda_{11}$，$\lambda_{21}>0$ 是设计常数，并且 $\lambda_{31}=0.5\lambda_{21}\lambda_{11}^2+0.5$。

基于干扰观测器和 RBFNN 的输出，自适应神经网络姿态控制律设计为

$$\boldsymbol{v}=-\boldsymbol{G}_{\mathrm{f}}^{-1}(\bar{\boldsymbol{x}}_2)\bar{\boldsymbol{v}}_0 \tag{10.45}$$

其中，$\bar{\boldsymbol{v}}_0=\boldsymbol{\Lambda}_2\boldsymbol{e}_2+\boldsymbol{F}_{\mathrm{f}}(\bar{\boldsymbol{x}}_2)+\boldsymbol{L}_2^{-1}\hat{\boldsymbol{\Theta}}_2^{\mathrm{T}}\boldsymbol{\phi}_2(\bar{\boldsymbol{x}}_2)+\hat{\boldsymbol{D}}_2(t)-\dot{\boldsymbol{\omega}}_1+\boldsymbol{P}_2\boldsymbol{\xi}_2+\boldsymbol{G}_{\mathrm{s}}^{\mathrm{T}}(\boldsymbol{x}_1)\boldsymbol{e}_1+\boldsymbol{G}_{\mathrm{s}}^{\mathrm{T}}(\boldsymbol{x}_1)\boldsymbol{\xi}_1+\mathrm{Tanh}(\boldsymbol{\xi}_2)\hat{\boldsymbol{\Delta}}_6$，并且 $\boldsymbol{\Lambda}_2=\boldsymbol{\Lambda}_2^{\mathrm{T}}>0$ 为设计矩阵。

将式(10.45)代入式(10.38)得

$$\dot{\boldsymbol{e}}_2=-\boldsymbol{\Lambda}_2\boldsymbol{e}_2+\boldsymbol{L}_2^{-1}\boldsymbol{\Theta}_2^{*\mathrm{T}}\boldsymbol{\phi}_2(\bar{\boldsymbol{x}}_2)-\boldsymbol{L}_2^{-1}\hat{\boldsymbol{\Theta}}_2^{\mathrm{T}}\boldsymbol{\phi}_2(\bar{\boldsymbol{x}}_2)+\boldsymbol{D}_2(t)-\hat{\boldsymbol{D}}_2(t)-\boldsymbol{G}_{\mathrm{s}}^{\mathrm{T}}(\boldsymbol{x}_1)\boldsymbol{e}_1 \tag{10.46}$$

考虑 $\widetilde{\boldsymbol{D}}_2=\hat{\boldsymbol{D}}_2-\boldsymbol{D}_2$ 和 $\widetilde{\boldsymbol{\Theta}}_2=\hat{\boldsymbol{\Theta}}_2-\boldsymbol{\Theta}_2^*$，重新整理式(10.46)可得

$$\dot{\boldsymbol{e}}_2=-\boldsymbol{\Lambda}_2\boldsymbol{e}_2-\boldsymbol{L}_2^{-1}\widetilde{\boldsymbol{\Theta}}_2^{T}\boldsymbol{\phi}_2(\bar{\boldsymbol{x}}_2)-\widetilde{\boldsymbol{D}}_2-\boldsymbol{G}_{\mathrm{s}}^{\mathrm{T}}(\boldsymbol{x}_1)\boldsymbol{e}_1 \tag{10.47}$$

式(10.47)两边左乘 $\boldsymbol{e}_2^{\mathrm{T}}$ 可得

$$\boldsymbol{e}_2^{\mathrm{T}}\dot{\boldsymbol{e}}_2=-\boldsymbol{e}_2^{\mathrm{T}}\boldsymbol{\Lambda}_2\boldsymbol{e}_2-\boldsymbol{e}_2^{\mathrm{T}}\boldsymbol{L}_2^{-1}\widetilde{\boldsymbol{\Theta}}_2^{\mathrm{T}}\boldsymbol{\phi}_2(\bar{\boldsymbol{x}}_2)-\boldsymbol{e}_2^{\mathrm{T}}\widetilde{\boldsymbol{D}}_2-\boldsymbol{e}_2^{\mathrm{T}}\boldsymbol{G}_{\mathrm{s}}^{\mathrm{T}}(\boldsymbol{x}_1)\boldsymbol{e}_1 \tag{10.48}$$

参数 $\hat{\boldsymbol{\Theta}}_2$ 和 $\hat{\boldsymbol{\Delta}}_6$ 的自适应律设计为

$$\dot{\hat{\boldsymbol{\Theta}}}_2=\boldsymbol{\Lambda}_4(\boldsymbol{\phi}_2(\bar{\boldsymbol{x}}_2)\boldsymbol{L}_2^{-1}\boldsymbol{e}_2-\sigma_2\hat{\boldsymbol{\Theta}}_2) \tag{10.49}$$

$$\dot{\hat{\boldsymbol{\Delta}}}_6=\lambda_4(\mathrm{Tanh}(\boldsymbol{\xi}_2)\boldsymbol{\xi}_2-\sigma_3\hat{\boldsymbol{\Delta}}_6) \tag{10.50}$$

式中：$\boldsymbol{\Lambda}_4=\boldsymbol{\Lambda}_4^{\mathrm{T}}>0$；$\lambda_4>0,\sigma_2>0,\sigma_3>0$ 为设计参数。

分析整个闭环系统的稳定性，设计如下 Lyapunov 函数，即

$$V=V_1+V_2 \tag{10.51}$$

式中，$V_2=0.5\boldsymbol{e}_2^{\mathrm{T}}\boldsymbol{e}_2+0.5\widetilde{\boldsymbol{D}}_2^{\mathrm{T}}\widetilde{\boldsymbol{D}}_2+0.5\widetilde{\boldsymbol{\Theta}}_2^{\mathrm{T}}\boldsymbol{\Lambda}_4^{-1}\widetilde{\boldsymbol{\Theta}}_2+0.5\boldsymbol{\xi}_2^{\mathrm{T}}\boldsymbol{\xi}_2+0.5\lambda_4^{-1}\widetilde{\boldsymbol{\Delta}}_6^{\mathrm{T}}\widetilde{\boldsymbol{\Delta}}_6$，$\widetilde{\boldsymbol{\Delta}}_6=\hat{\boldsymbol{\Delta}}_6-\boldsymbol{\Delta}_6$。

结合式(10.35)、式(10.44)和式(10.48)，V 的时间导数整理可得

$$\begin{aligned}\dot{V}\leqslant&-\sum_{i=1}^{2}\boldsymbol{e}_i^{\mathrm{T}}(\boldsymbol{\Lambda}_i-0.5\boldsymbol{I}_3)\boldsymbol{e}_i-\sum_{i=1}^{2}\boldsymbol{\xi}_i^{\mathrm{T}}\boldsymbol{P}_i\boldsymbol{\xi}_i-\widetilde{\boldsymbol{D}}_1^{\mathrm{T}}(\boldsymbol{L}_1-(\lambda_{30}+0.5)\boldsymbol{I}_3)\widetilde{\boldsymbol{D}}_1\\&+0.5\lambda_4^{-1}\widetilde{\boldsymbol{\Delta}}_6^{\mathrm{T}}\dot{\hat{\boldsymbol{\Delta}}}_6-\widetilde{\boldsymbol{D}}_2^{\mathrm{T}}(\boldsymbol{L}_2-(\lambda_{31}+0.5)\boldsymbol{I}_3)\widetilde{\boldsymbol{D}}_2+\widetilde{\boldsymbol{\Theta}}_2^{\mathrm{T}}\boldsymbol{\Lambda}_4^{-1}\dot{\hat{\boldsymbol{\Theta}}}_2\\&-\left(\frac{\sigma_1}{2}-\frac{1}{2\lambda_{20}}\right)\|\widetilde{\boldsymbol{\Theta}}_1\|^2-\boldsymbol{e}_2^{\mathrm{T}}\boldsymbol{L}_2^{-1}\widetilde{\boldsymbol{\Theta}}_2^{\mathrm{T}}\boldsymbol{\phi}_2(\bar{\boldsymbol{x}}_2)+0.5\sigma_1\|\boldsymbol{\Theta}_1^*\|^2+\\&\frac{1}{2\lambda_{21}}\|\widetilde{\boldsymbol{\Theta}}_2\|^2+0.5\sum_{i=1}^{2}\tau_i^2+\sum_{i=1}^{3}|\xi_{2i}|\Delta_{6i}-\sum_{i=1}^{3}\xi_{2i}\tanh\left(\frac{\xi_{2i}}{\varepsilon_i}\right)\hat{\Delta}_{6i}\end{aligned} \tag{10.52}$$

考虑 $\dot{\tilde{\boldsymbol{\Theta}}}_2=\dot{\hat{\boldsymbol{\Theta}}}_2$，并结合式(10.49)可得

$$\begin{aligned}\dot{V}\leqslant&-\sum_{i=1}^{2}\boldsymbol{e}_i^{\mathrm{T}}(\boldsymbol{\Lambda}_i-0.5\boldsymbol{I}_3)\boldsymbol{e}_i-\sum_{i=1}^{2}\boldsymbol{\xi}_i^{\mathrm{T}}\boldsymbol{P}_i\boldsymbol{\xi}_i-\tilde{\boldsymbol{D}}_1^{\mathrm{T}}(\boldsymbol{L}_1-(\lambda_{30}+0.5)\boldsymbol{I}_3)\tilde{\boldsymbol{D}}_1\\&+0.5\lambda_4^{-1}\tilde{\boldsymbol{\Delta}}_6^{\mathrm{T}}\dot{\hat{\boldsymbol{\Delta}}}_6-\tilde{\boldsymbol{D}}_2^{\mathrm{T}}(\boldsymbol{L}_2-(\lambda_{31}+0.5)\boldsymbol{I}_3)\tilde{\boldsymbol{D}}_2-\sigma_2\tilde{\boldsymbol{\Theta}}_2^{\mathrm{T}}\hat{\boldsymbol{\Theta}}_2\\&-\left(\frac{\sigma_1}{2}-\frac{1}{2\lambda_{20}}\right)\|\tilde{\boldsymbol{\Theta}}_1\|^2+0.5\sigma_1\|\boldsymbol{\Theta}_1^*\|^2+0.5\sum_{i=1}^{2}\tau_i^2+\frac{1}{2\lambda_{21}}\|\tilde{\boldsymbol{\Theta}}_2\|^2\\&+\sum_{i=1}^{3}|\xi_{2i}|\Delta_{6i}-\sum_{i=1}^{3}\xi_{2i}\tanh\left(\frac{\xi_{2i}}{\varepsilon_i}\right)\hat{\Delta}_{6i}\end{aligned}\tag{10.53}$$

考虑 $\dot{\tilde{\boldsymbol{\Delta}}}_6=\dot{\hat{\boldsymbol{\Delta}}}_6$，并结合式(10.53)可得

$$\begin{aligned}\dot{V}\leqslant&-\sum_{i=1}^{2}\boldsymbol{e}_i^{\mathrm{T}}(\boldsymbol{\Lambda}_i-0.5\boldsymbol{I}_3)\boldsymbol{e}_i-\sum_{i=1}^{2}\boldsymbol{\xi}_i^{\mathrm{T}}\boldsymbol{P}_i\boldsymbol{\xi}_i-\tilde{\boldsymbol{D}}_1^{\mathrm{T}}(\boldsymbol{L}_1-(\lambda_{30}+0.5)\boldsymbol{I}_3)\tilde{\boldsymbol{D}}_1\\&-\tilde{\boldsymbol{D}}_2^{\mathrm{T}}(\boldsymbol{L}_2-(\lambda_{31}+0.5)\boldsymbol{I}_3)\tilde{\boldsymbol{D}}_2-\sigma_2\tilde{\boldsymbol{\Theta}}_2^{\mathrm{T}}\hat{\boldsymbol{\Theta}}_2-\left(\frac{\sigma_1}{2}-\frac{1}{2\lambda_{20}}\right)\|\tilde{\boldsymbol{\Theta}}_1\|^2\\&+0.5\sigma_1\|\boldsymbol{\Theta}_1^*\|^2+\frac{1}{2\lambda_{21}}\|\tilde{\boldsymbol{\Theta}}_2\|^2+0.5\sum_{i=1}^{2}\tau_i^2-\sigma_3\tilde{\boldsymbol{\Delta}}_6^{\mathrm{T}}\hat{\boldsymbol{\Delta}}_6\\&+\sum_{i=1}^{3}|\xi_{2i}|\Delta_{6i}-\sum_{i=1}^{3}\xi_{2i}\tanh\left(\frac{\xi_{2i}}{\varepsilon_i}\right)\Delta_{6i}\end{aligned}\tag{10.54}$$

考虑引理 10.3，并结合以下不等式，即

$$2\tilde{\boldsymbol{\Theta}}_2^{\mathrm{T}}\hat{\boldsymbol{\Theta}}_2=\|\tilde{\boldsymbol{\Theta}}_2\|^2+\|\hat{\boldsymbol{\Theta}}_2\|^2-\|\boldsymbol{\Theta}_2^*\|^2\geqslant\|\tilde{\boldsymbol{\Theta}}_2\|^2-\|\boldsymbol{\Theta}_2^*\|^2\tag{10.55}$$

$$2\tilde{\boldsymbol{\Delta}}_6^{\mathrm{T}}\hat{\boldsymbol{\Delta}}_6=\|\tilde{\boldsymbol{\Delta}}_6\|^2+\|\hat{\boldsymbol{\Delta}}_6\|^2-\|\boldsymbol{\Delta}_6\|^2\geqslant\|\tilde{\boldsymbol{\Delta}}_6\|^2-\|\boldsymbol{\Delta}_6\|^2\tag{10.56}$$

$$0\leqslant|\xi_{2i}|-\xi_{2i}\tanh\left(\frac{\xi_{2i}}{\varepsilon_i}\right)\leqslant k_{\mathrm{p}}\varepsilon_i\tag{10.57}$$

进一步整理得出

$$\begin{aligned}\dot{V}\leqslant&-\sum_{i=1}^{2}\boldsymbol{e}_i^{\mathrm{T}}(\boldsymbol{\Lambda}_i-0.5\boldsymbol{I}_3)\boldsymbol{e}_i-\sum_{i=1}^{2}\boldsymbol{\xi}_i^{\mathrm{T}}\boldsymbol{P}_i\boldsymbol{\xi}_i-\tilde{\boldsymbol{D}}_1^{\mathrm{T}}(\boldsymbol{L}_1-(\lambda_{30}+0.5)\boldsymbol{I}_3)\tilde{\boldsymbol{D}}_1\\&-\tilde{\boldsymbol{D}}_2^{\mathrm{T}}(\boldsymbol{L}_2-(\lambda_{31}+0.5)\boldsymbol{I}_3)\tilde{\boldsymbol{D}}_2-\left(\frac{\sigma_1}{2}-\frac{1}{2\lambda_{20}}\right)\|\tilde{\boldsymbol{\Theta}}_1\|^2\\&-\left(\frac{\sigma_2}{2}-\frac{1}{2\lambda_{21}}\right)\|\tilde{\boldsymbol{\Theta}}_2\|^2-\frac{\sigma_3}{2}\|\tilde{\boldsymbol{\Delta}}_6\|^2+0.5\sum_{i=1}^{2}\tau_i^2\\&+0.5\sum_{i=1}^{2}\sigma_i\|\boldsymbol{\Theta}_i^*\|^2+0.5\sigma_3\|\boldsymbol{\Delta}_6\|^2+k_p\sum_{i=1}^{3}\varepsilon_i\Delta_{6i}\\\leqslant&\,\kappa V+C\end{aligned}\tag{10.58}$$

其中，κ 和 C 如下：

$$\kappa=\min\left(\begin{array}{l}\lambda_{\min}(\boldsymbol{\Lambda}_i-0.5\boldsymbol{I}_3),\lambda_{\min}(\boldsymbol{P}_i)\\\lambda_{\min}(\boldsymbol{L}_1-(\lambda_{30}+0.5)\boldsymbol{I}_3)\\\lambda_{\min}(\boldsymbol{L}_2-(\lambda_{31}+0.5)\boldsymbol{I}_3)\\\dfrac{2\left(\dfrac{\sigma_1}{2}-\dfrac{1}{2\lambda_{20}}\right)}{\lambda_{\max}(\boldsymbol{\Lambda}_3)},\dfrac{2\left(\dfrac{\sigma_2}{2}-\dfrac{1}{2\lambda_{21}}\right)}{\lambda_{\max}(\boldsymbol{\Lambda}_4)},\dfrac{\sigma_3}{\lambda_4}\end{array}\right)$$

$$C = 0.5\sum_{i=1}^{2}\tau_i^2 + 0.5\sum_{i=1}^{2}\sigma_i\|\boldsymbol{\Theta}_i^*\|^2 + 0.5\sigma\|\boldsymbol{\Delta}_6\|^2 + k_{\mathrm{p}}\sum_{i=1}^{3}\varepsilon_i\Delta_{6i} \tag{10.59}$$

式中，$\lambda_{\max}(\cdot)$和$\lambda_{\min}(\cdot)$分别表示矩阵的最大与最小特征值。

为了保证闭环系统的稳定性，选择参数$\boldsymbol{\Lambda}_i,\boldsymbol{P}_i,\boldsymbol{L}_i,\sigma_i,\lambda_{20},\lambda_{21},\lambda_{30},\lambda_{31}$，从而保证$\boldsymbol{\Lambda}_i-0.5\boldsymbol{I}_3>0,\boldsymbol{L}_1-(\lambda_{30}+0.5)\boldsymbol{I}_3>0,\boldsymbol{L}_2-(\lambda_{31}+0.5)\boldsymbol{I}_3>0,\frac{\sigma_1}{2}-\frac{1}{2\lambda_{20}}>0,\frac{\sigma_2}{2}-\frac{1}{2\lambda_{21}}>0$成立。

综上设计与分析，基于 RBFNN 和非线性干扰观测器的自适应受约束的姿态控制可以总结为以下定理：

定理 10.1：针对 NSV 的非线性姿态运动模型式(10.1)，考虑系统的不确定、未知外干扰以及控制输入饱和。参数自适应律设计为式(10.30)、式(10.49)和式(10.50)的形式，非线性干扰观测器设计为式(10.20)和式(10.39)的形式，则控制律式(10.45)能够保证 NSV 的所有闭环系统信号半全局一致有界。

证明：　从引理 10.1 和式(10.58)可以看出，控制律式(10.45)能够使所有闭环系统信号有界。根据式(10.58)可得

$$0\leqslant V\leqslant\frac{C}{\kappa}+\left[V(0)-\frac{C}{\kappa}\right]\mathrm{e}^{-\kappa t} \tag{10.60}$$

式(10.60)表明 V 是收敛的，即 $\lim_{t\to\infty}V=\frac{C}{\kappa}$。根据(10.51)，当 $t\to0$，信号 $\boldsymbol{e}_1$ 和 $\tilde{\boldsymbol{D}}_i(i=1,2)$是半全局一致有界的。因此，闭环系统的姿态跟踪误差 e_1 以及复合干扰的近似误差 $\tilde{\boldsymbol{D}}_1$ 和 $\tilde{\boldsymbol{D}}_2$ 是有界的。定理得证。

10.4　基于递归神经网络的 NSV 受限控制分配

本节的目的在于设计动态受限控制分配律，从而保证真实控制输入 $\boldsymbol{v}_0$ 能够跟踪理想控制指令 $\boldsymbol{v}_{\mathrm{d}}$。从式(10.7)可知，受限控制分配问题能够归结为凸优化问题[142-144]。因此本章将采用基于递归神经网络的优化方法来解决受限控制分配问题。

根据受约的控制分配问题式(10.7)，最优性能指标 $\boldsymbol{J}$ 能够被表示为

$$\begin{aligned}\boldsymbol{J}&=(\boldsymbol{W}_1(\boldsymbol{u}-\boldsymbol{u}_{\mathrm{d}}))^{\mathrm{T}}(\boldsymbol{W}_1(\boldsymbol{u}-\boldsymbol{u}_{\mathrm{d}}))+(\boldsymbol{W}_2(\boldsymbol{Bu}-\boldsymbol{v}_{\mathrm{d}}))^{\mathrm{T}}(\boldsymbol{W}_2(\boldsymbol{Bu}-\boldsymbol{v}_{\mathrm{d}}))\\&=\boldsymbol{u}^{\mathrm{T}}\boldsymbol{Hu}+\boldsymbol{c}^{\mathrm{T}}\boldsymbol{u}+k\end{aligned} \tag{10.61}$$

式中，$\boldsymbol{H}=\boldsymbol{W}_1^{\mathrm{T}}\boldsymbol{W}_1+\boldsymbol{B}^{\mathrm{T}}\boldsymbol{W}_2^{\mathrm{T}}\boldsymbol{W}_2\boldsymbol{B},\boldsymbol{c}^{\mathrm{T}}=-2\boldsymbol{u}_{\mathrm{d}}^{\mathrm{T}}\boldsymbol{W}_1^{\mathrm{T}}\boldsymbol{W}_1-2\boldsymbol{v}_{\mathrm{d}}^{\mathrm{T}}\boldsymbol{W}_2^{\mathrm{T}}\boldsymbol{W}_2\boldsymbol{B},k=\boldsymbol{u}_{\mathrm{d}}^{\mathrm{T}}\boldsymbol{W}_1^{\mathrm{T}}\boldsymbol{W}_1\boldsymbol{u}_{\mathrm{d}}+\boldsymbol{v}_{\mathrm{d}}^{\mathrm{T}}\boldsymbol{W}_2^{\mathrm{T}}\boldsymbol{W}_2\boldsymbol{v}_{\mathrm{d}}$。

因为目标函数中的常数不会影响最优解，所以把常数 k 从最优性能指标 J 中去除。整理得到以下形式，即

$$\begin{gathered}\min_{u}J=\boldsymbol{u}^{\mathrm{T}}\boldsymbol{Hu}+\boldsymbol{c}^{\mathrm{T}}\boldsymbol{u}\\\text{subject to }\underline{\boldsymbol{u}}\leqslant\boldsymbol{u}\leqslant\overline{\boldsymbol{u}}\end{gathered} \tag{10.62}$$

因此受约束控制分配问题式(10.62)能够转变为以下的凸非线性规划(GCNLP)问题[145]

$$\begin{gathered}\min f(\boldsymbol{u})\\\text{subject to }\boldsymbol{g}(\boldsymbol{u})<0\text{ and }\boldsymbol{h}(\boldsymbol{u})=0\end{gathered} \tag{10.63}$$

式中，$\boldsymbol{u}\in R^m,f:\mathbf{R}^m\to\mathbf{R},\boldsymbol{g}(\boldsymbol{u})=[g_1(u),g_2(u),\cdots,g_l(u)]^{\mathrm{T}}$是一个 l 维向量，$g_1,g_2,\cdots,g_l$ 是 m

个变量的连续函数，$\boldsymbol{h}(u)=\boldsymbol{A}\boldsymbol{u}-\boldsymbol{b}$，$\boldsymbol{A}\in\mathbf{R}^{n\times m}$，$\mathrm{rank}(\boldsymbol{A})=n$，$0\leqslant n\leqslant m$，并且 $\boldsymbol{b}\in\mathbf{R}^{n}$。假设 $f,g_1,g_2,\cdots,g_l$ 是凸函数并两次可微。如文献[142]中的标准假设一样，假设 GCNLP 问题式(10.63)有有限个最优解，并满足 Slater 条件，即存在 $\boldsymbol{u}^0\in\mathbf{R}^m$ 以至于

$$\boldsymbol{g}(\boldsymbol{u}^0)<0,\boldsymbol{A}\boldsymbol{u}^0-\boldsymbol{b}=0 \tag{10.64}$$

借鉴文献[145]，对于任意给定的初始点 $\boldsymbol{S}_0=[\boldsymbol{u}^{\mathrm{T}}(0),\boldsymbol{s}_1^{\mathrm{T}}(0),\boldsymbol{s}_2^{\mathrm{T}}(0)]^{\mathrm{T}}$，下述的回归 NN 模型能够被用来解决 GCNLP 问题式(10.63)，即

$$\frac{\mathrm{d}\boldsymbol{s}}{\mathrm{d}t}=\varepsilon\boldsymbol{\xi}(\boldsymbol{s}) \tag{10.65}$$

$$\boldsymbol{s}(t_0)=s_0$$

其中，$\boldsymbol{s}=[\boldsymbol{u},\boldsymbol{s}_1,\boldsymbol{s}_2]^{\mathrm{T}}$，$\boldsymbol{u}$、$\boldsymbol{s}_1$ 和 $\boldsymbol{s}_2$ 是回归 NN 模型(10.65)的状态向量，ε 是一个表征网络收敛速率的标量，同时 $\boldsymbol{\xi}(\boldsymbol{s})$ 为

$$\boldsymbol{\xi}(\boldsymbol{s})=\begin{bmatrix}\boldsymbol{\eta}(\boldsymbol{u},\boldsymbol{s}_1,\boldsymbol{s}_2)\\(\boldsymbol{s}_1+\boldsymbol{g}(\boldsymbol{u}))^{+}-\boldsymbol{s}_1\\\boldsymbol{h}(\boldsymbol{u})\end{bmatrix} \tag{10.66}$$

其中，$\boldsymbol{\eta}(\boldsymbol{u},\boldsymbol{s}_1,\boldsymbol{s}_2)=-(\nabla\boldsymbol{f}(\boldsymbol{u})+\nabla\boldsymbol{g}(\boldsymbol{u})^{\mathrm{T}}(\boldsymbol{s}_1+\boldsymbol{g}(\boldsymbol{u}))^{+}+\nabla\boldsymbol{h}(\boldsymbol{u})^{\mathrm{T}}\boldsymbol{s}_2)$，$\nabla\boldsymbol{f}(\boldsymbol{u})$、$\nabla\boldsymbol{g}(\boldsymbol{u})$ 和 $\nabla\boldsymbol{h}(\boldsymbol{u})$ 是 $\boldsymbol{f}(\boldsymbol{u})$、$\boldsymbol{g}(\boldsymbol{u})$ 和 $\boldsymbol{h}(\boldsymbol{u})$ 对 $\boldsymbol{u}$ 的梯度，并且 $(\boldsymbol{s}_1+\boldsymbol{g}(\boldsymbol{u}))^{+}=([s_{11}+g_1(u)]^{+},[s_{11}+g_2(u)]^{+},\cdots,[s_{1l}+g_l(u)]^{+})$，$[s_{1j}+g_j(u)]^{+}=\max\{s_{1j}+g_j(u),0\}$，$j=1,2,\cdots,l$。

递归神经网络式(10.65)的稳定性以及收敛特性在文献[145]中已经详细证明，因此本章不再赘述。

基于递归神经网络式(10.65)的输出，可以获得过驱动飞行器的执行机构的受限控制分配结果，从而实现飞行器的姿态控制目标。图 10.3 给出了所设计的自适应神经网络姿态控制以及受限控制分配的控制流程，同时该控制分配流程可归纳如下：

第一步：设定期望姿态跟踪信号 $\boldsymbol{y}_{\mathrm{d}}$，控制力矩 $\boldsymbol{v}_{\mathrm{d}}$ 的边界，以及初始条件 $\bar{\boldsymbol{x}}_2(0)$。

第二步：根据式(10.45)设计自适应神经网络姿态控制器，从而获得期望的控制命令 $\boldsymbol{v}_{\mathrm{d}}$。

第三步：基于递归神经网络式(10.65)获得受约束的控制分配结果 $\boldsymbol{u}$。

第四步：通过执行器动态获得真实的控制力矩 $\boldsymbol{v}_0$。

第五步：获得真实的非线性姿态运动动态式(10.1)。

第六步：若 $\|\boldsymbol{e}_1\|>\Delta_7$，则转到第二步，否则到下一步。

第七步：实现相关的姿态控制目标 $|e_{1i}|<1\times e^{-6}$，$i=1,2,3$。

其中，$\Delta_7>0$ 是一个固定小值，表示允许的姿态跟踪误差。

注 10.1：尽管基于递归神经网络的优化方法是被熟知的，但据作者所知，这是首次将该方法运用于飞机的受约控制分配问题。因为神经动力模型能够通过硬件较方便地实

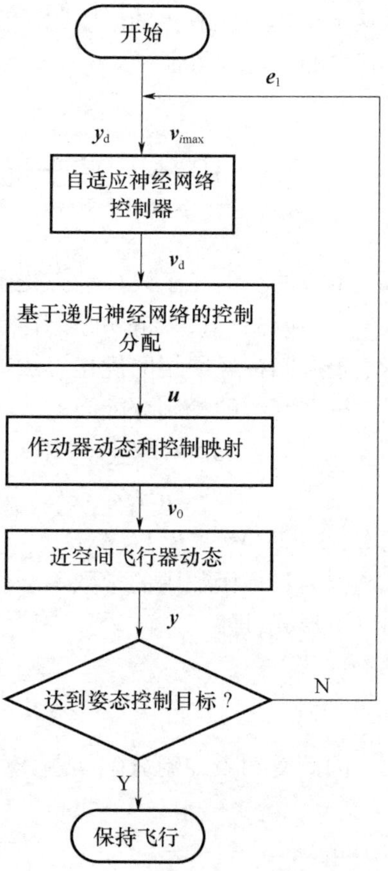

图 10.3 受限控制分配流程图

现，它能够并行处理最优算法，因此它能够实现飞行中的实时最优计算问题。

10.5　仿真结果

仿真结果表明，本章所设计的受限控制分配方法能够有效解决过驱动 NSV 的姿态控制问题。NSV 具有 5 个控制舵面：升降舵、副翼、方向舵和两个推力矢量舵。相应的舵面偏转角用 δ_e、δ_a、δ_r、δ_y 和 δ_z 表示。

仿真设定 NSV 的飞行速度为 600m/s，飞行高度为 22km。初始姿态以及初始角速率为 $\alpha_0=2°$，$\beta_0=5°$，$\mu_0=3.5°$，$p_0=q_0=r_0=0\text{rad/s}$。期望姿态信号为 $\alpha_1=1+4\sin(0.5t)$，$\beta_d=5°$，$\mu_d=3\cos(t)+0.5$。NSV 上的未知时变干扰力矩为

$$d_1(t)=400000(\sin(5t)+0.2)\,\text{N}\cdot\text{m}$$

$$d_2(t)=400000(\cos(5t)+0.1)\,\text{N}\cdot\text{m}$$

$$d_3(t)=400000(\sin(5t))\,\text{N}\cdot\text{m}$$

根据式(10.49)和式(10.50)设计参数自适应律，同时干扰观测器设计为式(10.20)和式(10.39)的形式。基于 RBFNN 的输出以及非线性干扰观测器，自适应神经网络姿态控制器设计为式(10.45)。更新参数的初始值设为 $\hat{\Theta}_1(0)=\hat{\Theta}_2(0)=0.1$。基于非线性干扰观测器的自适应神经网络姿态控制器的所有设计参数分别选择为 $\boldsymbol{\Lambda}_1=\text{diag}\{5\}_{3\times3}$，$\boldsymbol{\Lambda}_2=\text{diag}\{20\}_{3\times3}$，$\boldsymbol{P}_1=\boldsymbol{P}_2=\text{diag}\{5\}_{3\times3}$，$\boldsymbol{L}_i=\text{diag}\{500\}_{3\times3}$，$\boldsymbol{\Lambda}_3=\text{diag}\{2\}_{3\times3}$，$\sigma_i=0.2$，$\lambda_{20}=\lambda_{21}=10$。

在受约束控制分配中，执行机构的运动位置以及速率的上下界分别设为

$$\boldsymbol{u}_{\max}=[30°,30°,30°,30°,30°]^{\mathrm{T}},\boldsymbol{u}_{\min}=[-35°,-35°,-35°,-35°,-30°]^{\mathrm{T}}$$

$$\boldsymbol{\rho}_{\max}=[150(°)/\text{s},150(°)/\text{s},150(°)/\text{s},150(°)/\text{s},100(°)/\text{s}]$$

$$\boldsymbol{\rho}_{\min}=[-150(°)/\text{s},-150(°)/\text{s},-150(°)/\text{s},-150(°)/\text{s},-100(°)/\text{s}]$$。

执行机构动态假设为一阶作动器动态，即

$$\dot{\boldsymbol{\delta}}=\boldsymbol{K}_f(\boldsymbol{u}-\boldsymbol{\delta})$$

式中：$\boldsymbol{K}_f=\text{diag}\{50\}_{5\times5}$；$\boldsymbol{\delta}=[\delta_e,\delta_a,\delta_r,\delta_y,\delta_z]^{\mathrm{T}}$。权重矩阵设为 $\boldsymbol{W}_1=\text{diag}\{5\}_{5\times5}$，$\boldsymbol{W}_2=\text{diag}\{10\}_{3\times3}$。仿真中，控制效率矩阵设定为

$$\boldsymbol{B}=10^4\times\begin{bmatrix}-13.86 & -13.86 & 13.86 & 13.86 & 7.16\\ 40.24 & 40.24 & 40.24 & 40.24 & 0\\ 8.51 & 8.51 & -8.51 & -8.51 & -595.05\end{bmatrix}$$

基于本章所设计的自适应神经网络姿态控制器式(10.45)，图 10.4、图 10.5、图 10.6 分别给出了期望的控制指令。从图中可以清晰地看出这些信号都是有界的。根据获取的控制指令以及基于递归神经网络的受限控制分配方法，图 10.7、图 10.8 和图 10.9 中的响应曲线表明系统取得了良好的跟踪性能以及较低的跟踪误差。由仿真结果可知，虽然机动控制受到了未知外界干扰以及控制输入饱和的复合影响，但系统仍取得了可接受的跟踪性能。图 10.10、图 10.11、图 10.12 和图 10.13 给出了各个执行机构的控制分配响应结果。由仿真图可知，各个执行机构的控制分配结果均未超过相应的舵面限制。

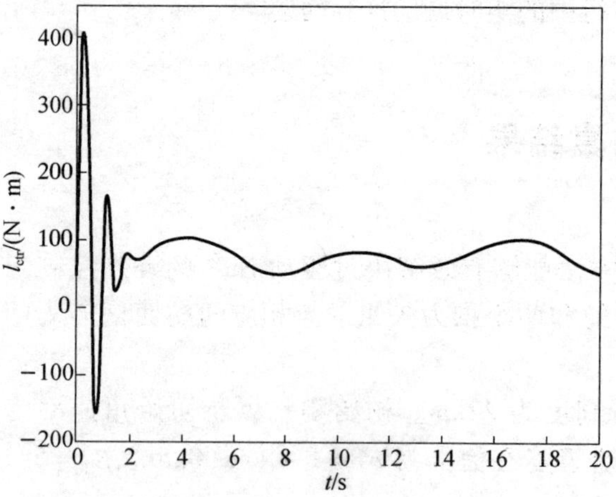

图 10. 4　控制力矩 l_{ctr}

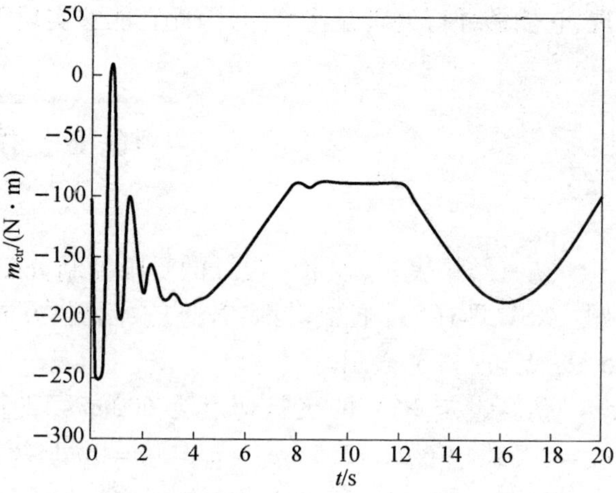

图 10. 5　控制力矩 m_{ctr}

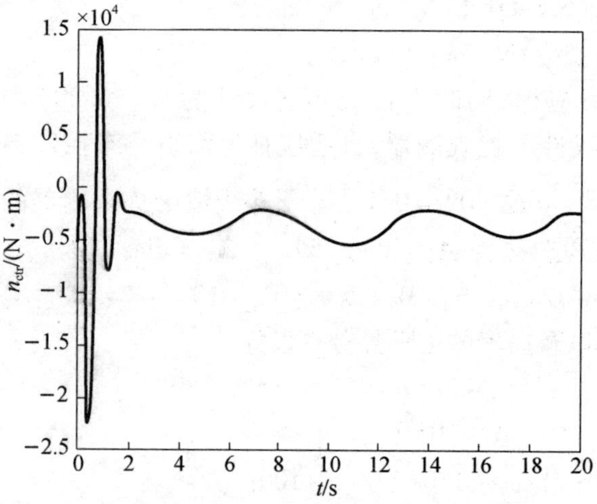

图 10. 6　控制力矩 n_{ctr}

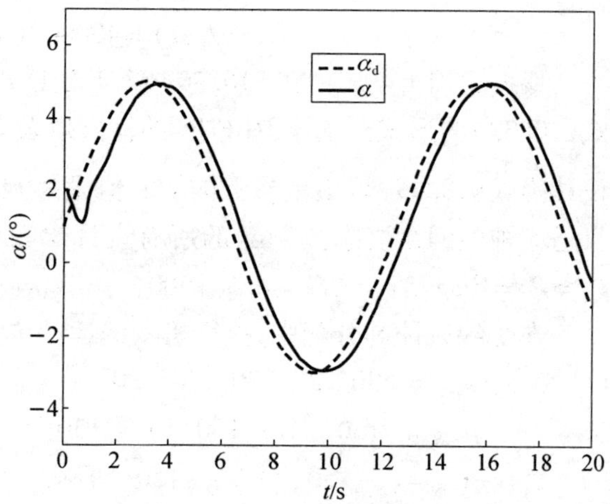

图 10. 7　α 跟踪结果

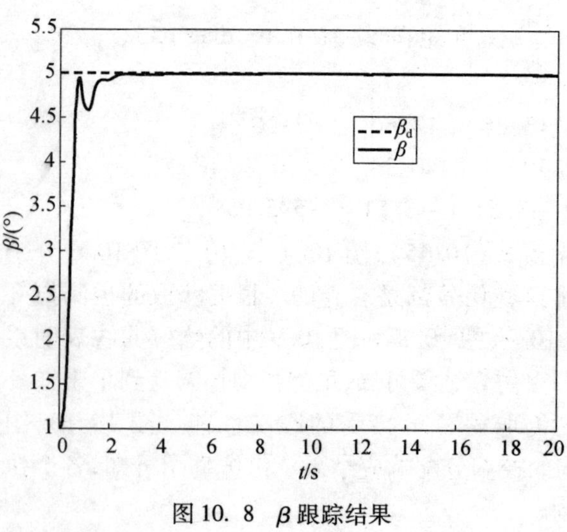

图 10. 8　β 跟踪结果

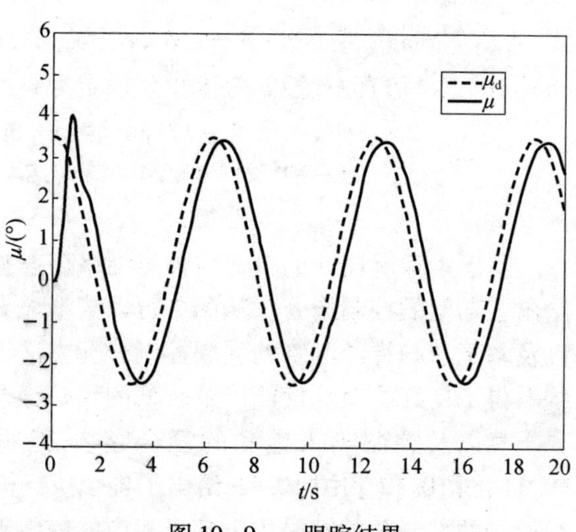

图 10. 9　μ 跟踪结果

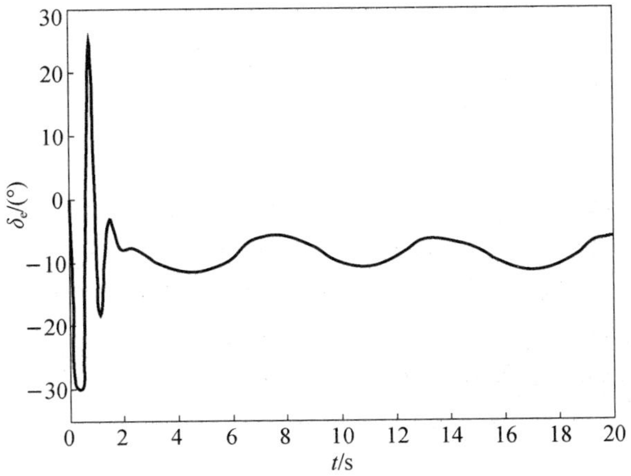

图 10. 10　升降舵偏转角输出

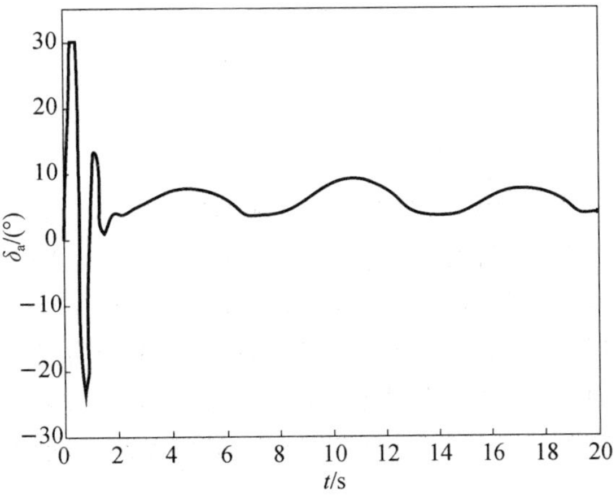

图 10. 11　副翼偏转角输出

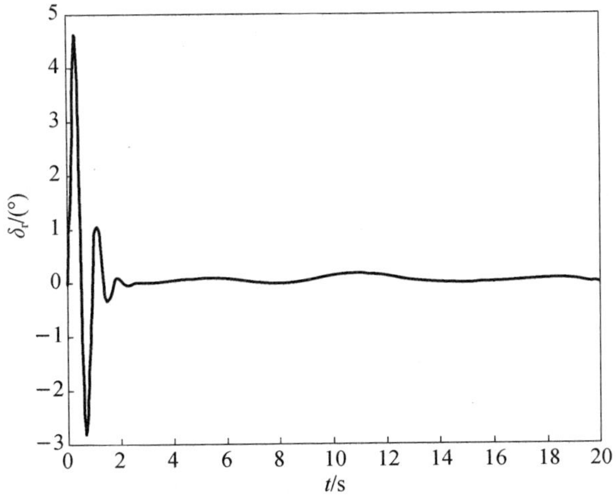

图 10. 12　方向舵偏转角输出

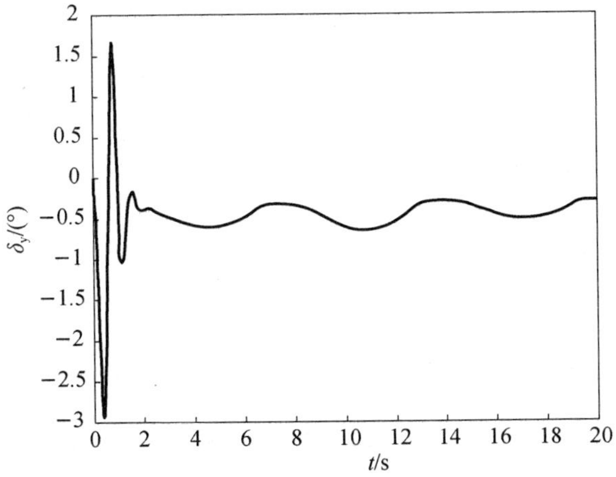

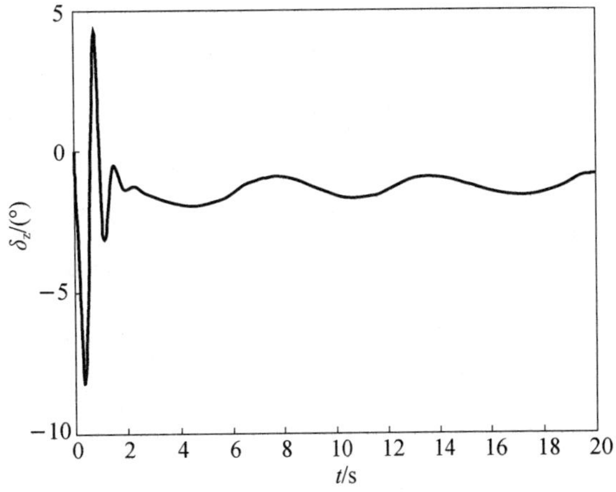

图 10. 13　两个推力矢量舵偏转角输出

10.6 小　结

本章针对具有系统不确定、未知时变外部干扰的NSV，研究了一种受限控制器和一种基于递归神经网络的受限控制分配方法。为获得控制分配结果，受限控制分配问题被转化为一种凸非线性规划问题。针对具有输入饱和的NSV，本章研究了一种自适应神经网络姿态控制律，利用backstepping设计方法生成有限控制指令。在有限控制指令下，利用一个递归神经网络实时得到受限控制分配结果，从而满足姿态控制系统的性能要求。最后，仿真结果表明了本章所研究的自适应神经网络姿态控制律以及受限控制分配方法的有效性。

第 11 章 具有输入饱和的NSV姿态容错控制

11.1 引　言

众所周知,近空间环境复杂多变、差异巨大,同时 NSV 的姿态运动系统具有高度的非线性、强耦合性和不确定性等特点。为了完成预定的飞行任务,需要不断地对其各个舵面进行协调控制,使得 NSV 很容易发生舵面故障。然而,舵面是飞行器实现预定飞行的重要操纵机构之一,若控制系统不能及时地对故障问题进行有效解决,就有可能造成飞行控制系统品质下降,甚至对整个系统的稳定性产生影响,引发坠机危险。因此,为了提高 NSV 的飞行安全性、可靠性,对执行机构故障进行容错控制的研究具有重大的理论和实际意义。

容错控制是控制理论的一个重要分支,其思想可以追溯到 1971 年由 Niederlinski 提出的关于完整性控制概念[146]。容错控制的主要作用表现为:当被控系统发生故障时,预先所设计的控制器能够根据故障信息对自身进行重构,从而保证故障后的系统仍能安全可靠地运行于某种可以接受的性能指标范围内[147,148]。经过四十多年的发展,容错控制技术取得了大量的研究成果,并且在实际系统中也有着一定的应用。文献[149]通过选择切换预先离线设计好的控制器来解决一类故障类型有限的复杂非线性系统容错控制问题。文献[150]基于滑模观测器方法和 T - S 模糊推理技术为具有执行机构故障的 NSV 姿态运动系统设计了容错控制器。文献[151]针对一类状态不可测的不确定非线性系统提出了自适应模糊容错控制设计方案。鉴于神经网络的非线性映射能力和自学习能力等,文献[152]基于回馈递推法研究了一种自适应鲁棒容错控制器设计方法。但是,对具有输入饱和的不确定 MIMO 非线性系统的容错控制还需进一步的深入研究。

本章将结合滑模控制和非线性干扰观测器对一类具有输入饱和的不确定 MIMO 非线性系统进行容错控制器设计。这里,基于神经网络对一种常见的执行机构故障(效率下降)进行处理。同时,在控制器设计过程中严格考虑输入饱和给系统带来的影响,并通过 Lyapunov 理论分析闭环系统的稳定性。最后,将所研究的容错控制方案应用于 NSV 的姿态跟踪控制中。

11.2 问题描述

考虑如下一类具有执行机构故障和输入饱和的不确定 MIMO 非线性系统,即

$$\begin{cases}\dot{\boldsymbol{x}}=\boldsymbol{F}(\boldsymbol{x})+\boldsymbol{G}(\boldsymbol{x})\boldsymbol{M}\boldsymbol{u}(\boldsymbol{v})+\boldsymbol{D}(\boldsymbol{x},t)\\ \boldsymbol{y}=\boldsymbol{x}\end{cases} \tag{11.1}$$

式中：$\boldsymbol{x}\in\mathbf{R}^n$ 为系统的状态向量；$\boldsymbol{y}\in\mathbf{R}^n$ 为系统的输出向量；$\boldsymbol{F}(\boldsymbol{x})\in\mathbf{R}^n$ 和 $\boldsymbol{G}(\boldsymbol{x})\in\mathbf{R}^{n\times m}$ 中各分量为已知的关于状态向量 $\boldsymbol{x}$ 的连续函数；$\boldsymbol{D}(\boldsymbol{x},t)=\Delta\boldsymbol{F}(\boldsymbol{x})+\boldsymbol{d}_{\mathrm{e}}(t)$ 为系统的未知复合干扰，$\Delta\boldsymbol{F}(\boldsymbol{x})$ 表示系统的不确定项，$\boldsymbol{d}_{\mathrm{e}}(t)$ 表示系统所受的外部干扰；$\boldsymbol{v}\in\mathbf{R}^m$ 为执行器输入向量，$\boldsymbol{u}(\boldsymbol{v})\in\mathbf{R}^m$ 为受饱和特性影响的执行器输出向量，$\boldsymbol{M}=\mathrm{diag}\{m_1,m_2,\cdots,m_m\}\in\mathbf{R}^{m\times m}$，$m_i$ 为未知的第 i 个执行器的有效因子，且满足 $0<m_i\leqslant1$；若 $m_i=1$，则表示对应的执行器无故障，$i=1,2,\cdots,m$。

定义

$$\boldsymbol{P}(\boldsymbol{x},\boldsymbol{u})=\boldsymbol{L}\boldsymbol{G}(\boldsymbol{x})(\boldsymbol{M}-\boldsymbol{I}_m)\boldsymbol{u}(\boldsymbol{v}) \tag{11.2}$$

式中：$\boldsymbol{L}=\boldsymbol{L}^{\mathrm{T}}>0$ 为设计参数，$\boldsymbol{I}_m\in\mathbf{R}^{m\times m}$ 为单位矩阵。

将式(11.2)代入式(11.1)可得

$$\begin{cases}\dot{\boldsymbol{x}}=\boldsymbol{F}(\boldsymbol{x})+\boldsymbol{G}(\boldsymbol{x})\boldsymbol{u}(\boldsymbol{v})+\boldsymbol{L}^{-1}\boldsymbol{P}(\boldsymbol{x},\boldsymbol{u})+\boldsymbol{D}(\boldsymbol{x},t)\\ \boldsymbol{y}=\boldsymbol{x}\end{cases} \tag{11.3}$$

系统(11.1)的控制目标：通过设计合适的控制律 $\boldsymbol{v}$ 使得闭环系统稳定，并且输出 $\boldsymbol{y}$ 能够在系统具有不确定性、外部干扰、执行机构故障和输入饱和受限的综合影响下跟踪指定的参考输入信号 $\boldsymbol{y}_{\mathrm{r}}$。在对系统(11.1)进行容错控制器设计之前需要如下假设：

假设 11.1：对不确定 MIMO 非线性系统(11.1)，系统所有状态均可测。

假设 11.2：对不确定 MIMO 非线性系统(11.1)，参考输入信号及其导数有界，即存在已知常数 $\Delta_0>0$ 和 $\Delta_1>0$ 使得 $\|\boldsymbol{y}_{\mathrm{r}}(t)\|\leqslant\Delta_0$ 和 $\|\dot{\boldsymbol{y}}_{\mathrm{r}}(t)\|\leqslant\Delta_1$ 成立。

假设 11.3：对不确定 MIMO 非线性系统式(11.1)，存在某一常数 ζ_0 使得 $\|\dot{\boldsymbol{D}}(\boldsymbol{x},t)\|\leqslant\zeta_0\|\boldsymbol{x}\|$ 成立，其中 $\zeta_0>0$ 未知。

假设 11.4：对不确定 MIMO 非线性系统式(11.1)，存在一个已知的连续函数向量 $\boldsymbol{\varphi}(\boldsymbol{x})^{\mathrm{T}}\in\mathbf{R}^n$ 和未知的常数向量 $\boldsymbol{\theta}^*\in\mathbf{R}^n$ 使得 $\|\Delta\boldsymbol{u}\|\leqslant\boldsymbol{\varphi}(\boldsymbol{x})\boldsymbol{\theta}^*$ 成立，其中 $\Delta\boldsymbol{u}=\boldsymbol{u}(\boldsymbol{v})-\boldsymbol{v}$。

11.3 基于干扰观测器的输入饱和 MIMO 非线性系统容错控制器设计

本节将利用非线性干扰观测器对不确定 MIMO 非线性系统(11.1)中的复合干扰进行逼近，通过神经网络处理一类常见的执行器故障问题，并在控制器设计过程中考虑输入饱和给系统带来的影响，具体设计过程如下。

考虑到径向基神经网络任意逼近能力，可将 $\boldsymbol{P}(\boldsymbol{x},\boldsymbol{u})$ 表示成如下形式，即

$$\boldsymbol{P}(\boldsymbol{x},\boldsymbol{u})=\boldsymbol{W}^{*\mathrm{T}}\boldsymbol{\phi}(\boldsymbol{x})+\boldsymbol{\varepsilon} \tag{11.4}$$

式中：$\boldsymbol{W}^*\in\mathbf{R}^{l\times n}$ 为网络的最优权值矩阵且满足 $\|\boldsymbol{W}^*\|\leqslant\overline{W}$，$\overline{W}>0$，$l$ 为网络的总节点数；$\boldsymbol{\phi}(\boldsymbol{x})\in\mathbf{R}^l$ 是由高斯函数组成的径向基函数向量；$\boldsymbol{\varepsilon}\in\mathbf{R}^n$ 为网络的最小逼近误差，可以通过调整网络节点数和权值使得 $\boldsymbol{\varepsilon}$ 任意小，这里不妨假设 $\|\boldsymbol{\varepsilon}\|\leqslant\bar{\varepsilon}$。

设计如下的非线性干扰观测器来估计不确定 MIMO 非线性系统式(11.1)中的复合干扰 $\boldsymbol{D}$，即

$$\hat{\boldsymbol{D}}=\boldsymbol{L}(\boldsymbol{e}-\boldsymbol{\eta}) \tag{11.5}$$

$$\dot{\boldsymbol{\eta}}=\boldsymbol{F}(\boldsymbol{x})+\boldsymbol{G}(\boldsymbol{x})\boldsymbol{u}(\boldsymbol{v})+\boldsymbol{L}^{-1}\hat{\boldsymbol{W}}^{\mathrm{T}}\boldsymbol{\phi}(\boldsymbol{x})+\hat{\boldsymbol{D}}-\dot{\boldsymbol{y}}_{\mathrm{r}} \tag{11.6}$$

式中：$\boldsymbol{\eta}\in R^n$ 为干扰观测器的内部状态向量；$\boldsymbol{e}=\boldsymbol{y}-\boldsymbol{y}_{\mathrm{r}}$ 为跟踪误差；$\hat{\boldsymbol{W}}$ 为 $\boldsymbol{W}^*$ 的估计值。

考虑式(11.3)、式(11.4)和式(11.6)，对式(11.5)求导可得

$$\begin{aligned}\dot{\hat{\boldsymbol{D}}}&=\boldsymbol{L}(\dot{\boldsymbol{e}}-\dot{\boldsymbol{\eta}})\\&=\boldsymbol{L}(\boldsymbol{D}-\hat{\boldsymbol{D}}+\boldsymbol{L}^{-1}\boldsymbol{W}^{*\mathrm{T}}\boldsymbol{\phi}(\boldsymbol{x})-\boldsymbol{L}^{-1}\hat{\boldsymbol{W}}^{\mathrm{T}}\boldsymbol{\phi}(\boldsymbol{x})+\boldsymbol{L}^{-1}\boldsymbol{\varepsilon})\\&=\boldsymbol{L}\tilde{\boldsymbol{D}}+\tilde{\boldsymbol{W}}^{\mathrm{T}}\boldsymbol{\phi}(\boldsymbol{x})+\boldsymbol{\varepsilon}\end{aligned}\tag{11.7}$$

式中：$\tilde{\boldsymbol{D}}=\boldsymbol{D}-\hat{\boldsymbol{D}}$；$\tilde{\boldsymbol{W}}=\boldsymbol{W}^*-\hat{\boldsymbol{W}}$。

根据式(11.7)可得

$$\begin{aligned}\tilde{\boldsymbol{D}}^{\mathrm{T}}\dot{\tilde{\boldsymbol{D}}}&=\tilde{\boldsymbol{D}}^{\mathrm{T}}(\dot{\boldsymbol{D}}-\dot{\hat{\boldsymbol{D}}})\\&=\tilde{\boldsymbol{D}}^{\mathrm{T}}\dot{\boldsymbol{D}}-\tilde{\boldsymbol{D}}^{\mathrm{T}}\boldsymbol{L}\tilde{\boldsymbol{D}}-\tilde{\boldsymbol{D}}^{\mathrm{T}}\tilde{\boldsymbol{W}}^{\mathrm{T}}\boldsymbol{\phi}(\boldsymbol{x})-\tilde{\boldsymbol{D}}^{\mathrm{T}}\boldsymbol{\varepsilon}\\&\leqslant-\tilde{\boldsymbol{D}}^{\mathrm{T}}\boldsymbol{L}\tilde{\boldsymbol{D}}+\tilde{\boldsymbol{D}}^{\mathrm{T}}\tilde{\boldsymbol{D}}+0.5b\tau^2\tilde{\boldsymbol{D}}^{\mathrm{T}}\tilde{\boldsymbol{D}}+0.5\|\dot{\boldsymbol{D}}\|^2+\frac{0.5}{b}\|\tilde{\boldsymbol{W}}\|^2+0.5\bar{\varepsilon}^2\\&=-\tilde{\boldsymbol{D}}^{\mathrm{T}}(\boldsymbol{L}-(1+0.5b\tau^2)\boldsymbol{I}_n)\tilde{\boldsymbol{D}}+\zeta\|\boldsymbol{x}\|^2+\frac{0.5}{b}\|\tilde{\boldsymbol{W}}\|^2+0.5\bar{\varepsilon}^2\end{aligned}\tag{11.8}$$

式中：$\zeta=0.5\zeta_0^2$；$\|\boldsymbol{\phi}(\boldsymbol{x})\|\leqslant\tau$；$\boldsymbol{I}_n\in\mathbf{R}^{n\times n}$为单位矩阵；$b$ 为大于 0 的设计参数。

根据假设 11.2 可得如下不等式，即

$$\|\boldsymbol{x}\|=\|\boldsymbol{e}+\boldsymbol{y}_{\mathrm{r}}\|\leqslant\|\boldsymbol{e}\|+\|\boldsymbol{y}_{\mathrm{r}}\|\leqslant\|\boldsymbol{e}\|+\Delta_0\tag{11.9}$$

将式(11.9)代入式(11.8)可得

$$\begin{aligned}\tilde{\boldsymbol{D}}^{\mathrm{T}}\dot{\tilde{\boldsymbol{D}}}&\leqslant-\tilde{\boldsymbol{D}}^{\mathrm{T}}(\boldsymbol{L}-(1+0.5b\tau^2)\boldsymbol{I}_n))\tilde{\boldsymbol{D}}+\zeta(\|\boldsymbol{e}\|+\Delta_0)^2+\frac{0.5}{b}\|\tilde{\boldsymbol{W}}\|^2+0.5\bar{\varepsilon}^2\\&=-\tilde{\boldsymbol{D}}^{\mathrm{T}}(\boldsymbol{L}-(1+0.5b\tau^2)\boldsymbol{I}_n)\tilde{\boldsymbol{D}}+\zeta\|\boldsymbol{e}\|^2+2\zeta\Delta_0\|\boldsymbol{e}\|+\zeta\Delta_0^2+\frac{0.5}{b}\|\tilde{\boldsymbol{W}}\|^2+0.5\bar{\varepsilon}^2\end{aligned}\tag{11.10}$$

下面结合滑模控制方法和上述所设计的非线性干扰观测器对一类具有执行机构故障和输入饱和受限的不确定 MIMO 非线性系统(11.1)设计鲁棒容错控制器。

设计如下的滑模面，即

$$\boldsymbol{s}=\boldsymbol{C}\boldsymbol{e}+\int_0^t\boldsymbol{Q}\boldsymbol{e}\mathrm{d}t\tag{11.11}$$

式中，$\boldsymbol{C}=\mathrm{diag}\{c_1,c_2,\cdots,c_n\}>0$ 和 $\boldsymbol{Q}=\mathrm{diag}\{q_1,q_2,\cdots,q_n\}>0$ 为设计参数。

考虑式(11.3)和式(11.4)，对式(11.11)求导可得

$$\begin{aligned}\dot{\boldsymbol{s}}&=\boldsymbol{C}\dot{\boldsymbol{e}}+\boldsymbol{Q}\boldsymbol{e}\\&=\boldsymbol{C}\boldsymbol{F}+\boldsymbol{C}\boldsymbol{G}\boldsymbol{v}+\boldsymbol{C}\boldsymbol{G}\Delta\boldsymbol{u}+\boldsymbol{C}\boldsymbol{L}^{-1}\boldsymbol{W}^{*\mathrm{T}}\boldsymbol{\phi}(\boldsymbol{x})+\boldsymbol{C}\boldsymbol{L}^{-1}\boldsymbol{\varepsilon}+\boldsymbol{C}\boldsymbol{D}-\boldsymbol{C}\dot{\boldsymbol{y}}_{\mathrm{r}}+\boldsymbol{Q}\boldsymbol{e}\end{aligned}\tag{11.12}$$

为了有效地消除复合干扰、执行机构故障及输入饱和给系统带来的影响，设计如下的控制律，即

$$\boldsymbol{v}=-\boldsymbol{\psi}^{\dagger}(\boldsymbol{K}\boldsymbol{s}+\boldsymbol{C}\boldsymbol{F}+\boldsymbol{C}\boldsymbol{L}^{-1}\hat{\boldsymbol{W}}^{\mathrm{T}}\boldsymbol{\phi}(\boldsymbol{x})+\boldsymbol{C}\hat{\boldsymbol{D}}-\boldsymbol{C}\dot{\boldsymbol{y}}_{\mathrm{r}}+\boldsymbol{Q}\boldsymbol{e}+\boldsymbol{v}_{\mathrm{cD}}+\boldsymbol{v}_{\mathrm{cu}})\tag{11.13}$$

式中：$\boldsymbol{K}=\boldsymbol{K}^{\mathrm{T}}>0$ 为设计参数；$\boldsymbol{\psi}^{\dagger}=(\boldsymbol{C}\boldsymbol{G})^{\mathrm{T}}(\boldsymbol{C}\boldsymbol{G}(\boldsymbol{C}\boldsymbol{G})^{\mathrm{T}})^{-1}$；$\boldsymbol{v}_{\mathrm{cD}}$和 $\boldsymbol{v}_{\mathrm{cu}}$为解决复合干扰、神经网络逼近误差和输入饱和所设计的补偿项，具体表达式如下：

$$\boldsymbol{v}_{\mathrm{cD}}=\begin{cases}\dfrac{(\hat{\zeta}\|\boldsymbol{e}\|^2+2\hat{\zeta}\Delta_0\|\boldsymbol{e}\|^2+\hat{\zeta}\Delta_0^2+\hat{\varepsilon}\|\boldsymbol{s}\|\|\boldsymbol{C}\boldsymbol{L}^{-1}\|)\boldsymbol{s}}{\|\boldsymbol{s}\|}, & \|\boldsymbol{s}\|>\sigma_{\mathrm{D}}\\0, & \|\boldsymbol{s}\|\leqslant\sigma_{\mathrm{D}}\end{cases}\tag{11.14}$$

$$\boldsymbol{v}_{\mathrm{cu}}=\begin{cases}\dfrac{\|\boldsymbol{CG}\|\boldsymbol{\varphi}(\boldsymbol{x})\hat{\boldsymbol{\theta}}\boldsymbol{s}}{\|\boldsymbol{s}\|}, & \|\boldsymbol{s}\|>\sigma_{\mathrm{u}}\\ 0, & \|\boldsymbol{s}\|\leqslant\sigma_{\mathrm{u}}\end{cases}\tag{11.15}$$

式中：$\sigma_{\mathrm{D}}>0$ 和 $\sigma_{\mathrm{u}}>0$ 为设计参数；$\hat{\zeta}$、$\hat{\varepsilon}$ 和 $\hat{\boldsymbol{\theta}}$ 分别为 ζ、$\bar{\varepsilon}$ 和 $\boldsymbol{\theta}^{*}$ 的估计值。

根据式(11.12)、式(11.13)、式(11.14)和式(11.15)可得

$$\begin{aligned}\boldsymbol{s}^{\mathrm{T}}\dot{\boldsymbol{s}}&=\boldsymbol{s}^{\mathrm{T}}\boldsymbol{CF}+\boldsymbol{s}^{\mathrm{T}}\boldsymbol{CGv}+\boldsymbol{s}^{\mathrm{T}}\boldsymbol{CG}\Delta\boldsymbol{u}+\boldsymbol{s}^{\mathrm{T}}\boldsymbol{CL}^{-1}\boldsymbol{W}^{*\mathrm{T}}\boldsymbol{\phi}(\boldsymbol{x})+\boldsymbol{s}^{\mathrm{T}}\boldsymbol{CL}^{-1}\boldsymbol{\varepsilon}+\boldsymbol{s}^{\mathrm{T}}\boldsymbol{CD}-\boldsymbol{s}^{\mathrm{T}}\boldsymbol{C}\dot{\boldsymbol{y}}_{\mathrm{r}}+\boldsymbol{s}^{\mathrm{T}}\boldsymbol{Qe}\\&\leqslant-\boldsymbol{s}^{\mathrm{T}}\boldsymbol{Ks}+\boldsymbol{s}^{\mathrm{T}}\boldsymbol{CL}^{-1}\tilde{\boldsymbol{W}}^{\mathrm{T}}\boldsymbol{\phi}(\boldsymbol{x})+\boldsymbol{s}^{\mathrm{T}}\boldsymbol{C}\tilde{\boldsymbol{D}}+\|\boldsymbol{s}\|\,\|\boldsymbol{CG}\|\boldsymbol{\varphi}(\boldsymbol{x})\boldsymbol{\theta}^{*}+\|\boldsymbol{s}\|\,\|\boldsymbol{CL}^{-1}\|\bar{\varepsilon}-\boldsymbol{s}^{\mathrm{T}}\boldsymbol{v}_{\mathrm{cD}}-\boldsymbol{s}^{\mathrm{T}}\boldsymbol{v}_{\mathrm{cu}}\\&\leqslant-\boldsymbol{s}^{\mathrm{T}}\boldsymbol{Ks}+\boldsymbol{s}^{\mathrm{T}}\boldsymbol{CL}^{-1}\tilde{\boldsymbol{W}}^{\mathrm{T}}\boldsymbol{\phi}(\boldsymbol{x})+\boldsymbol{s}^{\mathrm{T}}\boldsymbol{C}\tilde{\boldsymbol{D}}+\|\boldsymbol{s}\|\,\|\boldsymbol{CG}\|\boldsymbol{\varphi}(\boldsymbol{x})\tilde{\boldsymbol{\theta}}\\&\quad+\|\boldsymbol{s}\|\,\|\boldsymbol{CL}^{-1}\|\tilde{\varepsilon}-\hat{\zeta}\|\boldsymbol{e}\|^{2}-2\hat{\zeta}\Delta_{0}\|\boldsymbol{e}\|-\hat{\zeta}\Delta_{0}^{2}\end{aligned}\tag{11.16}$$

式中：$\tilde{\boldsymbol{\theta}}=\boldsymbol{\theta}^{*}-\hat{\boldsymbol{\theta}}$；$\tilde{\varepsilon}=\bar{\varepsilon}-\hat{\varepsilon}$。

选择如下的 Lyapunov 函数，即

$$V=\frac{1}{2}\boldsymbol{s}^{\mathrm{T}}\boldsymbol{s}+\frac{1}{2}\tilde{\boldsymbol{D}}^{\mathrm{T}}\tilde{\boldsymbol{D}}+\frac{1}{2}\tilde{\boldsymbol{\theta}}^{\mathrm{T}}\boldsymbol{\Gamma}_{\theta}^{-1}\tilde{\boldsymbol{\theta}}+\frac{1}{2\gamma}\tilde{\varepsilon}^{2}+\frac{1}{2\lambda}\tilde{\zeta}^{2}+\frac{1}{2}\mathrm{tr}(\tilde{\boldsymbol{W}}^{\mathrm{T}}\boldsymbol{\Gamma}_{W}^{-1}\tilde{\boldsymbol{W}})\tag{11.17}$$

式中：$\boldsymbol{\Gamma}_{\theta}=\boldsymbol{\Gamma}_{\theta}^{\mathrm{T}}>0$、$\boldsymbol{\Gamma}_{W}=\boldsymbol{\Gamma}_{W}^{\mathrm{T}}>0$、$\gamma>0$ 和 $\lambda>0$ 为设计参数；$\tilde{\zeta}=\zeta-\hat{\zeta}$，且有 $\dot{\tilde{\theta}}=-\dot{\hat{\theta}}$、$\dot{\tilde{\varepsilon}}=-\dot{\hat{\varepsilon}}$、$\dot{\tilde{\zeta}}=-\dot{\hat{\zeta}}$ 和 $\dot{\tilde{\boldsymbol{W}}}=-\dot{\hat{\boldsymbol{W}}}$。

考虑式(11.10)和式(11.16)，对式(11.17)求导可得

$$\begin{aligned}\dot{V}\leqslant&-\boldsymbol{s}^{\mathrm{T}}(\boldsymbol{K}-0.5\boldsymbol{CC}^{\mathrm{T}})\boldsymbol{s}-\tilde{\boldsymbol{D}}^{\mathrm{T}}(\boldsymbol{L}-(1.5+0.5b\tau^{2})\boldsymbol{I}_{n})\tilde{\boldsymbol{D}}+\|\boldsymbol{s}\|\,\|\boldsymbol{CG}\|\boldsymbol{\varphi}(\boldsymbol{x})\tilde{\boldsymbol{\theta}}+\|\boldsymbol{s}\|\,\|\boldsymbol{CL}^{-1}\|\tilde{\varepsilon}+\tilde{\zeta}\|\boldsymbol{e}\|^{2}\\&+\boldsymbol{s}^{\mathrm{T}}\boldsymbol{CL}^{-1}\tilde{\boldsymbol{W}}^{\mathrm{T}}\boldsymbol{\phi}(\boldsymbol{x})+2\tilde{\zeta}\Delta_{0}\|\boldsymbol{e}\|+\tilde{\zeta}\Delta_{0}^{2}+\frac{0.5}{b}\|\tilde{\boldsymbol{W}}\|^{2}+0.5\bar{\varepsilon}^{2}-\tilde{\boldsymbol{\theta}}^{\mathrm{T}}\boldsymbol{\Gamma}_{\theta}^{-1}\dot{\hat{\boldsymbol{\theta}}}-\frac{1}{\gamma}\tilde{\varepsilon}\dot{\hat{\varepsilon}}-\frac{1}{\lambda}\tilde{\zeta}\dot{\hat{\zeta}}-\mathrm{tr}(\tilde{\boldsymbol{W}}^{\mathrm{T}}\boldsymbol{\Gamma}_{W}^{-1}\dot{\hat{\boldsymbol{W}}})\end{aligned}\tag{11.18}$$

设计如下的参数自适应律，即

$$\dot{\hat{\boldsymbol{\theta}}}=\boldsymbol{\Gamma}_{\theta}(\|\boldsymbol{s}\|\,\|\boldsymbol{CG}\|\boldsymbol{\varphi}(\boldsymbol{x})^{\mathrm{T}}-k_{\theta}\hat{\boldsymbol{\theta}})\tag{11.19}$$

$$\dot{\hat{\varepsilon}}=\gamma(\|\boldsymbol{s}\|\,\|\boldsymbol{CL}^{-1}\|-k_{\varepsilon}\hat{\varepsilon})\tag{11.20}$$

$$\dot{\hat{\zeta}}=\lambda(\|\boldsymbol{e}\|^{2}+2\Delta_{0}\|\boldsymbol{e}\|+\Delta_{0}^{2}-k_{\zeta}\hat{\zeta})\tag{11.21}$$

$$\dot{\hat{\boldsymbol{W}}}=\boldsymbol{\Gamma}_{W}(\boldsymbol{\phi}(\boldsymbol{x})\boldsymbol{s}^{\mathrm{T}}\boldsymbol{CL}^{-1}-k_{W}\hat{\boldsymbol{W}})\tag{11.22}$$

式中：$k_{\theta}>0$、$k_{\varepsilon}>0$、$k_{\zeta}>0$ 和 $k_{W}>0$ 为设计参数。

将式(11.19)、式(11.20)、式(11.21)和式(11.22)代入式(11.18)可得

$$\begin{aligned}\dot{V}\leqslant&-\boldsymbol{s}^{\mathrm{T}}(\boldsymbol{K}-0.5\boldsymbol{CC}^{\mathrm{T}})\boldsymbol{s}-\tilde{\boldsymbol{D}}^{\mathrm{T}}(\boldsymbol{L}-(1.5+0.5b\tau^{2})\boldsymbol{I}_{n})\tilde{\boldsymbol{D}}+\frac{0.5}{b}\|\tilde{\boldsymbol{W}}\|^{2}+0.5\bar{\varepsilon}^{2}\\&+k_{\theta}\tilde{\boldsymbol{\theta}}^{\mathrm{T}}\hat{\boldsymbol{\theta}}+k_{\varepsilon}\tilde{\varepsilon}\hat{\varepsilon}+k_{\zeta}\tilde{\zeta}\hat{\zeta}+k_{W}\mathrm{tr}(\tilde{\boldsymbol{W}}^{\mathrm{T}}\hat{\boldsymbol{W}})\\\leqslant&-\boldsymbol{s}^{\mathrm{T}}(\boldsymbol{K}-0.5\boldsymbol{CC}^{\mathrm{T}})\boldsymbol{s}-\tilde{\boldsymbol{D}}^{\mathrm{T}}(\boldsymbol{L}-(1.5+0.5b\tau^{2})\boldsymbol{I}_{n})\tilde{\boldsymbol{D}}-0.5k_{\theta}\tilde{\boldsymbol{\theta}}^{\mathrm{T}}\tilde{\boldsymbol{\theta}}-0.5\mathrm{k}_{\varepsilon}\tilde{\varepsilon}^{2}-0.5\mathrm{k}_{\zeta}\tilde{\zeta}^{2}\\&+0.5k_{\theta}\|\boldsymbol{\theta}^{*}\|^{2}+0.5(k_{\varepsilon}+1)\bar{\varepsilon}^{2}+0.5k_{\zeta}\zeta^{2}+\frac{0.5}{b}\|\tilde{\boldsymbol{W}}\|^{2}+k_{W}\mathrm{tr}(\tilde{\boldsymbol{W}}^{\mathrm{T}}\hat{\boldsymbol{W}})\end{aligned}\tag{11.23}$$

考虑如下不等式，即

$$\mathrm{tr}(\tilde{\boldsymbol{W}}^{\mathrm{T}}\hat{\boldsymbol{W}})=\mathrm{tr}(\tilde{\boldsymbol{W}}^{\mathrm{T}}(\boldsymbol{W}^{*}-\tilde{\boldsymbol{W}}))\leqslant\|\tilde{\boldsymbol{W}}\|\,\|\boldsymbol{W}^{*}\|-\|\tilde{\boldsymbol{W}}\|^{2}\leqslant-0.5\|\tilde{\boldsymbol{W}}\|^{2}+0.5\bar{W}^{2}\tag{11.24}$$

将式(11.24)代入式(11.23)可得

$$\begin{aligned}\dot{V} \leqslant & -\boldsymbol{s}^{\mathrm{T}}(\boldsymbol{K}-0.5\boldsymbol{C}\boldsymbol{C}^{\mathrm{T}})\boldsymbol{s}-\widetilde{\boldsymbol{D}}^{\mathrm{T}}(\boldsymbol{L}-(1.5+0.5b\tau^2)\boldsymbol{I}_n)\widetilde{\boldsymbol{D}}-0.5k_\theta\widetilde{\boldsymbol{\theta}}^{\mathrm{T}}\widetilde{\boldsymbol{\theta}}-0.5k_\varepsilon\widetilde{\varepsilon}^2-0.5k_\zeta\widetilde{\zeta}^2 \\ & -\left(0.5k_W-\frac{0.5}{b}\right)\|\widetilde{\boldsymbol{W}}\|^2+0.5k_\theta\|\boldsymbol{\theta}^*\|^2+0.5(k_\varepsilon+1)\overline{\varepsilon}^2+0.5k_\zeta\zeta^2+0.5k_W\overline{W}^2 \\ \leqslant & -\kappa V+N\end{aligned} \tag{11.25}$$

其中，$\kappa=\min\{2\lambda_{\min}(\boldsymbol{K}-0.5\boldsymbol{C}\boldsymbol{C}^{\mathrm{T}}),\lambda_{\min}(2\boldsymbol{L}-(3+b\tau^2)\boldsymbol{I}_n),k_\theta/\lambda_{\max}(\boldsymbol{\Gamma}_0^{-1}),k_\varepsilon\gamma,k_\zeta\lambda,\left(k_W-\frac{1}{b}\right)/\lambda_{\max}(\boldsymbol{\Gamma}_W^{-1})\}>0$，$N=0.5k_\theta\|\boldsymbol{\theta}^*\|^2+0.5(k_\varepsilon+1)\overline{\varepsilon}^2+0.5k_\zeta\zeta^2+0.5k_W\overline{W}^2>0$。

对式(11.25)两边积分可得

$$0\leqslant V\leqslant\frac{N}{\kappa}+\left(V(0)-\frac{N}{\kappa}\right)\mathrm{e}^{-\kappa t} \tag{11.26}$$

根据上述分析过程可得如下定理：

定理 11.1：针对满足假设 11.1 ~ 假设 11.4 的具有执行机构故障和输入饱和受限的不确定 MIMO 非线性系统式(11.1)，非线性干扰观测器按式(11.5)和式(11.6)设计，参数自适应律取为式(11.19)、式(11.20)、式(11.21)和式(11.22)，滑模面设计成式(11.11)的形式，饱和容错控制律按式(11.13)、式(11.14)和式(11.15)设计，则闭环系统所有信号都是最终一致有界的。

证明：选择式(11.17)所示的 Lyapunov 函数。由上述分析过程式(11.18) ~ 式(11.26)可知，闭环系统所有信号都是最终一致有界的。

证毕。

11.4　NSV 姿态容错控制仿真研究

本节将 11.3 节所提出的控制方案应用于 NSV 姿态容错跟踪控制中。仿真初始条件取为 $\alpha_0=1°$，$\beta_0=0°$，$\mu_0=2°$，$p_0=q_0=r_0=0\mathrm{rad/s}$，$H_0=22000\mathrm{m}$，$V_0=600\mathrm{m/s}$，且机翼后掠角 $\Lambda=50°$。期望姿态角信号为

$$\begin{aligned}&\alpha_c=\begin{cases}2°, 10k\mathrm{s}\leqslant t<10(k+1)\mathrm{s}\\ 6°, 10(k+1)\mathrm{s}\leqslant t<10(k+2)\mathrm{s}\end{cases}, \ k=0,2,4,\cdots, \\ &\beta_c=(5+2\sin(0.2\pi t)+3\cos(0.1\pi t))°, \\ &\mu_c=3°。\end{aligned} \tag{11.27}$$

系统参数不确定性为 −30%，且外部干扰全部以力矩的形式作用于快回路，数值为

$$\boldsymbol{d}_{Mf}(t)=\begin{bmatrix}6\times10^6(\sin(5t))\\ 5\times10^5(\cos(5t)+0.3)\\ 6\times10^6(\sin(5t)+0.2)\end{bmatrix}\mathrm{N\cdot m}。 \tag{11.28}$$

另一方面，执行机构效率损失故障表示成如下形式，即

$$\begin{aligned}&m_1=\begin{cases}1, & t<15\mathrm{s}\\ 0.6, & t\geqslant15\mathrm{s}\end{cases}, m_2=\begin{cases}1, & t<15\mathrm{s}\\ 0.7, & t\geqslant15\mathrm{s}\end{cases}, m_3=\begin{cases}1, & t<15\mathrm{s}\\ 0.2, & t\geqslant15\mathrm{s}\end{cases}, \\ &m_4=\begin{cases}1, & t<25\mathrm{s}\\ 0.8, & t\geqslant25\mathrm{s}\end{cases}, m_5=\begin{cases}1, & t<25\mathrm{s}\\ 0.6, & t\geqslant25\mathrm{s}\end{cases}。\end{aligned} \tag{11.29}$$

在仿真中，通过指令参考模型来保证期望的姿态角和相对应的导数信号连续有界。同时，NSV的各舵面偏转角幅值如式(2.1)和式(2.2)所示。快慢回路控制器相关参数取为$\boldsymbol{L}_1=\mathrm{diag}\{2,2,2\}$，$\boldsymbol{C}_1=\mathrm{diag}\{1,1,1\}$，$\boldsymbol{Q}_1=\mathrm{diag}\{1,1,1\}$，$\boldsymbol{K}_1=\mathrm{diag}\{3,3,3\}$，$\boldsymbol{\Gamma}_{\theta_1}=\mathrm{diag}\{5,5,5\}$，$k_{\theta_1}=0.1$，$\boldsymbol{\Gamma}_{W_1}=\mathrm{diag}\{10\}_{15\times15}$，$k_{W_1}=1.5$，$\gamma_1=2$，$k_{\varepsilon_1}=0.1$，$\lambda_1=1.5$，$k_{\zeta_1}=0.1$，$\boldsymbol{\varphi}_1=[\alpha+0.01,\beta+0.01,\mu+0.01]$；$\boldsymbol{L}_2=\mathrm{diag}\{2,2,2\}$，$\boldsymbol{C}_2=\mathrm{diag}\{1,1,1\}$，$\boldsymbol{Q}_2=\mathrm{diag}\{1,1,1\}$，$\boldsymbol{K}_2=\mathrm{diag}\{5,5,5\}$，$\boldsymbol{\Gamma}_{\theta_2}=\mathrm{diag}\{5,5,5\}$，$k_{\theta_2}=0.1$，$\boldsymbol{\Gamma}_{W_2}=\mathrm{diag}\{10\}_{15\times15}$，$k_{W_2}=1.5$，$\gamma_2=2$，$k_{\varepsilon_2}=0.1$，$\lambda_2=1.5$，$k_{\zeta_2}=0.1$，$\boldsymbol{\varphi}_2=[p+0.01,q+0.01,r+0.01]$。仿真结果如图11.1和图11.2所示。

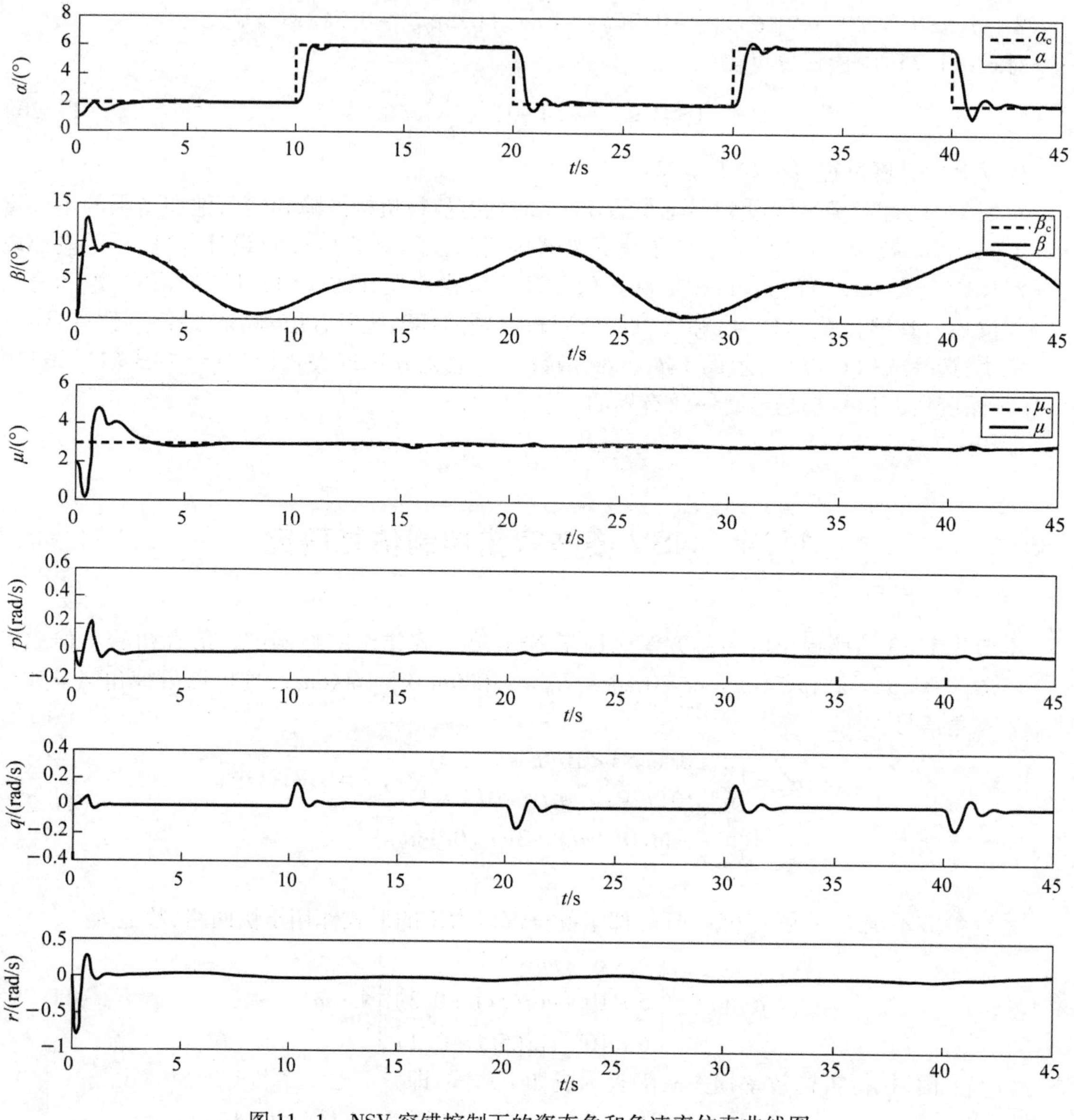

图11.1　NSV容错控制下的姿态角和角速率仿真曲线图

从图11.1和图11.2可以看出，尽管NSV在飞行中存在参数不确定、外部干扰和输入饱和情况，但在本章控制方案作用下，NSV姿态角能很好地跟踪期望的指令信号。当执行机构发生

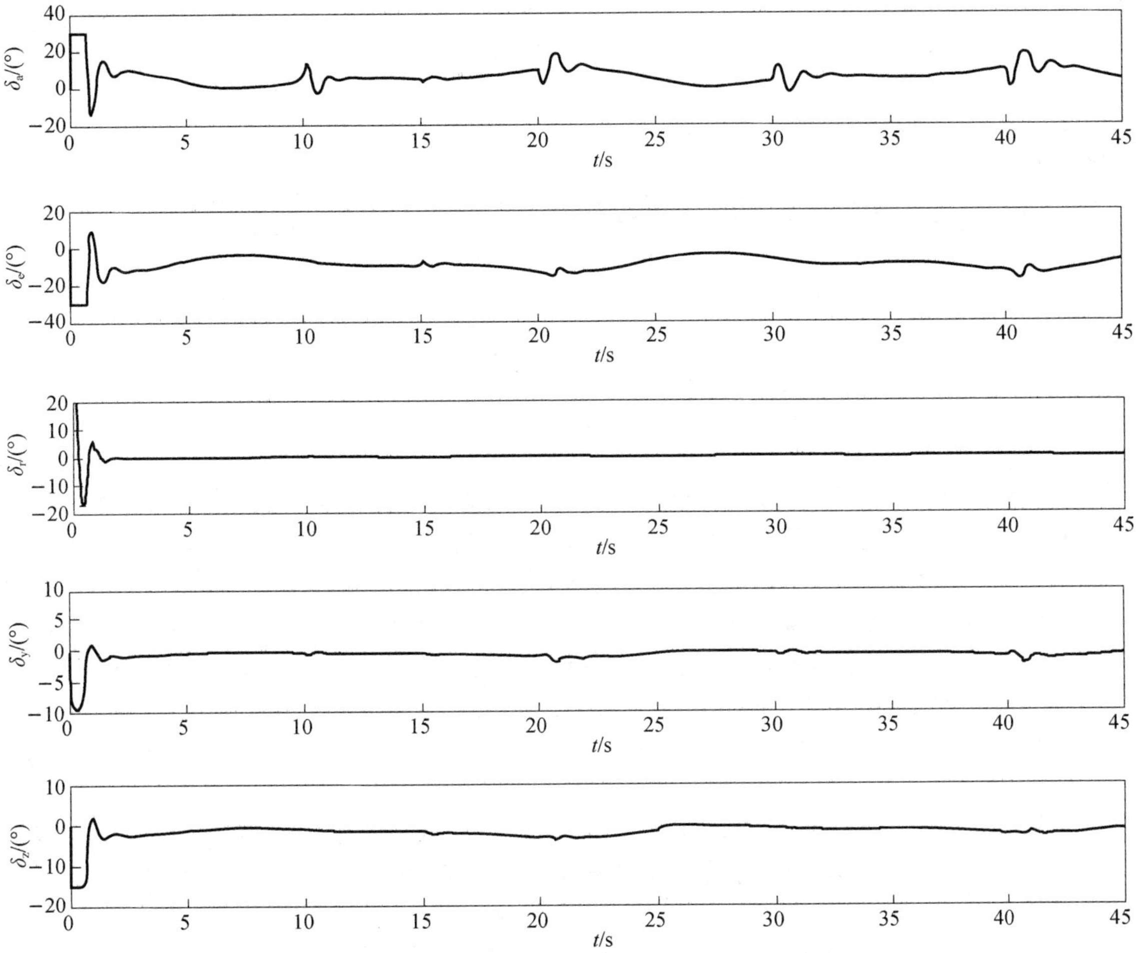

图 11. 2　NSV 容错控制下的舵面偏转角仿真曲线图

效率损失故障时,系统响应曲线产生了较小的超调,但是最终仍实现了对姿态角的稳定跟踪。因此,本章所设计的控制器对 NSV 具有较好的容错控制能力。

11.5　小　　结

本章针对一类具有执行机构故障和输入饱和限制的不确定 MIMO 非线性系统进行了容错控制器设计。利用非线性干扰观测器实现对系统中未知复合干扰的估计,通过神经网络来解决执行机构故障问题,并在控制律中增加补偿项来消除输入饱和给系统带来的影响,基于 Lyapunov 方法证明了闭环系统的稳定性,仿真结果验证了所研究的容错控制方案的有效性。

第 12 章 具有输入饱和与执行器故障的NSV容错控制

12.1 引　言

对于众多复杂非线性系统,例如 NSV 系统,在实际控制领域中系统的精确性和可靠性是极其重要的。有时 NSV 在执行任务时将不得不面对某些紧急情况,如外部强大的气流或是执行器、传感器、零部件故障等问题。因此,许多学者将研究工作的重点放在设计具有强抗干扰和容错能力的 NSV 系统控制方案上。文献[153]考虑输入饱和和时变干扰的 NSV 非线性 MIMO 系统,给出了一种鲁棒容错控制器,仿真数据表明所设计的控制方案对复合干扰及未知系统项有良好鲁棒性。文献[154]将干扰观测器与动态面控制方法相结合给出了一种 NSV 姿态控制鲁棒控制方案。文献[155]结合 RBFNN 技术、回馈反推技术设计了容错控制器(FTC)来处理未知故障与外部干扰。另外一些学者将重点放在基于数据架构的容错控制并在现实应用中取得了很好的应用效果。

与第 11 章相似,为了增强 NSV 控制器对不确定项的鲁棒性及抗扰动性能,本章将引入非线性干扰观测器技术,利用已知的系统信息来估计未知扰动,以此来抵消外部未知干扰和系统参数摄动对 NSV 系统的影响。此外,NDO 同样可以与智能控制方法相结合,利用模糊系统或神经网络技术设计智能非线性干扰观测器。同时由于径向基神经网络具有能够以任意精度逼近任意连续函数的能力[156-159],通过神经网络权重参数的在线调整,其可用来逼近处理未知系统的故障。

本章设计了一种具有输入饱和、外部干扰和执行器故障的 NSV 容错滑模控制方法。对于快慢回路系统中外部干扰的数量级远远大于系统不确定项的数量级,采用非线性干扰观测器技术处理复合干扰,干扰观测器利用已知系统状态与输入状态信息逼近外部未知干扰;针对飞行器输入饱和受限的问题,将舵面偏转角输出上界用于设计控制律,确保输出在一定范围内,并设计辅助变量,通过自适应律自动调节舵机偏转角输出,以免在偏转角上界过大时,出现输出过大现象;同时利用径向基神经网络构造一种补偿器对舵机发生故障时进行容错补偿,进而解决飞行器执行器故障问题。

12.2 NSV 滑模容错控制

12.2.1 问题描述

NSV 姿态运动方程可表示为以下不确定 MIMO 系统,即

$$\begin{cases}\dot{\boldsymbol{\Omega}}=\boldsymbol{f}_{\mathrm{s}}(\boldsymbol{\Omega})+\boldsymbol{g}_{\mathrm{s}}(\boldsymbol{\Omega})\boldsymbol{\omega}+\boldsymbol{D}_{\mathrm{s}}(t,\boldsymbol{\Omega})\\ \dot{\boldsymbol{\omega}}=\boldsymbol{f}_{\mathrm{f}}(\boldsymbol{\omega})+\boldsymbol{g}_{\mathrm{f}}(\omega)\boldsymbol{\delta}(V)+\boldsymbol{D}_{\mathrm{f}}(t,\boldsymbol{\omega})\\ \boldsymbol{y}=\boldsymbol{\Omega}\end{cases} \tag{12.1}$$

式中:$\boldsymbol{\Omega}=[\alpha,\beta,\mu]^{\mathrm{T}}$ 为姿态角向量,α 为迎角,β 为侧滑角,μ 为滚转角;$\boldsymbol{\omega}=[p,q,r]^{\mathrm{T}}$ 为姿态角速率向量,p 为滚转角速率,q 为俯仰角速率,r 为偏航角速率;$\boldsymbol{\delta}(V)$ 为系统实际控制输入且受到饱和限制的影响;$\boldsymbol{f}_{\mathrm{s}}(\boldsymbol{\Omega})$ 与 $\boldsymbol{f}_{\mathrm{f}}(\boldsymbol{\omega})$ 为状态方程向量;$\boldsymbol{g}_{\mathrm{s}}(\boldsymbol{\Omega})$ 与 $\boldsymbol{g}_{\mathrm{f}}(\omega)$ 为系统矩阵;$\boldsymbol{D}_{\mathrm{s}}(t,\boldsymbol{\Omega})=\Delta\boldsymbol{f}_{\mathrm{s}}(\boldsymbol{\Omega})+\boldsymbol{d}_{\mathrm{s}}(t)$ 与 $\boldsymbol{D}_{\mathrm{f}}(t,\boldsymbol{\omega})=\Delta\boldsymbol{f}_{\mathrm{f}}(\boldsymbol{\omega})+\boldsymbol{d}_{\mathrm{f}}(t)$ 为复合干扰。$\Delta\boldsymbol{f}_{\mathrm{s}}(\boldsymbol{\Omega})$ 与 $\Delta\boldsymbol{f}_{\mathrm{f}}(\boldsymbol{\omega})$ 为模型误差即系统不确定性;$\boldsymbol{d}_{\mathrm{s}}(t)$、$\boldsymbol{d}_{\mathrm{f}}(t)$ 为未知外部干扰。

12.2.2 NSV 慢回路控制器设计

为了便于设计鲁棒控制器,给出以下假设:

假设 12.1:对 NSV 姿态运动系统,慢回路中复合干扰 $\boldsymbol{D}_{\mathrm{s}}=[D_{\mathrm{s},1},D_{\mathrm{s},2},D_{\mathrm{s},3}]^{\mathrm{T}}$ 及其一阶导数 $\dot{\boldsymbol{D}}_{\mathrm{s}}=[\dot{D}_{\mathrm{s},1},\dot{D}_{\mathrm{s},2},\dot{D}_{\mathrm{s},3}]^{\mathrm{T}}$ 有界,即 $\|\boldsymbol{D}_{\mathrm{s}}\|\leqslant\beta_{\mathrm{D}},\beta_{\mathrm{D}}>0$,$\|\dot{\boldsymbol{D}}_{\mathrm{s}}\|\leqslant\beta_{\mathrm{d}},\beta_{\mathrm{d}}>0$。

假设 12.2:对 NSV 姿态运动系统,期望姿态角向量 $\boldsymbol{\Omega}_{\mathrm{c}}$ 已知连续且其一阶导数存在。

假设 12.3:对 NSV 姿态运动系统,系统状态可测且控制增益矩阵 $\boldsymbol{g}_{\mathrm{s}}(\boldsymbol{\Omega})$ 的逆存在。

由于系统存在不确定性和外部复合干扰,为减小干扰对系统的影响,提高系统控制精度,将引入 NDO 逼近系统的复合干扰。NDO 设计为如下形式,即

$$\begin{cases}\hat{\boldsymbol{D}}_{\mathrm{s}}=z+\boldsymbol{Q}(\boldsymbol{\Omega})\\ \dot{z}=-\boldsymbol{L}(\boldsymbol{\Omega})z-\boldsymbol{L}(\boldsymbol{\Omega})(\boldsymbol{Q}(\boldsymbol{\Omega})+\boldsymbol{f}_{\mathrm{s}}(\boldsymbol{\Omega})+\boldsymbol{g}_{\mathrm{s}}(\boldsymbol{\Omega})\boldsymbol{\omega})\end{cases} \tag{12.2}$$

式中:$\hat{\boldsymbol{D}}_{\mathrm{s}}$ 为慢回路中复合干扰的估计值;z 为 NDO 的状态变量;$\boldsymbol{L}(\boldsymbol{\Omega})$ 与 $\boldsymbol{Q}(\boldsymbol{\Omega})$ 为中间变量,且 $\boldsymbol{L}(\boldsymbol{\Omega})=\dfrac{\partial\boldsymbol{Q}(\boldsymbol{\Omega})}{\partial\Omega}$,$\boldsymbol{Q}(\boldsymbol{\Omega})=[q_1(\Omega),q_2(\Omega),q_3(\Omega)]^{\mathrm{T}}\in\mathbf{R}^3$ 为待设计的非线性函数向量。为简化设计,$\boldsymbol{L}(\boldsymbol{\Omega})$ 可设计为对角矩阵形式,即 $\boldsymbol{L}(\boldsymbol{\Omega})=\mathrm{diag}\{L_1(\Omega),L_2(\Omega),L_3(\Omega)\}$,$L_i(\Omega)>0$ 或者 $\boldsymbol{L}(\boldsymbol{\Omega})=\mathrm{diag}\{L_1,L_2,L_3\}$,$L_i>0,i=1,2,3$。

对 NDO 的输出 $\hat{\boldsymbol{D}}_s$ 求导可得

$$\begin{aligned}\dot{\hat{\boldsymbol{D}}}_{\mathrm{s}}&=\dot{z}+\dot{\boldsymbol{Q}}(\boldsymbol{\Omega})\\&=-\boldsymbol{L}(\boldsymbol{\Omega})z-\boldsymbol{L}(\boldsymbol{\Omega})(\boldsymbol{Q}(\boldsymbol{\Omega})+\boldsymbol{f}_{\mathrm{s}}(\boldsymbol{\Omega})+\boldsymbol{g}_{\mathrm{s}}(\boldsymbol{\Omega})\boldsymbol{\omega})+\frac{\partial\boldsymbol{Q}(\boldsymbol{\Omega})}{\partial\boldsymbol{\Omega}}\dot{\boldsymbol{\Omega}}\\&=-\boldsymbol{L}(\boldsymbol{\Omega})z-\boldsymbol{L}(\boldsymbol{\Omega})\boldsymbol{Q}(\boldsymbol{\Omega})+\boldsymbol{L}(\boldsymbol{\Omega})\boldsymbol{D}_{\mathrm{s}}\\&=\boldsymbol{L}(\boldsymbol{\Omega})(\boldsymbol{D}_{\mathrm{s}}-z-\boldsymbol{Q}(\boldsymbol{\Omega}))\\&=\boldsymbol{L}(\boldsymbol{\Omega})\tilde{\boldsymbol{D}}_{\mathrm{s}}\end{aligned} \tag{12.3}$$

式中:$\tilde{\boldsymbol{D}}_{\mathrm{s}}=\boldsymbol{D}_{\mathrm{s}}-\hat{\boldsymbol{D}}_{\mathrm{s}}$。

为分析干扰观测器误差的稳定性,Lyapunov 函数选为:

$$V_{\mathrm{d}}=\frac{1}{2}\tilde{\boldsymbol{D}}_{\mathrm{s}}^{\mathrm{T}}\tilde{\boldsymbol{D}}_{\mathrm{s}} \tag{12.4}$$

对 V_{d} 求导可得

$$
\begin{aligned}
\dot{V}_{\mathrm{d}} &= \tilde{\boldsymbol{D}}_{\mathrm{s}}^{\mathrm{T}}\dot{\tilde{\boldsymbol{D}}}_{\mathrm{s}} = \tilde{\boldsymbol{D}}_{\mathrm{s}}^{\mathrm{T}}\dot{\boldsymbol{D}}_{\mathrm{s}} - \tilde{\boldsymbol{D}}_{\mathrm{s}}^{\mathrm{T}}\dot{\hat{\boldsymbol{D}}}_{\mathrm{s}} = \tilde{\boldsymbol{D}}_{\mathrm{s}}^{\mathrm{T}}\dot{\boldsymbol{D}}_{\mathrm{s}} - \tilde{\boldsymbol{D}}_{\mathrm{s}}^{\mathrm{T}}\boldsymbol{L}(\boldsymbol{\Omega})\tilde{\boldsymbol{D}}_{\mathrm{s}} \\
&\leqslant \frac{1}{2}\tilde{\boldsymbol{D}}_{\mathrm{s}}^{\mathrm{T}}\tilde{\boldsymbol{D}}_{\mathrm{s}} + \frac{1}{2}\dot{\boldsymbol{D}}_{\mathrm{s}}^{\mathrm{T}}\dot{\boldsymbol{D}}_{\mathrm{s}} - \tilde{\boldsymbol{D}}_{\mathrm{s}}^{\mathrm{T}}\boldsymbol{L}(\boldsymbol{\Omega})\tilde{\boldsymbol{D}}_{\mathrm{s}} \\
&\leqslant -\tilde{\boldsymbol{D}}_{\mathrm{s}}^{\mathrm{T}}\left(\boldsymbol{L}(\boldsymbol{\Omega}) - \frac{1}{2}\boldsymbol{I}_3\right)\tilde{\boldsymbol{D}}_{\mathrm{s}} + \frac{1}{2}\beta_{\mathrm{d}}^2 \leqslant -\kappa_{\mathrm{d}}V_{\mathrm{d}} + M_{\mathrm{d}}
\end{aligned} \tag{12.5}
$$

式中：$\kappa_{\mathrm{d}} = \min\left\{2\lambda_{\min}\left(\boldsymbol{L}(\boldsymbol{\Omega}) - \frac{1}{2}I_3\right)\right\}$；$M_{\mathrm{d}} = \frac{1}{2}\beta_{\mathrm{d}}^2$。

对 $\dot{V}_{\mathrm{d}}$ 两边积分可得

$$
0 \leqslant V_{\mathrm{d}} \leqslant \frac{M_{\mathrm{d}}}{\kappa_{\mathrm{d}}} + \left(V_{\mathrm{d}}(0) - \frac{M_{\mathrm{d}}}{\kappa_{\mathrm{d}}}\right)\mathrm{e}^{-\kappa_{\mathrm{d}}t} \tag{12.6}
$$

由式(12.6)可知，干扰跟踪误差信号最终是一致收敛的，即干扰估计误差存在上界 β_{ds}，即 $\|\tilde{D}_{\mathrm{s}}\| \leqslant \beta_{\mathrm{ds}}$。

定理 12.1：针对 NSV 慢回路系统，选取式(12.7)的滑模面，未知干扰估计误差 $\tilde{D}_{\mathrm{s}}$ 上界估计值的自适应律取为式(12.8)，干扰观测器设计为式(12.2)的形式，慢回路滑模控制器设计为式(12.9)的形式，则慢回路跟踪误差最终一致渐近有界。

$$
\boldsymbol{\sigma}_{\mathrm{s}} = \boldsymbol{e}_{\mathrm{s}} + \int_0^t \boldsymbol{A}_{\mathrm{s}}\boldsymbol{e}_{\mathrm{s}}\mathrm{d}t \tag{12.7}
$$

$$
\dot{\hat{\beta}}_{\mathrm{ds}} = \gamma_{\mathrm{s}}\|\boldsymbol{\sigma}_{\mathrm{s}}\| \tag{12.8}
$$

$$
\boldsymbol{\omega}_{\mathrm{c}} = -\boldsymbol{g}_{\mathrm{s}}^{-1}(\boldsymbol{\Omega})(\boldsymbol{f}_{\mathrm{s}}(\boldsymbol{\Omega}) - \dot{\boldsymbol{\Omega}}_{\mathrm{c}} + \hat{\boldsymbol{D}}_{\mathrm{s}} + \boldsymbol{A}_{\mathrm{s}}\boldsymbol{e}_{\mathrm{s}} + \hat{\beta}_{\mathrm{ds}}\mathrm{sgn}(\boldsymbol{\sigma}_{\mathrm{s}}) + K_{\mathrm{s}}\boldsymbol{\sigma}_{\mathrm{s}}) \tag{12.9}
$$

式中：$\boldsymbol{e}_{\mathrm{s}} = \boldsymbol{\Omega} - \boldsymbol{\Omega}_{\mathrm{c}}$ 为慢回路跟踪误差；$\boldsymbol{g}_{\mathrm{s}}^{-1}(\boldsymbol{\Omega})$ 表示对矩阵 $\boldsymbol{g}_{\mathrm{s}}(\Omega)$ 求逆；$\boldsymbol{A}_{\mathrm{s}}$ 为慢回路滑模面的参数矩阵，具体满足以下关系，即 $\boldsymbol{A}_{\mathrm{s}} = \mathrm{diag}\{a_{\mathrm{s},1}, a_{\mathrm{s},2}, a_{\mathrm{s},3}\} > 0$；$\mathrm{sgn}(\boldsymbol{\sigma}_{\mathrm{s}}) = [\mathrm{sgn}(\sigma_{\mathrm{s1}}), \mathrm{sgn}(\sigma_{\mathrm{s2}}), \mathrm{sgn}(\sigma_{\mathrm{s3}})]^{\mathrm{T}}$；$K_{\mathrm{s}} > 0$，$\gamma_{\mathrm{s}} > 0$，$\hat{\beta}_{\mathrm{ds}}$ 为 β_{ds} 的估计值向量，β_{ds} 为慢回路复合干扰估计误差的上界值 $\|\tilde{\boldsymbol{D}}_{\mathrm{s}}\| \leqslant \beta_{\mathrm{ds}}$。

证明：选择 Lyapunov 函数为

$$
V_{\mathrm{s}} = \frac{1}{2}\boldsymbol{\sigma}_{\mathrm{s}}^{\mathrm{T}}\boldsymbol{\sigma}_{\mathrm{s}} + \frac{1}{2\gamma_{\mathrm{s}}}\tilde{\beta}_{\mathrm{ds}}^2 \tag{12.10}
$$

式中：$\tilde{\beta}_{\mathrm{ds}} = \beta_{\mathrm{ds}} - \hat{\beta}_{\mathrm{ds}}$，且有 $\dot{\tilde{\beta}}_{\mathrm{ds}} = \dot{\beta}_{\mathrm{ds}} - \dot{\hat{\beta}}_{\mathrm{ds}} = -\dot{\hat{\beta}}_{\mathrm{ds}}$。

考虑到式(12.9)，对式(12.7)求导可得

$$
\begin{aligned}
\dot{\boldsymbol{\sigma}}_{\mathrm{s}} &= \boldsymbol{f}_{\mathrm{s}}(\boldsymbol{\Omega}) + \boldsymbol{g}_{\mathrm{s}}(\boldsymbol{\Omega})\boldsymbol{\omega}_{\mathrm{c}} + \boldsymbol{D}_{\mathrm{s}} - \dot{\boldsymbol{\Omega}}_{\mathrm{c}} + \boldsymbol{A}_{\mathrm{s}}\boldsymbol{e}_{\mathrm{s}} \\
&= \boldsymbol{f}_{\mathrm{s}}(\boldsymbol{\Omega}) - (\boldsymbol{f}_{\mathrm{s}}(\boldsymbol{\Omega}) - \dot{\boldsymbol{\Omega}}_{\mathrm{c}} + \hat{\boldsymbol{D}}_{\mathrm{s}} + \boldsymbol{A}_{\mathrm{s}}\boldsymbol{e}_{\mathrm{s}} + \hat{\beta}_{\mathrm{ds}}\mathrm{sgn}(\boldsymbol{e}_{\mathrm{s}}) + K_{\mathrm{s}}\boldsymbol{\sigma}_{\mathrm{s}}) + \boldsymbol{D}_{\mathrm{s}} - \dot{\boldsymbol{\Omega}}_{\mathrm{c}} + \boldsymbol{A}_{\mathrm{s}}\boldsymbol{e}_{\mathrm{s}} \\
&= -K_{\mathrm{s}}\boldsymbol{\sigma}_{\mathrm{s}} + \tilde{\boldsymbol{D}}_{\mathrm{s}} - \hat{\beta}_{\mathrm{ds}}\mathrm{sgn}(\boldsymbol{\sigma}_{\mathrm{s}})
\end{aligned} \tag{12.11}
$$

根据式(12.9)、式(12.11)，对式(12.10)求导可得

$$
\dot{V}_{\mathrm{s}} = \boldsymbol{\sigma}_{\mathrm{s}}^{\mathrm{T}}\dot{\boldsymbol{\sigma}}_{\mathrm{s}} - \frac{1}{\gamma_{\mathrm{s}}}\tilde{\beta}_{\mathrm{ds}}\dot{\hat{\beta}}_{\mathrm{ds}}
$$

$$
\begin{aligned}
&= \boldsymbol{\sigma}_s^{\mathrm{T}}(-K_s\boldsymbol{\sigma}_s + \tilde{\boldsymbol{D}}_s - \hat{\beta}_{ds}\operatorname{sgn}(\boldsymbol{\sigma}_s)) - \tilde{\beta}_{ds}\|\boldsymbol{\sigma}_s\| \\
&\leqslant -K_s\boldsymbol{\sigma}_s^{\mathrm{T}}\sigma_s + \|\boldsymbol{\sigma}_s\|\beta_{ds} - \hat{\beta}_{ds}\sum_{i=1}^{n=3}|\sigma_{s,i}| - \tilde{\beta}_{ds}\|\boldsymbol{\sigma}_s\| \\
&\leqslant -K_s\boldsymbol{\sigma}_s^{\mathrm{T}}\boldsymbol{\sigma}_s + \|\boldsymbol{\sigma}_s\|(\beta_{ds} - \hat{\beta}_{ds} - \tilde{\beta}_{ds}) \\
&= -K_s\boldsymbol{\sigma}_s^{\mathrm{T}}\boldsymbol{\sigma}_s
\end{aligned}
\tag{12.12}
$$

可见,若 $\boldsymbol{\sigma}_s \neq 0$,则 $\dot{V}_s < 0$,所以滑模面 $\boldsymbol{\sigma}_s$ 满足到达条件,$\boldsymbol{\sigma}_s$ 渐进收敛于原点,跟踪误差 $\boldsymbol{e}_s$ 收敛于原点,即证。

注 12.1:式(12.9)中的 $\boldsymbol{\omega}_c$ 为 NSV 慢回路的控制向量,同时也为 NSV 快回路的期望输入向量。

注 12.2:为了获得参考指令信号的导数,可让其通过如下的二阶指令参考模型,即

$$
G(s) = \frac{\omega_n^2}{s^2 + 2\xi_n\omega_n s + \omega_n^2}
\tag{12.13}
$$

其中:ω_n 和 ξ_n 均为待设计的参数,具体含义分别指自然频率和阻尼比。

12.2.3　NSV 快回路容错控制器设计

由于 NSV 慢回路只受到复合干扰 $\boldsymbol{D}_s$ 的影响,故在慢回路中给出了基于 NDO 的控制器。在快回路中,对于快慢回路系统中外部干扰的数量级远远大于系统不确定项的数量级,采用非线性干扰观测器技术处理复合干扰;针对飞行器舵面饱和受限的问题,将舵机偏转角输出上界用于设计控制律,确保输出在一定范围内,并设计辅助变量,通过自适应律自动调节舵机偏转角输出,以免在偏转角上界过大时,出现输出过大现象;考虑到 RBFNN 能够以任意精度逼近任意连续函数,这里采用 RBFNN 对舵机发生故障情况下进行容错补偿。具体的是,利用 RBFNN 估计执行器故障失效的部分,在控制律设计中,对其进行抵消,从而使飞行器稳定飞行。

NSV 姿态运动快回路仿射非线性系统方程可表示为

$$
\begin{cases}
\dot{\boldsymbol{\omega}} = \boldsymbol{f}_f(\boldsymbol{\omega}) + \boldsymbol{g}_f(\boldsymbol{\omega})\boldsymbol{\delta}(\boldsymbol{v}) + \boldsymbol{D}_f \\
\boldsymbol{y} = \boldsymbol{\omega}
\end{cases}
\tag{12.14}
$$

式中:$\boldsymbol{\omega} = [p, q, r]^{\mathrm{T}}$ 为当前姿态角速率向量,p、q 和 r 分别表示滚转角速率、俯仰角速率和偏航角速率,$\dot{\boldsymbol{\omega}}$ 表示 $\boldsymbol{\omega}$ 对时间 t 求导;当考虑舵机故障损失效能时,快回路的仿射非线性系统方程中加入效能因子 $\boldsymbol{M} = \operatorname{diag}\{m_1, m_2, \cdots, m_m\}$,$m_i(i = 1, 2, \cdots, m)$ 是第 i 个执行器的剩余的控制效能系数,其中 $0 < m_i \leqslant 1$,当 $m_i = 1$ 时,表示第 i 个执行器没有发生故障。快回路系统方程改写为

$$
\begin{cases}
\dot{\boldsymbol{\omega}} = \boldsymbol{f}_f(\boldsymbol{\omega}) + \boldsymbol{g}_f(\boldsymbol{\omega})\boldsymbol{M}\boldsymbol{\delta}(\boldsymbol{v}) + \boldsymbol{D}_f \\
\boldsymbol{y} = \boldsymbol{\omega}
\end{cases}
\tag{12.15}
$$

为便于设计容错滑模控制器,式(12.15)转换为

$$
\begin{cases}
\dot{\boldsymbol{\omega}} = \boldsymbol{f}_f(\boldsymbol{\omega}) + \boldsymbol{g}_f(\boldsymbol{\omega})\boldsymbol{\delta}(\boldsymbol{v}) + \boldsymbol{L}_f^{-1}(\boldsymbol{e}_s)\boldsymbol{P}_m(\boldsymbol{\omega}, \boldsymbol{v}) + \boldsymbol{D}_f \\
\boldsymbol{y} = \boldsymbol{\omega}
\end{cases}
\tag{12.16}
$$

式中:$\boldsymbol{P}_m(\boldsymbol{\omega}, \boldsymbol{v}) = L_f(\boldsymbol{e}_s)\boldsymbol{g}_f(\boldsymbol{\omega})(\boldsymbol{M} - \boldsymbol{I}_3)\boldsymbol{\delta}(\boldsymbol{v})$,$\boldsymbol{I}_3$ 为三维单位矩阵;$\boldsymbol{L}_f(\boldsymbol{e}_s)$ 为 NDO 中设计的对角矩阵,$\boldsymbol{L}_f(\boldsymbol{e}_s) = \operatorname{diag}\{L_{f1}(e_s), L_{f2}(e_s), L_{f3}(e_s)\}$,$L_{fi}(e_s) > 0$ 或者 $\boldsymbol{L}_f = \operatorname{diag}\{L_{f1}, L_{f2}, L_{f3}\}$,$L_{fi} > 0$,$i = 1, 2, 3$。

NSV 快回路系统式(12.16)控制目标为,在存在复合干扰、执行器饱和及舵机故障的情况下,容错滑模控制器能确保闭环系统式(12.16)稳定跟踪参考信号 $\boldsymbol{\omega}_c$。

为方便设计控制律,跟踪误差定义为

$$\boldsymbol{e}_f = \boldsymbol{\omega} - \boldsymbol{\omega}_c = [\omega_1 - \omega_{c,1}, \omega_2 - \omega_{c,2}, \omega_3 - \omega_{c,3}]^T \tag{12.17}$$

滑模面选为如下形式,即

$$\boldsymbol{s} = \boldsymbol{C}\boldsymbol{e}_f + \int_0^t \boldsymbol{P}\boldsymbol{e}_f \mathrm{d}t \tag{12.18}$$

式中:$\boldsymbol{C} = \mathrm{diag}\{c_1, c_2, c_3\}$,$\boldsymbol{P} = \mathrm{diag}\{p_1, p_2, p_3\}$,$c_i > 0, p_i > 0, i = 1,2,3$,$\boldsymbol{C}$ 与 $\boldsymbol{P}$ 为设计参数。

为了便于设计 NSV 快回路鲁棒控制器,与第 11 章类似,给出以下假设:

假设 12.4:对于 NSV 快回路系统,复合干扰 $\boldsymbol{D}_f = [D_{f,1}, D_{f,2}, D_{f,3}]^T$ 导数有界,存在某一常数 ζ_0 使得 $\|\dot{\boldsymbol{D}}_f\| \leqslant \zeta_0 \|\boldsymbol{\omega}\|$ 成立,其中 $\zeta_0 > 0$ 未知。

假设 12.5:对于 NSV 快回路系统,期望姿态角速度向量 ω_c 连续且其一阶导数存在,且存在未知常数 $\Delta_0 > 0$ 和 $\Delta_1 > 0$ 使得 $\|\boldsymbol{\omega}_c\| \leqslant \Delta_0$ 和 $\|\dot{\boldsymbol{\omega}}_c\| \leqslant \Delta_1$ 成立。

假设 12.6:对于 NSV 快回路系统,状态可测且控制增益矩阵 $\boldsymbol{g}_f(\boldsymbol{\omega})$ 广义逆存在。

考虑到 RBFNN 能够以任意精度逼近任意连续函数,因此可将 $\boldsymbol{P}_m(\boldsymbol{\omega}, \boldsymbol{v})$ 表示成如下形式,即

$$\boldsymbol{P}_m(\boldsymbol{\omega}, \boldsymbol{v}) = \boldsymbol{W}^{*T}\boldsymbol{h}(\boldsymbol{\omega}) + \boldsymbol{\varepsilon} \tag{12.19}$$

式中:$\boldsymbol{W}^* \in \mathbf{R}^{l\times 3}$ 为神经网络的最优权值矩阵且满足 $\|\boldsymbol{W}^*\| \leqslant \bar{W}$,$l$ 为网络的总节点数;$\boldsymbol{h}(\boldsymbol{\omega}) \in \mathbf{R}^l$ 是由高斯函数组成的径向基函数向量;$\boldsymbol{\varepsilon} = [\varepsilon_1, \varepsilon_2, \varepsilon_3]^T$ 为网络的最小逼近误差,可以通过调整网络节点数和权值使得 $\boldsymbol{\varepsilon}$ 任意小,这里不妨假设 $|\varepsilon_i| \leqslant \bar{\varepsilon}_i$,$\bar{\varepsilon}_i$ 未知,$i = 1,2,3$,$\bar{\boldsymbol{\varepsilon}} = [\bar{\varepsilon}_1, \bar{\varepsilon}_2, \bar{\varepsilon}_3]^T$。

设计如下的 NDO 对系统式(12.16)中的复合干扰 $\boldsymbol{D}_f$ 进行观测,即

$$\begin{cases} \hat{\boldsymbol{D}}_f = \boldsymbol{z} + \boldsymbol{Q}_f(\boldsymbol{e}_f) \\ \dot{\boldsymbol{z}} = -\boldsymbol{L}_f(\boldsymbol{e}_f)(\boldsymbol{f}_f(\boldsymbol{\omega}) + \boldsymbol{g}_f(\boldsymbol{\omega})\boldsymbol{\delta}(\boldsymbol{v}) + \boldsymbol{L}_f^{-1}(\boldsymbol{e}_f)\hat{\boldsymbol{W}}^T\boldsymbol{h}(\boldsymbol{\omega}) + \hat{\boldsymbol{D}}_f - \dot{\boldsymbol{\omega}}_c) \end{cases} \tag{12.20}$$

式中:$\hat{\boldsymbol{D}}_f$ 为 NDO 输出值;$\boldsymbol{z}$ 为 NDO 的状态变量;$\boldsymbol{L}_f(\boldsymbol{e}_f)$ 与 $\boldsymbol{Q}_f(\boldsymbol{e}_f)$ 为中间变量,且 $\boldsymbol{L}_f(\boldsymbol{e}_f) = \dfrac{\partial \boldsymbol{Q}_f(\boldsymbol{e}_f)}{\partial \boldsymbol{e}_f}$,$\boldsymbol{Q}_f(\boldsymbol{e}_f) = [q_{f1}(\boldsymbol{e}_f), q_{f2}(\boldsymbol{e}_f), q_{f3}(\boldsymbol{e}_f)]^T \in \mathbf{R}^n$ 为待设计的非线性函数向量;$\boldsymbol{\omega}_c$ 表示预先设定的参考指令信号;$\hat{\boldsymbol{W}}$ 为径向基神经网络的自适应权值。

对 NDO 的输出 $\hat{\boldsymbol{D}}_f$ 求导可得

$$\begin{aligned} \dot{\hat{\boldsymbol{D}}}_f &= \dot{\boldsymbol{z}} + \frac{\partial \boldsymbol{Q}_f(\boldsymbol{e}_f)}{\partial \boldsymbol{e}_f}\dot{\boldsymbol{e}}_f \\ &= -\boldsymbol{L}_f(\boldsymbol{f}_f(\boldsymbol{\omega}) + \boldsymbol{g}_f(\boldsymbol{\omega})\boldsymbol{\delta}(\boldsymbol{v}) + \boldsymbol{L}_f^{-1}\hat{\boldsymbol{W}}^T\boldsymbol{h}(\boldsymbol{\omega}) + \hat{\boldsymbol{D}}_f - \dot{\boldsymbol{\omega}}_c) + \boldsymbol{L}_f(\dot{\boldsymbol{\omega}} - \dot{\boldsymbol{\omega}}_c) \\ &= -\boldsymbol{L}_f(\boldsymbol{f}_f(\boldsymbol{\omega}) + \boldsymbol{g}_f(\boldsymbol{\omega})\boldsymbol{\delta}(\boldsymbol{v}) + \boldsymbol{L}_f^{-1}\hat{\boldsymbol{W}}^T\boldsymbol{h}(\boldsymbol{\omega}) + \hat{\boldsymbol{D}}_f - \dot{\boldsymbol{\omega}}_c) \\ &\quad + \boldsymbol{L}_f(\boldsymbol{f}_f(\boldsymbol{\omega}) + \boldsymbol{g}_f(\boldsymbol{\omega})\boldsymbol{\delta}(\boldsymbol{v}) + \boldsymbol{L}_f^{-1}(\boldsymbol{W}^{*T}\boldsymbol{h}(\boldsymbol{\omega}) + \boldsymbol{\varepsilon}) + \boldsymbol{D}_f - \dot{\boldsymbol{\omega}}_c) \\ &= \boldsymbol{L}_f\tilde{\boldsymbol{D}}_f + \tilde{\boldsymbol{W}}^T\boldsymbol{h}(\boldsymbol{\omega}) + \boldsymbol{\varepsilon} \end{aligned} \tag{12.21}$$

式中,$\tilde{\boldsymbol{D}}_f = \boldsymbol{D}_f - \hat{\boldsymbol{D}}_f$;$\tilde{\boldsymbol{W}} = \boldsymbol{W}^* - \hat{\boldsymbol{W}}$。

为证明 NDO 误差的稳定性，Lyapunov 函数选为

$$V_{\mathrm{df}}=\frac{1}{2}\tilde{\boldsymbol{D}}_{\mathrm{f}}^{\mathrm{T}}\tilde{\boldsymbol{D}}_{\mathrm{f}} \tag{12.22}$$

对 V_{df} 求导可得

$$\begin{aligned}\dot{V}_{\mathrm{df}}&=\tilde{\boldsymbol{D}}_{\mathrm{f}}^{\mathrm{T}}\dot{\tilde{\boldsymbol{D}}}_{\mathrm{f}}\\&=\tilde{\boldsymbol{D}}_{\mathrm{f}}^{\mathrm{T}}\dot{\boldsymbol{D}}_{\mathrm{f}}-\tilde{\boldsymbol{D}}_{\mathrm{f}}^{\mathrm{T}}\boldsymbol{L}_{\mathrm{f}}\tilde{\boldsymbol{D}}_{\mathrm{f}}-\tilde{\boldsymbol{D}}_{\mathrm{f}}^{\mathrm{T}}\tilde{\boldsymbol{W}}^{\mathrm{T}}\boldsymbol{h}(\boldsymbol{\omega})-\tilde{\boldsymbol{D}}_{\mathrm{f}}^{\mathrm{T}}\boldsymbol{\varepsilon}\\&\leqslant-\tilde{\boldsymbol{D}}_{\mathrm{f}}^{\mathrm{T}}\boldsymbol{L}_{\mathrm{f}}\tilde{\boldsymbol{D}}_{\mathrm{f}}+0.5\tilde{\boldsymbol{D}}_{\mathrm{f}}^{\mathrm{T}}\tilde{\boldsymbol{D}}_{\mathrm{f}}+0.5\dot{\boldsymbol{D}}_{\mathrm{f}}^{\mathrm{T}}\dot{\boldsymbol{D}}_{\mathrm{f}}+\tau\,\|\tilde{\boldsymbol{D}}_{\mathrm{f}}\|\,\|\tilde{\boldsymbol{W}}\|+0.5\tilde{\boldsymbol{D}}_{\mathrm{f}}^{\mathrm{T}}\tilde{\boldsymbol{D}}_{\mathrm{f}}+0.5\boldsymbol{\varepsilon}^{\mathrm{T}}\boldsymbol{\varepsilon}\\&\leqslant-\tilde{\boldsymbol{D}}_{\mathrm{f}}^{\mathrm{T}}\boldsymbol{L}_{\mathrm{f}}\tilde{\boldsymbol{D}}_{\mathrm{f}}+\tilde{\boldsymbol{D}}_{\mathrm{f}}^{\mathrm{T}}\tilde{\boldsymbol{D}}_{\mathrm{f}}+0.5\,\|\dot{\boldsymbol{D}}_{\mathrm{f}}\|^{2}+0.5\tau^{2}\,\|\tilde{\boldsymbol{D}}_{\mathrm{f}}\|^{2}+0.5\,\|\tilde{\boldsymbol{W}}\|^{2}+0.5\bar{\boldsymbol{\varepsilon}}^{\mathrm{T}}\bar{\boldsymbol{\varepsilon}}\\&\leqslant-\tilde{\boldsymbol{D}}_{\mathrm{f}}^{\mathrm{T}}\boldsymbol{L}_{\mathrm{f}}\tilde{\boldsymbol{D}}_{\mathrm{f}}+\tilde{\boldsymbol{D}}_{\mathrm{f}}^{\mathrm{T}}\tilde{\boldsymbol{D}}_{\mathrm{f}}+0.5\,\|\dot{\boldsymbol{D}}_{\mathrm{f}}\|^{2}+0.5\tau^{2}\tilde{\boldsymbol{D}}_{\mathrm{f}}^{\mathrm{T}}\tilde{\boldsymbol{D}}_{\mathrm{f}}+0.5\,\|\tilde{\boldsymbol{W}}\|^{2}+0.5\bar{\boldsymbol{\varepsilon}}^{\mathrm{T}}\bar{\boldsymbol{\varepsilon}}\\&\leqslant-\tilde{\boldsymbol{D}}_{\mathrm{f}}^{\mathrm{T}}(\boldsymbol{L}_{\mathrm{f}}-(1+0.5\tau^{2})\boldsymbol{I}_{3})\tilde{\boldsymbol{D}}_{\mathrm{f}}+0.5\,\|\dot{\boldsymbol{D}}_{\mathrm{f}}\|^{2}+0.5\,\|\tilde{\boldsymbol{W}}\|^{2}+0.5\bar{\boldsymbol{\varepsilon}}^{\mathrm{T}}\bar{\boldsymbol{\varepsilon}}\end{aligned} \tag{12.23}$$

式中：$\|h(\omega)\|\leqslant\tau$；$I_3$ 为三维单位矩阵。

考虑假设 12.4，可得

$$V_{\mathrm{df}}\leqslant-\tilde{\boldsymbol{D}}_{\mathrm{f}}^{\mathrm{T}}(\boldsymbol{L}_{\mathrm{f}}-(1+0.5\tau^{2})\boldsymbol{I}_{3})\tilde{\boldsymbol{D}}_{\mathrm{f}}+\zeta\,\|\boldsymbol{\omega}\|^{2}+0.5\,\|\tilde{\boldsymbol{W}}\|^{2}+0.5\bar{\boldsymbol{\varepsilon}}^{\mathrm{T}}\bar{\boldsymbol{\varepsilon}} \tag{12.24}$$

式中：$\zeta=0.5\zeta_0^2$。

根据假设 12.5，得

$$\|\boldsymbol{\omega}\|=\|\boldsymbol{e}_{\mathrm{f}}+\boldsymbol{\omega}_{\mathrm{c}}\|\leqslant\|\boldsymbol{e}_{\mathrm{f}}\|+\|\boldsymbol{\omega}_{\mathrm{c}}\|\leqslant\|\boldsymbol{e}_{\mathrm{f}}\|+\Delta_0 \tag{12.25}$$

将式(12.25)代入式(12.24)得

$$\begin{aligned}V_{\mathrm{df}}&\leqslant-\tilde{\boldsymbol{D}}_{\mathrm{f}}^{\mathrm{T}}(\boldsymbol{L}_{\mathrm{f}}-(1+0.5\tau^{2})\boldsymbol{I}_{3})\tilde{\boldsymbol{D}}_{\mathrm{f}}+\zeta(\|\boldsymbol{e}_{\mathrm{f}}\|+\Delta_0)^{2}+0.5\,\|\tilde{\boldsymbol{W}}\|^{2}+0.5\bar{\boldsymbol{\varepsilon}}^{\mathrm{T}}\bar{\boldsymbol{\varepsilon}}\\&\leqslant-\tilde{\boldsymbol{D}}_{\mathrm{f}}^{\mathrm{T}}(\boldsymbol{L}_{\mathrm{f}}-(1+0.5\tau^{2})\boldsymbol{I}_{3})\tilde{\boldsymbol{D}}_{\mathrm{f}}+\zeta\,\|\boldsymbol{e}_{\mathrm{f}}\|^{2}+2\zeta\Delta_0+\Delta_0^{2}+0.5\,\|\tilde{\boldsymbol{W}}\|^{2}+0.5\bar{\boldsymbol{\varepsilon}}^{\mathrm{T}}\bar{\boldsymbol{\varepsilon}}\end{aligned} \tag{12.26}$$

下面将基于 NDO、神经网络以及滑模技术给出 NSV 快回路系统的容错滑模控制器。

考虑式(12.18)，对滑模面求导得

$$\begin{aligned}\dot{\boldsymbol{s}}&=\boldsymbol{C}\dot{\boldsymbol{e}}_{\mathrm{f}}+\boldsymbol{P}\boldsymbol{e}_{\mathrm{f}}\\&=\boldsymbol{C}\boldsymbol{f}_{\mathrm{f}}+\boldsymbol{C}\boldsymbol{g}_{\mathrm{f}}\boldsymbol{\delta}(\boldsymbol{v})+\boldsymbol{C}\boldsymbol{L}_{\mathrm{f}}^{-1}\boldsymbol{W}^{*\mathrm{T}}\boldsymbol{h}(\boldsymbol{\omega})+\boldsymbol{C}\boldsymbol{L}_{\mathrm{f}}^{-1}\boldsymbol{\varepsilon}+\boldsymbol{C}\boldsymbol{D}_{\mathrm{f}}-\boldsymbol{C}\dot{\boldsymbol{\omega}}_{\mathrm{c}}+\boldsymbol{P}\boldsymbol{e}_{\mathrm{f}}\end{aligned} \tag{12.27}$$

为了解决输入饱和问题，控制律设计如下：

$$\boldsymbol{v}=-\frac{\boldsymbol{U}_{\mathrm{M}}\boldsymbol{g}_{\mathrm{f}}^{\dagger}\boldsymbol{\Lambda}_{\mathrm{s}}}{5(\|\boldsymbol{g}_{\mathrm{f}}^{\dagger}\boldsymbol{\Lambda}_{\mathrm{s}}\|+\varepsilon_u)}\bar{\boldsymbol{v}} \tag{12.28}$$

式中：$\boldsymbol{U}_{\mathrm{M}}=\mathrm{diag}\{u_{1\mathrm{M}},u_{2\mathrm{M}},\cdots,u_{m\mathrm{M}},\}\in\mathbf{R}^{m\times m}$，$u_{i\mathrm{M}}$ 为第 i 个执行器的饱和限幅值，$i=1,2,\cdots,m$，$m=5$；$\boldsymbol{\Lambda}_{\mathrm{s}}=\mathrm{diag}\{|s_1|,|s_2|,|s_3|\}$；$\boldsymbol{g}_{\mathrm{f}}^{\dagger}=\boldsymbol{g}_{\mathrm{f}}^{\mathrm{T}}(\boldsymbol{g}_{\mathrm{f}}\boldsymbol{g}_{\mathrm{f}}^{\mathrm{T}})^{-1}$；$\varepsilon_{\mathrm{u}}>0$ 为设计正参数；$\bar{\boldsymbol{v}}=[\bar{v}_1,\cdots,\bar{v}_m]^{\mathrm{T}}$，且 $\bar{v}_i$ 具有如下形式，即

$$\bar{v}_i=\frac{|s_i|\,\mathrm{sat}(s_i)}{\|\boldsymbol{s}\|+\gamma_i\left(\dfrac{\mathrm{e}^{\kappa\chi_i}+\mathrm{e}^{-\kappa\chi_i}}{2}-1\right)+\varepsilon_v} \tag{12.29}$$

这里 s_i 为 $\boldsymbol{s}$ 的第 i 个元素，$\gamma_i>0$、$\kappa>0$ 和 $\varepsilon_v>0$ 为设计参数，$\mathrm{sat}(s_i)$ 为$[-1,1]$之间的饱和函数，其形式如下：

$$\mathrm{sat}(s_i)=\begin{cases}1,s_i>\xi_i\\ s_i/\xi_i,|s_i|\leqslant\xi_i\\ -1,s_i<-\xi_i\end{cases}\tag{12.30}$$

式中,$\xi_i>0$ 为设计的饱和函数的边界层参数。$\boldsymbol{\chi}=[\chi_1,\chi_2,\cdots,\chi_m]^{\mathrm{T}}$ 为设计的辅助变量,其自适应律设计为

$$\begin{aligned}\dot{\boldsymbol{\chi}}=&-\boldsymbol{M}_{\Xi}(\boldsymbol{\Lambda}_{\Xi}+\delta\boldsymbol{I}_n)^{-1}\boldsymbol{\Xi}-\boldsymbol{M}_{\Xi}(\boldsymbol{\Lambda}_{\Xi}+\delta\boldsymbol{I}_n)^{-1}\boldsymbol{\Xi}(\boldsymbol{\Xi}^{\mathrm{T}}\boldsymbol{\Xi})^{-1}\boldsymbol{s}^{\mathrm{T}}\Big(\boldsymbol{K}_{\mathrm{f}}\boldsymbol{s}-\frac{\boldsymbol{C}\boldsymbol{g}_{\mathrm{f}}\boldsymbol{U}_{\mathrm{M}}\boldsymbol{g}_{\mathrm{f}}^{\dagger}\boldsymbol{\Lambda}_{\mathrm{s}}}{5(\|\boldsymbol{g}_{\mathrm{f}}^{\dagger}\boldsymbol{\Lambda}_{\mathrm{s}}\|+\varepsilon_u)}\bar{\boldsymbol{v}}\\&+\boldsymbol{C}\boldsymbol{f}_{\mathrm{f}}+\boldsymbol{C}\boldsymbol{L}_{\mathrm{f}}^{-1}\hat{\boldsymbol{W}}^{\mathrm{T}}\boldsymbol{h}(\boldsymbol{\omega})+\boldsymbol{C}\boldsymbol{L}_{\mathrm{f}}^{-1}\hat{\boldsymbol{\varepsilon}}+\boldsymbol{C}\hat{\boldsymbol{D}}_{\mathrm{f}}-\boldsymbol{C}\dot{\boldsymbol{\omega}}_{\mathrm{c}}+\boldsymbol{P}\boldsymbol{e}_{\mathrm{f}}+\boldsymbol{v}_{\mathrm{rD}}\Big)\end{aligned}\tag{12.31}$$

其中 $\boldsymbol{M}_{\Xi}=(\boldsymbol{I}_n-\delta(\boldsymbol{\Lambda}_{\Xi}+\delta\boldsymbol{I}_n)^{-1}\boldsymbol{\Xi}(\boldsymbol{\Xi}^{\mathrm{T}}\boldsymbol{\Xi})^{-1}\boldsymbol{\Xi}^{\mathrm{T}})^{-1}$,$\boldsymbol{K}_{\mathrm{f}}=\boldsymbol{K}_{\mathrm{f}}^{\mathrm{T}}>0$,$\delta>0$,$\boldsymbol{\Xi}=[0.5\mathrm{e}^{\kappa\chi_1}+\theta_1,0.5\mathrm{e}^{\kappa\chi_2}+\theta_2,\cdots,0.5\mathrm{e}^{\kappa\chi_n}+\theta_n]^{\mathrm{T}}$,$\boldsymbol{\Lambda}_{\Xi}=\mathrm{diag}\{0.5\kappa\mathrm{e}^{\kappa\chi_1},0.5\kappa\mathrm{e}^{\kappa\chi_2},\cdots,0.5\kappa\mathrm{e}^{\kappa\chi_n}\}$,$\theta_i>0$ 为设计常数,$i=1,\cdots,n$。可通过选择 δ 与 θ_i 的值来保证 $\boldsymbol{I}_n-\delta(\boldsymbol{\Lambda}_{\Xi}+\delta\boldsymbol{I}_n)^{-1}\boldsymbol{\Xi}(\boldsymbol{\Xi}^{\mathrm{T}}\boldsymbol{\Xi})^{-1}\boldsymbol{\Xi}^{\mathrm{T}}$ 为正定矩阵。

根据式(12.31),可得

$$\begin{aligned}\dot{\boldsymbol{\chi}}=&-(\boldsymbol{\Lambda}_{\Xi}+\delta\boldsymbol{I}_n)^{-1}\boldsymbol{\Xi}-(\boldsymbol{\Lambda}_{\Xi}+\delta\boldsymbol{I}_n)^{-1}\Big\{-\boldsymbol{\rho}(\boldsymbol{\chi})+\boldsymbol{\Xi}(\boldsymbol{\Xi}^{\mathrm{T}}\boldsymbol{\Xi})^{-1}\boldsymbol{s}^{\mathrm{T}}\Big(\boldsymbol{K}_{\mathrm{f}}\boldsymbol{s}-\frac{\boldsymbol{C}\boldsymbol{g}_{\mathrm{f}}\boldsymbol{U}_{\mathrm{M}}\boldsymbol{g}_{\mathrm{f}}^{\dagger}\boldsymbol{\Lambda}_{\mathrm{s}}}{5(\|\boldsymbol{g}_{\mathrm{f}}^{\dagger}\boldsymbol{\Lambda}_{\mathrm{s}}\|+\varepsilon_u)}\bar{\boldsymbol{v}}\\&+\boldsymbol{C}\boldsymbol{f}_{\mathrm{f}}+\boldsymbol{C}\boldsymbol{L}_{\mathrm{f}}^{-1}\hat{\boldsymbol{W}}^{\mathrm{T}}\boldsymbol{h}(\boldsymbol{\omega})+\boldsymbol{C}\boldsymbol{L}_{\mathrm{f}}^{-1}\hat{\boldsymbol{\varepsilon}}+\boldsymbol{C}\hat{\boldsymbol{D}}_{\mathrm{f}}-\boldsymbol{C}\dot{\boldsymbol{\omega}}_{\mathrm{c}}+\boldsymbol{P}\boldsymbol{e}_{\mathrm{f}}+\boldsymbol{v}_{rD}\Big)\Big\}\end{aligned}\tag{12.32}$$

式中:$\boldsymbol{\rho}(\boldsymbol{\chi})=\delta\boldsymbol{\Xi}(\boldsymbol{\Xi}^{\mathrm{T}}\boldsymbol{\Xi})^{-1}\boldsymbol{\Xi}^{\mathrm{T}}\dot{\boldsymbol{\chi}}$;$\boldsymbol{v}_{rD}$ 为补偿项,其具体形式为

$$\boldsymbol{v}_{rD}=\begin{cases}\dfrac{(\hat{\zeta}\|\boldsymbol{e}_{\mathrm{f}}\|^2+2\hat{\zeta}\Delta_0\|\boldsymbol{e}_{\mathrm{f}}\|+\hat{\zeta}\Delta_0^2)\boldsymbol{s}}{\|\boldsymbol{s}\|^2}, & \|\boldsymbol{s}\|>\sigma\\ 0, & \|\boldsymbol{s}\|\leqslant\sigma\end{cases}\tag{12.33}$$

式中:$\sigma>0$ 为设计参数;$\hat{\zeta}$ 为 ζ 的估计值。

根据 $\boldsymbol{\Lambda}_{\Xi}$ 和 $\boldsymbol{\Xi}$ 的定义可以得出

$$\dot{\boldsymbol{\Xi}}=\boldsymbol{\Lambda}_{\Xi}\dot{\boldsymbol{\chi}}\tag{12.34}$$

根据式(12.28),可得到

$$v_i=-\frac{U_{\mathrm{M}i}\boldsymbol{g}_{\mathrm{f}}^{\dagger}\boldsymbol{\Lambda}_{\mathrm{s}}}{5(\|\boldsymbol{g}_{\mathrm{f}}^{\dagger}\boldsymbol{\Lambda}_{\mathrm{s}}\|+\varepsilon_u)}\bar{\boldsymbol{v}}\tag{12.35}$$

式中:$U_{\mathrm{M}i}$ 为 $\boldsymbol{U}_{\mathrm{M}}=\mathrm{diag}\{u_{0\mathrm{M}},\cdots,u_{m\mathrm{M}}\}$ 的第 i 行数值。

根据式(12.35)有

$$|v_i|=|U_{\mathrm{M}i}|\frac{\|-\boldsymbol{g}_{\mathrm{f}}^{\dagger}\boldsymbol{\Lambda}_{\mathrm{s}}\|}{\|\boldsymbol{g}_{\mathrm{f}}^{\dagger}\boldsymbol{\Lambda}_{\mathrm{s}}\|+\varepsilon_u}\frac{\|\bar{\boldsymbol{v}}\|}{5}\leqslant u_{i\mathrm{M}}\frac{\|\bar{\boldsymbol{v}}\|}{5}\tag{12.36}$$

由式(12.28)和式(12.29),可知

$$|\bar{v}_i|=\frac{|s_i|}{\|\boldsymbol{s}\|+\gamma_i\left(\dfrac{\mathrm{e}^{\kappa\chi_i}+\mathrm{e}^{-\kappa\chi_i}}{2}-1\right)+\varepsilon_v}\tag{12.37}$$

因为 $|s_i|\leqslant\|\boldsymbol{s}\|$,$\dfrac{e^{\kappa\chi_i}+\mathrm{e}^{-\kappa\chi_i}}{2}\geqslant1$,$\gamma_i>0$、$\kappa>0$ 且 $\varepsilon_v>0$,从而得到

$$|\bar{v}_i|<1\quad\text{and}\quad\|\bar{\boldsymbol{v}}\|<5\tag{12.38}$$

将式(12.38)代入式(12.36),可得

$$|v_i| \leqslant |u_{iM}| \tag{12.39}$$

由式(12.39)可知,所设计的控制器的输出在执行器输出上界的范围之内。

下面分析闭环系统的稳定性,Lyapunov 函数选为

$$V=\frac{1}{2}\boldsymbol{s}^{\mathrm{T}}\boldsymbol{s}+\frac{1}{2}\tilde{\boldsymbol{D}}_{\mathrm{f}}^{\mathrm{T}}\tilde{\boldsymbol{D}}_{\mathrm{f}}+\frac{1}{2}\tilde{\boldsymbol{\varepsilon}}^{\mathrm{T}}\boldsymbol{\Gamma}_{\varepsilon}^{-1}\tilde{\boldsymbol{\varepsilon}}+\frac{1}{2\rho_o}\tilde{\zeta}^2+\frac{1}{2}\mathrm{tr}(\tilde{\boldsymbol{W}}^{\mathrm{T}}\boldsymbol{\Gamma}_{W}^{-1}\tilde{\boldsymbol{W}})+\frac{1}{2}\boldsymbol{\Xi}^{\mathrm{T}}\boldsymbol{\Xi} \tag{12.40}$$

其中:$\boldsymbol{\Gamma}_{\varepsilon}=\boldsymbol{\Gamma}_{\varepsilon}^{\mathrm{T}}>0$、$\boldsymbol{\Gamma}_{W}=\boldsymbol{\Gamma}_{W}^{\mathrm{T}}>0$ 和 $\rho_o>0$ 为设计参数;$\tilde{\boldsymbol{\varepsilon}}=\bar{\boldsymbol{\varepsilon}}-\hat{\boldsymbol{\varepsilon}}$,$\hat{\boldsymbol{\varepsilon}}$ 为 $\bar{\boldsymbol{\varepsilon}}$ 的估计值,且有 $\dot{\tilde{\boldsymbol{\varepsilon}}}=-\dot{\hat{\boldsymbol{\varepsilon}}}$;$\tilde{\zeta}=\zeta-\hat{\zeta}$,$\hat{\zeta}$ 为ζ 的估计值,且有 $\dot{\tilde{\zeta}}=-\dot{\hat{\zeta}}$。

考虑式(12.25)~式(12.29),对式(12.40)求导可得

$$\begin{aligned}\dot{V}=&\boldsymbol{s}^{\mathrm{T}}\boldsymbol{C}\boldsymbol{f}_{\mathrm{f}}-\frac{\boldsymbol{s}^{\mathrm{T}}\boldsymbol{C}\boldsymbol{g}_{\mathrm{f}}\boldsymbol{U}_{\mathrm{M}}\boldsymbol{g}_{\mathrm{f}}^{\dagger}\boldsymbol{\Lambda}_{\mathrm{s}}}{5(\|\boldsymbol{g}_{\mathrm{f}}^{\dagger}\boldsymbol{\Lambda}_{\mathrm{s}}\|+\varepsilon_u)}\bar{\boldsymbol{v}}+\boldsymbol{s}^{\mathrm{T}}\boldsymbol{C}\boldsymbol{L}_{\mathrm{f}}^{-1}\boldsymbol{W}^{*\mathrm{T}}\boldsymbol{h}(\boldsymbol{\omega})+\boldsymbol{s}^{\mathrm{T}}\boldsymbol{C}\boldsymbol{L}_{\mathrm{f}}^{-1}\boldsymbol{\varepsilon}+\boldsymbol{s}^{\mathrm{T}}\boldsymbol{C}\boldsymbol{D}_{\mathrm{f}}-\boldsymbol{s}^{\mathrm{T}}\boldsymbol{C}\dot{\boldsymbol{\omega}}_{\mathrm{c}}+\boldsymbol{s}^{\mathrm{T}}\boldsymbol{P}\boldsymbol{e}_{\mathrm{f}}\\&-\tilde{\boldsymbol{D}}_{\mathrm{f}}^{\mathrm{T}}(\boldsymbol{L}_{\mathrm{f}}-(1+0.5\tau^2)\boldsymbol{I}_3)\tilde{\boldsymbol{D}}_{\mathrm{f}}+\zeta\|\boldsymbol{e}_{\mathrm{f}}\|^2+2\zeta\Delta_0\|\boldsymbol{e}_{\mathrm{f}}\|+\zeta\Delta_0^2+0.5\|\tilde{\boldsymbol{W}}\|^2+0.5\bar{\boldsymbol{\varepsilon}}^{\mathrm{T}}\bar{\boldsymbol{\varepsilon}}\\&-\tilde{\boldsymbol{\varepsilon}}^{\mathrm{T}}\boldsymbol{\Gamma}_{\varepsilon}^{-1}\dot{\hat{\boldsymbol{\varepsilon}}}-\frac{1}{\rho_o}\tilde{\zeta}\dot{\hat{\zeta}}-\mathrm{tr}(\tilde{\boldsymbol{W}}^{\mathrm{T}}\boldsymbol{\Gamma}_{W}^{-1}\dot{\hat{\boldsymbol{W}}})+\boldsymbol{\Xi}^{\mathrm{T}}\dot{\boldsymbol{\Xi}}\end{aligned} \tag{12.41}$$

将式(12.32)、式(12.34)和式(12.35)代入式(12.41)得

$$\begin{aligned}\dot{V}\leqslant&-\boldsymbol{s}^{\mathrm{T}}\boldsymbol{K}\boldsymbol{s}-\boldsymbol{\Xi}^{\mathrm{T}}\boldsymbol{\Xi}+\boldsymbol{s}^{\mathrm{T}}\boldsymbol{C}\boldsymbol{L}_{\mathrm{f}}^{-1}\tilde{\boldsymbol{W}}^{\mathrm{T}}\boldsymbol{h}(\boldsymbol{\omega})+\boldsymbol{s}^{\mathrm{T}}\boldsymbol{C}\boldsymbol{L}_{\mathrm{f}}^{-1}\tilde{\boldsymbol{\varepsilon}}+\boldsymbol{s}^{\mathrm{T}}\boldsymbol{C}\tilde{\boldsymbol{D}}_{\mathrm{f}}\\&-\tilde{\boldsymbol{D}}_{\mathrm{f}}^{\mathrm{T}}(\boldsymbol{L}_{\mathrm{f}}-(1+0.5\tau^2)\boldsymbol{I}_3)\tilde{\boldsymbol{D}}_{\mathrm{f}}+\tilde{\zeta}\|\boldsymbol{e}_{\mathrm{f}}\|^2+2\tilde{\zeta}\Delta_0\|\boldsymbol{e}_{\mathrm{f}}\|+\tilde{\zeta}\Delta_0^2\\&+0.5\|\tilde{\boldsymbol{W}}\|^2+0.5\bar{\boldsymbol{\varepsilon}}^{\mathrm{T}}\bar{\boldsymbol{\varepsilon}}-\tilde{\boldsymbol{\varepsilon}}^{\mathrm{T}}\boldsymbol{\Gamma}_{\varepsilon}^{-1}\dot{\hat{\boldsymbol{\varepsilon}}}-\frac{1}{\rho_o}\tilde{\zeta}\dot{\hat{\zeta}}-\mathrm{tr}(\tilde{\boldsymbol{W}}^{\mathrm{T}}\boldsymbol{\Gamma}_{\mathrm{W}}^{-1}\dot{\boldsymbol{W}})\\\leqslant&-\boldsymbol{s}^{\mathrm{T}}\boldsymbol{K}\boldsymbol{s}-\tilde{\boldsymbol{D}}_{\mathrm{f}}^{\mathrm{T}}(\boldsymbol{L}_{\mathrm{f}}-(1+0.5\tau^2)\boldsymbol{I}_3)\tilde{\boldsymbol{D}}_{\mathrm{f}}-\boldsymbol{\Xi}^{\mathrm{T}}\boldsymbol{\Xi}+\boldsymbol{s}^{\mathrm{T}}\boldsymbol{C}\boldsymbol{L}_{\mathrm{f}}^{-1}\tilde{\boldsymbol{W}}^{\mathrm{T}}\boldsymbol{h}(\boldsymbol{\omega})\\&+\boldsymbol{s}^{\mathrm{T}}\boldsymbol{C}\boldsymbol{L}_{\mathrm{f}}^{-1}\tilde{\boldsymbol{\varepsilon}}+0.5\boldsymbol{s}^{\mathrm{T}}(\boldsymbol{C}\boldsymbol{C}^{\mathrm{T}})\boldsymbol{s}+0.5\tilde{\boldsymbol{D}}_{\mathrm{f}}^{\mathrm{T}}\tilde{\boldsymbol{D}}_{\mathrm{f}}+\tilde{\zeta}\|\boldsymbol{e}_{\mathrm{f}}\|^2+2\tilde{\zeta}\Delta_0\|\boldsymbol{e}_{\mathrm{f}}\|\\&+\tilde{\zeta}\Delta_0^2+0.5\|\tilde{\boldsymbol{W}}\|^2+0.5\bar{\boldsymbol{\varepsilon}}^{\mathrm{T}}\bar{\boldsymbol{\varepsilon}}-\tilde{\boldsymbol{\varepsilon}}^{\mathrm{T}}\boldsymbol{\Gamma}_{\varepsilon}^{-1}\dot{\hat{\boldsymbol{\varepsilon}}}-\frac{1}{\rho_o}\tilde{\zeta}\dot{\hat{\zeta}}-\mathrm{tr}(\tilde{\boldsymbol{W}}^{\mathrm{T}}\boldsymbol{\Gamma}_{\mathrm{W}}^{-1}\dot{\hat{\boldsymbol{W}}})\\\leqslant&-\boldsymbol{s}^{\mathrm{T}}(\boldsymbol{K}-0.5\boldsymbol{C}\boldsymbol{C}^{\mathrm{T}})\boldsymbol{s}-\tilde{\boldsymbol{D}}_{\mathrm{f}}^{\mathrm{T}}(\boldsymbol{L}_{\mathrm{f}}-(1.5+0.5\tau^2)\mathrm{I}_3)\tilde{\boldsymbol{D}}_{\mathrm{f}}-\boldsymbol{\Xi}^{\mathrm{T}}\boldsymbol{\Xi}\\&+\boldsymbol{s}^{\mathrm{T}}\boldsymbol{C}\boldsymbol{L}_{\mathrm{f}}^{-1}\tilde{\boldsymbol{W}}^{\mathrm{T}}\boldsymbol{h}(\boldsymbol{\omega})+\boldsymbol{s}^{\mathrm{T}}\boldsymbol{C}\boldsymbol{L}_{\mathrm{f}}^{-1}\tilde{\boldsymbol{\varepsilon}}+\tilde{\zeta}\|\boldsymbol{e}_{\mathrm{f}}\|^2+2\tilde{\zeta}\Delta_0\|\boldsymbol{e}_{\mathrm{f}}\|+\tilde{\zeta}\Delta_0^2\\&+0.5\|\tilde{\boldsymbol{W}}\|^2+0.5\bar{\boldsymbol{\varepsilon}}^{\mathrm{T}}\bar{\boldsymbol{\varepsilon}}-\tilde{\boldsymbol{\varepsilon}}^{\mathrm{T}}\boldsymbol{\Gamma}_{\varepsilon}^{-1}\dot{\hat{\boldsymbol{\varepsilon}}}-\frac{1}{\rho_o}\tilde{\zeta}\dot{\hat{\zeta}}-\mathrm{tr}(\tilde{\boldsymbol{W}}^{\mathrm{T}}\boldsymbol{\Gamma}_{\mathrm{W}}^{-1}\dot{\boldsymbol{W}})\end{aligned} \tag{12.42}$$

设计如下的参数自适应律,即

$$\dot{\hat{\boldsymbol{\varepsilon}}}=\boldsymbol{\Gamma}_{\varepsilon}((\boldsymbol{C}\boldsymbol{L}^{-1})^{\mathrm{T}}\boldsymbol{s}-k_{\varepsilon}\hat{\boldsymbol{\varepsilon}}) \tag{12.43}$$

$$\dot{\hat{\zeta}}=\rho_o(\|\boldsymbol{e}_{\mathrm{f}}\|^2+2\Delta_0\|\boldsymbol{e}_{\mathrm{f}}\|+\Delta_0^2-k_{\zeta}\hat{\zeta}) \tag{12.44}$$

$$\dot{\hat{\boldsymbol{w}}}=\boldsymbol{\Gamma}_{W}(h(w)S^{\mathrm{T}}CL_f^{-1}-k_W\hat{\boldsymbol{w}}_i) \tag{12.45}$$

式中:$k_{\varepsilon}>0$、$k_{\zeta}>0$ 和 $k_W>0$ 为设计参数。

将式(12.43)代入式(12.42)可得

$$\dot{V}\leqslant-\boldsymbol{s}^{\mathrm{T}}(\boldsymbol{K}-0.5\boldsymbol{C}\boldsymbol{C}^{\mathrm{T}})\boldsymbol{s}-\tilde{\boldsymbol{D}}_{\mathrm{f}}^{\mathrm{T}}(\boldsymbol{L}_{\mathrm{f}}-(1.5+0.5\tau^2)\boldsymbol{I}_3)\tilde{\boldsymbol{D}}_{\mathrm{f}}-\boldsymbol{\Xi}^{\mathrm{T}}\boldsymbol{\Xi}$$

$$+\boldsymbol{s}^{\mathrm{T}}\boldsymbol{C}\boldsymbol{L}_{\mathrm{f}}^{-1}\tilde{\boldsymbol{W}}^{\mathrm{T}}\boldsymbol{h}(\boldsymbol{\omega})+\tilde{\zeta}\|\boldsymbol{e}_{\mathrm{f}}\|^{2}+2\tilde{\zeta}\Delta_{0}\|\boldsymbol{e}_{\mathrm{f}}\|+\tilde{\zeta}\Delta_{0}^{2}+0.5\|\tilde{\boldsymbol{W}}\|^{2}$$

$$+0.5\bar{\boldsymbol{\varepsilon}}^{\mathrm{T}}\bar{\boldsymbol{\varepsilon}}+k_{\varepsilon}\tilde{\boldsymbol{\varepsilon}}^{\mathrm{T}}\hat{\boldsymbol{\varepsilon}}-\frac{1}{\rho_{o}}\tilde{\zeta}\dot{\hat{\zeta}}-\mathrm{tr}(\tilde{\boldsymbol{W}}^{\mathrm{T}}\boldsymbol{\Gamma}_{\mathrm{W}}^{-1}\dot{\hat{\boldsymbol{W}}}) \tag{12.46}$$

将式(12.44)代入式(12.46)可得

$$\dot{V}\leqslant-\boldsymbol{s}^{\mathrm{T}}(\boldsymbol{K}-0.5\boldsymbol{C}\boldsymbol{C}^{\mathrm{T}})\boldsymbol{s}-\tilde{\boldsymbol{D}}_{\mathrm{f}}^{\mathrm{T}}(\boldsymbol{L}_{\mathrm{f}}-(1.5+0.5\tau^{2})\boldsymbol{I}_{3})\tilde{\boldsymbol{D}}_{\mathrm{f}}-\boldsymbol{\Xi}^{\mathrm{T}}\boldsymbol{\Xi}$$

$$+\boldsymbol{s}^{\mathrm{T}}\boldsymbol{C}\boldsymbol{L}_{\mathrm{f}}^{-1}\tilde{\boldsymbol{W}}^{\mathrm{T}}\boldsymbol{h}(\boldsymbol{\omega})+0.5\|\tilde{\boldsymbol{W}}\|^{2}+0.5\bar{\boldsymbol{\varepsilon}}^{\mathrm{T}}\bar{\boldsymbol{\varepsilon}}+k_{\varepsilon}\tilde{\boldsymbol{\varepsilon}}^{\mathrm{T}}\hat{\boldsymbol{\varepsilon}}+k_{\zeta}\tilde{\zeta}\hat{\zeta}-\mathrm{tr}(\tilde{\boldsymbol{W}}^{\mathrm{T}}\boldsymbol{\Gamma}_{W}^{-1}\dot{\hat{\boldsymbol{W}}}) \tag{12.47}$$

考虑式(12.45),可得

$$\begin{aligned}
\dot{V}\leqslant&-\boldsymbol{s}^{\mathrm{T}}(\boldsymbol{K}-0.5\boldsymbol{C}\boldsymbol{C}^{\mathrm{T}})\boldsymbol{s}-\tilde{\boldsymbol{D}}_{\mathrm{f}}^{\mathrm{T}}(\boldsymbol{L}_{\mathrm{f}}-(1.5+0.5\tau^{2})\boldsymbol{I}_{3})\tilde{\boldsymbol{D}}_{\mathrm{f}}-\boldsymbol{\Xi}^{\mathrm{T}}\boldsymbol{\Xi}+0.5\|\tilde{\boldsymbol{W}}\|^{2}\\
&+0.5\bar{\boldsymbol{\varepsilon}}^{\mathrm{T}}\bar{\boldsymbol{\varepsilon}}+k_{\varepsilon}\tilde{\boldsymbol{\varepsilon}}^{\mathrm{T}}\hat{\boldsymbol{\varepsilon}}+k_{\zeta}\tilde{\zeta}\hat{\zeta}+k_{W}\mathrm{tr}(\tilde{\boldsymbol{W}}^{\mathrm{T}}\hat{\boldsymbol{W}})\\
=&-\boldsymbol{s}^{\mathrm{T}}(\boldsymbol{K}-0.5\boldsymbol{C}\boldsymbol{C}^{\mathrm{T}})\boldsymbol{s}-\tilde{\boldsymbol{D}}_{\mathrm{f}}^{\mathrm{T}}(\boldsymbol{L}_{\mathrm{f}}-(1.5+0.5\tau^{2})\boldsymbol{I}_{3})\tilde{\boldsymbol{D}}_{\mathrm{f}}-\boldsymbol{\Xi}^{\mathrm{T}}\boldsymbol{\Xi}+0.5\|\tilde{\boldsymbol{W}}\|^{2}\\
&+0.5\bar{\boldsymbol{\varepsilon}}^{\mathrm{T}}\bar{\boldsymbol{\varepsilon}}+k_{\varepsilon}\tilde{\boldsymbol{\varepsilon}}^{\mathrm{T}}\boldsymbol{\varepsilon}-k_{\varepsilon}\tilde{\boldsymbol{\varepsilon}}^{\mathrm{T}}\tilde{\boldsymbol{\varepsilon}}+k_{\zeta}\tilde{\zeta}\zeta-k_{\zeta}\tilde{\zeta}^{2}+k_{W}\mathrm{tr}(\tilde{\boldsymbol{W}}^{\mathrm{T}}\hat{\boldsymbol{W}})\\
\leqslant&-\boldsymbol{s}^{\mathrm{T}}(\boldsymbol{K}-0.5\boldsymbol{C}\boldsymbol{C}^{\mathrm{T}})\boldsymbol{s}-\tilde{\boldsymbol{D}}_{\mathrm{f}}^{\mathrm{T}}(\boldsymbol{L}_{\mathrm{f}}-(1.5+0.5\tau^{2})\boldsymbol{I}_{3})\tilde{\boldsymbol{D}}_{\mathrm{f}}-\boldsymbol{\Xi}^{\mathrm{T}}\boldsymbol{\Xi}+0.5\|\tilde{\boldsymbol{W}}\|^{2}\\
&+0.5\bar{\boldsymbol{\varepsilon}}^{\mathrm{T}}\bar{\boldsymbol{\varepsilon}}+0.5k_{\varepsilon}\tilde{\boldsymbol{\varepsilon}}^{\mathrm{T}}\tilde{\boldsymbol{\varepsilon}}+0.5k_{\varepsilon}\boldsymbol{\varepsilon}^{\mathrm{T}}\boldsymbol{\varepsilon}-k_{\varepsilon}\tilde{\boldsymbol{\varepsilon}}^{\mathrm{T}}\tilde{\boldsymbol{\varepsilon}}+0.5k_{\zeta}\tilde{\zeta}^{2}+0.5k_{\zeta}\zeta^{2}-k_{\zeta}\tilde{\zeta}^{2}+k_{W}\mathrm{tr}(\tilde{\boldsymbol{W}}^{\mathrm{T}}\hat{\boldsymbol{W}})\\
\leqslant&-\boldsymbol{s}^{\mathrm{T}}(\boldsymbol{K}-0.5\boldsymbol{C}\boldsymbol{C}^{\mathrm{T}})\boldsymbol{s}-\tilde{\boldsymbol{D}}_{\mathrm{f}}^{\mathrm{T}}(\boldsymbol{L}_{\mathrm{f}}-(1.5+0.5\tau^{2})\boldsymbol{I}_{3})\tilde{\boldsymbol{D}}_{\mathrm{f}}-\boldsymbol{\Xi}^{\mathrm{T}}\boldsymbol{\Xi}\\
&+0.5\|\tilde{\boldsymbol{W}}\|^{2}+0.5(k_{\varepsilon}+1)\bar{\boldsymbol{\varepsilon}}^{\mathrm{T}}\bar{\boldsymbol{\varepsilon}}-0.5k_{\varepsilon}\tilde{\boldsymbol{\varepsilon}}^{\mathrm{T}}\tilde{\boldsymbol{\varepsilon}}-0.5k_{\zeta}\tilde{\zeta}^{2}+0.5k_{\zeta}\zeta^{2}+k_{W}\mathrm{tr}(\tilde{\boldsymbol{W}}^{\mathrm{T}}\hat{\boldsymbol{W}})
\end{aligned} \tag{12.48}$$

考虑如下不等式,即

$$\begin{aligned}
\mathrm{tr}(\tilde{\boldsymbol{W}}^{\mathrm{T}}\hat{\boldsymbol{W}})=\mathrm{tr}(\tilde{\boldsymbol{W}}^{\mathrm{T}}(\boldsymbol{W}^{*}-\tilde{\boldsymbol{W}}))&\leqslant\|\tilde{\boldsymbol{W}}\|\ \|\boldsymbol{W}^{*}\|-\|\tilde{\boldsymbol{W}}\|^{2}\\
&\leqslant(0.5\alpha_{w}-1)\|\tilde{\boldsymbol{W}}\|^{2}+0.5\alpha_{w}^{-1}\bar{W}^{2}
\end{aligned} \tag{12.49}$$

式中:$\alpha_w>0$ 为设计的正实数。

将式(12.49)代入式(12.48)可得

$$\begin{aligned}
\dot{V}\leqslant&-\boldsymbol{s}^{\mathrm{T}}(\boldsymbol{K}-0.5\boldsymbol{C}\boldsymbol{C}^{\mathrm{T}})\boldsymbol{s}-\tilde{\boldsymbol{D}}_{\mathrm{f}}^{\mathrm{T}}(\boldsymbol{L}_{\mathrm{f}}-(1.5+0.5\tau^{2})\boldsymbol{I}_{3})\tilde{\boldsymbol{D}}_{\mathrm{f}}-0.5k_{\varepsilon}\tilde{\boldsymbol{\varepsilon}}^{\mathrm{T}}\tilde{\boldsymbol{\varepsilon}}-0.5k_{\zeta}\tilde{\zeta}^{2}\\
&-\boldsymbol{\Xi}^{\mathrm{T}}\boldsymbol{\Xi}-(k_{W}(1-0.5\alpha_{w})-0.5)\|\tilde{\boldsymbol{W}}\|^{2}+0.5(k_{\varepsilon}+1)\bar{\boldsymbol{\varepsilon}}^{\mathrm{T}}\bar{\boldsymbol{\varepsilon}}+0.5k_{\zeta}\zeta^{2}+0.5k_{W}\alpha_{w}^{-1}\bar{W}^{2}\\
\leqslant&-\kappa_{\mathrm{f}}V+M_{\mathrm{f}}
\end{aligned} \tag{12.50}$$

式中,$\kappa_{\mathbf{f}}=\min\{2\lambda_{\min}(\boldsymbol{K}-\boldsymbol{C}\boldsymbol{C}^{\mathrm{T}}),\lambda_{\min}(2\boldsymbol{L}_{\mathrm{f}}-(3+\tau^{2})\boldsymbol{I}_{3}),k_{\varepsilon}/\lambda_{\max}(\boldsymbol{\Gamma}_{\varepsilon}^{-1}),k_{\zeta}\rho_{o},(k_{W}(2-\alpha_{w})-1)/\lambda_{\max}(\boldsymbol{\Gamma}_{W}^{-1}),2\}>0$,$M_{\mathrm{f}}=0.5(k_{\varepsilon}+1)\bar{\boldsymbol{\varepsilon}}^{\mathrm{T}}\bar{\boldsymbol{\varepsilon}}+0.5k_{\zeta}\zeta^{2}+0.5k_{W}\alpha_{w}^{-1}\bar{W}^{2}>0$。

对式(12.50)两边积分可得

$$0\leqslant V\leqslant\frac{M_{\mathbf{f}}}{\kappa_{\mathbf{f}}}+\left(V(0)-\frac{M_{\mathbf{f}}}{\kappa_{\mathbf{f}}}\right)\mathrm{e}^{-\kappa_{\mathrm{f}}t}\leqslant\frac{M_{\mathbf{f}}}{\kappa_{\mathbf{f}}}+V(0) \tag{12.51}$$

根据上述分析过程可得如下定理:

定理 12.2:针对满足假设 12.4~假设 12.6 的具有执行机构故障和输入饱和受限的 NSV 快回路系统,非线性干扰观测器按式(12.20)设计,参数自适应律取为式(12.31)、式(12.43)~式(12.45)的形式,滑模面设计成式(12.18)的形式,饱和容错控制律按式(12.28)和式(12.29)设计,则闭环系统所有信号都是最终一致有界的,各信号收敛于

$$\|\boldsymbol{s}\| \leqslant \sqrt{2\left(V(0)+\frac{M_{\mathrm{f}}}{\kappa_{\mathrm{f}}}\right)},\ \|\boldsymbol{\Xi}\| \leqslant \sqrt{2\left(V(0)+\frac{M_{\mathrm{f}}}{\kappa_{\mathrm{f}}}\right)} \tag{12.52}$$

$$\|\tilde{\boldsymbol{D}}_{\mathrm{f}}\| \leqslant \sqrt{2\left(V(0)+\frac{M_{\mathrm{f}}}{\kappa_{\mathrm{f}}}\right)},\ \|\tilde{\zeta}\| \leqslant \sqrt{2\rho\left(V(0)+\frac{M_{\mathrm{f}}}{\kappa_{\mathrm{f}}}\right)} \tag{12.53}$$

$$\|\tilde{\boldsymbol{\varepsilon}}\| \leqslant \sqrt{\frac{2\left(V(0)+\frac{M_{\mathrm{f}}}{\kappa_{\mathrm{f}}}\right)}{\lambda_{\Gamma_{\varepsilon}^{-1}\min}}},\ \|\tilde{\boldsymbol{W}}\| \leqslant \sqrt{\frac{2\left(V(0)+\frac{M_{\mathrm{f}}}{\kappa_{\mathrm{f}}}\right)}{\lambda_{\Gamma_{\tilde{W}}^{-1}\min}}} \tag{12.54}$$

证明：根据式(12.51)可得，V 为一非递增函数且最终有界 $V\leqslant\frac{M_{\mathrm{f}}}{\kappa_{\mathrm{f}}}+V(0)$，从而

$$\frac{1}{2}\|\boldsymbol{\Xi}\|^2=\frac{1}{2}\boldsymbol{\Xi}^{\mathrm{T}}\boldsymbol{\Xi}\leqslant V\leqslant\frac{M_{\mathrm{f}}}{\kappa_{\mathrm{f}}}+V(0) \tag{12.55}$$

根据式(12.55)可得

$$\|\boldsymbol{\Xi}\| \leqslant \sqrt{2\left(V(0)+\frac{M_{\mathrm{f}}}{\kappa_{\mathrm{f}}}\right)}$$

其他变量收敛有界证明类似，证毕。

注 12.3：本章所设计的控制器不需要直接获得有关执行机构的具体故障诊断信息，而是通过引入神经网络来进行处理，从而使得控制器对执行机构故障具有较强的容错能力；同时，从控制律的表达式可以看出，所求得的控制量均在饱和范围内，进而消除了输入饱和给系统带来的影响。

12.3　仿真研究

仿真初始条件取为 $\alpha_0=0°$，$\beta_0=-1°$，$\mu_0=-1°$，$p_0=q_0=r_0=0\mathrm{rad/s}$，$H_0=30\mathrm{km}$，$V_0=2200\mathrm{m/s}$。期望姿态角信号选为

$$\alpha_{\mathrm{d}}=2°$$
$$\beta_{\mathrm{d}}=\begin{cases}0°,6k\mathrm{s}\leqslant t<6(k+1)\mathrm{s}\\4°,6(k+1)\mathrm{s}\leqslant t<6(k+2)\mathrm{s}\end{cases},k=0,2,4,\cdots \tag{12.56}$$
$$\mu_{\mathrm{d}}=(\sin(0.5\pi t)+3\sin(0.8\pi t))°$$

系统参数不确定性为 -30%，且外部干扰全部以力矩的形式作用于快回路，数值为

$$\boldsymbol{d}_{M\mathrm{f}}(t)=\begin{bmatrix}6\times10^6(\sin(5t))\\5\times10^5(\cos(5t)+0.3)\\6\times10^6(\sin(5t)+0.2)\end{bmatrix}\mathrm{N\cdot m} \tag{12.57}$$

另一方面，执行机构效率损失故障表示成如下形式，即

$$m_1=\begin{cases}1,t<8\mathrm{s}\\0.2,t\geqslant8\mathrm{s}\end{cases},m_2=\begin{cases}1,t<8\mathrm{s}\\0.5,t\geqslant8\mathrm{s}\end{cases},m_3=\begin{cases}1,t<8\mathrm{s}\\0.3,t\geqslant8\mathrm{s}\end{cases},m_4=\begin{cases}1,t<8\mathrm{s}\\0.2,t\geqslant8\mathrm{s}\end{cases},m_5=\begin{cases}1,t<8\mathrm{s}\\0.6,t\geqslant8\mathrm{s}\end{cases} \tag{12.58}$$

控制器相关设计参数取为 $\boldsymbol{C}=\mathrm{diag}\{5,5,5\}$，$\boldsymbol{P}=\mathrm{diag}\{0.05,0.05,0.05\}$，$\boldsymbol{U}_M=\mathrm{diag}\{30,30,30,15,15\}$，$\boldsymbol{K}=\mathrm{diag}\{1,1,1\}$，$\boldsymbol{L}=\boldsymbol{L}_{\mathrm{f}}=\mathrm{diag}\{7,7,7\}$，$\boldsymbol{Q}=\mathrm{diag}\{7e_1,7e_2,7e_3\}$，$\boldsymbol{\Gamma}_{\omega}=\mathrm{diag}\{5,5,5\}$，

$\boldsymbol{\Gamma}_W = \mathrm{diag}\{10\}_{15\times15}, \rho_o = 2, \sigma = 0.5, k_\varepsilon = 0.1, k_\zeta = 0.1, k_w = 1, \boldsymbol{\gamma} = [0.001, 0.001, 0.001]^{\mathrm{T}}, \varepsilon_v = 0.001, \boldsymbol{\chi}_o = [1,1,1]^{\mathrm{T}}$。仿真结果如图 12.1 和图 12.2 所示。

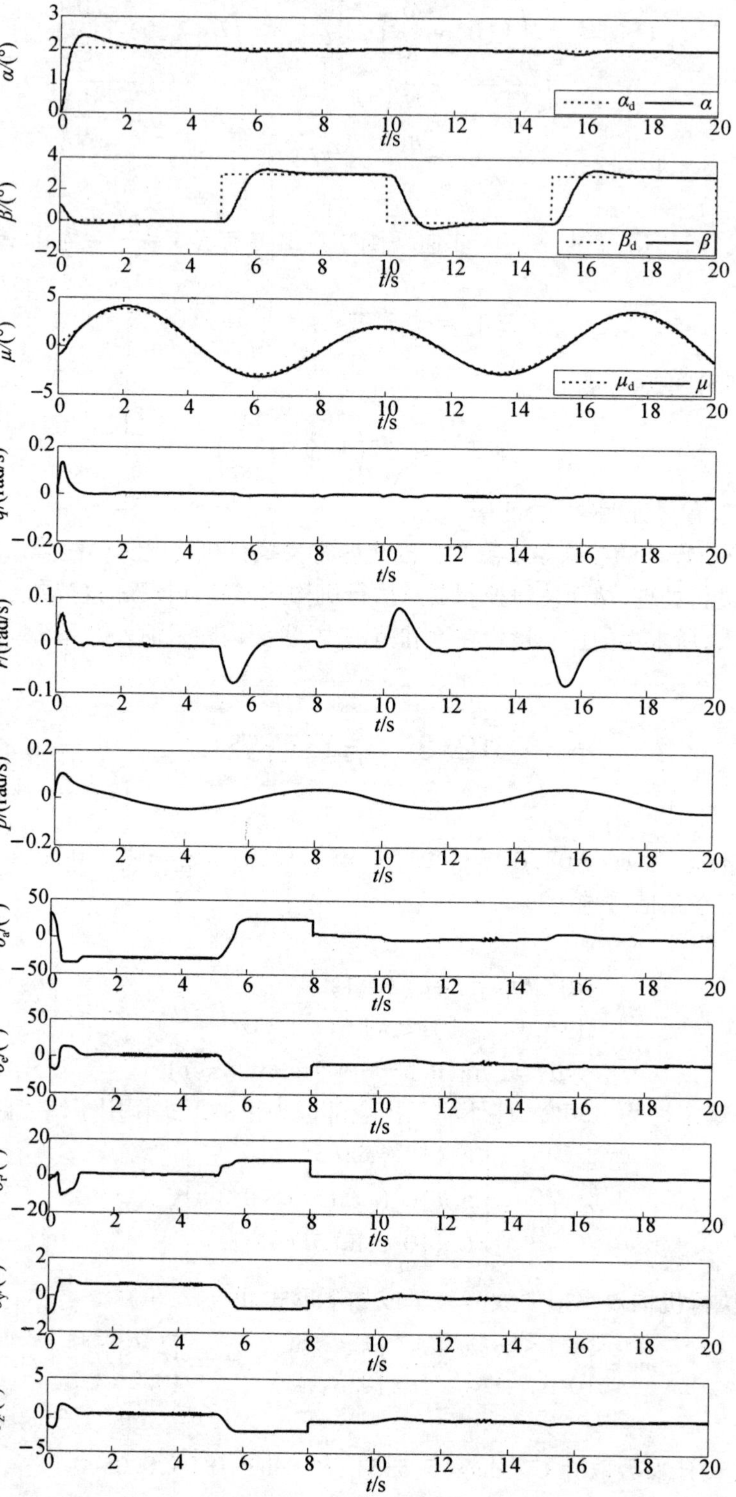

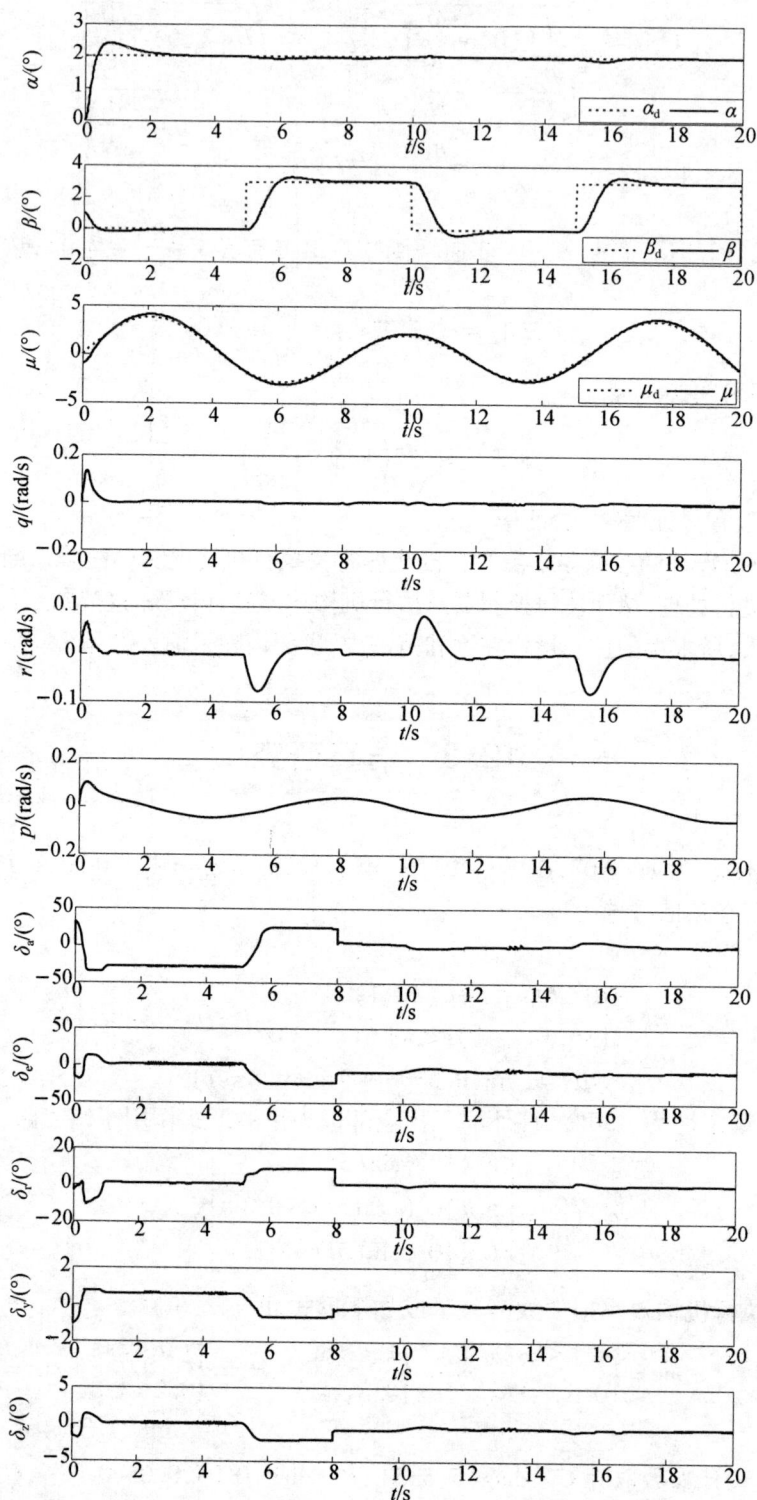

图 12.1 NSV 容错控制下的姿态角、角速率及舵面偏转角曲线

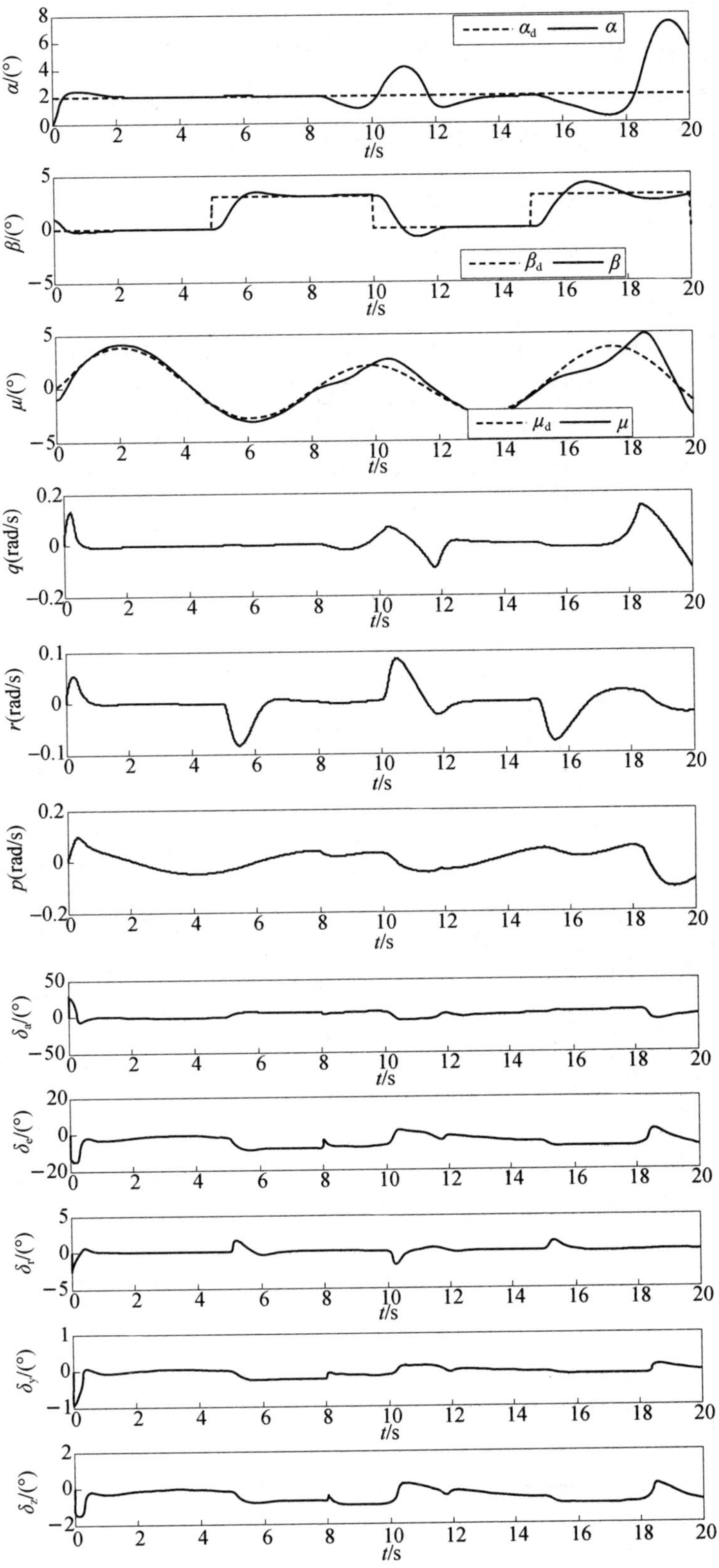

图 12.2　NSV 无容错补偿下的姿态角、角速率及舵面偏转角曲线

从图 12.1 和图 12.2 可以看出,尽管 NSV 在飞行中存在参数不确定、外部干扰和输入饱和情况,但在本章控制器作用下,NSV 姿态角能很好地跟踪期望的参考信号。当执行机构发生效率损失故障时,系统响应曲线产生了较小的超调,但是最终仍实现了对姿态角的稳定跟踪。因此,本章所给出的控制方案对 NSV 具有较好的容错控制能力。

12.4 小　结

本章针对一类具有执行机构故障和输入饱和受限的不确定 NSV 进行了容错控制器设计。利用 NDO 实现对系统中未知复合干扰的估计,通过神经网络来解决执行机构故障问题,并在控制律中增加辅助项来消除输入饱和给系统带来的影响,基于 Lyapunov 方法证明了闭环系统的稳定性。最后通过 NSV 的姿态控制仿真验证了所研究的容错控制方案的有效性。

附录 A 坐标转换矩阵

根据文献[88]可得如下的各坐标系之间的转换矩阵：

(1)机体坐标系与气流坐标系之间的转换矩阵：

$$
\boldsymbol{T}_{\mathrm{ba}}=\begin{bmatrix}\cos\alpha\cos\beta & \sin\beta & \sin\alpha\cos\beta \\ -\cos\alpha\cos\beta & \cos\beta & -\sin\alpha\sin\beta \\ -\sin\alpha & 0 & \cos\alpha\end{bmatrix},\boldsymbol{T}_{\mathrm{ab}}=\boldsymbol{T}_{\mathrm{ba}}^{\mathrm{T}} \tag{A.1}
$$

式中：$\boldsymbol{T}_{\mathrm{ba}}$表示机体坐标系到气流坐标系的转换矩阵；$\boldsymbol{T}_{\mathrm{ab}}$表示气流坐标系到机体坐标系的转换矩阵。

(2)地面坐标系与机体坐标系之间的转换矩阵：

$$
\boldsymbol{T}_{\mathrm{gb}}=\begin{bmatrix}\cos\theta\cos\psi & \cos\theta\sin\psi & -\sin\theta \\ \sin\theta\cos\psi\sin\phi-\sin\psi\cos\phi & \sin\theta\sin\psi\sin\phi+\cos\psi\cos\phi & \cos\theta\sin\phi \\ \sin\theta\cos\psi\cos\phi+\sin\psi\sin\phi & \sin\theta\sin\psi\cos\phi-\cos\psi\sin\phi & \cos\theta\cos\phi\end{bmatrix},\boldsymbol{T}_{\mathrm{bg}}=\boldsymbol{T}_{\mathrm{gb}}^{\mathrm{T}} \tag{A.2}
$$

式中：$\boldsymbol{T}_{\mathrm{gb}}$表示地面坐标系到机体坐标系的转换矩阵；$\boldsymbol{T}_{\mathrm{bg}}$表示机体坐标系到地面坐标系的转换矩阵。$\theta$、$\psi$ 和 ϕ 分别表示机体坐标系相对地面坐标系的俯仰角、偏航角和滚转角，它们与χ、γ、α、β 和 μ 存在如下的关系式：

$$
\begin{cases}\sin\gamma=\cos\alpha\cos\beta\sin\theta-\cos\theta(\sin\beta\sin\phi+\sin\alpha\cos\beta\cos\phi) \\ \sin\mu\cos\gamma=\cos\alpha\cos\beta\sin\theta+\cos\theta(\cos\beta\sin\phi-\sin\alpha\sin\beta\cos\phi) \\ \sin\chi\cos\gamma=\cos\alpha\cos\beta\cos\theta\sin\psi+\sin\beta(\sin\theta\sin\psi\sin\phi+\cos\psi\cos\phi)+\sin\alpha\cos\beta(\sin\theta\sin\psi\cos\phi-\cos\psi\sin\phi)\end{cases} \tag{A.3}
$$

(3)地面坐标系与气流坐标系之间的转换矩阵：

$$
\boldsymbol{T}_{\mathrm{ga}}=\begin{bmatrix}\cos\gamma\cos\chi & \cos\gamma\sin\chi & -\sin\gamma \\ \sin\gamma\cos\chi\sin\mu-\sin\chi\cos\mu & \sin\gamma\sin\chi\sin\mu+\cos\chi\cos\mu & \cos\gamma\sin\mu \\ \sin\gamma\cos\chi\cos\mu+\sin\chi\sin\mu & \sin\gamma\sin\chi\cos\mu-\cos\chi\sin\mu & \cos\gamma\cos\mu\end{bmatrix},\boldsymbol{T}_{\mathrm{ag}}=\boldsymbol{T}_{\mathrm{ga}}^{\mathrm{T}} \tag{A.4}
$$

式中：$\boldsymbol{T}_{\mathrm{ga}}$表示地面坐标系到气流坐标系的转换矩阵；$\boldsymbol{T}_{\mathrm{ag}}$表示气流坐标系到地面坐标系的转换矩阵。

(4)地面坐标系与航迹坐标系之间的转换矩阵：

$$
\boldsymbol{T}_{\mathrm{gk}}=\begin{bmatrix}\cos\gamma\cos\chi & \cos\gamma\sin\chi & -\sin\gamma \\ -\sin\chi & \cos\chi & 0 \\ \sin\gamma\cos\chi & \sin\gamma\sin\chi & \cos\gamma\end{bmatrix},\boldsymbol{T}_{\mathrm{kg}}=\boldsymbol{T}_{\mathrm{gk}}^{\mathrm{T}} \tag{A.5}
$$

式中：$\boldsymbol{T}_{\mathrm{gk}}$表示地面坐标系到航迹坐标系的转换矩阵；$\boldsymbol{T}_{\mathrm{kg}}$表示航迹坐标系到地面坐标系的转换矩阵。

(5)航迹坐标系与气流坐标系之间的转换矩阵：

$$
\boldsymbol{T}_{\mathrm{ka}}=\begin{bmatrix}1 & 0 & 0 \\ 0 & \cos\mu & \sin\mu \\ 0 & -\sin\mu & \cos\mu\end{bmatrix},\boldsymbol{T}_{\mathrm{ak}}=\boldsymbol{T}_{\mathrm{ka}}^{\mathrm{T}} \tag{A.6}
$$

式中：$\boldsymbol{T}_{\mathrm{ka}}$表示航迹坐标系到气流坐标系的转换矩阵；$\boldsymbol{T}_{\mathrm{ak}}$表示气流坐标系到航迹坐标系的转换矩阵。

附录 B　引理 5.1 证明

引理 5.1：对任意的常数 $\rho>0$ 和向量 $\bar{z}=[\bar{z}_1,\bar{z}_2,\cdots,\bar{z}_n]^{\mathrm{T}}\in\mathbf{R}^n$，如下不等式恒成立：

$$0<\|\bar{z}\|-\bar{z}^{\mathrm{T}}\tanh(\bar{z}/\rho)\leqslant\bar{\kappa}\rho$$

式中：$\tanh(\bar{z}/\rho)=[\tanh(\bar{z}_1/\rho),\tanh(\bar{z}_2/\rho),\cdots,\tanh(\bar{z}_n/\rho)]^{\mathrm{T}}$，$\bar{\kappa}=n\xi_0$，$n$ 为向量 $\bar{z}$ 的维数，ξ_0 为满足等式 $\xi_0=\mathrm{e}^{-(\xi_0+1)}$ 的常数，即 $\xi_0=0.2785$。

证明：由文献[35]可知

$$\begin{bmatrix}0<|\bar{z}_1|-\bar{z}_1\tanh(\bar{z}_1/\rho)\leqslant\xi_0\rho\\ \vdots\\ 0<|\bar{z}_n|-\bar{z}_n\tanh(\bar{z}_n/\rho)\leqslant\xi_0\rho\end{bmatrix}\tag{B.1}$$

将上述 n 个不等式相加可得

$$0<|\bar{z}_1|+\cdots+|\bar{z}_n|-\bar{z}_1\tanh(\bar{z}_1/\rho)-\cdots-\bar{z}_n\tanh(\bar{z}_n/\rho)\leqslant n\xi_0\rho\tag{B.2}$$

考虑到如下不等式：

$$\|\bar{z}\|\leqslant|\bar{z}_1|+\cdots+|\bar{z}_n|\tag{B.3}$$

所以可得

$$0<\|\bar{z}\|-\bar{z}^{\mathrm{T}}\tanh(\bar{z}/\rho)\leqslant n\xi_0\rho\tag{B.4}$$

证毕。

附录C 引理6.1证明

引理6.1[50]：定义在$[0,t_f)$上的光滑函数$V(\cdot)$和$\chi(\cdot)$，其中$V(t)\geqslant 0$, $\forall t\in[0,t_f)$，$N(\chi)$为偶的Nussbaum函数。若下述不等式成立，则$V(\cdot)$和$\chi(\cdot)$在$[0,t_f)$上必有界，即

$$V\leqslant V(0)\mathrm{e}^{-ct}+\frac{M}{c}(1-\mathrm{e}^{-ct})+\frac{\mathrm{e}^{-ct}}{\gamma_x}\int_0^t(\xi N(\chi)\dot{\chi}-\dot{\chi})\mathrm{e}^{c\tau}\mathrm{d}\tau$$

式中：常数$c>0$、$\gamma_x>0$、$M>0$；ξ为在未知区间$[\xi_{\min},\xi_{\max}]$上取值的时变参量，$0<\xi_{\min}<\xi_{\max}$。

证明：令$c_0=V(0)\mathrm{e}^{-ct}+\frac{M}{c}(1-\mathrm{e}^{-ct})$，则有

$$0\leqslant V\leqslant c_0+\frac{\mathrm{e}^{-ct}}{\gamma_x}\int_0^t\xi N(\chi)\dot{\chi}\mathrm{e}^{c\tau}\mathrm{d}\tau-\frac{\mathrm{e}^{-ct}}{\gamma_x}\int_0^t\dot{\chi}\mathrm{e}^{c\tau}\mathrm{d}\tau \tag{C.1}$$

首先通过反证法证明$\chi(t)$在$[0,t_f)$上是有界的。假设$\chi(t)$在$[0,t_f)$上是无界的，则存在如下两种情况：

(1)情况1：$\chi(t)$在$[0,t_f)$上无上界。

(2)情况2：$\chi(t)$在$[0,t_f)$上无下界。

情况1：若$\chi(t)$在$[0,t_f)$上无上界，则存在一个单调递增变量$\{w_i=w(t_i)=\chi(t_i)\}$，其中$w_0=|\chi(t_0)|>0$，使得$\lim_{i\to+\infty}t_i=t_f$且$\lim_{i\to+\infty}w_i=+\infty$。

定义

$$N_g(w_i,w_j)=\int_{w_i}^{w_j}\xi(\tau)N(w(\tau))\mathrm{e}^{-c(t_j-\tau)}\mathrm{d}w(\tau) \tag{C.2}$$

式中：$N_g(w_i,w_j)=N_g(w(t_i),w(t_j))=N_g(t_i,t_j)$，$w_i\leqslant w_j$；$\tau\in[t_i,t_j]$。

根据积分中值不等式和$\xi(t)\leqslant\xi_{\max}$，$0<\mathrm{e}^{-c(t_j-\tau)}\leqslant 1(\tau\in[t_i,t_j])$则有

$$|N_g(w_i,w_j)|\leqslant\xi_{\max}(w_j-w_i)\sup_{w\in[w_i,w_j]}|N(w)|=\xi_{\max}(w_j-w_i)w_j^2 \tag{C.3}$$

这里考虑$N(w)=w^2\cos(w\pi/2)$，其他情况类似处理。则当$w\in(4m-1,4m+1)$时，有$N(w)>0$；当$w\in(4m+1,4m+3)$时，有$N(w)<0$，m为整数。

考虑区间$[w_0,w_{m1}]=[w_0,4m-1]$时，定义

$$N_g(w_0,w_{m1})=\int_{w_0}^{w_{m1}}\xi(\tau)N(w)\mathrm{e}^{-c(t_{m1}-\tau)}\mathrm{d}w(\tau) \tag{C.4}$$

根据式(C.3)可得

$$|N_g(w_0,w_{m1})|\leqslant\xi_{\max}(4m-1-w_0)(4m-1)^2 \tag{C.5}$$

考虑区间$[w_{m1},w_{m2}]=[4m-1,4m+1]$时，此时有$N(w)\geqslant 0$, $\forall w\in[w_{m1},w_{m2}]$，根据式(C.2)有如下不等式：

$$N_g(w_{m1},w_{m2})\geqslant\int_{4m-\varepsilon_1}^{4m+\varepsilon_1}\xi(\tau)N(w(\tau))\mathrm{e}^{-c(t_{m2}-\tau)}\mathrm{d}w(\tau) \tag{C.6}$$

式中：$\varepsilon_1\in(0,1)$。

根据积分中值不等式和 $\xi(t)\geqslant\xi_{\min}>0,\mathrm{e}^{-c(t_{m2}-\tau)}\geqslant\mathrm{e}^{-c(t_{m2}-t_{m1})}>0(\tau\in[t_{m1},t_{m2}])$，则有

$$N_g(w_{m1},w_{m2})\geqslant 2\varepsilon_1\xi_{\min}\mathrm{e}^{-c(t_{m2}-t_{m1})}\inf_{w\in[w_{m1},w_{m2}]}N(w)=c_{\varepsilon_1}(4m-\varepsilon_1)^2 \tag{C.7}$$

其中：$c_{\varepsilon_1}=2\varepsilon_1\xi_{\min}\mathrm{e}^{-c(t_{m2}-t_{m1})}\cos(\varepsilon_1\pi/2)$。

若不等式 $|f_1(x)|\leqslant a_1$ 和 $|f_2(x)|\geqslant a_2$ 成立，则有 $f_1(x)+f_2(x)\geqslant a_2-a_1$。根据式(C.5)和式(C.7)可得

$$N_g(w_0,w_{m2})\geqslant(4m-1)^2\left(c_{\varepsilon_1}\frac{(4m-1)^2+2(4m-1)(1-\varepsilon_1)+(1-\varepsilon_1)^2}{(4m-1)^2}-\xi_{\max}(4m-1-w_0)\right) \tag{C.8}$$

所以有

$$\frac{1}{w_{m2}}N_g(w_0,w_{m2})\geqslant\frac{(4m-1)^2}{4m+1}\left(c_{\varepsilon_1}\frac{(4m-1)^2+2(4m-1)(1-\varepsilon_1)+(1-\varepsilon_1)^2}{(4m-1)^2}-\xi_{\max}(4m-1-w_0)\right) \tag{C.9}$$

式(C.9)两边取极限可得

$$\lim_{m\to+\infty}\frac{1}{w_{m2}}N_g(w_0,w_{m2})=+\infty \tag{C.10}$$

下面证明 $\lim\limits_{m\to+\infty}(1/(4m+3))N_g(w_0,4m+3)=-\infty$。

考虑区间 $[w_0,w_{m2}]=[w_0,4m+1]$ 时，根据式(C.3)可得

$$|N_g(w_0,w_{m2})|\leqslant\xi_{\max}(4m+1-w_0)(4m+1)^2 \tag{C.11}$$

考虑区间 $[w_{m2},w_{m3}]=[4m+1,4m+3]$ 时，此时有 $N(w)\leqslant 0,\ \forall w\in[w_{m2},w_{m3}]$，根据式(C.2)有如下不等式：

$$N_g(w_{m2},w_{m3})\leqslant\int_{4m+2-\varepsilon_2}^{4m+2+\varepsilon_2}\xi(\tau)N(w(\tau))\mathrm{e}^{-c(t_{m3}-\tau)}\mathrm{d}w(\tau)\leqslant -c_{\varepsilon_2}(4m+2-\varepsilon_2)^2 \tag{C.12}$$

式中：$c_{\varepsilon_2}=2\varepsilon_2\xi_{\min}\cos(\varepsilon_2\pi/2)\mathrm{e}^{-c(t_{m3}-t_{m2})},\varepsilon_2\in(0,1)$。

若不等式 $|f_1(x)|\leqslant a_1$ 和 $f_2(x)\leqslant a_2$ 成立，则有 $f_1(x)+f_2(x)\leqslant a_1+a_2$。根据式(C.11)和式(C.12)可得

$$N_g(w_0,w_{m3})\leqslant-(4m+1)^2\left(c_{\varepsilon_2}\frac{(4m+1)^2+2(4m+1)(1-\varepsilon_3)+(1+\varepsilon_2)^2}{(4m+1)^2}-\xi_{\max}(4m+1-w_0)\right) \tag{C.13}$$

所以有

$$\frac{1}{w_{m3}}N_g(w_0,w_{m3})\leqslant-\frac{(4m+1)^2}{4m+3}\left(c_{\varepsilon_2}\frac{(4m+1)^2+2(4m+1)(1-\varepsilon_3)+(1+\varepsilon_2)^2}{(4m+1)^2}-\xi_{\max}(4m+1-w_{k0})\right) \tag{C.14}$$

式(C.14)两边取极限可得

$$\lim_{m\to+\infty}\frac{1}{w_{m3}}N_g(w_0,w_{m3})=+\infty \tag{C.15}$$

根据式(C.10)和式(C.15)可得

$$\lim_{w_j\to+\infty}\sup\frac{1}{w_j}N_g(w_0,w_j)=+\infty \tag{C.16}$$

$$\lim_{w_j\to+\infty}\inf\frac{1}{w_j}N_g(w_0,w_j)=-\infty \tag{C.17}$$

式(C.1)两边同除以 $w(t_i)=\chi(t_i)>0$ 可得

$$0\leqslant\frac{V}{w(t_i)}\leqslant\frac{c_0}{w(t_i)}+\frac{\mathrm{e}^{-ct_i}}{\gamma_x}\frac{1}{w(t_i)}\int_{w(t_0)}^{w(t_i)}\xi N(w(\tau))\mathrm{e}^{c\tau}\mathrm{d}w(\tau)-\frac{\mathrm{e}^{-ct_i}}{\gamma_x}\frac{1}{w(t_i)}\int_{w(t_0)}^{w(t_i)}\mathrm{e}^{c\tau}\mathrm{d}w(\tau) \tag{C.18}$$

其中

$$\frac{\mathrm{e}^{-ct_i}}{\gamma_x}\frac{1}{w(t_i)}\int_{w(t_0)}^{w(t_i)}\xi N(w(\tau))\mathrm{e}^{c\tau}\mathrm{d}w(\tau)=\frac{1}{\gamma_x}\frac{1}{w(t_i)}\int_{w(t_0)}^{w(t_i)}\xi N(w(\tau))\mathrm{e}^{-c(t_i-\tau)}\mathrm{d}w(\tau) \tag{C.19}$$

$$\frac{\mathrm{e}^{-ct_i}}{\gamma_x}\frac{1}{w(t_i)}\int_{w(t_0)}^{w(t_i)}\mathrm{e}^{c\tau}\mathrm{d}w(\tau)\geqslant\frac{1}{\gamma_x}\frac{w(t_i)-w(t_0)}{w(t_i)}\inf_{w\in[w(t_0),w(t_i)]}\mathrm{e}^{-c(t_i-\tau)} \tag{C.20}$$

当 $i\to+\infty$ 时，有 $t_i\to t_f$，$w(t_i)\to+\infty$。根据式(C.19)和式(C.20)，对式(C.18)两边求极限可得

$$\begin{aligned}0\leqslant\lim_{i\to+\infty}\frac{V}{w(t_i)}&\leqslant-\lim_{i\to+\infty}\frac{1}{\gamma_x}\frac{w(t_i)-w(t_0)}{w(t_i)}\inf_{w\in[w(t_0),w(t_i)]}\mathrm{e}^{-c(t_i-\tau)}\\&+\lim_{i\to+\infty}\frac{1}{\gamma_x}\frac{1}{w(t_i)}\int_{w(t_0)}^{w(t_i)}\xi N(w(\tau))\mathrm{e}^{-c(t_i-\tau)}\mathrm{d}w(\tau)=\\&-\frac{1}{\gamma_x}\mathrm{e}^{-c(t_\mathrm{f}-t_0)}+\frac{1}{\gamma_x}\lim_{i\to+\infty}\frac{1}{w(t_i)}N_g(w(t_0),w(t_i))\end{aligned} \tag{C.21}$$

上式与式(C.17)相矛盾，故 $\chi(t)$ 在 $[0,t_\mathrm{f})$ 上是有上界的。

情况 2：若 $\chi(t)$ 在 $[0,t_\mathrm{f})$ 上无下界，则存在一个单调递增变量 $\{w_i=w(t_i)=-\chi(t_i)\}$，其中 $w_0=|\chi(t_0)|>0$，使得 $\lim_{i\to+\infty}t_i=t_\mathrm{f}$ 且 $\lim_{i\to+\infty}w_i=+\infty$。

式(C.1)两边同除以 $w(t_i)=-\chi(t_i)>0$ 可得

$$0\leqslant\frac{V}{w(t_i)}\leqslant\frac{c_0}{w(t_i)}-\frac{\mathrm{e}^{-ct_i}}{\gamma_x}\frac{1}{w(t_i)}\int_{w(t_0)}^{w(t_i)}\xi N(-w(\tau))\mathrm{e}^{c\tau}\mathrm{d}w(\tau)+\frac{\mathrm{e}^{-ct_i}}{\gamma_x}\frac{1}{w(t_I)}\int_{w(t_i)}^{w(t_i)}\mathrm{e}^{c\tau}\mathrm{d}w(\tau) \tag{C.22}$$

注意到 $\chi(\cdot)$ 为偶函数，故有 $N(w)=N(-w)$，对上式求极限同样可得

$$0\leqslant\lim_{i\to+\infty}\frac{V}{w(t_i)}\leqslant\frac{1}{\gamma_x}-\frac{1}{\gamma_x}\lim_{i\to+\infty}\frac{1}{w(t_i)}N_g(w(t_0),w(t_i)) \tag{C.23}$$

上式与式(C.16)相矛盾，故 $\chi(t)$ 在 $[0,t_\mathrm{f})$ 上是有下界的。

因此，$\chi(t)$ 在 $[0,t_\mathrm{f})$ 上是有界的，进而可得 $V(t)$ 在 $[0,t_\mathrm{f})$ 上同样有界。

证毕。

参考文献

[1] 李智斌，李果，王大铁，等．近空间飞行器动力学与控制的研究现状及难点[C]// 李俊峰．动力学与控制及航天应用．北京:中国宇航出版社，2008.

[2] Marcel M J, Baker J. Integration of ultra – capacitors into the energy management system of a near space vehicle [C]. 5th International Energy Conversion Engineering Conference and Exhibit, Florida, USA, AIAA, 2007, 4707: 1 – 9.

[3] Young M, Keith S. An overview of advanced concepts for near – space systems [C]. 45th AIAA/ASME/SAE/ASEE Joint Propulsion Conference and Exhibit, Colorado, USA, AIAA, 2009, 4805: 1 – 18.

[4] 崔尔杰．NSV 研究发展现状及关键技术问题[J]．力学进展，2009，39(6)：658 – 673.

[5] 段锋．临 NSV 现状与发展[J]．航空科学技术，2007，6(2)：22 – 25.

[6] Mathew D J, Anthony J C, Eric N J. Evaluation of an adaptive method for launch vehicle flight control[C]. AIAA Guidance, Navigation and Control Conference and Exhibit, Reston, AIAA, 2003: 1 – 19.

[7] Catherine B, Ethan B, John M. The X – 43: a hyper – X mach 7 flight guidance, navigation, and control overview and flight test results [C]. AIAA/CIRA 13th International Space and Hypersonics Systems and Technologies, Reston, AIAA, 2005: 1 – 23.

[8] Singh S N, Yim W. Feedback linearization and solar pressure satellite attitude control [J]. IEEE Transactions on Aerospace and Electronic Systems, 1996, 32(2): 732 – 741.

[9] Johnson E N, Calise A J, El – Shirbiny H A, et al. Feedback linearization with neural network augmentation applied to X – 33 attitude control [C]. AIAA Guidance, Navigation and Control Conference, Reston, AIAA, 2000: 1 – 11.

[10] McFarland M B, CaliseA J. Neural – adaptive nonlinear autopilot design for an agile anti – air missile [C]. AIAA Guidance, Navigation and Control Conference, San Diego: AIAA, 1996: 1 – 9

[11] Chen M S, Hwang Y R, Tomizuka M. A state – dependent boundary layer design for sliding mode control [J]. IEEE Transactions on Automatic Control, 2002, 47(10): 1677 – 1681.

[12] Kang B P, Ju J L. Sliding mode controller with filtered signal for robot manipulators using virtual plant controller [J]. Mechatronics, 1997, 7(3): 277 – 286.

[13] Ha Q P, Nguyen Q H, Rye D C, et al. Fuzzy sliding – mode controllers with applications [J]. IEEE Transactions on Industrial Electronics, 2001, 48(1): 38 – 41.

[14] Chen M, Mei R, Jiang B. Sliding mode control for a class of uncertain MIMO nonlinear systems with application to near – space vehicles [J]. Mathematical Problems in Engineering, 2013, Article ID 180589: 1 – 9.

[15] Shtessel Y, Hall C, Jackson M. Reusable launch vehicle control in multiple time sale sliding modes [C]// In: AIAA Guidance, Navigation, and Control Conference and Exhibit, Reston, AIAA, 2000: 1 – 11.

[16] Shtessel Y, Hall C. Sliding mode control of the X – 33 with an engine failure[C]. 36th AIAA/ASME/SAE/ASEE Joint Propulsion Conference and Exhibit, Reston, AIAA, 2000: 1 – 15.

[17] 蒲明，吴庆宪，姜长生，等．自适应二阶动态 terminal 滑模在近空间飞行器控制中的应用[J]．航空动力学报，2010，25(5)：1169 – 1176.

[18] Kanellakopoulos I, Kokotovic P V, Morse A S. Systematic design of adaptive controllers for feedback linearizable systems [J]. IEEE Transactions on Automatic Control, 1991, 36(11): 1241 – 1253.

[19] 吴忻生，胡跃明，孙剑．非匹配不确定系统的显示反步变结构控制[J]．控制与决策，2002，17(s)：648 – 653.

[20] Jiang Z P, Hill D J. A robust adaptive backstepping scheme for nonlinear systems with unmodeled dynamics [J]. IEEE Transactions on Automatic Control, 1999, 44(9): 1705 – 1711.

[21] Swaroop D, Hedrick J K, Yip P P, et al. Dynamic surface control for a class of nonlinear systems [J]. IEEE Transactions on Automatic Control, 2000, 45(10): 1893 – 1899.

[22] Monahemi M M, Krstic M. Control of wing rock motion using adaptive feedback linearization [J]. Journal of Guidance, Control and Dynamics, 1991, 13(6): 905 – 912.

[23] Lee T Y, Kim Y D. Nonlinear adaptive flight control using backstepping and neural networks controller [J]. Journal of Guidance, Control and Dynamics, 2001, 24(4): 675 – 682.

[24] Chen M, Jiang B. Robust attitude control of near space vehicles with time – varying disturbances [J]. International Journal of Control, Automation, and Systems, 2013, 11(1): 182 – 187.

[25] 张强, 吴庆宪, 姜长生, 等. 基于 Backstepping 的近空间飞行器鲁棒自适应姿态控制[J]. 南京航空航天大学学报, 2013, 45(5): 590 – 598.

[26] 程路. 近空间飞行器鲁棒自适应协调控制研究 [D]. 南京: 南京航空航天大学, 2011.

[27] Kang Y, Hedrick J K. Design of nonlinear model predictive controller for a small fixed – wing unmanned aerial vehicle[C]. AIAA Guidance, Navigation and Control Conference and Exhibit, Keystone, USA, AIAA, 2006: 1 – 11.

[28] 郭伟, 韩丹丹, 周丽, 等. 近空间飞行器的增量式 PI 预测函数姿态控制[J]. 武汉理工大学学报, 2013, 35(12): 146 – 153.

[29] Du Y L, Wu Q X, Jiang C S. Adaptive predictive control of near – space vehicle using functional link network [J]. Transactions of Nanjing University of Aeronautics & Astronautics, 2010, 27(2): 148 – 154.

[30] 姜长生, 吴庆宪, 孙隆和, 等. 系统理论与鲁棒控制[M]. 北京: 航空工业出版社, 1998.

[31] Glover K, McFarlane D. Robust stabilization of normalized coprime factor plant descriptions with H_∞ bounded uncertainty [J]. IEEE Transaction on Automatic Control, 1989, 34(8): 821 – 830.

[32] Zhou K. On the parameterization H_∞ controllers [J]. IEEE Transaction on Automatic Control, 1992, 37(9): 1442 – 1446.

[33] Fan M K H, Tits A L, Doyle J C. Robustness in the presence of mixed parametric uncertainty and unmodeled dynamics [J]. IEEE Transaction on Automatic Control, 1991, 36(1): 25 – 28.

[34] Youla D, Jabr H, Bongiorno J. Modern wiener – hopf design of optimal controllers part Ⅱ: the multivariable case [J]. IEEE Transaction on Automatic Control, 1976, 21(3): 319 – 338.

[35] Polycarpou M M, Ioannou P A. A robust adaptive nonlinear control design [J]. Automatica, 1996, 32(3): 423 – 427.

[36] Ioannou P A, Kokotovic P V. Adaptive systems with reduced models [M]. Berlin: Springer – Verlag, 1983.

[37] Liu Y S, Li X Y. Decentralized robust adaptive control of nonlinear systems with unmodeled dynamics [J]. IEEE Transaction on Automatic Control, 2002, 47(5): 848 – 856.

[38] Ohnishi K. A new servo method in mechatronics [J]. Transactions of Japanese Society of Electrical Engineers, 1987, 107(D): 83 – 86.

[39] Chen W H. Nonlinear disturbance observer – enhanced dynamic inversion control of missiles [J]. Journal of Guidance, Control, and Dynamics, 2003, 26(1): 161 – 166.

[40] Kim E. A fuzzy disturbance observer and its application to control [J]. IEEE Transaction on Fuzzy Systems, 2002, 10(1): 77 – 84.

[41] 刘国荣, 万百五. 一类非线性 MIMO 系统的直接自适应模糊鲁棒控制 [J]. 控制理论与应用, 2002, 19(5): 693 – 698.

[42] 朱亮. 空天飞行器不确定非线性鲁棒自适应控制 [D]. 南京: 南京航空航天大学, 2006.

[43] Chen M, Shi P, Lim C C. Robust constrained control for MIMO nonlinear systems based on disturbance observer [J]. IEEE Transactions on Automatic Control, 2015, 60(12):3281 – 3286.

[44] 周丽明. 饱和控制系统理论及应用研究 [D]. 哈尔滨: 哈尔滨工程大学, 2009.

[45] Glattfelder A H, Schaufelberger W. Stability analysis of single – loop control systems with saturation and antireset – windup circuits [J]. IEEE Transaction on Automatic Control, 1983, 28(12): 1074 – 1081.

[46] Chen B, Lu H. State estimation of large – scale systems [J]. International Journal of Control, 1988, 47(6): 1613 – 1632.

[47] Mahmoud M S. Dynamic Controllers for Systems with Actuators [J]. International Journal of Systems Science, 1995, 26(2): 359 – 374.

[48] Hu T, Lin Z, Chen B M. An analysis and design method for linear systems subject to actuator saturation and disturbance [J]. Automatic, 2002, 38(2): 351 – 359.

[49] Hu T, Lin Z. Absolute stability with a generalized sector condition [J]. IEEE Transaction on Automatic Control, 2004, 49(4): 535 – 548.

[50] Wen C Y, Zhou J, Liu Z T, et al. Robust adaptive control of uncertain nonlinear systems in the presence of input saturation and external disturbance [J]. IEEE Transaction on Automatic Control, 2011, 56(7): 1672 – 1678.

[51] Li Y M, Tong S C, Li T S. Direct adaptive fuzzy backstepping control of uncertain nonlinear systems in the presence of input sat-

uration [J]. Neural Computing and Applications, 2013, 23(5): 1207 - 1216.
[52] Li Y M, Li T S, Tong S C. Adaptive fuzzy modular backstepping output feedback control of uncertain nonlinear systems in the presence of input saturation [J]. International Journal of Machine Learning and Cybernetics, 2013, 4(5): 527 - 536.
[53] Muske K R, Rawlings J B. Model predictive control with linear models [J]. Process Systems Engineering, 1993, 39(2): 262 - 287.
[54] 孔小兵, 刘向杰. 基于输入输出线性化的连续非线性模型预测控制[J]. 控制理论与应用,2012, 29(2): 217 - 224.
[55] 孔小兵. 连续非线性模型预测控制的研究与应用 [D]. 保定: 华北电力大学, 2011.
[56] 杨青. 非线性预测控制器设计及其应用 [D]. 青岛: 中国石油大学, 2006.
[57] Fertik H A, Ross C W. Direct digital control algorithm with anti - windup feature [J]. ISA Transactions, 1967, 6(4): 317 - 328.
[58] Buckley P S. Designing override and feedforward controls [J]. Control Engineering, 1971, 18(8): 48 - 51.
[59] Doyle J, Packard A. Uncertain multivariable systems from a state space perspective [C]. Proceedings of the American Control Conference, Minneapolis, MN, USA, 1987: 2147 - 2152.
[60] Aström K J, Rundqwist L. Integrator windup and how to avoid it [C]. Proceedings of the American Control Conference, Piscataway, NJ, USA, 1989: 1693 - 1698.
[61] Cao Y Y, Lin Z, Shamash Y. Set invariance analysis and gain - scheduling control for LPV systems subject to actuator saturation [J]. Systems & Control Letters, 2002, 46(2): 137 - 151.
[62] Cao Y Y, Lin Z. An anti - windup design for polytopic systems by a parameter - dependent lyapunov function approach [J]. International Conference on Control and Automation, 2005: 541 - 546.
[63] Chen B M, Lee T H, Peng K, et al. Composite nonlinear feedback control for linear systems with input saturation: theory and an application [J]. IEEE Transactions on Automatic Control, 2003, 48(3): 427 - 439.
[64] Cheng G Y, Peng K. Robust composite nonlinear feedback control with application to a servo positioning system [J]. IEEE Transactions on Industrial Electronics, 2007, 54(2): 1132 - 1140.
[65] Yang Q Y, Chen M. Composite nonlinear control for near space vehicles with input saturation based on disturbance observer [C]. Proceedings of the 32nd Chinese Control Conference, Xi'an, 2013: 2763 - 2768.
[66] 罗艳红, 张化光, 杨东升. 基于饱和补偿器的神经网络控制器设计及仿真[J]. 系统仿真学报, 2009, 21(1): 184 - 188.
[67] Gao W Z. Intelligent control of nonlinear systems with actuator saturation using neural networks [D]. USA: College of Engineering and Science, Louisiana Tech University, 2005
[68] Chen M, Ge S S, Ren B B. Adaptive tracking control of uncertain MIMO nonlinear systems with input constraints [J]. Automatica, 2011, 47(3): 452 - 465.
[69] Chen M, Wu Q X, Jiang C S, et al. Guaranteed transient performance based control with input saturation for near space vehicles [J]. Science China Information Sciences, 2014, 57(5):1 - 12.
[70] 张强,吴庆宪,姜长生,王玉惠. NSV 鲁棒自适应 Backstepping 控制. 系统工程与电子技术[J]. 2012, 34(4):754 - 760.
[71] 程路,姜长生,都延丽,等. 基于滑模干扰观测器的 NSV 非线性广义预测控制[J]. 宇航学报, 2010, 31(2):423 - 431.
[72] 王宇飞,姜长生. NSV 直接自适应变论域模糊滑模控制[J]. 系统工程与电子技术, 2011, 33(3):633 - 637.
[73] 王景,刘良栋,李国. 控制输入受限情况下卫星姿态的鲁棒自适应控制[J]. 宇航学报, 2006, 27(4):588 - 593.
[74] 何玉庆,韩建达. 输入受限非线性系统的鲁棒广义逐点最小范数控制[J]. 系统科学与数学, 2010, 30(7):895 - 910.
[75] 黄显林,葛东明. 输入受限高超声速飞行器鲁棒变增益控制[J]. 系统工程与电子技术, 2011, 33(8):1829 - 1836.
[76] 陶洪峰,胡寿松. 具有饱和死区非线性输入的自适应滑模跟踪控制[J]. 信息与控制,2009,38(3) :281 - 285.
[77] Niu Y. Design of sliding mode control for nonlinear stochastic systems subject to actuator nonlinearith [J]. IEE Proceedings on Control Theory Apply, 2006, 153(6):737 - 744.
[78] 郝彪,焦晓红,李娜. 基于控制受限的机器人鲁棒自适应位置调节[J]. 计算机仿真, 2008, 25(3):175 - 178.
[79] 姜斌,赵静,齐瑞云,等. NSV 故障诊断与容错控制的研究进展[J]. 南京航空航天大学学报, 2012, 44(5) :603 - 610.
[80] 尹作友,张化光. 基于模糊 T - S 模型的非线性系统的 H_∞ 鲁棒容错控制[J]. 控制与决策, 2009, 24(6):813 - 818.
[81] 贺娜,姜斌,齐瑞云. 基于模型预测控制的 NSV 容错跟踪控制[J]. 航天控制,2012,30(6):54 - 58.
[82] 黄宇海,齐瑞云,姜斌,等. 基于动态面 backstepping 控制的高超声速飞行器自适应故障补偿设计[J]. 中国科学技术大

学学报，2012，42(9)：768－774.

[83] 许域菲，姜斌，齐瑞云，等．基于模糊 T－S 自适应观测器的 NSV 故障诊断与容错控制[J]．东南大学学报(自然科学版)，2009，39(Sup1)：189－194.

[84] Yin S, Luo H, Ding S. Real－time implementation of fault－tolerant control systems with performance optimization [J]. IEEE Transactions on Industrial Electronics, 2014, 61(5): 2402－2411.

[85] Zhang X, Parisini T, Polycarpou M M. Adaptive fault－tolerant control of nonlinear uncertain systems: an information－based diagnostic approach [J]. IEEE Transactions on Automatic Control, 2004, 49(8): 1259－1274.

[86] 许域菲．NSV 非线性容错控制技术研究[D]．南京：南京航空航天大学，2011.

[87] 薛雅丽．基于轨迹线性化方法的 NSV 鲁棒自适应控制研究[D]．南京：南京航空航天大学，2010.

[88] 吴森堂，费玉华．飞行控制系统[M]．北京：北京航空航天大学出版社，2005.

[89] 周丽．基于回馈递推方法的 NSV 鲁棒自适应控制[D]．南京：南京航空航天大学，2008.

[90] John D S, Pinckney S Z, John D M. Hypersonic vehicle simulation model: winged－cone configuration [M]. Virginia: Langley Research Center, 1990.

[91] Gao Z, Jiang B, Shi P, et al. Passive fault－tolerant control design for near－space hypersonic vehicle dynamical system [J]. Circuits, Systems and Signal Processing, 2012, 31(2): 565－581.

[92] Liu Y J, Tong S C. Adaptive fuzzy control via observer design for uncertain nonlinear systems with unmodeled dynamics [J]. IEEE Transcations on Fuzzy System, 2013, 21(2): 275－288.

[93] Wu X, Lin Z. On immediate, delayed and anticipatory activation of anti－windup mechanism: static anti－windup case [J]. IEEE Transactions on Automatic Control, 2012, 57(3): 771－777.

[94] Sajjadi S K, Jabbari F. Modified anti－windup compensators for stable plants [J]. IEEE Transactions on Automatic Control, 2009, 54(8): 1934－1939.

[95] Isidori A. Nonlinear control systems [M]. London: Springer, 1999.

[96] 蒲明，吴庆宪，姜长生，等．基于二阶动态 Terminal 滑模的近空间飞行器控制[J]．宇航学报，2010，31(4)：1056－1062.

[97] 王敏．非线性系统的自适应神经网络控制新方法研究[D]．青岛：青岛大学，2009.

[98] 姜长生，吴庆宪，费树岷，等．现代非线性系统鲁棒控制基础[M]．哈尔滨：哈尔滨工业大学出版社，2012.

[99] 蒲明，吴庆宪，姜长生，等．基于模糊干扰观测器的自适应二阶动态滑模控制[J]．控制理论与应用，2011，28(6)：805－812.

[100] 刘磊．不确定非线性系统的自适应神经网络控制[D]．锦州：辽宁工业大学，2013.

[101] Levant A. High－order sliding modes, differentiation and output－feedback control[J]. International Journal of Control, 2003, 76(9): 924－941.

[102] 梅红，王勇．快速收敛的机器人滑模变结构控制[J]．信息与控制，2009，38(5)：552－557.

[103] 张合新，范金锁，孟飞，等．一种新型滑模控制双幂次趋近律[J]．控制与决策，2013，28(2)：289－293.

[104] Wang H Q, Chen B, Lin C. Adaptive neural control for strict－feedback stochastic nonlinear systems with time－delay [J]. Neurocomputing, 2012, 77(1): 267－274.

[105] Li Z J, Ge S S, Liu S B. Contact－force distribution optimization and control for quadruped robots using both gradient and adaptive neural networks [J]. IEEE Transactions on Neural Network and Learning Systems, 2014, 25(8): 1460－1473.

[106] Li Z J, Su C Y. Neural－adaptive control of single－master multiple slaves teleoperation for coordinated multiple mobile manipulators with time－varying communication delays and input uncertainty [J]. IEEE Transactions on Neural Network and Learning Systems, 2013, 24(9): 1400－1413.

[107] Lin C M, Hus C F. Recurrent－neural－network－based adaptive－backstepping control for induction servomotors[J]. IEEE Transactions on Industrial Electronics, 2005, 52(6): 1667－1684.

[108] Lu C H. Design and application of stable predictive controller using recurrent wavelet neural networks[J]. IEEE Transactions on Industrial Electronics, 2009, 56(9): 3733－3742.

[109] Tasi C C, Chang Y L. Self－tuning PID control using recurrent wavelet neural networks[C]. 2012 IEEE International Conference on Systems, Man, and Cybernetics, 2012, 3111－3116.

[110] Ge S S, Hong F, Lee T H. Adaptive neural control of nonlinear time－delay systems with unknown virtual control coefficients

[J]. IEEE Transactions on Systems, Man, and Cybernetics, Part B: Cybernetics, 2004, 34(1): 499 - 516.

[111] 朱亮, 姜长生, 张春雨. 基于径向基神经网络干扰观测器的空天飞行器自适应轨迹线性化控制[J]. 宇航学报, 2007, 28(3): 673 - 677.

[112] Cheng L, Jiang C S. The research of SMDO based NGPC method for NSV control system [J]. Journal of Astronautics, 2010, 31(2):421 - 431.

[113] Zhang Q, Wu Q X, Jiang C S. Robust reconfigurable tracking control of near space vehicle with actuator dynamic and input constraints [J]. Control Theory and Applications, 2012, 29(10):1264 - 1271.

[114] Yang T, Meng Z Y. Global consensus for discrete - time multi - agent systems with input saturation constraints [J]. Automatica, 50(2): 499 - 506.

[115] Lin D, Wang X Y, Yao Y. Fuzzy neural adaptive tracking control of unknown chaotic systems with input saturation. Nonlinear Dynamics, 2012, 67(4):2889 - 2897.

[116] Xia G Q, Wu H Y. Adaptive filtering backstepping for ships steering control without velocity measurements and with input constraints [J/OL]. Mathmatical Problems in Engineering, 2014. http://dx. doi. org/10. 1155/2014/218585 .

[117] Chen M, Ge S S. Robust adaptive neural network control for a class of uncertain MIMO nonlinear systems with input nonlinearities [J]. IEEE Transaction on Neural Networks, 2010, 21:796 - 812.

[118] Chen M, Gen S S. Adaptive neural output feedback control of uncertain nonlinear systems with unknownhysteresis using disturbance observer [J]. IEEE Transactions on Industrial Electronics, 2015, 26(12): 7706 - 7716.

[119] Wang X, Li T S. Adaptive NN control for a class of strict - feedback discrete - time nonlinear systems with input saturation [C]. 10th International Symposium on Neural Networks, 2013.

[120] Li Y M, Li T S. Adaptive fuzzy backstepping dynamic surface control of uncertain nonlinear systems based on filters [C]. IEEE International Conference on Information Science and Technology, 2012.

[121] Wang H Q, Chen B, Lin C. Approximation - based adaptive fuzzy control for a class of non - strict - feedback stochastic nonlinear systems [J]. Science China Information Sciences, 2014, 57(3):1 - 16.

[122] Swaroop D, Gerdes J C, Yip P P, et al. Dynamic surface control of nonlinear systems [C]. Processe of the American Control Conference, 1997, 5:3028 - 3034.

[123] Wang D, Huang J. Neural network - based adaptive dynamic surface control for a class of uncertain nonlinear systems in strict - feedback form [J]. IEEE Transaction on Neural Networks, 2005, 16(1):195 - 202.

[124] Sun H B, Guo L. Composite adaptive disturbance observer based control and back - stepping method for nonlinear system with multiple mismatched disturbances [J]. Journal of the Franklin Institute, 2014, 351(2):1027 - 1041.

[125] Yang Z J, Youichirou F, Qin P. Decentralized adaptive robust control of robot manipulators using disturbance observers [J]. IEEE Transaction on Control System Technology, 2012, 20(5):1357 - 1365.

[126] Chen M, Chen W H, Wu Q X. Adaptive fuzzy tracking control for a class of uncertain MIMO nonlinear systems using disturbance observer [J]. Science China, Information Sciences, 2014, 57(1):1 - 13.

[127] Zhang X F, Wang J Y. Design of sliding mode controller based on SMDO and its application to missile control [J]. Acta Aeronautica et Astronautica Sinica, 2011, 23(5):873 - 880.

[128] Wang W, Wen C Y. Adaptive actuator failure compensation control of uncertain nonlinear systems with guaranteed transient performance [J]. Automatica, 2010, 46(12): 2082 - 2091.

[129] Zhang Y, Wen C Y, Soh Y C. Robust decentralized adaptive stabilization of interconnected systems with guaranteed transient performance [J]. Automatica, 2000, 36(6): 907 - 915.

[130] Ge S S, Hang C C, Zhang T. A direct method for robust adaptive nonlinear control with guaranteed transient performance [J]. Systems & control letters, 1999, 37: 275 - 284.

[131] Bechlioulis C P, Rovithakis G A. Robust adaptive control of feedback linearizable MIMO nonlinear systems with prescribed performance [J]. IEEE Transactions on Automatic Control, 2008, 53(9): 2090 - 2099.

[132] Bechlioulis C P, Rovithakis G A. Prescribed performance adaptive control for multi - input multi - output affine in the control nonlinear systems [J]. IEEE Transactions on Automatic Control, 2010, 55(5): 1220 - 1226.

[133] Wang H, Chen B, Liu K, et al. Adaptive neural tracking control for a class of nonstrict - feedback stochastic nonlinear systems

with unknown backlash - like hysteresis [J]. IEEE Transactions on Neural Networks and Learning Systems, 2014, 25(5): 947 - 958.

[134] Wu Z G, Shi P, Su H Y, et al. Delay - dependent exponential stability analysis for discrete - time switched neural networks with time - varying delay [J]. Neurocomputing, 2011, 74(10): 1626 - 1631.

[135] Carmen R M, Heath W P. Controller structure for plants with combined saturation and deadzone/backlash [C]. IEEE International Conference on Control Applications (CCA), IEEE, 2012: 1394 - 1399.

[136] Meng W, Yang Q, Ying Y, et al. Adaptive power capture control of variable - speed wind energy conversion systems with guaranteed transient and steady - state performance [J]. IEEE Transactions on Energy Conversion, 2013, 28(3): 716 - 725.

[137] Gao S, Dong H, Ning B. Neural adaptive control of uncertain chaotic systems with input and output saturation [J]. Nonlinear Dynamics, 2015, 1(2): 1 - 11.

[138] Ge S S, Wang C. Direct adaptive NN control of a class of nonlinear systems [J]. IEEE Transactions on Neural Networks, 2002, 13(1): 214 - 221.

[139] Ge S S, Wang C. Adaptive neural control of uncertain MIMO nonlinear systems [J]. IEEE Transactions on Neural Networks, 2004, 15(3): 674 - 692.

[140] Chen M, Zhou Y L, Guo W. Robust tracking control for uncertain MIMO nonlinear systems with input saturation using RWNNDO [J]. Neurocomputing, 2014, 114(11): 436 - 447.

[141] Chen M, Ren B B, Wu Q X, Jiang C S. Anti - disturbance control of hypersonic flight vehicleswith input saturation using disturbance observer [J]. Science China Information Science, 2015, 58(1): 1 - 13.

[142] Härkeg°ard O. Dynamic control allocation using constrained quadratic programming [J]. Journal of Guidance, Control, and Dynamics, 2004, 27(6): 1028 - 1034.

[143] Cui L, Yang Y. Disturbance rejection and robust least - squares control allocation in flight control system [J]. Journal of Guidance, Control, and Dynamics, 2011, 34(6)1632 - 1643.

[144] Fan Y, Zhu J H, Zhu J Q, et al. Genetic algorithm based constrained control allocation for tailless fighter [C]. Proceedings of the Sixth International Conference on Intelligent Systems Design and Applications, 2006: 467 - 472.

[145] Nazemi A. Solving general convex nonlinear optimization problems by an efficient neurodynamic model [J]. Engineering Applications of Artificial Intelligence, 2013, 26(2): 685 - 696.

[146] Niederlinski A. A heuristic approach to the design of linear multivariable interacting control systems[J]. Automatica, 1971, 7 (6): 691 - 701.

[147] 高志峰. 复杂系统的容错控制技术及其在近空间飞行器中的应用研究 [D]. 南京: 南京航空航天大学, 2011.

[148] 许域菲. 近空间飞行器非线性容错控制技术研究 [D]. 南京: 南京航空航天大学, 2011.

[149] Yang H, Jiang B, Cocquempot V. Supervisory fault - tolerant regulation for nonlinear systems[J]. Nonlinear Analysis: Real World Applications, 2011, 12(2): 789 - 798.

[150] Shen Q K, Jiang B, Cocquempot V. Fuzzy logic system - based adaptive fault - tolerant control for near - space vehicle attitude dynamics with actuator faults[J]. IEEE Transactions on Fuzzy Systems, 2013, 21(2): 289 - 300.

[151] Xu Y Y, Tong S C, Li Y M. Adaptive fuzzy fault - tolerant output feedback control of uncertain nonlinear systems with actuator faults based on dynamic surface technique[J]. Journal of the Franklin Institute, 2013, 350(7): 1768 - 1786.

[152] Xu Y F, Jiang B, Gao Z F. Fault tolerant tracking control for near space hypersonic vehicle via neural network [C]. The 3rd International Symposium on Systems and Control in Aeronautics and Astronautics, 2010, Harbin, 1 - 6.

[153] Yu J, Chen M. Fault tolerant control for near space vehicles with input saturation using disturbance observer and neural networks [J]. Circuits Systems & Signal Processing, 2015, 34(7): 2091 - 2107.

[154] Chen M, Yu J. Adaptive dynamic surface control of NSVs with input saturation using a disturbance observer [J]. Chinese Journal of Aeronautics, 2015, 28(3): 853 - 864.

[155] Xu Y F, Jiang B, Tao G, et al. Fault tolerant control for a class of nonlinear systems with application to near space vehicle [J]. Circuits, Systems, and Signal Processing, 2011, 30(3): 4161 - 4170.

[156] Chen M, Tao G, Jiang B. Dynamic surface control using neural networks for a class of uncertain nonlinear systems withinput saturation [J]. IEEE Transactions on Neural Networks and Learning Systems, 2015, 26(9): 2086 - 2097.

[157] Chen M, Ge S S, How V E, Choo Y S. Robust adaptive position mooring control for marine vessels [J]. IEEE Trans on Control Systems Technology, 2013, 21(2):395 - 409.

[158] Chen M, Ge S S. Direct adaptive neural control for a class of uncertain non - affine nonlinear systems based on disturbance observer [J]. IEEE Transactions on Cybernetics, 2013, 43(4):1213 - 1225.

[159] Li Z J, Yang C G. Neural - adaptive output control of a class of transportation vehicles based on wheeled inverted pendulum models [J]. IEEE Transaction on Control System Technology, 2012, 20(6):1583 - 1591.

[160] Polycarpou M M. Stable adaptive neural control scheme for nonlinear systems [J]. IEEE Transactions on Automatic Control, 1996, 41(3): 447 - 451.